Remediation Technology and Application of Groundwater Pollution in Ionic Rare Earth Mining Areas

离子型稀土矿区地下水污染修复技术及应用

罗育池 韩奕彤 刘 畅 宋宝德 等编著

化学工业出版社
·北京·

内容简介

本书针对离子型稀土矿区地下水污染问题，以某离子型稀土历史遗留矿区为试点区域开展地下水污染修复技术研究及应用，内容包括离子型稀土资源概况、离子型稀土矿区地下水污染、稀土矿区地下水污染修复技术以及面临的问题与挑战，矿区地质条件调查，矿区地下水污染分析，矿区地下水污染修复技术研究，矿区地下水污染修复技术应用，以及总结与展望等。

本书具有较强的技术针对性和工程实用性，可供从事地下水污染控制与修复等的工程技术人员、科研人员和管理人员参考，也可供高等学校地下水科学与工程、环境科学与工程、矿业工程及相关专业师生参阅。

图书在版编目（CIP）数据

离子型稀土矿区地下水污染修复技术及应用 / 罗育池等编著. -- 北京 : 化学工业出版社, 2024.12.

ISBN 978-7-122-46959-5

Ⅰ. X523.06

中国国家版本馆 CIP 数据核字第 2024GE8630 号

责任编辑：刘兴春　刘　婧　　文字编辑：杜　熠
责任校对：李露洁　　装帧设计：孙　沁

出版发行：化学工业出版社
（北京市东城区青年湖南街 13 号　邮政编码 100011）
印　　装：北京盛通数码印刷有限公司
787mm×1092mm　1/16　印张 18¾　彩插 8　字数 394 千字
2025 年 3 月北京第 1 版第 1 次印刷

购书咨询：010-64518888　　售后服务：010-64518899
网　　址：http://www.cip.com.cn
凡购买本书，如有缺损质量问题，本社销售中心负责调换。

定　　价：168.00 元

《离子型稀土矿区地下水污染修复技术及应用》编委会

主　任　罗育池　韩奕彤

副主任　刘　畅　宋宝德

编　委　秘昭旭　王先稳　陈俊毅
陈翔欣　陈　华　刘　帅

前言

稀土作为重要的矿产资源，被广泛应用于军事、医疗、新材料等领域。我国稀土资源丰富，资源储量长期处于世界首位。按照稀土元素的存在形式，稀土矿可分为矿物型稀土矿和风化型稀土矿；其中，风化型稀土矿又称为离子型稀土矿。我国离子型稀土矿主要分布在江西、广东、湖南、广西、福建、湖南、云南、浙江等南方省份。离子型稀土开采活动始于20世纪70年代，开采工艺经历了池浸、堆浸、原地浸矿三个阶段，在开采过程中需要使用大量硫酸铵、碳酸氢铵等浸矿剂，使吸附在黏土等矿物表面的稀土阳离子被化学性质更活泼的H^+和NH_4^+交换解析进入溶液从而沉淀分离。浸矿反应完成后，大量NH_4^+残留在矿体中，并通过降雨淋滤作用进入地下水，造成地下水酸化以及NH_4^+、NO_3^-等指标超标，浓度可达数十甚至数百毫克每升，地下水污染问题亟待解决。

为解决离子型稀土矿区地下水氮污染问题，探索可行的修复技术方法，广东省环境科学研究院联合相关单位选择广东省某离子型稀土历史遗留矿区为试点区域，针对矿区开采工艺多样、水文地质条件复杂、污染分布差异性大、可借鉴应用案例少等问题，通过室内小试、现场中试、工程应用、效果评估等方式，集成了“原位阻隔+原位注射反应带+可渗透反应墙+植物修复”技术体系，实现了区域靶向修复和末端深度修复、地表与地下污染系统治理和协同修复，形成了一套可复制、可推广的“加强前期谋划+聚焦问题识别+深化跟踪评估+注重成果集成”管理模式，经济合理的“外源阻隔与存量削减并重+靶向修复与长效修复衔接+地表修复与地下修复协同+生态修复与污染修复结合”技术模式和高效运行的“注重技术方案研究+严格施工组织管理+强化过程技术指导+实施全流程监理”工程模式，具备很强的工程示范意义和推广应用价值。

本书是笔者及其团队在该试点区域研究工作基础上编著而成的，以期为同类型矿区地下水污染修复提供技术及应用方面的有益参考。全书分为6章：第1章为绪论，主要介绍了离子型稀土资源概况、稀土矿区地下水污染、地下水污染修复技术以及面临的问题与挑战；第2章为矿区地质条件调查，主要介绍了矿区地层岩性与地质构造、水文地质条件、工程地质条件等调查情况；第3章为矿区地下水污染分析，主要介绍了区域环境质量现状、矿区地下水污染来源、污染状况、污染特征、污染成因等分析情况；第4章为矿区地下水污染修复技术研究，主要介绍了针对矿区地质条件调查和地下水污染分析结果，开展的地下水污染修复目标、修复技术路线、实验装置与材料仪器、原位阻隔技术、原位注射反应带技术、可渗透反应墙技术、植物修复技术等研究情况；第5章为矿区地下水污染修复技术应用，主要介绍了试点工程的原位阻隔工程、原位注射反应带工程、可渗透反应墙工程、植物修复工程、地下水监测工程等分项工程的设计、施工、运维与评估等实施情况；第6章为总结与展望，主要介绍了矿区地下水污染修复技术和应用的经验模式以及对研究工作的展望。

本书由广东省环境科学研究院罗育池、韩奕彤主持编著，并负责全书最后的统稿和定稿工作。广东省环境科学研究院刘畅、宋宝德作为编委会副主任参与了全书内容框架设计、部分章节编著和校对工作。参与本书编著工作的还有广东省环境科学研究院的秘昭旭、王先稳，广州润方环保科技股份有限公司的陈俊毅、陈翔欣，广东省环境保护工程研究设计院有限公司的陈华、刘帅。其中，第1章由韩奕彤、刘畅、王先稳执笔；第2章由宋宝德、秘昭旭执笔；第3章由刘畅、王先稳执笔；第4章由韩奕彤、罗育池、陈俊毅、秘昭旭、王先稳执笔；第5章由罗育池、韩奕彤、宋宝德、陈翔欣、陈华、刘帅执笔；第6章由罗育池、韩奕彤执笔。

本书内容涉及的技术研究与工程应用获得了中央水污染防治资金项目（XMHT-2022-SS-FW847）和广东省科技计划项目（2017B020236001）的资助。本书编著过程中得到了广东省环境科学研究院汪永红教授级高级工程师、王刚教授级高级工程师、华南师范大学方战强教授和华南理工大学吴锦华教授的大力支持和悉心指导，参考了大量国内外文献，引用了许多专家和学者的研究成果，在此一并表示感谢！

限于编著者水平和编著时间，书中难免存在不足和疏漏之处，恳请专家、学者及广大读者批评指正！

编著者
2024年7月

目 录

第 1 章
绪论

1.1 离子型稀土资源概况

1.1.1 资源分布特点

1.1.1.1 稀土与离子型稀土

稀土元素（rare earth element，REE）包括化学元素周期表中镧系元素——镧（La）、铈（Ce）、镨（Pr）、钕（Nd）、钷（Pm）、钐（Sm）、铕（Eu）、钆（Gd）、铽（Tb）、镝（Dy）、钬（Ho）、铒（Er）、铥（Tm）、镱（Yb）、镥（Lu），以及与镧系的15种元素密切相关的钇（Y）和钪（Sc）2种元素，共17种元素。稀土元素在化学元素周期表中的位置见图1-1。由于钷（Pm）是一种人造元素，在自然界中极为稀少，而钪（Sc）又通常划归于稀散元素，所以目前在稀土工业及产品标准中，稀土一般指的是除钷（Pm）、钪（Sc）以外的15种元素。

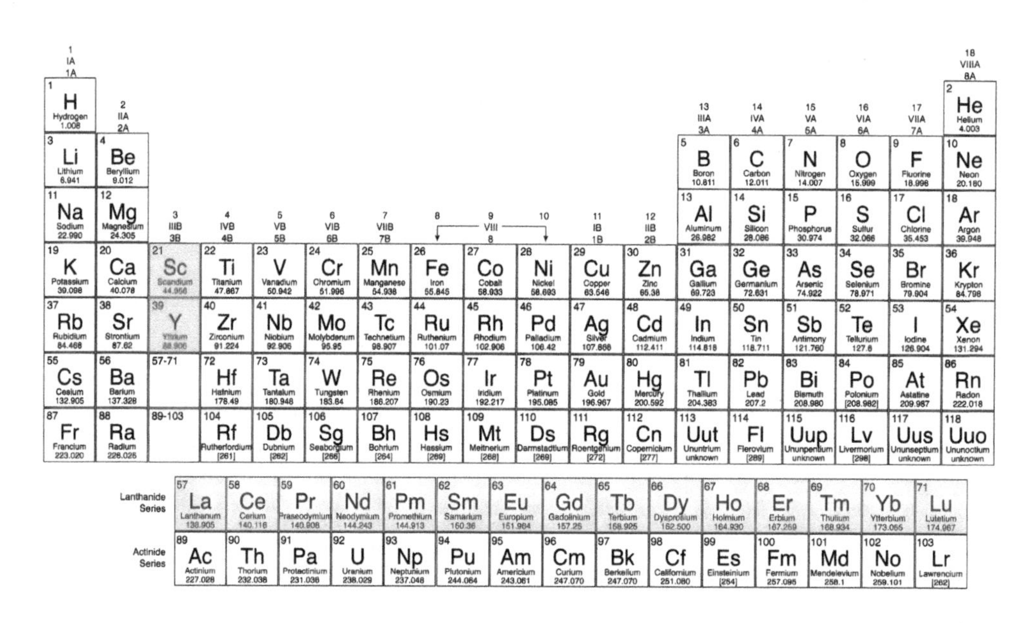

图1-1 稀土元素在化学元素周期表中的位置

根据《稀土术语》（GB/T 15676—2015）中的规定，依据15种稀土元素的不同性质，稀土元素可以分为轻稀土、中稀土和重稀土三类；其中La-Nd为轻稀土（LREE），Pm-Gd为中稀土（MREE），Tb-Lu+Y为重稀土（HREE）。

稀土元素具有特殊的电子层结构，电子能级非常丰富，使得它们拥有极佳的电、热、磁、光等特性；此外，由于稀土元素活泼的化学性质，致使其可以与其他元素制造种类多样、功能齐全、用途极广的各种新型产品，被广泛应用于包括新能源、电子、冶金、机械、石油化工等在内的多个高科技领域（Huang et al.，2021），因此，稀土元素有“新材料宝库”和“现代工业的维生素”之称（洪广言，2015）。稀土矿产资源在国际资源战略中占有重要地位，已被中国、美国、日本、欧盟等列入战略性关键矿产资源名录。世界上已知的稀土矿床，按稀土元素的赋存形式可分为矿物型稀土矿和离子型稀土矿。矿物型稀土矿指的是稀土元素以离子化合物形式赋存于矿物晶格中，稀土元素载体主要为氟碳铈矿、独居石等，例如中国白云鄂博矿和山东微山矿、美国芒廷帕斯矿（何佳昊等，2023；姚姿淇等，2012），该类矿床均强烈富集轻稀土，轻稀土配分>95%（张臻悦等,2016）。离子型稀土矿是由地表岩石经长期风化，游离出来的稀土元素以离子吸附态在风化壳中迁移富集而形成的，也称风化壳淋积型稀土矿床（赵龙胜等，2022）。该类矿床稀土元素配分齐全，中重稀土占比较高，但不同矿床变化较大，如足洞稀土矿中重稀土配分约为75%，而寻乌稀土矿中重稀土配分仅为9%。离子型稀土矿中稀缺的中重稀土含量相对较高，是全球稀土资源的重要组成部分（李建武和侯甦予，2012），目前全球利用的重稀土90%以上来自该类矿床（周美夫等，2020）。

典型矿物型稀土和离子型稀土矿中稀土元素载体见图1-2（书后另见彩图）。

(a) 白云鄂博含稀土矿石

(b) 微山矿区含稀土矿石

(c) 足洞矿区花岗岩风化层

图1-2 典型矿物型稀土和离子型稀土矿中稀土元素载体

1.1.1.2 离子型稀土成矿条件

离子型稀土矿的成矿过程非常复杂，受成矿母岩、风化条件等多重因素的影响，其形成过程可以概括为：

① 富含稀土的原岩（如花岗岩、火山岩）在湿热的气候条件下经过生物和化学作用被不断地风化；

② 在水流作用下稀土不断从原岩中溶出，逐渐形成风化壳，并使表层不断被侵蚀，但其侵蚀速率要小于稀土向下迁移的速率，使侵蚀部分的稀土聚集在下方逐步发

育起来的新风化壳中；

③ 在无机、有机的多重作用下，稀土经过溶出、迁移和富集，最终形成离子型稀土矿（Shi and Hu，2005）。

典型离子型稀土矿成矿模式见图1-3。

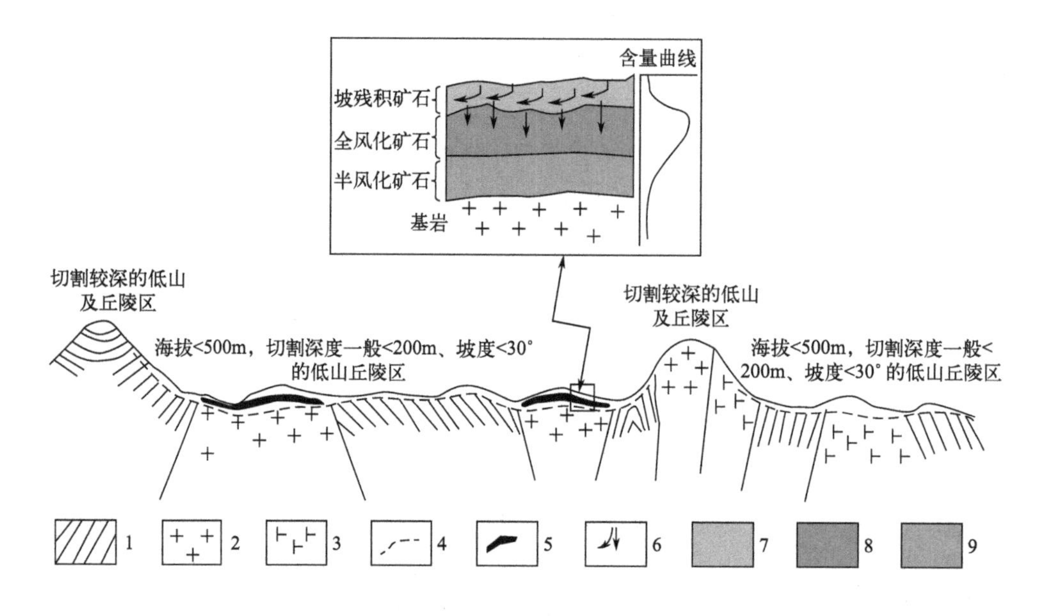

图1-3　典型离子型稀土矿成矿模式

1—基岩；2，3—成矿母岩；4—风化壳底板；5—稀土矿床；6—风化沉积；
7—坡残积层；8—全风化层；9—半风化层。

（1）成矿母岩

理论上，各类岩石都可以形成风化壳，但是否形成离子型稀土矿还取决于众多其他条件。目前已知离子型稀土矿的成矿母岩类型众多，包括花岗岩类、火山岩类、变质岩类、碳酸盐岩等，部分成矿母岩照片见图1-4（书后另见彩图）。

花岗岩类在所有成矿母岩中分布最广，资料显示，南岭地区花岗岩类风化壳离子型稀土矿储量占该类矿床总储量的86%（霍明远，1992）。火山岩类成矿母岩分布较少，主要为寻乌河岭稀土矿、广西崇左地区稀土矿，成矿母岩岩性为流纹岩、流纹质凝灰岩、英安岩等（Xie et al.，2016）和早三叠世（覃丰等，2019）。另外，火山岩风化壳中已知的离子型稀土矿均为轻稀土型，尚未发现火山岩风化形成的重稀土矿。变质岩风化壳中的稀土矿主要分布在江西省赣州宁都地区（刘海波等，2020）和福建省龙岩地区（丘文，2017），其中宁都地区查明稀土总量超50000t。变质岩成矿母岩类型主要为变质砂岩、变质凝灰岩等浅变质岩（赵芝等，2019）。碳酸盐岩风化成矿主要为禾尚田矿区（黄华谷等，2014）。

(a) 足洞地区花岗岩

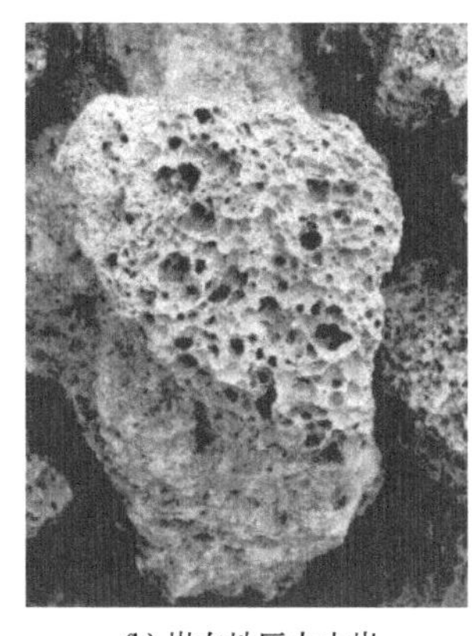

(b) 崇左地区火山岩

(c) 宁都地区变质岩

图1-4 部分成矿母岩照片

(2) 风化过程及风化壳特征

离子型稀土矿的形成与母岩的化学风化作用密切相关，母岩的风化为成矿提供了2个基本物质条件：

① 岩矿物（如长石、云母等）风化分解形成大量高岭石、埃洛石等黏土矿物，是风化壳中稀土离子吸附富集的载体；

② 风化过程造岩矿物和（含）稀土矿物分解，释放出可迁移的稀土离子，是成矿的直接物质来源。

1）造岩矿物风化

母岩中造岩矿物主要包括长石类、云母类、角闪石等铝硅酸盐矿物，这些矿物溶解形成黏土矿物，是风化壳中矿物的重要组成部分。长石类经风化溶解作用形成一些球粒无定形水化硅酸铝胶体，再转化成各种黏土矿物（Banfield，1985），黑云母风化析出铁、镁形成蛭石或云母-蛭石混层矿物，脱钾后形成高岭石，白云母在强风化作用下可形成伊利石再转变为高岭石。另外，云母类也可直接形成高岭石。角闪石风化后通常形成蛭石、绿泥石等，再形成埃洛石、高岭石等（胡淙声，1986）。

2）（含）稀土矿物风化

常见的易风化的（含）稀土矿物包括褐帘石、榍石、石榴子石、氟碳铈矿、磷灰石等，难风化的（含）稀土矿物包括独居石、磷钇矿、锆石等。易风化的（含）稀土矿物风化溶解为成矿提供稀土离子，而难风化的矿物仅微弱溶解，呈碎屑颗粒残留在风化壳中。

3）风化壳黏土矿物特征

随着风化强度逐渐增加，风化壳黏土矿物含量逐渐增加，黏土矿物种类呈现规律性演化，通常从蒙脱石、伊利石等变为高岭石、埃洛石等，最后转变为三水铝石等水化氧化物（黄镇国，1996）。因此，黏土矿物的种类也指示了风化壳发育程度。在半风化层中出现较多的有伊利石、蒙脱石、埃洛石等，在全风化层则以高岭石和埃洛石为主。离子型稀土矿的矿体层位黏土矿物组成主要为高岭石、埃洛石、伊利石和极少量的蒙脱石（池汝安和田君，2007）。

（3）稀土元素的迁移-富集特征

1）稀土元素的迁移

在风化壳离子型稀土矿中，稀土元素主要随水介质（如土壤水、潜水等）迁移（池汝安等，1992）。在我国南方花岗岩风化壳分布区，地表水和地下水多呈弱酸性，所含的阴离子主要为HCO_3^-、CO_3^{2-}、NO_3^-、HPO_4^{2-}、PO_4^{3-}、Cl^-等，以及少量的SO_4^{2-}和F^-，为稀土离子的迁移提供了丰富的条件（马英军，1999）。大量研究表明，风化壳中稀土可以呈上述无机酸根络合物、羟基配合物或自由离子的形式迁移（周美夫等，2020）。

2）稀土元素的富集

母岩风化过程释放的稀土离子在风化壳中随水介质自上而下迁移，随着迁移介质物理化学性质及风化壳组成等因素的变化，稀土离子被黏土矿物吸附固定。由于气候变化和风化剥蚀作用，稀土元素通过迁移、吸附、解吸、再迁移、再吸附的反复循环积累，最终形成风化壳中稀土元素的富集层，即离子型稀土矿（池汝安和田君，2006）。据统计，离子型稀土矿床的矿体层稀土元素相对于母岩一般富集3～5倍，最高达10～15倍（包志伟，1992；何耀等，2015；张恋等，2015）。稀土元素富集程度与风化壳厚度一般成正比，低山丘陵顶部风化壳厚度最大，矿体品位最高，矿层也最厚；山腰处风化壳变薄，矿体品位降低，矿层厚度减小；近山脚稀土富集最弱，矿层最薄（何耀等，2015）。风化壳中稀土矿体一般存在于全风化层和半风化层（张祖海，1990；包志伟，1992）。

1.1.1.3 离子型稀土资源分布

我国稀土资源丰富，资源储量长期处于世界首位，据统计，2022年全球稀土储量为1.3×10^8t，中国稀土储量0.44×10^8t，约占全球的33.8%（邱森，2023），其中离子型稀土资源占全球的90%（季根源等，2018）。离子型稀土矿床主要分布于北纬22°～29°、东经106°～119°区域内，尤以北纬24°～26°之间矿床最为密集，常发育厚层面型风化壳（张祖海，1990），分布范围主要包括我国的江西、广东、福建、广西、湖南、云南、浙江七个省份，稀土资源量高达数百万吨（何宏平和杨武斌，2022），其中广东、江西两省资源储量最高。近年来，随着离子型稀土矿勘探工作的开展，我国离子型稀土矿找矿取得了很大进展，如安徽、海南、湖北等省份均发现离子型稀土矿（赵芝等，2019；罗翔，2023）。

1.1.2 开采工艺技术

离子型稀土矿中的稀土大部分以离子形式吸附在矿物表面，其主要通过化学浸出技术被提取（丁嘉榆，2017）。离子型稀土矿开采工艺的发展主要包括浸矿场地的改变和浸取剂的改良两个方面，从异位开采发展为原地浸取，从氯化钠浸出液发展为铵盐浸出液，其发展历程可以概括为第一代氯化钠池浸工艺、第二代硫酸铵堆浸工艺和第三代原地浸出工艺3个阶段（张恋等，2015），采用铵盐浸矿剂和碳酸氢铵沉淀剂的原地浸出工艺是目前应用最为广泛的工艺方法。

1.1.2.1 池浸工艺

池浸工艺是最早用于实际生产的工艺，由原江西有色冶金研究所等单位提出，以7%氯化钠作浸矿剂，采用池浸方式浸矿，将稀土交换出来后用草酸沉淀，获得草酸稀土和母液后进一步冶炼分离。

池浸工艺示意见图1-5。

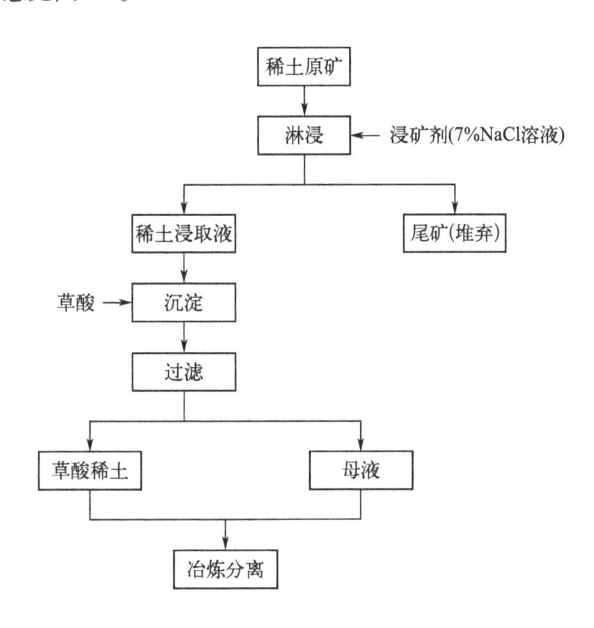

图1-5 池浸工艺示意

随着离子型稀土矿的大规模开采，氯化钠池浸工艺慢慢暴露出许多问题。池浸开采首先要剥离矿山的植被和表土，开挖出品位高的矿石进行浸矿，表土、尾矿和低品位矿石的异地堆放给矿山生态带来非常大的影响，造成矿山开采后水土流失严重，引起矿山沙漠化。采用氯化钠溶浸剂时，若其残留在离子型稀土尾矿中，导致土壤盐碱化、板结，部分矿山开采后寸草不生，经雨水冲刷后甚至会污染地下水。沉淀剂草酸pH值较低，泄漏到环境中导致周边土壤和水体pH值降低。在离子型稀土矿山开采历程中，池浸工艺开采对矿区生态环境影响非常大，目前还遗留了大面积的污染地块，池浸工艺已成为淘汰类生产工艺。

1.1.2.2　堆浸工艺

堆浸是溶浸采矿中最常用的一种方法，早已广泛应用于铀、金、铜等金属的提取。20世纪80年代，堆浸法开始应用于离子型稀土矿的开采，其原理与池浸类似，不同之处是将矿石放入堆浸场中将稀土浸出，主要采用较低浓度的硫酸铵溶液或硫酸铵+氯化铵混合浸矿剂取代氯化钠溶液。在沉淀剂方面，除了草酸外，同时使用廉价的碳酸氢铵来沉淀稀土。堆场的堆底面积40～1000m^2，堆高1.5～5m，堆量60～5000t，堆底一般由防渗层、检漏电极、汇流渠、流动层等组成。堆浸与池浸相比，回收率提高10%～20%，成本降低20%～25%。

堆浸工艺示意见图1-6。

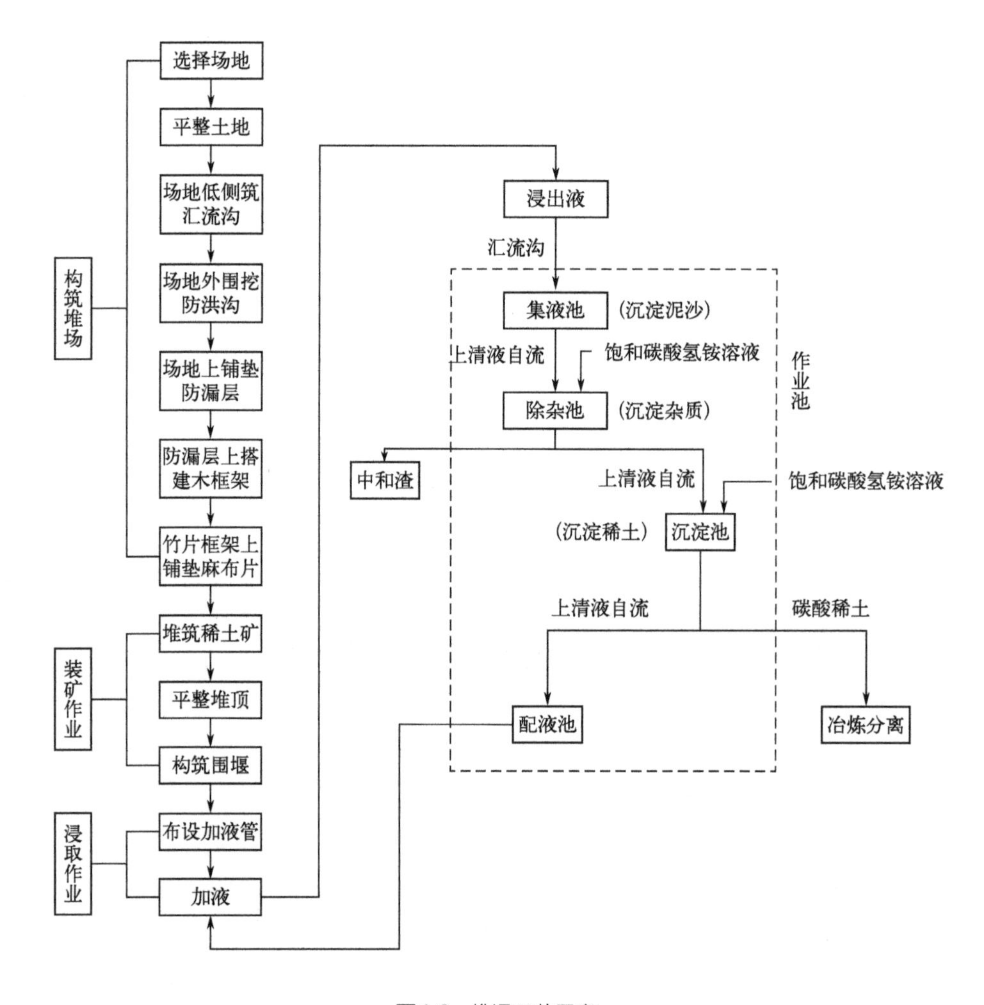

图1-6　堆浸工艺示意

尽管堆浸工艺相较于池浸工艺已经有了较大进步，但仍然有其突出的问题：

① 堆浸法仍然要对矿区表土进行挖掘，本质还是破坏山体植被的"搬山运动"，易引起水土流失，给生态环境带来严重破坏（丁嘉榆，2017）。据报道，每生产1t稀土氧化物，需破坏200～800m^{2}的地表面积，同时产生1200～2000t尾砂（曹飞等，2016）。

② 由于"采富弃贫""采易弃难"造成资源浪费，稀土资源的利用率仍然不高。

1.1.2.3　原地浸出工艺

随着工艺的不断发展和创新，原地浸出逐渐代替了池浸、堆浸工艺。原地浸出是将浸出电解质溶液经浅井、槽直接注入矿体，浸出液中的铵根阳离子与吸附在黏土矿物表面的稀土离子发生交换反应，富含稀土离子的浸出液通过山脚处的集液沟或收液巷道汇集到母液池，最后用碳酸氢铵沉淀母液中的稀土，实现资源回收的目的（郭钟群等，2019；李晓波等，2019）。

原地浸出工艺示意见图1-7。

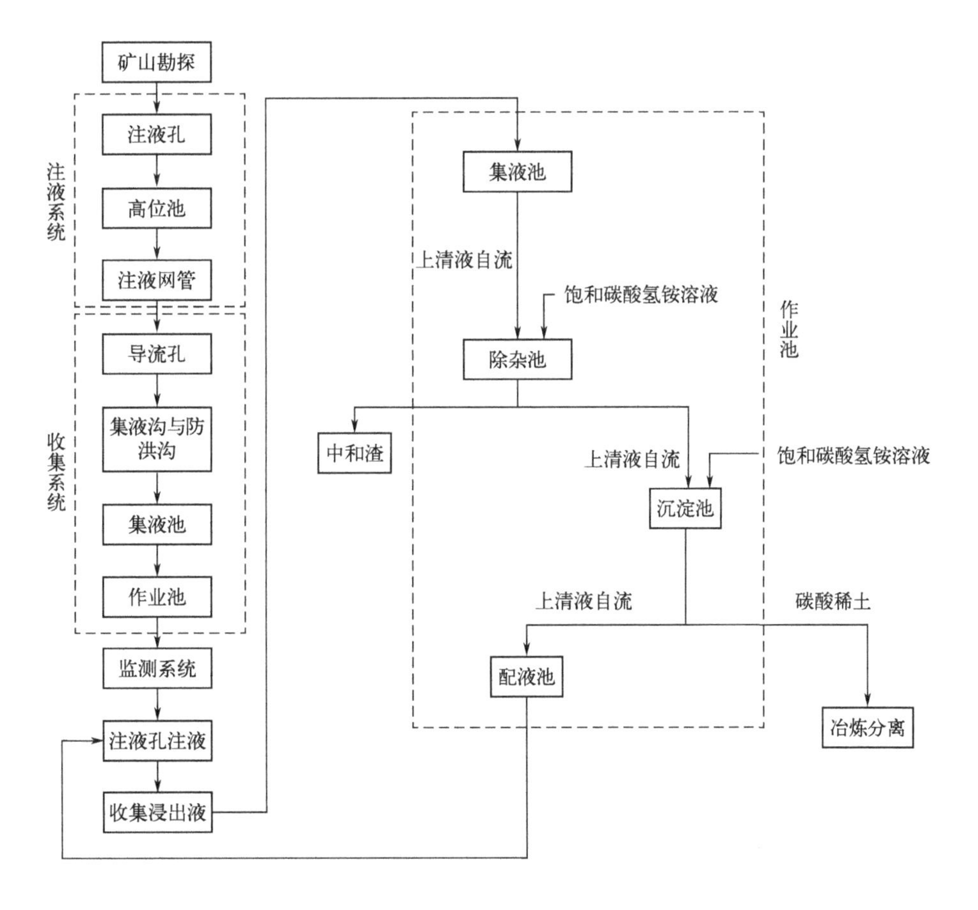

图1-7　原地浸出工艺示意

原地浸出作为当前主要的采矿工艺得到大力推广，与前两代工艺相比，该工艺无需进行“搬山运动”，同时也降低了劳动力的投入；处理能力大，自动化程度高，生产成本低；闭矿后，矿山完整性较好，未开发的资源可留待后续更先进的技术进一步利用，且无需进行生态修复。但原地浸矿在实际生产中也暴露了许多问题：

① 大量NH_4^+和SO_4^{2-}残留在矿体中，通过雨水淋洗和渗透作用在土壤、地下水中迁移，造成土壤盐碱化及营养元素失衡（张贤平等，2018）；

② 浸取液选择性较差，稀土浸出时与矿物伴生的重金属元素、放射性元素也将发生迁移、浓集、扩散和重新分布（陈陵康等，2022）；

③ 浸矿液注入过程会使矿体强度下降，渗透系数增大，导致山体稳定性受到破坏，易产生滑坡、泥石流等次生地质灾害（廖声银，2016；粟闯等，2019）；

④ 由于地质条件的各异性，稀土回收率有很大的不确定性等问题（李晓波等，2017）。

虽然原地浸矿工艺还有很多方面有待改善，但其仍然是目前主流的浸矿方式。

1.1.3 开发利用状况

1.1.3.1 资源开发

稀土资源作为我国重点管控和发展的战略资源，随着新能源材料等领域的不断发展，稀土资源需求量越来越大，稀土开采总量从2013年的9.38×10^4t增长至2023年的2.55×10^5t（图1-8），其中离子型稀土开采总量约为1.92×10^4t（郭咏梅等，2021；工业和信息化部，2021~2023）。

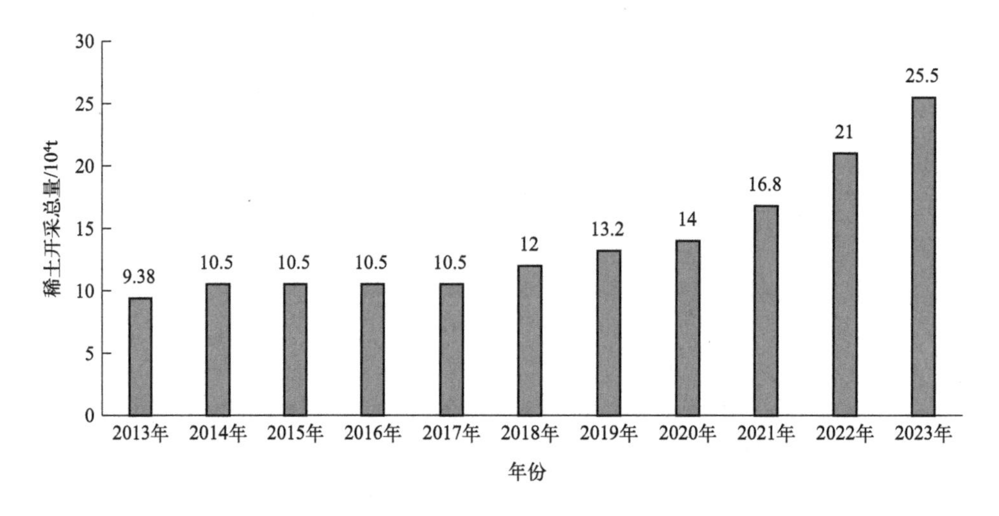

图1-8 我国2013~2023年稀土开采总量控制指标

1.1.3.2 资源利用

稀土资源加工利用过程中，对稀土元素的利用以金属态和氧化物态居多。金属态主要应用于金属合金、磁体等方面，氧化物态主要用于陶瓷玻璃、催化与化学加工以及发光材料等方面（图1-9）。我国是稀土资源储量大国，也是全球最大的稀土矿生产国家，制造了全球90%以上的各类稀土材料。从稀土功能材料在我国的消费结构来看，稀土永磁材料受益于新能源汽车和电子工业等领域的高速发展，在消费结构中的占比超过40%；冶金和机械、石油化工、玻璃陶瓷占比分别为12%、9%和8%，储氢材料和发光材料各占7%；催化材料、抛光材料和农业轻纺各占5%（朱明刚等，2020）。

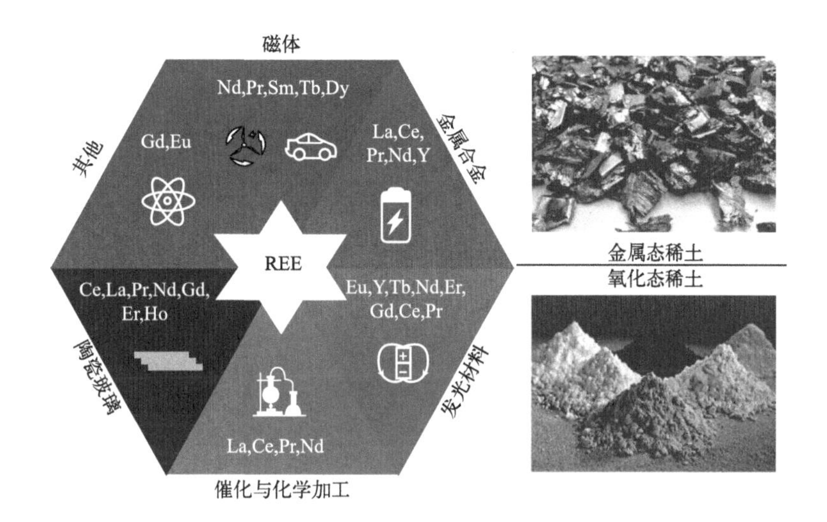

图1-9 稀土资源主要应用领域

1.2 离子型稀土矿区地下水污染

1.2.1 稀土开采环境影响

离子型稀土作为一种重要的战略性矿产资源，具有很高的经济价值和应用前景。然而，随着开采活动的不断增加，其带来的生态环境问题也日益凸显，主要包括生态破坏、地质灾害、环境污染等。

1.2.1.1 生态破坏

离子型稀土开采对生态破坏主要是由开采过程中的地表破坏、土壤质量变化、化学物质污染等因素引起的。

首先，地表破坏是造成生态破坏的直接原因（图1-10，书后另见彩图）。池浸、堆浸工艺需要移除覆盖在稀土矿体上方的植被和表层土壤，原地浸出需要剥离1/3的地表植被用以建设注液井（李天煜和熊治廷，2003），这些过程直接破坏了植物的生长环境，导致原有植被毁灭，生物多样性减少。据统计，池浸工艺采用人工方式出矿，平均每生产1t氧化稀土，直接破坏土地160 ~ 200m^2（程胜等，2024）。堆浸工艺采取机械化作业使开采规模急剧加大，造成更大规模的土地破坏（王秀丽等，2020）。

图1-10 稀土开采造成的植被破坏

其次，土壤质量的变化也会对植被有所影响。采矿活动改变了土壤物理性质，例如增加土壤侵蚀和流失，减少土壤层厚度和毛细作用，使得植物根系难以在此基质中稳定生长（Liang et al.，2022）。

最后，化学物质污染对植物的危害不容小觑。在开采过程中使用的浸矿剂、其他化学物质以及稀土元素本身可能会渗入土壤，改变土壤化学性质，诸如重金属和放射性元素的增加会干扰植物正常的生理机能，严重时甚至导致植物死亡（Fang et al.，2023）。这种污染还可能经由食物链累积，影响更广泛的生态系统。

1.2.1.2 地质灾害

离子型稀土开采可能造成的地质灾害主要源于开采过程中对地下应力平衡和岩土体结构的破坏，具体表现为边坡失稳和滑坡、地面塌陷和沉降、水土流失和土地沙漠化（图1-11，书后另见彩图）。一方面，采矿过程中的挖掘活动会对岩土体结构造成破坏，削弱岩土体的强度和稳定性，在降雨、地震等自然因素作用下已经受损的岩土体会发生边坡失稳和滑坡，甚至造成地面塌陷和沉降。已有研究表明，大斜度角的离子型稀土矿体具有较差的稳定性；在降雨作用下，由于水在边坡土体中的渗透和流动，会导致原先稳定的边坡因水压力的增加或土体强度的降低而失稳（李春生，2020）。另一方面，原地浸矿将大量的浸矿液注入地下，使得地下岩土体受到额外的压力，破坏了原有的应力平衡，随着时间的推移，这种压力可能导致地下空洞的形成和扩大，最终引发地面塌陷或沉降。如果注液强度过大，可能导致山体内部应力迅速变化，从而加速地面塌陷和沉降的发生。此外，低效的采矿技术以及非法采矿会增加地质灾害发生的风险。

(a) 山体滑坡

(b) 水土流失

图1-11 稀土开采引发的地质灾害

1.2.1.3 环境污染

离子型稀土开采对环境的影响是多方面的，主要体现在水、土壤等方面。稀土开采过程中会产生大量的废水，这些废水中含有SO_4^{2-}、NH_4^+等离子。然而，大部分废水未经处理就直接排放，造成水体酸化、氨氮污染等。稀土矿中还含有大量的放射性元素和重金属元素，如果没有得到有效处理也可能排放到水体中，对水生生物造成危害。此外，稀土开采对土壤环境的影响也不容忽视。开采活动可能导致土壤污染，硫酸铵、碳酸铵在参与完成离子交换反应后，会残留大量的NH_4^+和SO_4^{2-}在矿体中，并通过降雨的淋洗作用和渗透作用在土壤中迁移，造成土壤酸化。

1.2.2 地下水污染及危害

离子型稀土开采产生的地下水环境问题主要有地下水酸化、“三氮”（氨氮、亚硝酸盐氮和硝酸盐氮）污染、重金属污染、稀土元素污染等，其中氨氮是稀土行业的主要特征污染物之一，不仅会通过渗滤作用进入地下水，且可能在雨水冲刷和地表径流的作用下流入附近的河流，导致水中“三氮”浓度剧增，严重污染矿区周边水环境，对生态安全与人体健康构成威胁。

1.2.2.1 地下水酸化

离子型稀土开采是通过浸矿剂中活跃的阳离子置换出吸附在矿体表面的稀土离子，再对富含稀土离子的浸出母液进行一系列收集与提纯的过程。常用的硫酸铵、碳酸铵浸矿剂为强酸弱碱盐，其水溶液呈酸性-弱酸性，浸矿剂浸出过程会造成土壤与地下水的酸化。龙南稀土矿区表层土壤pH值分布范围为4.5~6，深层土壤分布范围为3~4，与原始土壤pH值相比酸化严重（刘斯文等，2015）。赣南足洞稀土矿区土壤酸化严重，$pH_{未开矿土壤}=5.73>pH_{矿区下游土壤}=4.87>pH_{淋洗中尾矿土壤}=4.63>pH_{尾矿土壤}=3.87$（任富天，2021），地下水pH最小值为5.17（陈仁祥等，2021）。粤北某离子型稀土矿区地下水pH值范围为4.49~7.26，总体偏酸性，相较于枯水期，丰水期pH值更低（袁平旺等，2022）。赣中南某离子型稀土矿区地下水pH值分别为4.32和6.10，明显低于矿区边缘对照样品的6.72（张世葵和王太伟，2012），矿区所在月子河流域和龙头流域地表水体丰水期、枯水期、平水期pH值平均值分别为5.47、4.73和5.38，水质酸化明显（师艳丽等，2020）。

酸化的地下水会引发一系列生态环境问题和工程问题：

① 酸性地下水可能导致土壤营养素（如钙、镁等基本阳离子）被洗脱，进一步降低土壤肥力，影响植物的生长；

② 酸化的水体往往具有较低的缓冲能力，会导致水体中的污染物质难以降解，增加水体污染的风险；

③ 长期饮用酸化的地下水可能会导致人体健康问题，如胃肠道疾病、龋齿等；

④ 酸化的地下水具有较强腐蚀性，可能对地下管道、地下建筑等基础设施造成损害，缩短设施的使用寿命，进而导致工程质量问题。

1.2.2.2 “三氮”污染

离子型稀土矿区地下水中的NH_4^+主要来源于两方面：一是过量浸矿剂中的NH_4^+会直接进入地下水；二是浸矿剂在注入过程中NH_4^+被吸附到矿区土壤中，在降雨的淋浸下又会通过浓度差作用随雨水继续进入水体（伏慧平等，2021）。NH_4^+在氧和微生物的作用下会发生硝化和反硝化作用，形成NO_2^-、NO_3^-（沈照理等，1999）。粤北某离子型稀土矿地下水氨氮浓度达到45.2mg/L（袁平旺等，2022）。矿区周边水环境受采矿影响也较显著，高浓度硫酸铵可随山体滑坡直接出露地表，导致崩塌山体表层土壤氨氮含量高出未崩塌山体31.4倍，强烈的水土流失携带高浓度氨氮泥沙可在矿区沟道水体中进一步富集（李宇等，2021）。流经定南县某离子型矿区的濂江月子河流域与龙迳河龙头流域水体氨氮浓度分别为0.01~24.80mg/L和0.03~200.0mg/L，劣V类水点位数高达65%以上，尽管氨氮经地表水和地下水稀释后其浓度随迁移距离的延长有所衰减，但仍长期稳定在高位水平（师艳丽等，2020）。

“三氮”污染是一种严重的水体污染问题，其危害主要表现在以下几个方面。

① 对生态安全的破坏。高浓度的氨氮和亚硝酸盐氮进入水循环系统，会导致水体缺氧，影响水生生物的生存和繁殖，造成生物多样性减少和水生生物种群数量的下

降；硝酸盐氮是植物吸收的主要氮源之一，但过量的硝酸盐氮会导致土壤盐渍化，降低土壤肥力，破坏植被生长环境。

② 对人体健康的危害。长期饮用含有高浓度“三氮”污染的水可能导致健康问题。例如，氨氮对人体胃肠道有刺激和腐蚀作用，可引起恶心、呕吐、腹痛等症状，经呼吸道摄入后可能对肺部造成刺激；亚硝酸盐氮在胃内可与胺类物质结合形成强烈的化学致癌物质——亚硝胺，增加患癌风险；硝酸盐氮本身对人体健康的直接危害较小，但在特定条件下可能转化为亚硝酸盐氮，进入居民饮用水源或通过灌溉水进入农作物中，对人体健康造成潜在威胁（王夏童等，2021）。

1.2.2.3 重金属污染

离子型稀土开采过程中，高浓度硫酸铵、碳酸铵等浸矿剂会改变土壤环境条件（如pH值、Eh值等），激活矿体中伴生的重金属元素，造成矿区及周边土壤和水体不同程度的重金属污染。江西省龙南市某离子型稀土矿区周边耕地土壤中Pb、Zn、Mn、Cd含量分别达到了土壤环境背景值的2.26倍、1.42倍、1.7倍、1.4倍（杨贤房等，2022）。福建省长汀县某离子型稀土矿区周边耕地土壤Cd含量甚至超出《土壤环境质量标准》（GB 15618—1995）二级标准的10.71倍，土壤重金属潜在生态风险指数高达373.664，处于强度生态危害程度（李小飞等，2013）。粤北某离子型稀土矿区地下水Pb、Cd、Mn污染程度较高且同源性较强，污染浓度与浸矿剂存在密切关系（袁平旺等，2022）。江西省安远县某稀土矿开采区浅层地下水水样中的锰含量远超过《地下水质量标准》（GB/T 14848—2017）中的规定限值（卢陈彬，2020）。陈志澄等（1995）对南方某稀土矿区环境水体中重金属的化学形态及其迁移转化研究表明，矿区周边Pb、Cd、Cu、Zn等重金属污染较为严重。

地下水重金属污染的危害主要包括以下几个方面：

① 对水生生态的破坏。重金属通过水循环系统进入地表水环境中，会影响水生生物的生长和繁殖；受重金属污染的地下水用于农业灌溉时，重金属会在土壤中积累，降低土壤肥力，影响农作物的生长和产量，还可能通过生物积累和食物链传递，导致顶级生物受到更大的危害。

② 对人体健康的危害。重金属如Pb、Cd、Cr等具有显著的生物毒性，长期饮用含有重金属的地下水会导致各种健康问题。例如，Pb可以影响神经系统和肾脏功能；Cd可以导致肾功能失调和骨质疏松；Cr^{6+}具有强毒性，长期摄入可能引发癌症等疾病（刘静等，2018）。此外，重金属还可以通过食物链富集，进一步增加对人体的危害。

1.2.2.4 稀土元素污染

残留在离子型稀土矿中有效态组分的稀土元素极易受降雨冲刷等作用释放到周边

环境。稀土元素被认为是一类环境新污染物，尽管缺乏相应的标准来评价其污染程度，但仍需探索稀土元素的来源及迁移特征来阐明其对环境造成的影响。由于稀土元素具有可追溯性，矿区及周边环境体系中显现出的稀土元素异常现象和分馏模式揭示了稀土元素的迁移特征。例如，与大多数$REEs^{3+}$不同，Ce^{3+}很容易氧化成Ce^{4+}，并以难迁移的CeO_2形式存在，而Eu^{2+}可以替代斜长石（离子型稀土矿的原生硅酸盐矿物）中的Ca^{2+}、Sr^{2+}和Na^{+}等，这些将导致矿区土壤及周边环境体系中出现不同程度的Ce、Eu异常现象（Tyler，2004；Laveuf and Cornu，2009；Liu et al.，2018）。

地下水稀土元素污染的危害同样可以分为对生态安全的破坏和人体健康的危害。一方面，稀土元素对水生生态系统的生物多样性具有显著作用，可以降低藻类的生物多样性指数，更重要的是稀土元素会在以鱼类为代表的诸多水生生物体内富集，影响其体内酶和脂质过氧化水平（孟晓红等，2000）；此外，高浓度的稀土元素会抑制植株根系伸长率，显著降低农作物发芽率，并与细胞膜蛋白结合，抑制细胞内酶的活性（MA et al.,2010）。另一方面，稀土元素对人体健康的危害主要有钇、镧、铈、钕、钆、铽、镱，可能会造成氧化压力并对肝脏、肺部和一些基本器官产生细胞毒性（王帅等，2021）；镧可能致使儿童智商下降；钕可能导致恶心、呕吐等身体不适反应；钆在严重情况下，可能导致过敏性休克甚至致人死亡（王玉洁等，2021）。

1.3 稀土矿区地下水污染修复技术

我国是离子型稀土矿分布最集中的国家，稀土开采活动始于20世纪70年代，由于长期过度无序的开采状态、落后的生产工艺、粗放的经营方式，使得离子型稀土矿区地下水污染成为我国典型的地下水污染问题（郑先坤，2019）。稀土矿区地下水普遍呈酸性，污染组分主要有氨氮、硝酸盐氮、重金属和稀土元素等，其中氨氮、硝酸盐氮浓度可达数十甚至数百毫克每升，远超《地下水质量标准》（GB/T 14848—2017）Ⅲ类标准（氨氮0.5mg/L、硝酸盐氮20mg/L），对矿区及周边地下水和生态安全构成极大威胁（吴丁雨，2018）。

针对离子型稀土矿区地下水污染的修复技术可分为异位修复技术和原位修复技术。异位修复技术主要为抽出处理技术，原位修复技术则包括可渗透反应墙技术、原位化学修复技术、原位微生物修复技术、植物修复技术、原位阻隔技术、监测自然衰减技术等。不同地下水污染修复技术有各自的优缺点、适用性、修复效率、修复成本、修复时间等。

1.3.1 抽出处理技术

1.3.1.1 技术介绍

抽出处理技术（pump and treat，P&T）是应用最广泛的地下水污染异位快速处理方法，其原理在于根据地下水污染分布特征与水文地质条件，设计并布设抽水井，随着抽水过程中抽水井水位不断下降，在井周围形成地下水降落漏斗，使污染地下水不断流向抽水井，地下水抽出后利用地表污水处理设施进行集中处理，水质达标后通常注回地下水含水层或排入污水管网系统（图1-12）。

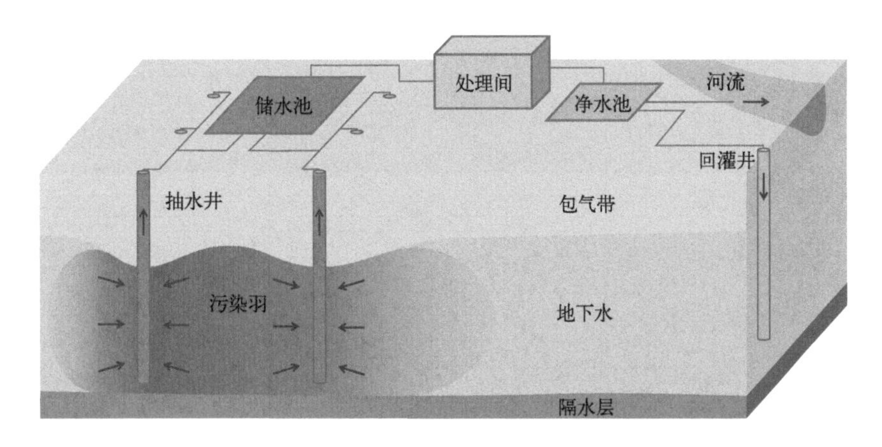

图1-12 抽出处理技术示意

1）抽出处理技术主要优点

① 所需地下设备少，施工较为简单，可通过技术工艺成熟的地表污水处理设施去除水中氨氮、硝酸盐氮、重金属和稀土元素等污染物；

② 早期处理见效快、成本低。

2）抽出处理技术主要缺点

① 地表污水处理设备操作和维护成本较高，并且修复后期随着地下水中污染物浓度减少，修复性价比相应降低；

② 对于在矿区含水层介质中吸附性较强、污染存量较大的污染物，会出现拖尾或反弹现象。

1.3.1.2 适用性分析

抽出处理技术适用于稀土矿区渗透性较好的孔隙、裂隙含水层以及重度污染区域大规模的地下水污染修复。针对稀土矿区地下水中的氨氮、硝酸盐氮、重金属和稀土元素污染，其地表污水处理方法可采用物理法、化学法、生物法以及复合法。抽出处理技术适用性分析结果见表1-1。

表1-1　抽出处理技术适用性分析

处理方法		目标污染物	优点	局限性
物理法	吹脱法	氨氮	效率较高，设备简单，操作方便	矿区地下水呈酸性，需要投加大量的碱剂调节pH值，持续曝气吹脱能耗高
	膜过滤法	氨氮、硝酸盐氮、重金属、稀土元素	能耗低，去除率高，环境友好	日处理能力有限，受滤膜品种、性能和成本的限制，不适用于矿区大规模污染地下水的处理
	吸附法	氨氮、硝酸盐氮、重金属、稀土元素	效率高，设备简单，操作方便	需考虑吸附剂的经济性，以及饱和吸附材料的处理处置
化学法	化学沉淀法	氨氮、重金属、稀土元素	运维成本低，效率较高，设备简单，操作方便	矿区地下水呈酸性，需要投加大量的碱剂调节pH值，还需考虑沉淀污泥的处理处置
	化学氧化法	氨氮	运维成本低，效率高	反应条件不易调控，设备运维成本高，易产生副产物，不适用于矿区地下水复合污染修复
	化学还原法	硝酸盐氮	运维成本低，效率高	反应条件不易调控，氨氮与硝酸盐氮相互转化，难以完全脱氮，不适用于矿区地下水复合污染修复
生物法	厌氧生物法	硝酸盐氮	效率较高，环境友好	设备操作较为复杂，需考虑沉淀污泥的处理处置
	好氧生物法	氨氮、硝酸盐氮	效率较高，环境友好	设备操作较为复杂，需考虑沉淀污泥的处理处置
复合法	多级强化法	氨氮、硝酸盐氮	运维成本低，环境友好	适用于矿区地下水高浓度氨氮和硝酸盐氮污染修复

（1）物理法

物理法包括吹脱法、膜过滤法、吸附法等。

1）吹脱法

吹脱法在高pH值条件下将NH_4^+转化为游离氨（NH_3），然后通入空气使废水中NH_3转移至气相从而去除。张成明等（2021）利用真空泵对模拟废水进行空气吹脱，在pH=8.23、T=50℃的条件下处理1h后，废水中氨氮从533.60mg/L下降到193.90mg/L，去除率达63.7%。邓杨等（2023）在pH=10、T=50℃的条件下吹脱90min，去除了焦化废水中90.7%的NH_4^+-N和88.7%的TN。虽然物理吹脱法能快速使氨氮发生转化，但在矿区酸性地下水修复中需要投加大量的碱剂提高pH值；此外，该方法能耗高，性价比较低，且易造成氨的二次污染，不适用于大规模的地下水氨氮污染修复。

2）膜过滤法

膜过滤法是通过空间位阻效应和道南效应截留废水中离子和有机物的方法，具有能耗低、效率高、环境友好的特点。陈伯志等（2023）采用纳滤膜去除了高浓度垃圾渗滤液中超过 89.8% 的氨氮。蔡孝楠等（2021）研究表明纳滤膜对于微污染水体氨氮污染也具有较好的截留作用，氨氮平均去除率为 82.3%。桂双林等（2020）研究了超滤 - 反渗透组合工艺对稀土冶炼废水的处理，处理后水中 Zn、Cu 和 Pb 的整体去除效率分别为 98.3%、95.3% 和 96.0%。然而，处理后会造成严重的膜污染问题，导致膜通量降低、截留性能下降，也增加了清洗成本和更换运行成本，不适用于矿区大规模的地下水氨氮污染修复。

3）吸附法

吸附法是利用多孔性固体物质来吸附水中的污染物从而使水得到净化的方法，具有操作简单、基建投资费用少、污染物去除效率高等优点。许醒等（2010）采用改性碳质吸附剂，对硝酸盐氮的最大吸附量约 12.0mg/g。任世刚（2024）研究了改性黏土矿物对稀土废水中氨氮的去除效果，最大吸附量可达 11.6mg/g。陈燕（2023）研究表明表面改性的蛭石基吸附材料可通过孔隙固定、离子交换以及静电吸引有效去除稀土废水中的镧（La）、钇（Y）等污染物，最大吸附量分别达 40.0mg/g、24.3mg/g。吸附法在实际应用中的局限性主要在于吸附剂的经济性以及饱和吸附材料的处理处置。

（2）化学法

化学法分为化学沉淀法、化学氧化法和化学还原法。

1）化学沉淀法

针对氨氮污染，化学沉淀法主要通过加入磷酸盐、氯化镁等化学试剂，与氨氮反应形成磷酸铵镁盐沉淀，从而去除水中的氨氮。朱健玲等（2022）针对江西省定南县某稀土矿区地下水氨氮污染，采用地下水抽出处理技术开展了离子型稀土矿区地下水的风险管控，通过加入磷酸二氢钠生成难溶的磷酸铵镁沉淀去除氨氮，处理前后氨氮浓度从 50mg/L 降至 <15mg/L。何彩庆等（2021）采用 MAP（鸟粪石、磷酸铵镁）- 树脂联用工艺处理稀土冶炼产生的高浓度氨氮废水，反应 90min 后出水氨氮浓度为 7.25mg/L，去除效率可达 98.55%。针对重金属和稀土元素，化学沉淀法主要通过加入重金属螯合剂、碱性沉淀剂，通过多种螯合基团去除水中的金属离子。蔚龙凤和王海珍（2023）研究了螯合沉淀法从稀土冶炼废水中去除铅、锌、镉等重金属，结果表明二甲基二硫代氨基甲酸钠螯合剂对稀土冶炼废水中的重金属的去除效果最好，反应后稀土废水能够达到排放标准。杨子依（2023）采用碱性改性粉煤灰和聚合氯化铝（PAC）去除了稀土废水中 98.9% 的重金属铅。

2）化学氧化法

化学氧化法主要为折点加氯法，即向水中通入适量的氯气，利用生成的次氯酸强氧化性，将水中氨氮氧化为氮气，过硫酸盐、臭氧、次氯酸盐等氧化剂也可用于氨氮的氧化去除。罗宇智等（2015）采用化学沉淀-折点加氯法去除稀土冶炼废水中的氨氮，结果表明，反应时间15min后废水中氨氮浓度可由250mg/L降至8.35mg/L。化学氧化法通常需要用到数倍于氨氮含量的化学药剂，工艺调控难度较大，设备运维成本高。

3）化学还原法

化学还原法是利用还原剂将水中NO_3^--N还原成低价氮，主要包含催化还原法、活泼金属氧化法等。Yoshinaga等（2002）研究表明在酸性条件下以Al_2O_3等金属氧化物为催化剂可将水中的NO_3^--N转化为N_2，但是随着反应进行，催化剂易被腐蚀溶出，催化性能下降。刘雪妮等（2017）制备生物炭负载纳米零价铁（NZVI/BC）去除水中NO_3^--N，研究表明NZVI/BC对NO_3^--N去除率可达96%，但会产生NH_4^+-N等副产物。

（3）生物法

生物法包括厌氧生物法和好氧生物法，是指特定的生物利用水中氨氮、硝酸盐氮作为自身生长的营养物质，通过微生物代谢从而达到去除的目的。

生物法主要利用活性污泥中的硝化菌、反硝化菌、厌氧氨氧化菌，将氨氮、硝酸盐氮最终转化为氮气，该方法广泛应用于污水处理厂，是污水脱氮最为经济有效的方法。盛晓琳等（2018）将富集的硝化污泥应用于高氨氮负荷的污水处理系统中，结果表明投加2%硝化污泥后氨氮去除率高达99.0%。杜丛等（2015）利用序批式生物反应器（SBR）开展了反硝化脱氮工艺条件优化研究，在18h内硝酸盐最高去除率可达95%，TN去除率为90%。常根旺（2023）研究表明在TN进水浓度为150mg/L的条件下，采用短程反硝化-厌氧氨氧化工艺可实现TN出水浓度<15mg/L。生物法通常具有较高的脱氮效率，然而受污染地下水抽出后再利用微生物处理，会增加培养微生物的费用，且处理大规模地下水污染产生的活性污泥还需进一步处理处置，增加运维成本。

（4）复合法

鉴于单一修复技术的优缺点，可将抽出处理技术与其他多种修复技术相结合，形成以生物化学法联用为基础的多级强化修复技术。该技术是一种由抽水系统、补水系统、修复填料层、覆土层、导气管、修复植物及监测系统组成的地下水污染修复技术工艺。裴宇（2015）在某填埋场开展了地下水污染多级强化修复中试，将污染地下水抽出后以渗流的方式均匀地注入填料层，经沸石、微生物、植物修复区对氨氮进行逐级去除。地下水氨氮初始浓度平均为10.48mg/L，修复系统连续运行23d，氨氮平均去除率约为74%，除抽出系统能耗外，运维成本低。

1.3.2 可渗透反应墙技术

1.3.2.1 技术介绍

可渗透反应墙技术（permeable reactive barriers，PRB）是将活性填料组成的构筑物垂直于地下水水流方向，地下水流经反应墙，通过物理、化学及生物作用，使污染物得以有效去除的地下水污染净化技术（图 1-13）。可渗透反应墙分为连续墙式和漏斗门式，常用的填充介质包括零价铁、微生物、活性炭、生物炭、沸石、石灰等。

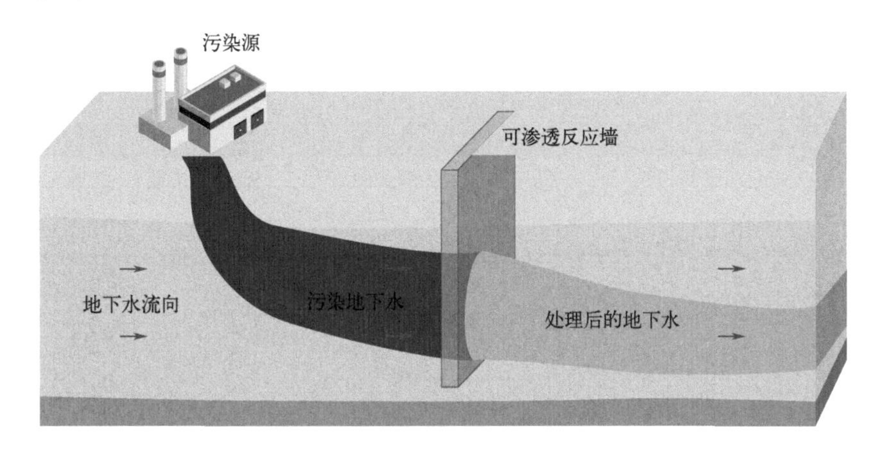

图1-13 可渗透反应墙技术示意

1）可渗透反应墙技术主要优点

① 可渗透反应墙为“被动”修复技术，对地下水扰动小；

② 填充介质消耗较慢，具备几年甚至几十年的处理能力；

③ 没有或仅有很少的地面设施，占地少。

2）可渗透反应墙技术主要缺点

① 可渗透反应墙介质容量有限，对于高污染负荷场地，填料需要适时更换；

② 填充介质反应后表面可能发生沉淀或形成钝化层堵塞孔隙，墙体渗透性下降，地下水绕流使得污染物无法充分反应去除；

③ 工程设施投资较大，施工工艺较复杂。

1.3.2.2 适用性分析

可渗透反应墙技术适用于稀土矿区下游地下水污染的管控与修复，通常布设于渗透性较好的孔隙、裂隙含水层，且埋深不宜过大，否则会增加施工费用和设备材料，反应墙填料更换难度也相应加大。针对稀土矿区地下水中的氨氮、硝酸盐氮、重金属和稀土元素污染，可通过在反应墙体内填充活性填料进行修复。根据污染物的去除机理，可将可渗透反应墙分为化学沉淀反应墙、物理吸附反应墙、氧化还原反应墙、生物降解反应墙。

可渗透反应墙技术适用性分析结果见表1-2。

表1-2 可渗透反应墙技术适用性分析

反应墙类型	填料	目标污染物	优点	局限性
化学沉淀反应墙	磷酸盐、镁盐、石灰	氨氮、重金属、稀土元素	效率较高	填料易堵塞，降低反应墙渗透性能，难以长期运行，且沉淀物可能重新释放进入地下水
物理吸附反应墙	沸石、活性炭、生物炭、离子交换树脂等	氨氮、硝酸盐氮、重金属、稀土元素	运维成本低，效率高，环境友好	吸附材料容量有限，饱和后需及时更换填料，并进行合理处理处置
氧化还原反应墙	零价金属等	硝酸盐氮、重金属、稀土元素	运维成本低，效率高	反应过程中易产生二次污染
生物降解反应墙	微生物、有机碳源等	氨氮、硝酸盐氮	运行寿命长，效率高	有机碳源过量易造成二次污染

（1）化学沉淀反应墙

化学沉淀反应墙可选用磷酸盐、镁盐、石灰作为填料，将氨氮、重金属、稀土元素等污染物以沉淀的形式去除，沉淀反应机理与抽出处理技术中的沉淀法相同。曾婧滢等（2014）研究表明石灰石等碱性沉淀剂能够去除水中重金属污染，但反应产生的沉淀物会堵塞反应墙，影响墙体水力性能，不利于反应填料与污染物的充分反应，使得反应墙难以长期高效运行。Scherer等（2000）研究了以磷灰石作为PRB填料，通过溶解释放磷酸盐，促进重金属离子的沉淀，从而达到去除重金属的目的。然而，研究同时发现重金属的沉淀去除过程是可逆的，会随着地下水pH值变化而发生改变，在特定条件下沉淀的重金属将重新溶解进入地下水。且该技术产生的沉淀物易堵塞填料，使反应墙的渗透性能降低，甚至会导致地下水的绕流。

（2）物理吸附反应墙

物理吸附反应墙主要是通过吸附剂（如沸石、活性炭、生物炭、离子交换树脂等）吸附氨氮、硝酸盐氮、重金属来达到去除污染物的目的。其中，沸石是应用最广泛的吸附填料，具有大量的孔洞和孔隙，对氨氮有很强的吸附能力，对于硝酸盐氮也有一定的吸附作用。蒋建国等（2003）用沸石去除填埋场垃圾渗滤液中的氨氮，沸石对氨氮的最大吸附量可达15.5mg/g。董军等（2003）以沸石、活性炭、零价铁为填料介质设计了PRB去除垃圾填埋场地下水中的氨氮，结果表明TN可从50mg/L降到10mg/L以下，氨氮去除率达到78% ~ 91%。张满成等（2022）采用离子交换树脂作为反应墙活性填料去除了水中硝酸盐氮污染，结果表明离子交换树脂的吸附容量约为154mg/g，经过14次吸附-再生重复利用后树脂再生率仍大于87.08%。李子邦等（2024）构建了竹炭-沸石混合可渗透反应墙，有效去除了地下水中重金属镉污染，使其污染迁移延缓十余年。物理吸附反应墙存在的主要问题是吸附材料容量有限，一旦吸附量超过其最大容量，污染物将直接穿透反应墙，在实际应用过程中需要定期跟踪监测并及时更换填料，恢复反应墙修复能力。

（3）氧化还原反应墙

氧化还原反应墙应用较广，主要通过加入还原性反应填料来达到去除污染物的目的，对硝酸盐氮污染去除效率较高。零价铁（Fe^0）是PRB中最为常用的还原剂材料，全球建立的超过200个PRB系统中有120个以Fe^0为基础介质。零价铁具有来源广泛、价格低廉、还原性强的优点，能将硝酸盐氮中高价态的氮还原至较低价态。但Fe^0还原NO_3^-过程易产生NH_4^+二次污染，影响地下水水质，不适宜作为单一填料用于地下水脱氮。赵倩倩等（2010）在Fe^0-PRB修复基础上对介质材料进行改良，将微生物与Fe^0一起培养驯化，使硝酸盐氮的去除率提高至90%，且次生污染几乎不可检出。钟鑫莲等（2024）总结了零价铁生物炭复合材料对地下水中重金属的去除效果，结果表明复合材料能够还原并吸附五价钒、六价铬、铀等金属离子。

（4）生物降解反应墙

生物降解反应墙是通过反应填料为硝化、反硝化微生物提供电子受体和营养物质，将氨氮转化为硝酸盐氮，将硝酸盐氮转化为氮气。在PRB中，硝化与反硝化依赖微生物、溶解氧和有机碳源，溶解氧通常来源于以MgO_2、CaO_2等固态过氧化物为主要成分的缓释氧化颗粒，有机碳源则主要为木屑、秸秆、生物炭等生物质填料。Robertson等（2000）以锯末等固体碳源为填料构建了PRB系统，利用微生物异养反硝化作用去除了地下水中58%～91%的NO_3^--N。Huang等（2015）针对地下水氨氮污染在中试尺度上构建了由缓释氧化剂和沸石组成的反应墙，通过生物硝化、物理吸附方法，PRB对氨氮的去除率大于99%。Chen等（2022）在傍河区构建了物理吸附-生物降解反应墙、通过沸石和微生物作用，去除了地下水中超过95%的氨氮。生物降解反应墙去除效率高、使用寿命长，但是应用过程中需合理配比填料，有机碳源过量会使得地下水耗氧量等指标超标，造成二次污染。

1.3.3 原位化学修复技术

1.3.3.1 技术介绍

原位化学修复技术（in situ chemical remediation，ISCR）可分为原位化学氧化法和原位化学还原法，是指向地下水污染区域注入强氧化剂或强还原剂分解或转化地下水中污染物的修复技术，污染物经过氧化还原反应形成对环境无害或低毒物质，从而达到修复地下水污染的目的（图1-14）。常见的强氧化剂包括氯气/次氯酸、臭氧、过硫酸盐、高锰酸盐等，强还原剂包括纳米零价铁、连二亚硫酸钠、亚硫酸氢钠等。氧化还原修复剂注入地下水的方式主要有注射井注入、直推式注入、高压旋喷注入等。

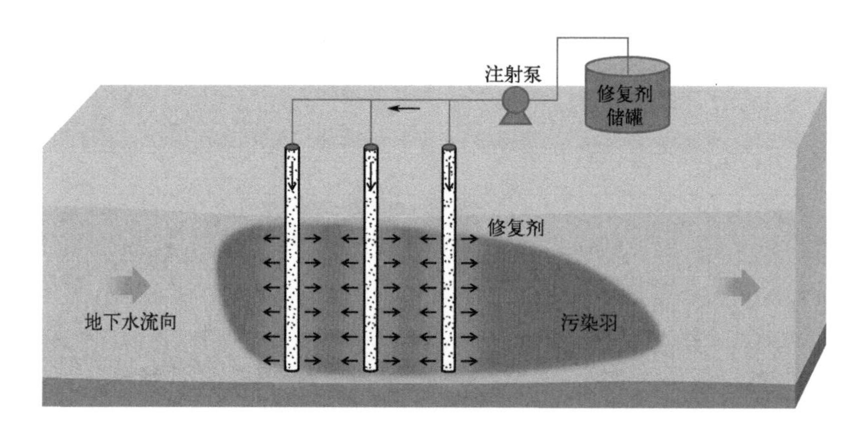

图1-14 原位化学修复技术示意

1）原位化学修复技术主要优点

① 化学反应速度快，污染物去除效率高；

② 化学反应强度大，对污染物性质不敏感，可同时处理多种污染物。

2）原位化学修复技术主要缺点

① 场地水文地质条件可能会限制修复剂的传输。在渗透性较差区域（如黏土层中），修复剂可能堵塞介质孔隙而无法注入，或者由于试剂迁移距离较短，为达到修复目标需要增大修复剂的投加量；

② 强氧化还原剂的反应过程是非选择性的，除了与目标污染物反应外，可能还会与其他污染物反应而产生有毒副产物；

③ 反应受地下水和含水层介质中的pH值、腐殖酸等因素影响而消耗大量修复剂。

1.3.3.2 适用性分析

原位化学修复技术适用于稀土矿区渗透性较好的孔隙、裂隙和岩溶含水层中，技术关键在于针对不同的污染物种类和场地水文地质条件，选择相应的修复剂种类、浓度配制比例、修复剂注入方式、速率与频次等。针对稀土矿区地下水中的氨氮、硝酸盐氮污染，可分别采用化学氧化法、化学还原法进行修复。重金属和稀土元素的价态改变对其毒性具有一定影响，但无法从根本上去除污染物，且可能在含水层氧化还原条件作用下进一步改变价态而逐渐恢复其毒性，因此原位化学法不适用于该类污染物的去除。

原位化学修复技术适用性分析结果见表1-3。

表1-3 原位化学修复技术适用性分析

修复方法	修复剂	目标污染物	优点	局限性
原位化学氧化法	氯气/次氯酸	氨氮	氧化能力较强，效率高	氯投加量大，成本高，注射量调控难度大，易造成地下水氯离子污染，还可能与其他污染物反应产生二次污染
	臭氧		氧化能力较强	需现场制备，成本高，氮气转化率低
	过硫酸盐		具有很强的氧化能力，选择性强、稳定性好	反应过程会产生硫酸盐二次污染
	高锰酸盐		pH值适用范围广，能去除铁、锰、有机复合污染	对氨氮去除效果较差
原位化学还原法	纳米零价铁	硝酸盐氮	具有较强的还原能力，对地下水中其他污染物也具有较好的去除效果	反应过程中易产生氨氮二次污染，不宜作为单一修复方法使用
	连二亚硫酸钠		具有较强的还原能力	仅在酸性条件下反应，产物为NO，无法转化为无害化的N_2
	亚硫酸氢钠		具有较强的还原能力	仅在酸性条件下反应，产物为NO，无法转化为无害化的N_2

（1）原位化学氧化法

对于具有还原性的氨氮污染，可采用原位化学氧化法进行去除，强氧化剂包括氯气/次氯酸、臭氧、过硫酸盐、高锰酸盐等。适用氯气/次氯酸氧化氨氮即折点加氯法，氯气量通常为7～10倍于水中氨氮，过多或过少都会导致氨氮含量上升，可用于抽出处理技术中地表污水处理系统中氨氮的去除，但对于地下水原位修复，加氯量难以精准调控，并且易造成地下水氯离子污染，还可能与地下水中其他污染物反应产生二次污染（李烨等，2011）。臭氧具有较强的氧化能力，但是氧化能力具有一定选择性，处理成本较高，通常需与其他金属氧化物催化剂联用。刘海兵等（2017）研究表明MgO对O_3具有较强的催化活性，氨氮去除率可达90.2%，但仅有7.9%的氨氮转化为氮气，主要产物为硝酸盐氮，因此采用臭氧难以实现地下水的完全脱氮。过硫酸盐相较于其他氧化剂具有更强的氧化能力，选择性强、稳定性好，Deng等（2011）研究表明氨氮的去除率很大程度上取决于过硫酸盐的剂量，过硫酸盐投加量越大，氨氮去除率越高，然而过量硫酸盐的注射会造成地下水中硫酸盐的二次污染。

（2）原位化学还原法

原位化学还原法中常见的还原剂包括连二亚硫酸钠、亚硫酸氢钠、多硫化钙、硫酸亚铁、纳米零价铁等。其中，多硫化钙、硫酸亚铁无法与硝酸盐氮发生反应。连二亚硫酸钠、亚硫酸氢钠仅在酸性条件下可将硝酸盐氮转化为温室气体NO，无法实现无害化脱氮。纳米零价铁（nZVI）是地下水中硝酸盐氮污染修复最为常用的还原剂，但是硝酸盐氮与nZVI的反应产物通常为NH_4^+、N_2，Zhang等（2010）研究表明85%以上的硝酸盐氮可转化为氨氮，少数则转化为N_2。

因此，虽然原位化学氧化法和还原法分别对氨氮、硝酸盐氮具有较好的去除效果，但是由于其较高的运行成本、有限的氮气转化率和二次污染风险，单一的原位化学法不适用于地下水中氨氮和硝酸盐氮污染修复，需与其他技术结合以提高脱氮效果。

1.3.4 原位微生物修复技术

1.3.4.1 技术介绍

原位微生物修复技术（in situ microbial remediation，ISMR）是通过刺激含水层中土著降解菌的生长、繁殖，或人为向含水层中注入人工培养、驯化的特定降解菌群，利用微生物菌群自身的代谢作用，将污染物分解成无毒或低毒物质的一种修复技术（图1-15）。对于地下水中的氨氮、硝酸盐氮污染，原位微生物修复技术主要机理为硝化反应和反硝化反应，用于氨氮硝化去除的功能菌主要为氨氧化菌、亚硝酸盐氧化菌，用于硝酸盐氮反硝化去除的功能菌则种类较多，主要来源于变形菌门、拟杆菌门、厚壁门等，此外有部分功能菌能够同步发生硝化、反硝化反应，主要来源于变形

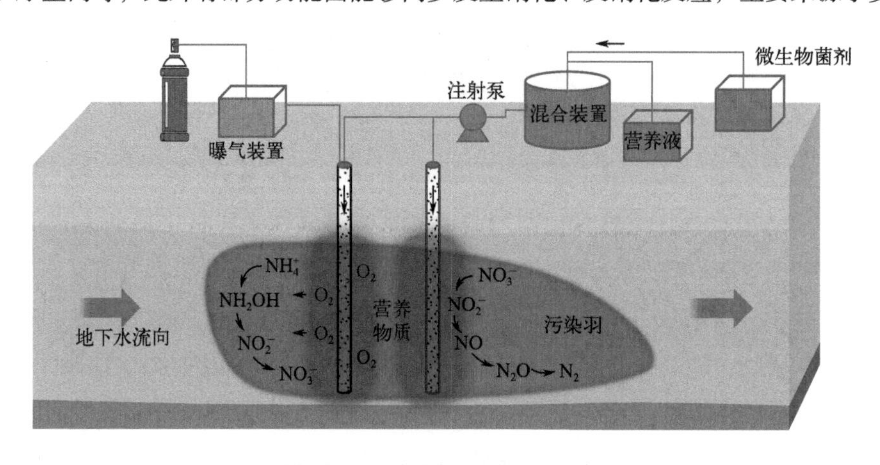

图1-15 原位微生物修复技术示意

菌门、拟杆菌门、厚壁门等。对于地下水中的重金属、稀土元素污染，原位微生物修复主要采用针对性的耐性微生物，通过生物吸附、生物蓄积、氧化还原等作用去除污染物，最常用于重金属修复的菌种是假单胞菌、芽孢杆菌等。

1）原位微生物修复技术主要优点

原位微生物修复技术作为现有技术中对环境影响最小的修复技术，主要优点包括：

① 二次污染风险较小，环境上较安全可靠；

② 所需设备简单，操作方便，修复成本较低；

③ 可处理低浓度污染物，对溶解于水中的污染物和附着在含水层介质中的污染物可以协同降解。

2）原位微生物修复技术主要缺点

① 降解污染物速率较慢，修复周期较长；

② 部分地下水环境不适宜微生物生长，受场地条件限制较明显。

1.3.4.2 适用性分析

原位微生物修复技术适用于稀土矿区地下水中氨氮、硝酸盐氮、重金属和稀土元素的去除。稀土矿区地下水中本身存在土著功能菌，但由于稀土矿区地下水中往往溶解氧含量低、营养物质匮乏、土著微生物代谢活力低，修复过程中可采用生物曝气法、生物刺激法、生物强化法等将氧气、营养物质、功能菌注入含水层中来提高微生物的降解能力。原位微生物修复技术适用性分析见表1-4。

表1-4 原位微生物修复技术适用性分析

修复方法	目标污染物	优点	局限性
生物曝气法	氨氮、硝酸盐氮	能够快速提高地下水溶解氧含量，促进土著微生物好氧降解	适用于地下水微生物含量较高的区域，否则去除效率较低
生物刺激法	氨氮、硝酸盐氮、重金属、稀土元素	能够快速提高地下水营养物质浓度，提高土著微生物的数量、种类和活性	适用于地下水微生物含量较高的区域，否则去除效率较低
生物强化法	氨氮、硝酸盐氮、重金属、稀土元素	能够快速提高含水层中优势降解菌的丰度和营养物质的浓度，去除效率高	所培养的优势降解菌需对场地含水层条件具有适应性

（1）生物曝气法

生物曝气是利用注射井向含水层中引入空气或氧气，强化土著微生物好氧降解，曝气量主要依据微生物降解反应的需氧量来确定。姚建刚（2018）研究了生物曝气对地下水中氨氮的去除效果，结果表明，曝气能够有效去除地下水中的氨氮，去除率为67.9%～79.5%，并且脉冲曝气形成的好氧环境和厌氧环境能够促进微生物的硝化作用和反硝化作用，其脱氮效果高于连续曝气。

（2）生物刺激法

生物刺激指向污染含水层中注入特定的营养物，通过提高土著微生物的数量、种类和活性，刺激土著微生物加速降解污染物的方法。用来生物刺激的营养物质为碳、氮、磷、钾、钙、镁等，由于稀土矿区地下水中已有丰富的氮素，通常根据地下水化学条件，补充注入其他营养物质。Nishida等（2021）模拟地下水氮污染微生物修复，硝酸盐、氨氮初始浓度为10.00mg/L，通过有机碳源葡萄糖的添加，实现了氮去除率超过90%。Ravikumar等（2016）、Cheng等（2023）利用nZVI耦合微生物作用有效去除了地下水中的重金属Cr、Cd。

（3）生物强化法

生物强化是通过把培养的优势降解微生物和营养物质注入污染含水层中来强化目标污染物的消除。对于地下水中微生物数量低于10^4CFU/mL的场地，有必要运用生物强化法进行修复，同时需注意所培养的优势降解菌应满足对矿区场地含水层条件的适应性。稀土废水处理系统中的活性污泥是最佳的功能菌来源，李朝明等（2023）利用稀土高氨氮废水驯化了亚硝化污泥和厌氧氨氧化污泥，结果表明，出水氨氮、亚硝酸盐氮、硝酸盐氮浓度分别为0.38mg/L、0.59mg/L、19.64mg/L，TN去除率平均为79.4%，功能菌门水平主要为变形杆菌（Proteobacteria）、浮霉菌门（Planctomycetes）、拟杆菌门（Bacteroidetes）、酸杆菌门（Acidobacteria）等，属水平主要为亚硝单胞菌属、厌氧氨氧化菌属等。袁浩（2019）从稀土尾矿土壤中识别出了对稀土和重金属均表现出较高耐受性的Brevibacterium sp.B6-7菌株，经过分离和强化后，其对重金属Pb^{2+}和Zn^{2+}的吸附能力分别为19.6mg/g和25.1mg/g，对稀土元素La^{3+}、Ce^{3+}的吸附能力分别为5.5mg/g、3.5mg/g。

在实际工程应用中，上述3种技术可以单独或组合使用，也可以与其他技术结合使用。

1.3.5 植物修复技术

1.3.5.1 技术介绍

植物修复技术（phytoremediation）是利用植物来转移、容纳或转化污染物使其对环境无害的一种很有潜力的绿色修复方法（图 1-16）。植物的吸收、挥发、根滤、降解、稳定等作用，可以净化土壤或水体中的污染物，达到净化环境的目的。植物修复能够吸收固定土壤和浅层地下水中的氮素、重金属和稀土元素，有效减少土壤污染向地下水中的下渗迁移量，降低地下水中的污染物浓度。

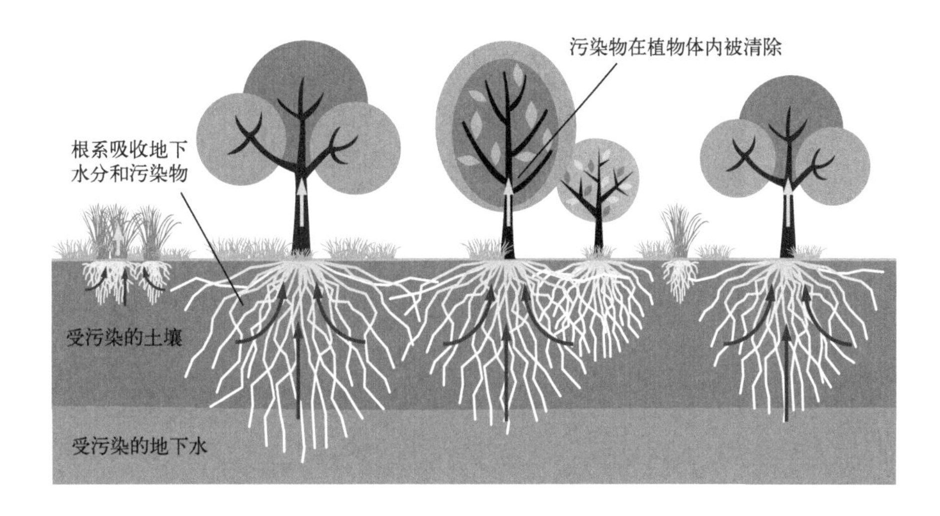

图1-16 植物修复技术示意

1）植物修复技术主要优点

① 无需处理设施，施工方便，成本低廉，环境友好；

② 具有经济效益和独有的景观价值；

③ 能处理单一和混合污染物。

2）植物修复技术主要缺点

① 依赖于植物习性与场地条件的适用性，修复效果取决于植物对污染物和环境的耐受能力；

② 修复效果取决于植物生长周期，修复周期较长；

③ 植物根系深度有限，修复层位仅限于土壤和浅层地下水。

1.3.5.2 适用性分析

植物修复技术适用于地下水埋深较浅的稀土矿区。针对稀土矿区地下水中的氨氮、硝酸盐氮、重金属和稀土元素污染，植物可以通过根系吸附、浓缩、沉淀等作用截留污染物，同时利用植物根际微生物作用去除环境中的氨氮、硝酸盐氮，降低重金属和稀土元素毒性，促进植物生长。可选取的植物类型包括水生植物以及陆生的草本、灌木、乔木植物。

不同植物品种适用性分析结果见表 1-5。

表1-5 不同植物品种适用性分析

植物类型	植物品种	目标污染物	优点	局限性
水生植物	芦苇	氨氮、硝酸盐氮	能适应湿地、旱地等不同的生态环境，繁殖能力强，有固堤、护坡、控制杂草的作用	不适宜作为矿区复绿植物，适宜种植在矿区的生态沟、人工湿地中
	黄菖蒲		耐热，耐旱，喜生长在浅水及微酸性土壤中，能够适应矿区水和土壤环境，具有观赏价值	
	风车草		喜温暖湿润气候，能够吸收氮磷、净化空气	
	美人蕉		喜温暖湿润气候，能耐瘠薄，具有观赏价值	
草本植物草本植物	香根草	氨氮、硝酸盐氮、重金属、稀土元素	易种易活，生长迅速，根系发达，有护坡、固土、涵养水源能力，能够改善土壤理化性质	—
	高羊茅		喜温暖湿润气候，能耐酸、耐贫瘠	—
	猪屎豆		对环境适应性极强，在道路绿化、草坪边坡等园林绿化上具有一定价值	—
	狗牙根		极耐热耐旱，耐践踏，根茎蔓延力很强，广铺地面，是良好的固堤保土植物	抗寒性差，不耐阴，根系浅
	宽叶雀稗		喜高温多雨气候，适应性强，是优良牧草	—
	芒萁		适应酸性土壤环境	—
	美洲商陆		适应能力强	根、果具有毒性
	紫花苜蓿		根茎发达，加强土壤氮循环	—
	两耳草		生长量大，生长快	—
	马唐草		竞争力强，成活率高，覆盖率高，改善土壤成分，能够改变废弃矿山地貌	—
灌木植物	紫穗槐		耐旱、耐湿、耐盐碱，能够防风固沙林、护坡林，是绿化先锋树种	—
乔木植物	桉树		耐瘠薄，适应性强，生长迅速，对稀土元素具有耐性	降低森林涵养水源能力
	马尾松		耐酸性，生长迅速，根系发达，能够改善土壤基质	需防治病虫害
	脐橙		适应性强，促进水源涵养，具有经济价值，对稀土元素具有耐性	需防治病虫害
	山核桃树		长寿，经济，对稀土元素具有耐性	需防治病虫害

植物修复技术目前是离子型稀土矿区土壤修复应用最广泛的技术之一，利用植物修复技术，实现矿区植被演替、土壤改善和生态效应提升。李春等（2022）总结了适用于离子型稀土矿区的植物品种，包括香根草、芒萁等草本植物，以及桉树、马尾松等乔本植物，普遍具有生长快速、根系发达、比表面积大等特点，能够有效促进土壤氮循环，改善土壤结构，对于土壤中伴生的稀土元素、重金属具有较好的耐性和富集效应。李甜田等（2022）研究证实香根草的种植使得土壤中氨氮含量降低76%～79%，TN含量降低74%～85%，重金属Se、Sb去除率超过95%，Pb去除率为50%～70%，Cd去除率为32%～45%，并且根系对稀土元素具有较强的富集作用。植物修复过程中，植物的根际微生物作用也在污染修复中发挥重要作用。Zhao等（2019）就稀土矿区植物修复过程中的微生物群落结构进行了探究，发现变形杆菌门（Proteobacteria）、厚壁菌门（Firmicutes）、酸杆菌门（Acidobacteria）、放线菌门（Actinobacteria）和拟杆菌门（Bacteroidetes）是植物根际土及非根际土中的优势菌群，也是硝化、反硝化功能菌的主要门类。

采用人工湿地、生态沟的方式，利用水生植物去除氨氮、硝酸盐氮污染也是离子型稀土矿区地表水体修复的有效技术手段，能够实现地表、地下协同修复。巫方才（2023）对比了美人蕉、苦草、狐尾藻和芦苇4种水生生物的脱氮效果，结果表明芦苇对水中氨氮去除效果最好，去除率达70%以上。朱士江等（2022）研究了人工湿地中常用的6种水生植物对氨氮的去除效果及耐受性，结果表明菖蒲、凤眼莲、睡莲适用于低浓度氨氮环境，美人蕉和芦苇对高浓度氨氮具有较强的耐受性。

1.3.6 原位阻隔技术

1.3.6.1 技术介绍

原位阻隔技术（in situ barrier，ISB）是通过在污染源周围设置阻隔层，控制污染物迁移或切断污染物与敏感受体之间的暴露途径，避免或减缓地下水中的污染物向环境中迁移扩散（图1-17）。按照阻隔结构的布置方式，可分为垂直阻隔技术和水平阻隔技术。

① 垂直阻隔技术是在场地地基中设置类似地下连续墙的竖向低渗透性结构，深度一般进入下部隔水层，阻断污染物向周边环境迁移扩散。

② 水平阻隔技术是采用水平铺设布置形式将阻隔层布设于地下或地面上或固体废物堆填体之上，阻断污染物向周边环境迁移扩散，或者阻断外界水进入场地土壤、含水层或固体废物堆填体。

原位阻隔技术具有施工方便、材料廉价易得等优点，可有效将污染物阻隔在既定区域控制污染羽扩散。缺点在于无法消除地下水污染物，而且阻隔效果受地下水中

pH值，污染物类型、活性、分布，阻隔层的深度、宽度、长度以及场地水文地质条件等影响。

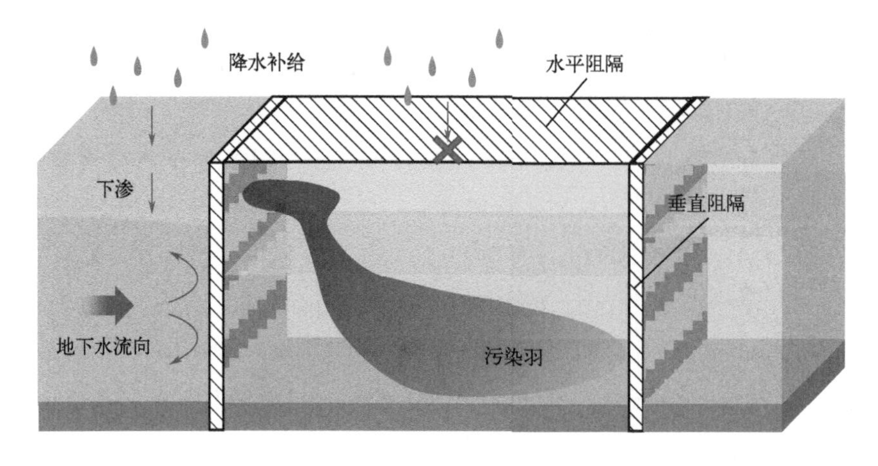

图1-17　原位阻隔技术示意

1.3.6.2　适用性分析

阻隔技术适用于稀土矿区地下水各种介质类型的含水层，工程实际应用中，阻隔墙结构形式需综合考虑墙体渗透性要求、地层岩土性质、施工成本、作业空间等因素，选择相应的阻隔方式和阻隔材料。

不同阻隔材料适用性分析结果见表1-6。

表1-6　不同阻隔材料适用性分析

阻隔方式	阻隔类型	优点	局限性
垂直阻隔	水泥-膨润土墙	强度高、压缩性低，渗透系数通常为10^{-6}cm/s数量级	施工方式为开挖回填，工程造价较高，不适宜深部阻隔
	土-膨润土墙	防渗性优于水泥-膨润土墙，渗透系数通常低于10^{-7}cm/s数量级	
	土-水泥-膨润土墙	强度与水泥-膨润土墙相当，渗透系数与土-水泥-膨润土墙相当	
	HDPE土工膜复合墙	防渗性和耐久性较高，渗透系数可达10^{-12}cm/s数量级，耐化学性能较好	工程造价较高
	塑性混凝土墙	刚度、强度优于水泥-膨润土墙，渗透系数低于10^{-6}cm/s数量级	施工需垂直开槽，工程造价较高，防渗性能劣于其他阻隔墙

续表

阻隔方式	阻隔类型	优点	局限性
垂直阻隔	灌浆帷幕	可填充孔洞或封闭裂隙，渗透系数低于10^{-6}cm/s数量级，工程造价适中，适合深部阻隔	施工钻孔可能存在偏差，需要对帷幕连续性进行检验
水平阻隔	混凝土阻隔	强度高，渗透系数低于10^{-6}cm/s数量级	防渗性能劣于黏土阻隔和柔性阻隔，工程造价较高
	黏土阻隔	渗透系数通常低于10^{-7}cm/s数量级	厚度较大，需结合排水系统、绿化层布设，工程造价高
	柔性阻隔	通常采用HDPE土工膜，渗透系数低于10^{-12}cm/s数量级，抗变形能力较好	存在破损风险，上下需设置保护层

王健男（2022）以六偏磷酸钠（SHMP）和羧甲基纤维素钠（CMC）为改性剂对膨润土进行了改性，并研究了复合改性膨润土对地下水污染的阻隔特性，结果表明改性后膨润土渗透系数达到3×10^{-9} cm/s，远低于未改性膨润土的渗透系数，同时改性膨润土对重金属Ni和Cd具有较好的去除效果，吸附量分别为11.0mg/g和13.8mg/g，是改性前的5.6倍和7.2倍。李琴等（2022）研究了黏土基原位阻隔材料的兼容性能，结果表明黏土阻隔墙在pH值为2～13的地下水环境、阳离子质量浓度不大于4000mg/L的盐环境及无自由相溶解性有机污染环境中，能够保持较好的防渗效果。刘安富等（2021）在某工业遗留污染场地，在污染源四周布设了“塑性混凝土墙+灌浆帷幕”垂直阻隔墙，并在其表面通过铺设HDPE土工布、黏土层、植被层进行了水平阻隔，地下水监测结果表明场地污染得到了有效控制。许增光（2022）在某化工污染地块实施了垂直阻隔、水平阻隔、土壤异位修复，有效改善了地下水及土壤的环境状况，解决了土壤及地下水中污染物的渗透扩散。

1.3.7 监测自然衰减技术

1.3.7.1 技术介绍

监测自然衰减技术（monitored natural attenuation，MNA）是针对易于物理、化学、生物降解的污染物，通过实施有计划的监控策略，利用污染场地自然发生的物理、化学及生物作用，包括生物降解、吸附、扩散、弥散、稀释、挥发、放射性衰减，以及化学性或生物性稳定等，使得地下水中污染物的数量、浓度、毒性、迁移性等因素降低到风险可接受水平（图1-18）。

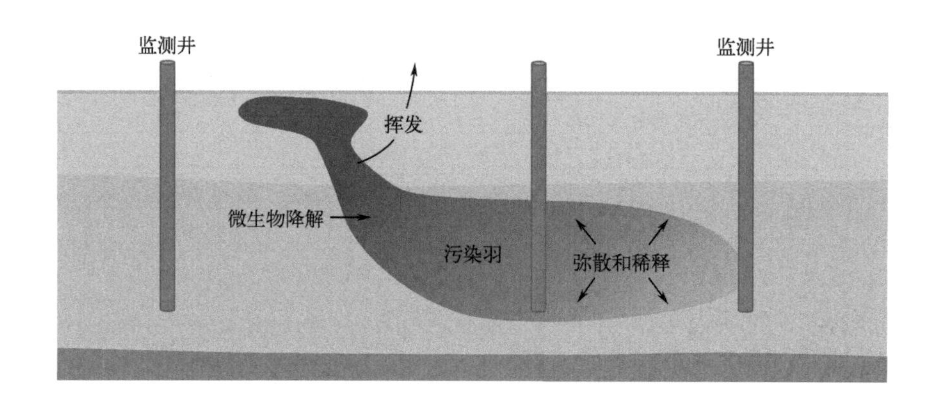

图1-18 监测自然衰减技术示意

1）监测自然衰减技术主要优点

① 修复过程中产生的二次污染物较少，对环境影响较小；

② 地面设施少，费用较低。

2）监测自然衰减技术主要缺点

① 需要较长的监测时间，修复效率低；

② 水文或地球化学条件可能随时间改变，使已稳定或缩减的污染羽重新扩展，对修复效果产生不利影响。

1.3.7.2 适用性分析

离子型稀土矿区地下水中的土著微生物作用对氨氮、硝酸盐氮、重金属、稀土元素具有一定降解和固定作用，监测自然衰减技术理论上适用于稀土矿区地下水低浓度污染修复，可与其他修复技术联合使用，应用于稀土矿区后期修复，但该技术的实际修复效果还有待研究和评估。监测自然衰减技术需要一系列专业的技术和方法保障，包括场地调查与概念模型构建、风险评价、自然衰减持续有效性的评价与验证、监测系统的构建等。其中最核心的技术是评价验证自然衰减的发生，关键的监测指标包括地下水污染物浓度，表征微生物降解的地球化学指标（电子受体供体、特征产物、碱度等）的变化，以及微生物降解菌群的变化，从而评价监测自然衰减技术的有效性。

与其他主动修复技术相比，监测自然衰减技术具有成本较低、操作实施简便、环境影响小、绿色安全以及污染物降解彻底等特点，在场地地下水污染修复中得到越来越多的关注。美国超级基金污染修复报告显示，1990年以后该技术的应用占比显著提升（EPA，2017），很多欧洲国家也在积极推动污染场地的监测自然衰减技术发展，其在场地修复的实践应用呈上升趋势（Declercq et al.，2012）。相较而言，国内关于监测自然衰减技术的研究开展较晚，对污染场地修复中的自然衰减技术的应用还处于试点阶段，尚无真正实施自然衰减修复技术的完整工程应用实例（李元杰等，2018）。

目前，该技术主要应用于土壤和地下水中的有机污染修复。Neslihan等（2018）通过对苯系物（BTEX）的定量评估，成功验证了BTEX的自然衰减过程。Lv等（2013）使用质量通量技术计算出石油类衰减率为0.0046～0.0064d^{-1}，表明仅通过自然衰减就有可能在3年内实现污染场地的修复目标。蒋绪洋（2022）研究了人工促进自然衰减技术对土壤中的多环芳烃的降解，结果表明第70天菲和芘的衰减率分别达91.17%和78.28%，相较于未强化的自然衰减分别提高了1.7倍和1.4倍。

1.4 稀土矿区地下水污染修复问题与挑战

1.4.1 存在的现实问题

（1）矿区土壤中铵态氮残留量大

离子型稀土矿山往往涉及面积较广，土壤中赋存的大量铵态氮会持续溶解释放进入地下水。去表土法、固化法等传统的土壤修复技术难以有效去除矿区土壤残留铵态氮。利用淋洗剂将土壤污染物迁移至地下水中，从而达到去除土壤中铵态氮残留的目的。土壤淋洗技术虽然具有快速、高效的去除能力，但传统的无机酸、无机盐等淋洗剂可能对土壤理化性质产生破坏，不利于生态恢复。采用清水作为淋洗剂对水资源需求量大，由此增加的下渗量会导致地下水污染负荷的大幅度增加。因此，如何有效去除土壤中铵态氮残留，减少对地下水污染负荷的冲击，是离子型稀土矿区地下水污染修复的保障。

（2）矿区土壤和地下水普遍偏酸性

离子型稀土开采常用的硫酸铵、碳酸铵等浸矿剂为强酸弱碱盐，其水溶液呈酸性-弱酸性，在参与完成离子交换反应后，会残留大量的NH_4^+和SO_4^{2-}在矿体中，并通过降雨的淋洗作用和渗透作用在土壤中迁移至地下水中，造成土壤和地下水的酸化，并引发一系列环境与工程问题，如降低土壤肥力，影响植物的生长；降低水体缓冲能力，导致污染物质难以降解；水体具有腐蚀性，可能对地下设施造成损害。因此，如何解决土壤和地下水的酸化问题，确保修复效果和工程质量，是离子型稀土矿区地下水污染修复的重点。

（3）矿区水文地质条件较为复杂

离子型稀土矿区广泛分布于低山丘陵区风化壳中，成矿母岩包括花岗岩、碳酸盐岩及玄武岩等多种类型，受侵蚀基准面、断裂构造等影响，水文地质条件各异。此外，稀土开采过程对矿区地层渗透性、颗粒级配、含水率等产生较大影响，导致包气带与含水层结构、渗透性、地下水补径排特征等水文地质条件变得更加复杂。因此，如何通过水文地质调查，准确刻画矿区地下水流场及径流特征，是离子型稀土矿区地下水污染修复的关键。

（4）矿区地下水污染差异性较大

离子型稀土矿开采工艺的发展经历了池浸、堆浸和原地浸出三个阶段，长期过度无序的开采状态、落后的生产工艺、粗放的经营方式、开采工艺多样、开采区域分散、浸矿剂过量使用等问题普遍存在，导致大量历史遗留矿区地下水污染分布和浓度差异性较大。因此，通过摸清矿区稀土开采历史，识别地下水污染来源及污染分布特征，是离子型稀土矿区地下水污染修复的基础。

1.4.2 面临的技术挑战

（1）针对性的修复技术与工程案例极少

离子型稀土矿区地下水污染修复技术目前主要采用的是抽出处理的异位修复方式，该技术存在干扰大、能耗高的缺点，且对于低渗透性地下水修复效果欠佳。国外发达国家和地区的地下水污染原位修复技术较为成熟，开展了大量以有机物、重金属污染为主的工业场地修复，但针对地下水中氨氮、硝酸盐氮污染的修复工程案例极少。我国地下水污染原位修复技术研究起步较晚，与发达国家和地区存在较大差距，目前大多数仅限于实验室小型模拟、机理研究和工艺探索阶段，针对离子型稀土矿区地下水污染原位修复技术的工程应用案例尚未见报道。

（2）组合式的修复技术亟需开发与应用

离子型稀土矿区水文地质条件和污染状况较为复杂，采用单一的修复技术往往效率较低，优化组合不同的修复技术是地下水污染修复的研究方向。为此，亟须开展离子型稀土矿区地下水污染修复技术集成与应用示范，选择典型矿区，通过水文地质条件详查、地下水污染特征分析以及小试、中试试验研究，优选并集成适用的组合式原位修复技术，研发模块化的修复装备和材料，并进行地下水污染修复工程应用示范。

（3）可复制、可推广的修复模式有待完善

离子型稀土矿区地下水污染修复是一项复杂的系统工程，涉及资金投入、技术集成、修复效果、综合效益、运行管理等多个方面。我国地下水污染修复起步较晚，各方面仍处在发展的初步阶段，亟须建立一套可复制、可推广的地下水污染防治管理模式、经济合理的技术模式和高效运行的工程模式，为同类型矿区地下水污染修复提供有益参考，尤其是推动离子型稀土矿区生态环境质量改善和行业绿色可持续发展。

第 2 章
矿区地质条件调查

2.1 调查概述

2.1.1 调查范围

（1）矿区地理概况

1）地形地貌

矿区位于粤北地区一个周围山地环绕向南倾斜的盆地。盆地东、西、北面以山脉为界，南面为低山丘陵。岭界排列有序，山脉走向以北—北东、北西—西南、东南三向为主。其中东部岭谷为北东向，西部岭谷为北西向，形成明显的弧形构造。矿区南北长约500m，东西宽约300m，面积约108000m^2，坡度以15°～25°为主，最高处为区内南东部，海拔高度约138.42m，最低处为东侧谷地地带，海拔高度约97.07m，相对高差20～40m，矿区中部及东部为沟谷，呈“U”字形，向东或东南方向延伸至东侧的溪流。因稀土开采，区内沟谷遍布，形成坡度陡的开挖边坡及造成较为严重的水土流失。矿区所在区域地形情况见图2-1。

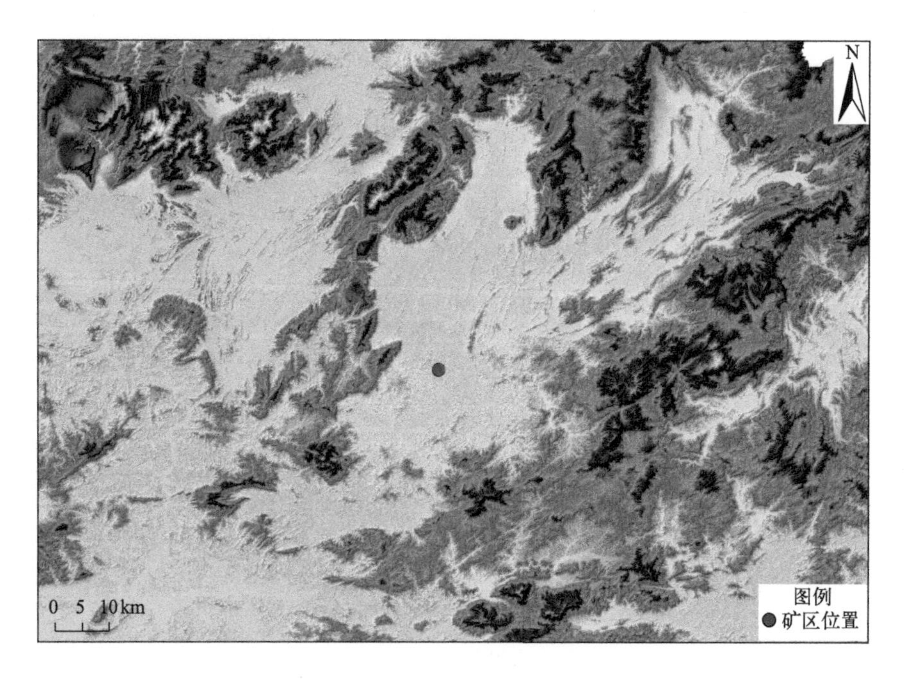

图2-1 矿区所在区域地形

2）气候气象

矿区处于南亚热带向中亚热带的过渡地区，属亚热带季风气候，夏季盛行偏南的暖湿气流，冬季盛行干冷的偏北风。春季（3～4月）乍暖乍冷，多阴雨；夏季（5～9月）炎热，多雨偶旱；秋季（10～11月）清凉干爽，常旱；冬季（12月至翌年

2月）少冷偶寒，云多雨细。多年平均气温21.1℃，年平均气温变化在20.1～22.0℃之间；一年中最冷月份在1月，平均气温11.1℃；最热月份在7月，平均气温28.9℃。年平均降水量1906.2mm，丰水年最多达2657.2mm，枯水年最少为1399.9mm，最多年份与最少年份相差近1倍。一年中雨量多集中在4～9月，降水量1524.2mm，占全年的83.0%。年平均降水（指日降水量≥0.1mm）163.5d，占全年天数的44.8%。一年中5月降水天数最多，平均20.5d；11月最少，平均6.5d。年平均蒸发量1717.9mm。年平均相对湿度77%，最小相对湿度出现在秋冬季节，相对湿度最小值为11%。

（2）调查范围确定

以掌握矿区地下水补径排特征为基准，根据矿区及周边区域地形地貌等特征，设置一般调查区10.35km^2，重点调查区1.1km^2。其中一般调查区为以矿区为中心、由同一补排区域周边山坡脊线围成的区域，重点调查区为以矿区为中心、南北长1.1km、东西宽1km的矩形区域。矿区地质条件调查范围见图2-2（书后另见彩图）。

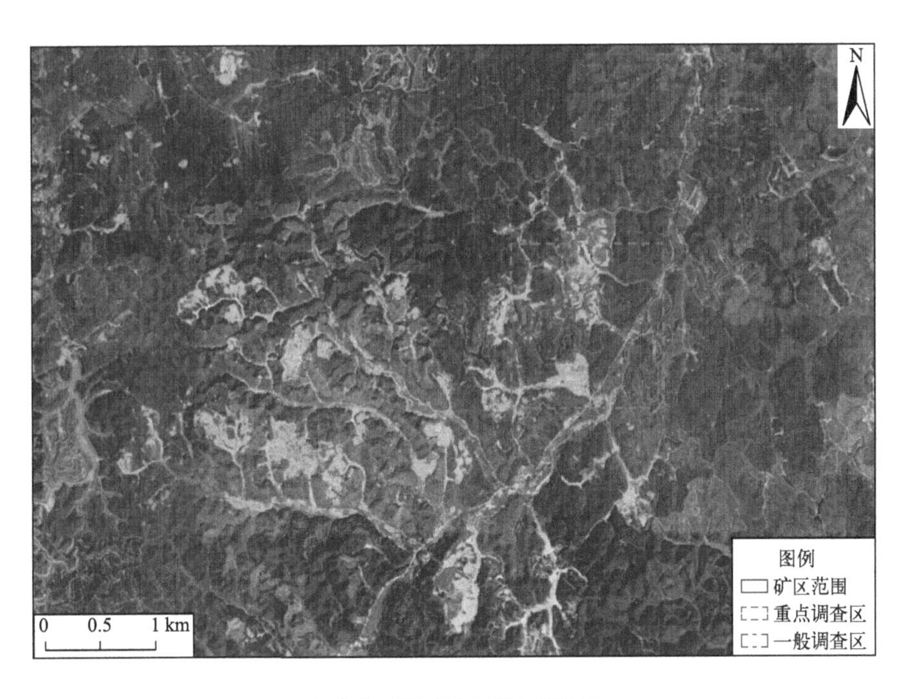

图2-2　矿区地质条件调查范围

2.1.2　调查目的

系统开展矿区地质与水文地质条件详查，查明矿区的地层岩性、地质构造等，明确矿区的含（隔）水层结构、地下水补径排条件等内容。通过开展矿区岩土工程勘察，查明矿区工程地质条件，采用综合评价方法对地基稳定性做出评价，获取岩土工程相关参数。

2.1.3 调查方法

采用资料收集、地形测绘、岩芯钻探等方法，掌握矿区地质条件，明确矿区地质构造、地层岩性与分布等状况。在摸清地质条件的基础上，采用水文地质钻探、水文地质测绘、水文地质试验等方法，结合矿区地形，查明矿区的含（隔）水层结构、地下水类型、地下水补径排条件、地下水动态特征、地下水化学特征等内容。通过岩土工程勘察钻探、岩土工程勘察试验等方法，分析矿区的工程地质条件，明确地基稳定性等。

（1）资料收集

收集区域水文地质普查报告、地下水资源勘察评价报告及相应图件等资料。初步掌握矿区所在区域的地质与水文地质条件，了解区域地下水的分布、埋藏条件、富集规律、水化学特征、动态变化、地下水资源量以及地下水环境问题。

（2）地形测绘

按照《工程测量标准》（GB 50026—2020）、《全球定位系统（GPS）测量规范》（GB/T 18314—2009）等相关要求，开展重点调查区1：1000地形测绘。地形测绘设备主要包括GPS-RTK、全站仪、水准仪等，测量坐标系统采用CGCS2000坐标系，基本等高距为1.0m，高程精度满足四等水准精度，使用南方CASS7.1编图系统编制成图。

（3）水文地质详查

1）水文地质钻探

根据矿区的地形地貌、污染源分布、水文地质资料等因素，结合钻探及建井原则，按照《地下水环境状况调查评价工作指南》（环办土壤函〔2019〕770号）、《地下水监测井建设规范》（DZ/T 0270—2014）、《地下水环境监测技术规范》（HJ 164—2020）等相关要求，布设水文地质钻探点及监测井，开展矿区水文地质详查。水文地质钻探与成井过程包括钻探施工、扩孔、下管、填砾、止水、封孔、成井洗井等过程。

2）水文地质测绘

按照《水文地质调查规范（1：50000）》（DZ/T 0282—2015）等技术规范，在矿区及周边区域开展1：50000（一般调查区）、1：1000（重点调查区）水文地质调查，基本查明调查区内的地下水类型、含水层结构及岩性、地下水埋藏条件和补给、径流、排泄特征、水化学特征等水文地质条件。对矿区内各监测井开展地下水埋深统测，明确矿区地下水流场。

3）水文地质试验

按照《水文地质手册》、《供水水文地质勘察规范》（GB 50027—2001）等相关要求，对矿区内钻孔进行单孔抽水试验，进一步明确含水层的富水情况、水力联系特征，确定抽水井实际涌水量，获取含水层水文地质参数。在抽水过程中测量涌水量和水位降深，抽水结束后测量水位恢复时间，抽水过程中勘查区进行水文地质条件监测，主要是巡查勘查区地表水体在抽水试验过程中是否出现短时间水位下降现象，是否出现明显地面沉降或地面塌陷等水文地质问题。

（4）岩土工程勘察

按照《工程勘察通用规范》（GB 55017—2021）、《岩土工程勘察规范》（GB 50021—2001）等相关要求，在资料收集与分析基础上，采用钻探取样和原位测试相结合的方法，在矿区重点区域开展岩土工程勘察，进一步摸清矿区工程地质条件，通过标准贯入试验、土样力学分析试验、岩石抗压强度试验、室内水质分析试验等，掌握矿区工程地质参数。

2.1.4 调查成果

（1）资料收集

通过收集矿区所在区域的水文地质普查、地下水资源勘查评价等资料，为矿区调查提供可靠的区域基础地质和水文地质资料（表2-1）。其中，区域水文地质普查资料包括区域水文地质测绘、水文地质钻探、抽水试验、水质分析等内容，基本反映了区域地下水的分布、埋藏条件、富集规律、水化学特征、动态变化等，并利用上述资料对地下水资源进行了概算和评价。区域地下水资源勘查评价资料包括水文地质测绘、水文地质钻探、水位动态长期观测、河溪流量监测、降水入渗实验、水质分析等内容，基本查明了区域岩溶水文地质条件，利用上述资料分析了岩溶发育规律，并重新对区内地下水资源进行了评价。

表2-1 资料收集信息

序号	名称	主要内容
1	1：200000区域水文地质普查	测绘面积7506.023km^2，勘探孔78个，抽水试验87层次，调查水点643个，取水样248组。编制1：200000综合水文地质图1幅和水文地质钻孔综合图表1册

续表

序号	名称	主要内容
2	1：50000地下水资源勘查评价	测绘面积5634km²，勘探孔135个，动态长期观测点27个，河溪流量统测89个，降水入渗试验2组，取水样234组。编制1：50000综合水文地质图、地下水开发利用规划图、水资源综合计算图、地下水化学类型图各1幅

（2）地形测绘

采用全站仪全野外解析法测图，采集坐标数据、绘制草图，再使用南方CASS7.1编图系统编制成图，完成矿区及周边区域1.1km²的1：1000比例尺地形测绘，明确了矿区及周边区域的地形情况。根据地形测绘结果，矿区及周边区域的地形主要为丘陵，北侧、西侧、南侧三个方向为3条沟谷，均向东部倾斜。矿区整体高程范围为103～141m，最大高差约38m，最低处位于矿区中心沟谷区域，最高处位于矿区南部山岭区域。

矿区及周边地形见图2-3。

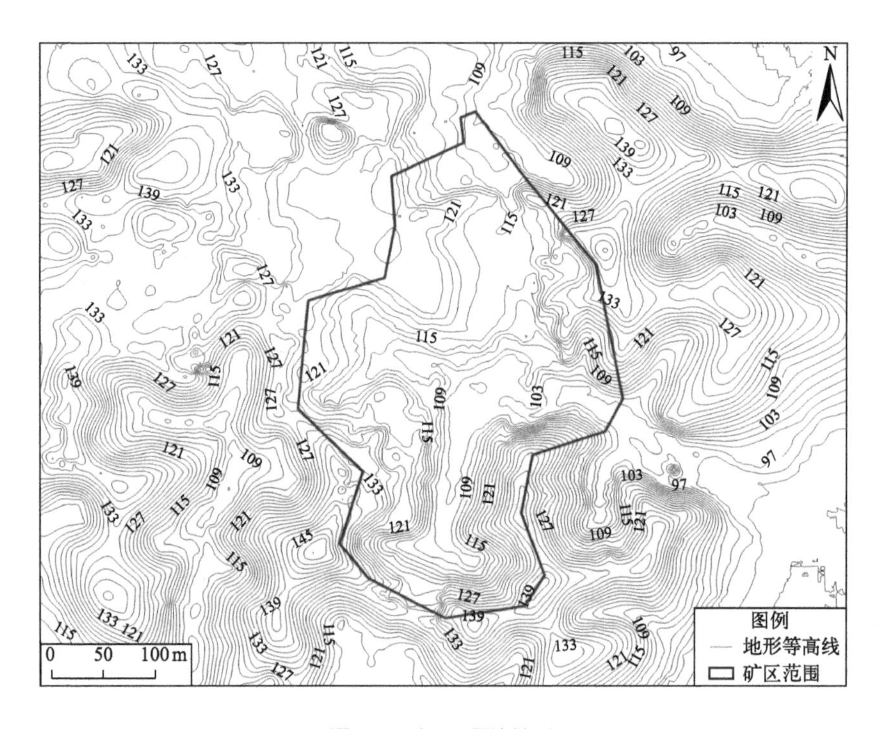

图2-3 矿区及周边地形

（3）水文地质详查

1）水文地质钻探

根据矿区地形地貌和水文地质资料，按照《地下水环境状况调查评价工作指南》

（环办土壤函〔2019〕770号）、《地下水环境监测技术规范》（HJ 164—2020）、《地下水监测井建设规范》（DZ/T 0270—2014）等相关要求，共布设水文地质钻探点位15个，同步建设地下水监测井15口。

水文地质钻探点位基本信息见表2-2、图2-4。图2-4中白线圈起的为矿区范围。

表2-2　水文地质钻探布点信息

序号	编号	位置	成井深度/m	序号	编号	位置	成井深度/m
1	ZK1	矿区南侧	20.00	9	ZK9	矿区南西侧	24.50
2	ZK2	矿区南侧	20.00	10	ZK10	矿区中部	40.10
3	ZK3	矿区中部	40.20	11	ZK11	矿区北侧	40.30
4	ZK4	矿区北侧	20.00	12	ZK12	矿区北侧	20.00
5	ZK5	矿区东侧	20.00	13	ZK13	矿区南侧	20.00
6	ZK6	矿区北侧	27.62	14	ZK14	矿区西侧	20.00
7	ZK7	矿区南东侧	20.00	15	ZK15	矿区北东侧	20.20
8	ZK8	矿区南西侧	31.40	—	—	—	—

图2-4　水文地质钻探点位布设

2）水文地质测绘

矿区水文地质调查过程中共调查水点17处，其中井水点15处、泉点1处、地表水1处，基本掌握了矿区的水文地质条件，主要包括：

① 包气带结构。包气带的岩性、结构、厚度、产状、分布和包气带入渗率、含水率、岩土化学特征等。

② 含水层与含水岩组空间结构。含水层与含水岩组的岩性、岩相、厚度、产状、分布范围、埋藏深度及相互关系等。

③ 地下水系统边界。矿区水文地质边界的类型、性质、位置以及人类活动对边界条件的影响等。

④ 地下水补给、径流、排泄条件。地下水埋藏类型、水位埋深、补给来源、补给方式、补给区分布范围、地下水流场、地下水排泄区分布、排泄形式、排泄途径等。

⑤ 地下水水化学特征。地下水物理性质、地下水化学成分、水化学类型等。

3）水文地质试验

水文地质试验抽水孔依地下水流方向布设，共设置抽水试验孔6个（ZK2、ZK3、ZK4、ZK7、ZK8、ZK14）。按照《水文地质手册》、《供水水文地质勘察规范》（GB 50027—2001）相关要求，共进行了8组抽水试验。部分钻孔涌水量较小，按一次大降深进行；部分钻孔水量较大，安排两个降深，其中大落程抽水试验稳定时间>16h，小降深稳定时间>8h，试验层位为块状岩类含水层和松散岩类孔隙含水层混合层位。抽水试验渗透系数按单孔稳定流计算，均为潜水—微承压水，抽水试验结果见表2-3。可知，矿区粉质黏土、砂质黏性土及强、中风化花岗岩混合含水层渗透系数为0.09 ~ 1.432m/d，矿区含水层总体透水性较差。

表2-3　抽水试验结果

编号	试验段岩性	静止地下水埋深/m	水位降深/m	涌水量/(m^3/d)	单位涌水量/[L/(s·m)]	含水层厚度/m	井的半径/m	影响半径/m	渗透系数/(m/d)
ZK2	粉质黏土、砂质黏性土及强、中风化花岗岩	0.00	1.83	47.002	0.297	18	0.055	21.3	1.353
		0.00	3.76	82.512	0.254	18	0.055	42.7	1.291
ZK3		7.27	9.91	1.555	0.002	14	0.055	9.5	0.009
ZK4		9.21	—	抽水3min断流	—	13	0.055	—	—

续表

编号	试验段岩性	静止地下水埋深/m	水位降深/m	涌水量/(m^3/d)	单位涌水量/[L/(s·m)]	含水层厚度/m	井的半径/m	影响半径/m	渗透系数/(m/d)
ZK7	粉质黏土、砂质黏性土及强、中风化花岗岩	2.83	3.52	71.539	0.235	15	0.055	42.1	1.432
		2.83	1.90	41.73	0.254	15	0.055	22.5	1.401
ZK8		0.00	2.91	49.853	0.198	18	0.055	28.3	0.946
ZK14		1.71	3.13	52.704	0.195	16	0.055	32.3	1.068

（4）岩土工程勘察

按照《岩土勘察通过规范》（GB 55017—2021）、《岩土工程勘察规范》（GB 50021—2001）等相关要求，采用钻探取样和原位测试相结合的方法，在矿区共完成岩土工程勘察钻孔11个，总进尺275.60m。开展标准贯入试验60次，土样力学分析试验18组，岩石抗压强度试验5组，室内水质分析试验1组。矿区场地稳定，可不进行液化判别和处理。根据矿区内地下水水质分析结果，并结合矿区地层渗透条件，地下水对混凝土结构具有弱腐蚀性，对钢筋混凝土结构中的钢筋具有微腐蚀性；土对混凝土结构具有微腐蚀性，对混凝土结构中的钢筋具有弱腐蚀性。

2.2　地层岩性与地质构造

2.2.1　地层岩性

矿区地层主要为第四系填土层（Q^{ml}）、第四系冲积层（Q^{al}）、第四系残积层（Q^{el}），下覆基岩为燕山三期（γ_y^3）侵入岩，岩性为花岗岩。

地层统计表见表2-4。

表2-4　矿区地层与岩石统计表

时代成因	岩土名称	统计类别	层厚/m	层顶高程/m	层底高程/m	层顶深度/m	层底深度/m
Q^{ml}	素填土	统计个数	15	15	15	15	15
		最大值	18.10	125.08	116.40	0.00	18.10
		最小值	2.20	104.32	98.22	0.00	2.20
		平均值	6.94	113.30	106.36	0.00	6.94

续表

时代成因	岩土名称	统计类别	层厚/m	层顶高程/m	层底高程/m	层顶深度/m	层底深度/m
Q^{al}	粉质黏土	统计个数	2	2	2	2	2
		最大值	3.90	101.25	100.11	4.10	7.40
		最小值	0.90	101.01	97.35	3.50	5.00
		平均值	2.40	101.13	98.73	3.80	6.20
Q^{al}	淤泥质土	统计个数	1	1	1	1	1
		最大值	1.30	100.11	98.81	5.00	6.30
		最小值	1.30	100.11	98.81	5.00	6.30
		平均值	1.30	100.11	98.81	5.00	6.30
Q^{el}	粉质黏土	统计个数	3	3	3	3	3
		最大值	2.70	110.64	108.64	18.10	19.80
		最小值	1.70	98.22	95.52	6.10	8.80
		平均值	2.13	102.37	100.23	10.57	12.70
Q^{el}	砂质黏性土	统计个数	13	13	13	13	13
		最大值	8.30	116.40	112.88	19.80	24.00
		最小值	2.00	95.52	91.75	2.20	6.80
		平均值	4.95	105.62	100.67	7.74	12.68
γ_y^3	全风化花岗岩	统计个数	2	7	2	7	2
		最大值	13.20	112.88	103.30	16.40	25.40
		最小值	6.20	98.08	99.68	6.80	21.20
		平均值	9.70	105.32	101.49	11.44	23.30
γ_y^3	强风化花岗岩	统计个数	6	9	6	9	6
		最大值	9.50	106.64	99.91	25.40	30.30
		最小值	2.50	91.75	85.00	9.00	13.00
		平均值	6.57	97.56	90.10	15.60	21.65
γ_y^3	中风化花岗岩	统计个数	8	9	8	9	8
		最大值	9.30	99.91	98.11	35.30	39.60
		最小值	0.20	81.04	79.50	13.00	14.80
		平均值	3.60	89.39	86.14	24.84	29.24

续表

时代成因	岩土名称	统计类别	层厚/m	层顶高程/m	层底高程/m	层顶深度/m	层底深度/m
γ_y^3	微风化花岗岩	统计个数	4	9	4	9	4
		最大值	1.70	98.11	97.21	39.60	35.30
		最小值	0.90	79.50	81.04	14.80	15.70
		平均值	1.33	86.04	87.31	28.10	28.17

2.2.1.1　地层

矿区地层从上到下基本情况分述如下。

（1）第四系填土层（Q^{ml}）

岩性为素填土，主要由黏性土及碎石组成，含较多碎石，主要为花岗岩残坡积土回填，厚度2.20～18.10m，平均厚度6.94m；层顶高程104.32～125.08m，平均113.30m；层底高程98.22～116.40m，平均106.36m。

（2）第四系冲积层（Q^{al}）

1）粉质黏土

为冲积成因，主要由黏粒及粉粒组成，黏性好，土质均匀，厚度0.90～3.90m，平均厚度2.40m；层顶高程101.01～101.25m；层底高程97.35～100.11m；层顶埋深3.50～4.10m。

2）淤泥质土

为冲积成因，以黏粒为主，局部含腐殖质，厚度1.30m；层顶高程100.11m；层底高程98.81m；层顶埋深5.00m。

（3）第四系残积层（Q^{el}）

1）粉质黏土

主要由黏粒及粉粒组成，黏性好，土质均匀，含孔隙水，透水性、富水性差。厚度1.70～2.70m，平均厚度2.13m；层顶高程98.22～110.64m；层底高程95.52～108.64m；层顶埋深6.10～18.10m。

2）砂质黏性土

为花岗岩风化残积土，遇水易软化崩解，含孔隙水，透水性、富水性差。厚度2.00～8.30m，平均厚度4.95m；层顶高程95.52～116.40m；层底高程91.75～112.88m；层顶埋深2.20～19.80m。

2.2.1.2 岩石

矿区内揭露基岩主要为燕山岩浆旋回第三期侵入岩（γ_y^3）。燕山岩浆旋回第三期侵入岩为区域分布最广的侵入岩，除极少数为花岗闪长岩外，均为花岗岩，其结构由地势较高处至低处为细粒-中粒、中粒斑状-粗粒似斑状，构成了明显的垂直分带。根据风化程度，矿区内花岗岩可分为全风化花岗岩、强风化花岗岩、中风化花岗岩以及微风化花岗岩，各类型花岗岩分述如下。

（1）全风化花岗岩

风化剧烈，岩芯呈坚硬土状，遇水易软化崩解。厚度6.20～13.20m，平均厚度为9.70m；层顶高程98.08～112.88m，平均105.32m；层底高程99.68～103.30m，平均101.49m；层顶埋深6.80～16.40m，平均11.44m。

（2）强风化花岗岩

风化强烈，岩芯呈半岩半土—碎块状，干钻困难，遇水易软化崩解，含基岩裂隙水，局部富水稍好。厚度2.50～9.50m，平均厚度为6.57m；层顶高程91.75～106.64m，平均97.56m；层底高程85.00～99.91m，平均90.10m；层顶埋深9.00～25.40m，平均15.60m。

（3）中风化花岗岩

中粗粒结构，块状构造，较新鲜—新鲜，击之声较脆—脆，主要由石英、长石、云母组成，局部可见铁锰质侵染，岩芯呈厚饼状、碎块状及短柱状，为基岩裂隙水含水段。厚度0.20～9.30m，平均厚度为3.60m，层顶高程81.04～99.91m，平均89.39m；层底高程79.50～98.11m，平均86.14m；层顶埋深13.00～35.30m，平均24.84m。

（4）微风化花岗岩

中粗粒结构，块状构造，较新鲜—新鲜，击之声较脆—脆，主要由石英、长石、云母组成，局部可见铁锰质侵染，岩芯呈短柱状、长柱状，含基岩裂隙水，富水性一般。厚度0.90～1.70m，平均厚度为1.33m，层顶高程79.50～98.11m，平均86.04m；层底高程81.04～97.21m，平均87.31m；层顶埋深14.80～39.60m，平均28.10m。

2.2.2 地质构造

根据区域地质资料，矿区位于南温泉背斜东翼，一级地质构造单元为华南褶皱系，二级地质构造单元为粤北、粤东北—粤中坳陷带，三级地质构造单元为粤北坳陷，四级地质构造单元为翁源凹褶断束。吴川—四会深大断裂带是矿区西侧主要的深大断裂带，贯穿广东省中、西、北部，在广东省境内全长超800km，总体呈20°～40°方向延伸，影响宽度15～20km，与矿区相距约30km，影响较小。据现场调查及水文地质钻探揭露，区内花岗岩地层连续分布，无断层通过，亦未见次级断层和次级小褶皱等构造，地质构造简单。

矿区及周边区域地质构造分布见图2-5（书后另见彩图）。

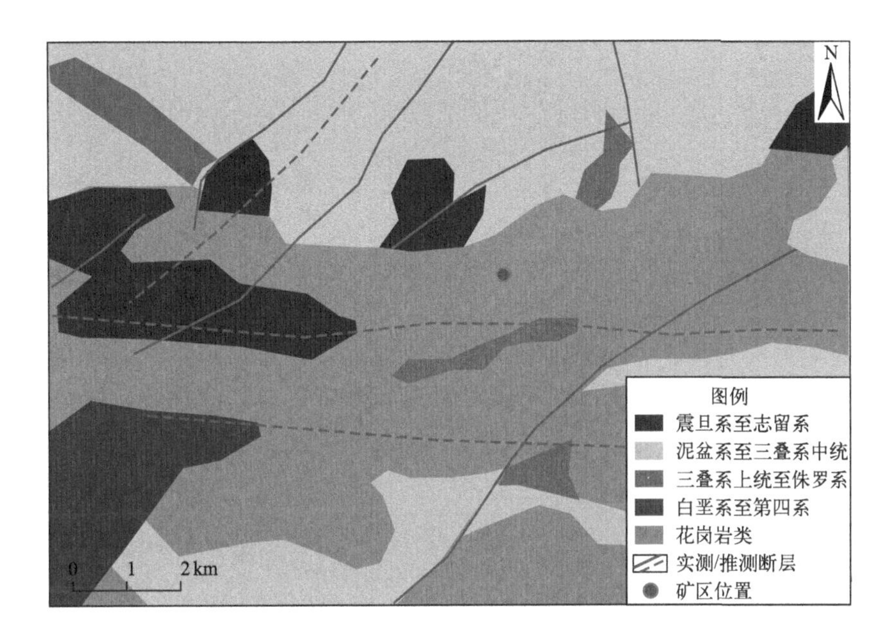

图2-5　矿区及周边区域地质构造分布

2.3　水文地质条件

基于矿区地质条件，结合地形地貌，通过水文地质详查查明矿区水文地质条件，包括地下水类型、“补径排”条件、地下水动态特征、包气带特征、地下水化学特征等，并采用数值模拟对矿区地下水流场进行研究。

2.3.1　地下水类型

矿区地下水类型简单，主要为松散岩类孔隙水和块状岩类裂隙水，矿区水文地质条件见图2-6（书后另见彩图），地下水等水位线见图2-7，水文地质剖面见图2-8（书后另见彩图）。

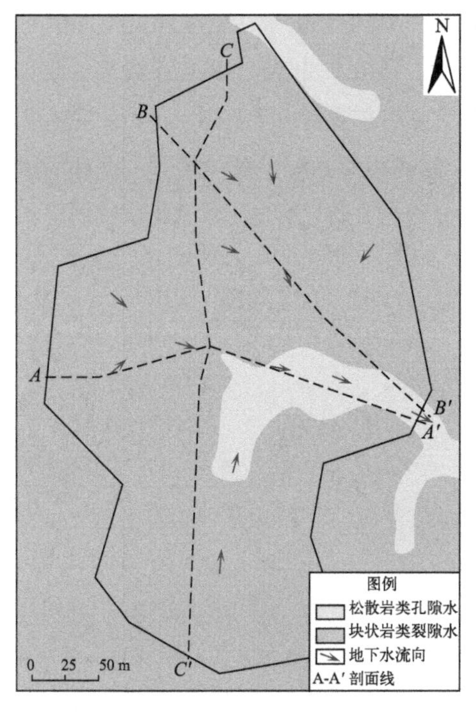

图2-6　矿区水文地质条件

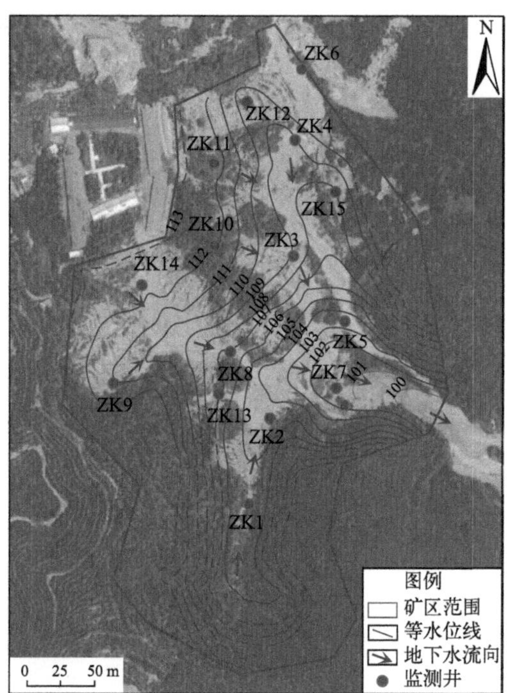

图2-7　地下水等水位线

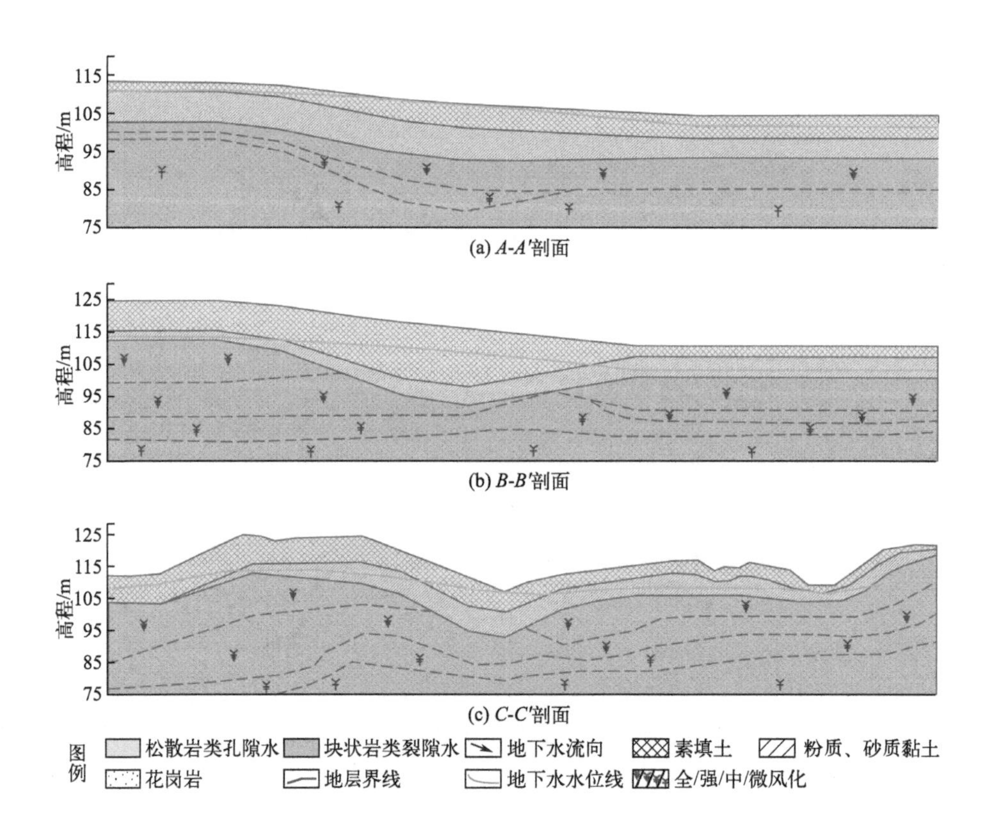

图2-8　水文地质剖面

（1）松散岩类孔隙水

松散岩类孔隙水赋存于区内第四系填土层（Q^{ml}）、冲积层（Q^{al}）及残积层（Q^{el}）中，分布于矿区南部谷地地带。含水层岩性为粉质黏土、砂质黏性土等，黏粒含量较高，透水性一般，富水性贫乏，静止水位一般1～2m，年水位变幅1～3m。

（2）块状岩类裂隙水

赋存于强风化、中风化花岗岩中，岩石风化裂隙及节理裂隙发育，岩石破碎，强风化花岗岩厚度2.50～9.50m，平均厚度6.57m，中风化花岗岩厚度2.00～9.30m，平均厚度为3.60m。据场内钻孔抽水试验结果，单井涌水量1.555～82.512m^3/d，渗透系数0.009～1.432m/d，单井涌水量<100m^3/d，富水性为贫乏。ZK01未做抽水试验，5m^3/h水泵试抽水，水位降深约30cm，推断其单井涌水量>100m^3/d，其周边测得下降泉流量为0.15L/s。综合考虑，判断ZK1周边富水性为中等。

2.3.2　地下水补给、径流、排泄

（1）补给

矿区地处亚热带季风气候，湿度偏大，光照充足，雨量充沛，大气降水为地下水的主要补给来源，其次为地表水（山塘、季节性沟溪水）下渗补给。

（2）径流

矿区地下水由矿区南侧、西侧坡麓向中部沟谷汇流，然后总体往东流走，最后往南东流到东部小溪。由水位统测可计算出，矿区水力坡度为0.54%～1.86%。

（3）排泄

矿区内发现泉点1处，未发现地下水开采，地下水排泄主要以坡麓地带渗流形式排出地表汇入沟谷，最终汇入东部小溪，地面蒸发和植物叶面蒸腾也是其较为重要的排泄途径。

2.3.3　地下水动态特征

区内地下水动态变化具季节性，丰水期地下水位抬升、枯水期地下水位下降。基岩裂隙水年水位变幅2～5m。根据地下水位统测数据（表2-5），地下水埋深受历史及现状地形控制明显，位于残积山丘（如ZK10、ZK11等）与填土层厚度大（如ZK4、ZK3等）的区域地下水埋深普遍较大，埋深一般>7m，位于原始冲沟区域（如ZK8、

ZK1、ZK2、ZK7、ZK9等）地下水埋深普遍较小，埋深一般<5m。

表2-5　地下水位统测结果

序号	编号	地下水位高程/m	序号	编号	地下水位高程/m
1	ZK1	105.11	9	ZK9	110.96
2	ZK2	104.75	10	ZK10	112.24
3	ZK3	109.07	11	ZK11	112.6
4	ZK4	108.93	12	ZK12	109.49
5	ZK5	103.62	13	ZK13	107.17
6	ZK6	106.21	14	ZK14	112.77
7	ZK7	101.42	15	ZK15	107.91
8	ZK8	107.3	—	—	—

2.3.4　包气带特征

受地形切割以及人为活动影响，原始山丘地带包气带以填土、残积土为主，谷地地带包气带岩性以填土或冲积粉质黏土为主。

（1）填土层

素填土，主要由黏性土及碎石组成，为花岗岩残坡积土回填，厚度2.20～18.10m，平均厚度6.94m；层顶高程104.32～125.08m，平均113.30m；层底高程98.22～116.40m，平均106.36m；层顶埋深0.00m。垂直渗透系数（3.01～4.01）$\times 10^{-5}$cm/s；水平渗透系数（2.98～3.65）$\times 10^{-5}$cm/s。

（2）粉质黏土

灰黄色，湿，可塑，主要由黏粒及粉粒组成，黏性好，土质均匀，含孔隙水，透水性差。厚度1.70～2.70m，平均2.13m；层顶高程98.22～110.64m；层底高程95.52～108.64m；层顶埋深6.10～18.10m。

（3）砂质黏性土

褐黄色，灰白色，稍湿，可塑，为花岗岩风化残积土，遇水易软化崩解，含孔隙水，透水性差。厚度2.00～8.30m，平均厚度4.95m；层顶高程95.52～116.40m；层底高程91.75～112.88m；层顶埋深2.20～19.80m。垂直渗透系数2.85×10^{-5}cm/s；水平渗透系数3.12×10^{-5}cm/s。

包气带岩土及其他岩土渗透系数见表2-6。

表2-6 岩土渗透系数

类别	土样编号	取样深度/m	k_v/(cm/s)	k_h/(cm/s)	岩土定名
包气带	ZK5-T2	6.40~6.60	2.85×10^{-5}	3.12×10^{-5}	砂质黏性土
	ZK8-T1	0.50~0.70	3.01×10^{-5}	3.32×10^{-5}	粉质黏土
	ZK9-T1	5.60~5.80	3.17×10^{-5}	2.98×10^{-5}	粉质黏土
	ZK11-T1	5.80~6.00	4.01×10^{-5}	3.65×10^{-5}	粉质黏土
其他岩土层	ZK5-T3	13.00~13.20	1.95×10^{-5}	1.77×10^{-5}	砂质黏性土
	ZK8-T2	8.20~8.40	4.62×10^{-6}	4.09×10^{-6}	粉质黏土
	ZK8-T3	17.30~17.50	3.61×10^{-5}	4.33×10^{-5}	砂质黏性土
	ZK9-T2	10.00~10.20	6.81×10^{-6}	7.95×10^{-6}	粉质黏土
	ZK10-T2	12.40~12.60	2.79×10^{-5}	2.52×10^{-5}	粉质黏土
	ZK10-T3	24.80~25.00	1.88×10^{-5}	1.74×10^{-5}	砂质黏性土
	ZK11-T2	12.80~13.00	2.06×10^{-5}	2.18×10^{-5}	砂质黏性土
	ZK14-T1	12.80~13.00	2.99×10^{-5}	2.53×10^{-5}	粉质黏土
	ZK14-T2	15.00~15.20	9.26×10^{-6}	1.89×10^{-5}	粉质黏土

2.3.5 地下水化学特征

地下水水化学演化主要受控于自然因素和人类活动的综合影响，地下水水化学特征与自然因素（水文地质条件、包气带岩性、水岩交互作用等）密切相关。矿区属于地下水补给径流区，区域范围与周边地下水交换较少，补给及径流途径短，根据地下水“八大离子”水质监测结果（表2-7），矿区地下水水化学类型单一，上游补给区及下游径流排泄区地下水水化学类型均为SO_4-Ca型水，矿化度0.21～0.439g/L，水化学类型Piper图见图2-9。

表2-7 矿区地下水“八大离子”监测结果

分析项目	ZK4		ZK7		ZK14	
	含量/(mg/L)	毫克当量/%	含量/(mg/L)	毫克当量/%	含量/(mg/L)	毫克当量/%
钾（K^+）	13.60	11.34	11.73	4.33	21.01	16.49
钠（Na^+）	3.08	4.37	14.16	8.90	7.44	9.93

续表

分析项目	ZK4		ZK7		ZK14	
	含量/(mg/L)	毫克当量/%	含量/(mg/L)	毫克当量/%	含量/(mg/L)	毫克当量/%
钙(Ca^{2+})	24.82	40.37	90.21	65.03	38.98	59.67
镁(Mg^{2+})	13.51	36.23	16.45	19.56	3.86	9.74
氯化物(Cl^-)	15.50	6.74	2.11	0.89	1.76	1.68
硫酸盐(SO_4^{2-})	144.74	62.92	274.29	85.77	126.01	88.65
重碳酸根(HCO_3^-)	21.07	9.16	54.17	13.33	17.46	9.67
碳酸根(CO_3^{2-})	0.00	0.00	0.00	0.00	0.00	0.00

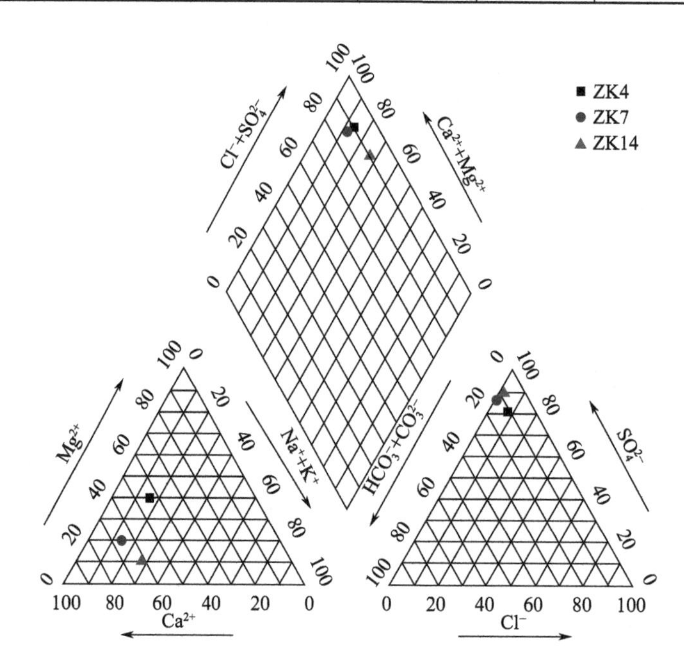

图2-9 矿区各监测点位水化学类型Piper图

2.3.6 地下水流模拟

矿区位于丘陵山区，现有地下水监测井未覆盖整个水文地质单元，准确地下水流场绘制较为困难，此外受调查期时间限制，难以全面掌握矿区丰枯水期地下水流场特征。因此，结合已有水文地质调查资料构建矿区地下水流数值模型，通过对水文地质和地形资料的对比，采用已有地下水监测井水位监测结果对模型进行识别验证，获取较为准确的地下水流场。在此基础上，通过对矿区地下水流场模拟，结合粒子追踪模型，精准识别矿区地下水补径排特征。

（1）水文地质概念模型

1）模拟区范围

模拟区在平面上除矿区东部以及养鸡场东北部地下水汇出沟谷外，其余以山坡脊线为界，东西长约360m，南北宽约495m，模拟区总面积约0.13km^2。在垂向上，上至潜水面，下至强风化含水层隔水底板，形成单一潜水含水系统。

2）边界条件概化

对于含水岩组，模拟区养鸡场东北部、矿区东部为模拟区出水口，地形切割较深，出水口地下水年变幅较小，可概化为定水头边界，其余地段均以山坡脊线为界，与周边地下水交换较小，均概化为第二类零流量边界；模拟区上边界与大气接触，在该面上发生大气降水入渗、潜水蒸发排泄等垂向水量交换，可采用面状补给边界及蒸发边界；模拟区底面为中、微风化花岗岩层，属弱透水层，该处地下水径流滞缓，与下部含水层之间水交换微弱，可概化为隔水边界。

模拟区四周边界条件概化见图2-10（书后另见彩图）。

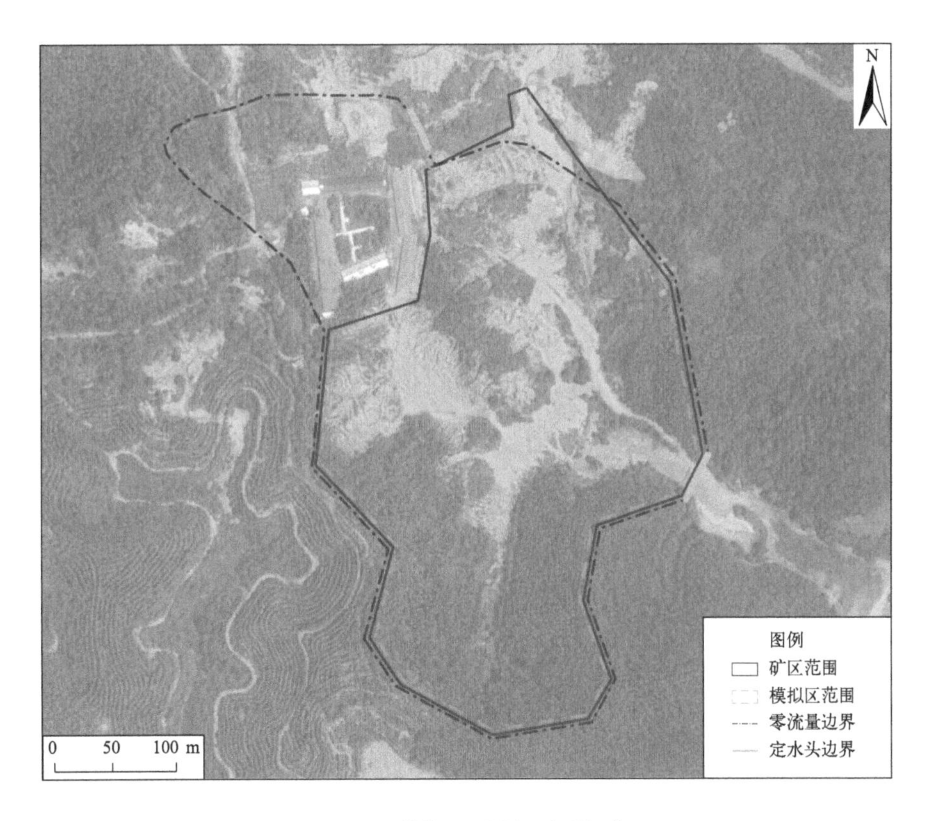

图2-10 模拟区四周边界条件概化

3）补径排条件概化

模拟区内潜水的补给来源主要有大气降水入渗补给、侧向径流补给。模拟区内地下水的排泄主要有潜水蒸发排泄、向东部、西北部等边界的侧向径流排泄。潜水与下部基岩裂隙水无进一步水量交换。由以上分析，可用平面三维流的方法对地下水流动特征进行模拟。

（2）数学模型

根据上述的水文地质概念模型，确定模拟区地下水三维渗流问题数学模型见式（2-1）。

$$
\begin{cases}
\dfrac{\partial}{\partial x}\left(K\dfrac{\partial H}{\partial x}\right)+\dfrac{\partial}{\partial y}\left(K\dfrac{\partial H}{\partial y}\right)+\dfrac{\partial}{\partial z}\left(K\dfrac{\partial H}{\partial z}\right)=S_s\dfrac{\partial H}{\partial t} & (x,y,z)\in\Omega,t>0 \\
H(x,y,z,0)=H_0(x,y,z) & (x,y,z)\in\Omega \\
\left.\begin{aligned} & H=z \\ & -(K+W)\dfrac{\partial H}{\partial z}+W=\mu\dfrac{\partial H}{\partial t}\end{aligned}\right\} & \text{潜水面边界} \\
H(x,y,z,t)|_{\Gamma_1}=H_1(x,y,z) & t>0 \\
-KM\dfrac{\partial H}{\partial n}|_{\Gamma_2}=q & t>0
\end{cases}
\tag{2-1}
$$

式中　H_0——初始水头，m；

H——地下水位标高，m；

K——渗透系数，m/d；

μ——给水度；

S_s——弹性释水率，1/m；

M——含水层厚度，m；

x，y，z——坐标变量，m；

H_1——养鸡场东北部、矿区东部边界水位标高，m；

W——垂向水量交换强度，$m^3/(d\cdot m^2)$；

q——第二类边界上的单宽渗流量，m^2/d；

n——二类边界外法线方向；

Γ_1——一类边界；

Γ_2——二类边界；

Ω——计算区范围。

（3）几何模型

1）模型层的划分

采用平面三维流模型对矿区及周边地下水进行模拟，在建模时根据实际地层结构对模型层进行划分。该模拟区为低山丘陵及山前冲洪积的一部分，潜水含水层岩性上部以松散岩类孔隙水为主，下部以风化层裂隙水为主，含水层均质各向同性，垂向上剖分为两层。

2）模型剖分

地下水流数值模拟采用规则网格有限差分法进行模拟计算，在空间上，采用分别平行于x、y轴的两组正交网格对计算域进行平面上的剖分，首先采用5m × 5m的等间距网格进行剖分，将整个模拟区在平面上沿东西向剖分为72列，南北向剖分为99行，单层剖分单元数为7128个，在各重点开采区采用1m × 1m的等间距网格加密，加密后单层剖分单元数为37881个。模拟区边界之外的网格定义为非活动单元格，活动单元格数30401个，活动单元格实际代表平面面积0.18km^2。在垂向上，由于采用平面三维流的方法进行模拟，需剖分为两层。通过上述剖分形式，在空间上将整个矿区剖分为60802个活动单元，具体见图2-11。

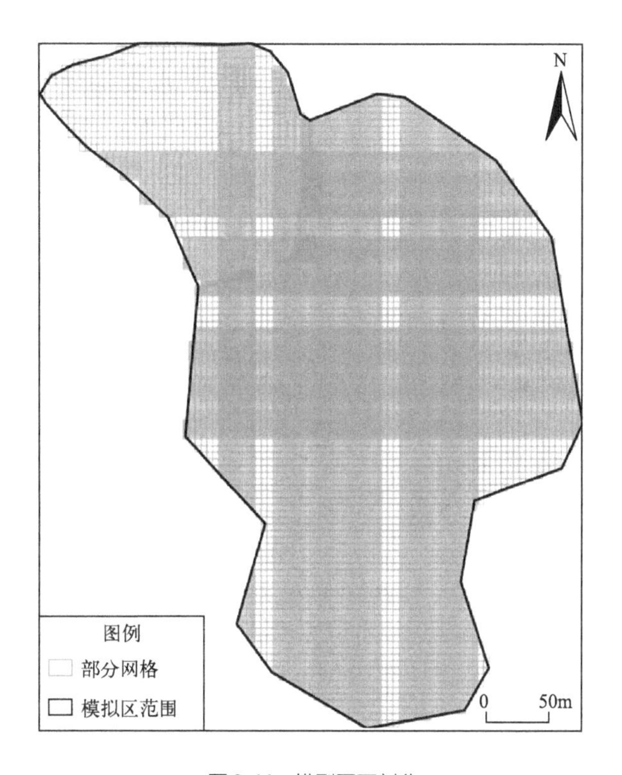

图2-11　模型平面剖分

3）地表数字高程模型

模拟中的地面标高采用数字高程模型来表示。首先对模拟区地形等高线图进行数字化，然后经过高程点提取、异常点剔除后获得计算区原始高程数据。在此基础上，进一步采用克里格（Kriging）空间插值方法生成地表数字高程模型。高程模型见图2-12（书后另见彩图）。

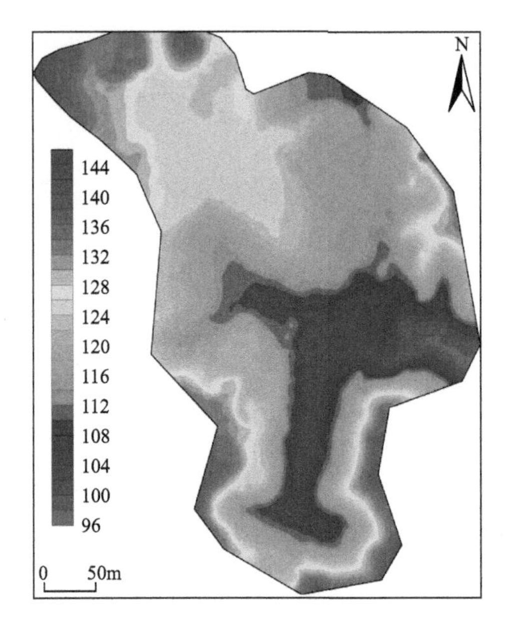

图2-12 模拟区地表高程影像（单位：m）

4）模型底板数字高程模型

根据矿区水文地质勘察结果，确定区内含水层厚度，考虑到矿区南侧多为裂隙水，松散岩类孔隙水厚度较小，地下水埋深较深，如采用统一厚度则计算过程极易造成不收敛情形，且区内高程变化极大，故分层厚度最小值设定为2m。具体见图2-13（书后另见彩图）、图2-14（书后另见彩图）。

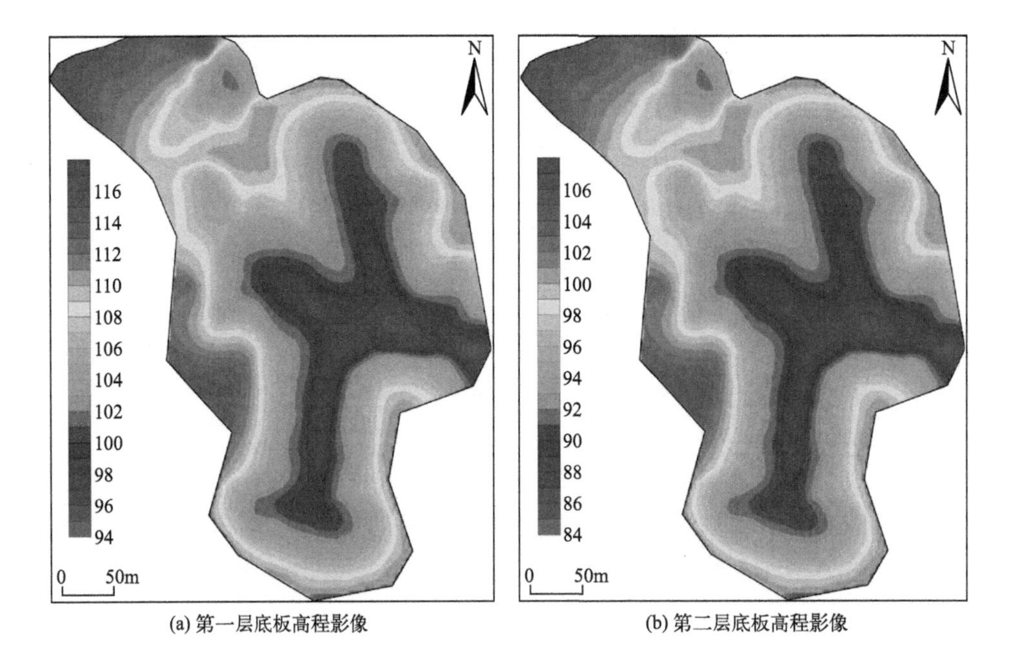

(a) 第一层底板高程影像 (b) 第二层底板高程影像

图2-13 模拟区底板高程影像（单位：m）

图2-14　模拟区地层结构

（4）水文地质模型

在几何模型基础上，添加区内水文地质内容即可建立矿区水文地质模型，具体内容包括周边及底部边界条件的设置、大气降水入渗补给的设置、潜水蒸发的设置、水文地质参数、初始流场等。

1）水文地质参数

根据水文地质勘察稳定流抽水试验结果，并结合矿区实际水文地质条件及相关经验参数，确定矿区渗透系数分区见图2-15。

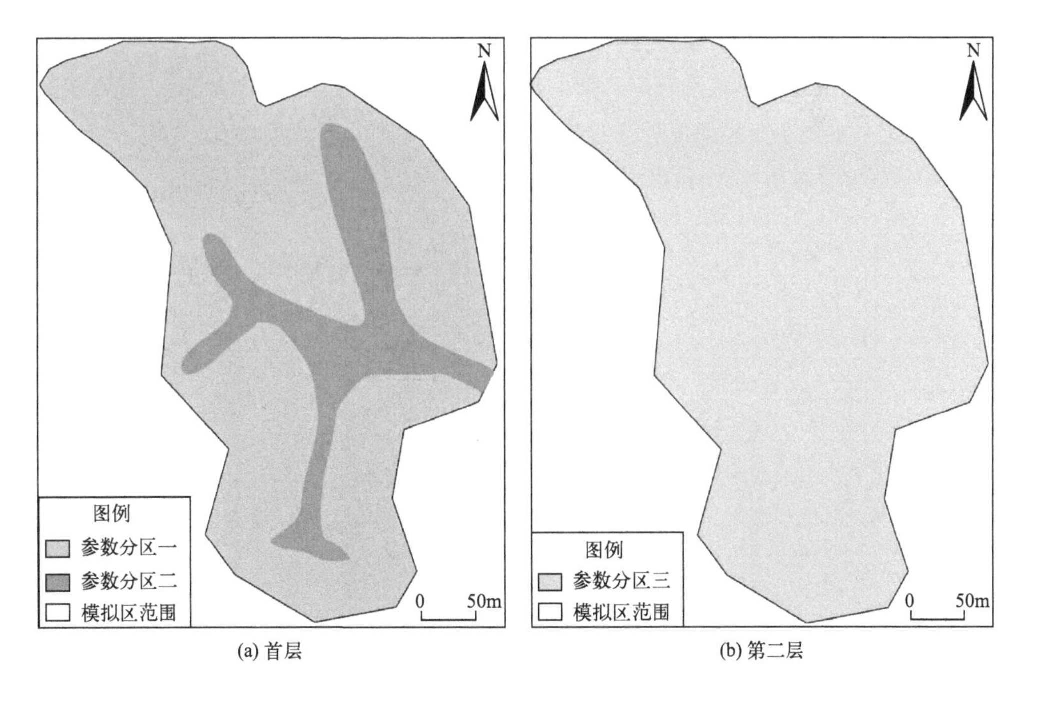

(a) 首层　　(b) 第二层

图2-15　模拟区参数分区

2）边界条件

根据模拟区水文地质概念模型，区内四周除养鸡场东北部、矿区东部为定水头边界外，其他边界总体上属第二类零流量边界。因径流出口水位年内变化不大，定义为定水头边界，水位根据几个点根据等高线提取成果，采用线性插值方法获得整个矿区各节点水位。计算区的底部边界主要为中微风化花岗岩，透水层较差，底部定义为隔水边界。

3）顶部边界

模型顶部边界条件包括降雨入渗量、潜水蒸发。对于降雨入渗采用面状补给方法加入模型。根据收集资料，模拟区年平均降雨量1967.2mm，矿区内坡度较大，植被稀少，降水入渗系数取0.25；模拟区年均蒸发量1717.9mm，极限蒸发深度取3m。

4）初始流场

模拟区范围内井点较少，初始流场采用多年平均降雨量、蒸发量带入模型后，模拟出平水期初始流场。

（5）模型求解方法

计算采用MODFLOW对模型进行求解，选择PCG求解方法，将外部迭代最大次数设定为250，内部迭代最大次数为100，水位变化收敛标准为0.01m，残差收敛标准为0.001m，阻尼系数为1。

（6）模型校正与检验

由于为稳定流模拟，模型校正主要通过水文地质勘察期间已有观测点位实测值（平水期）与模拟值进行对比确定。根据对比分析，实测值与模拟值拟合相对较好，大部分数值差在1m以内（图2-16）。

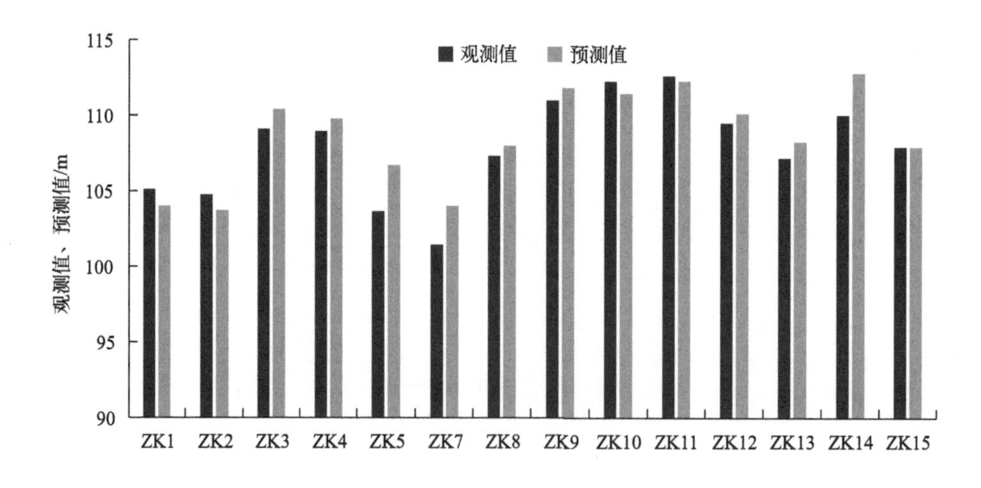

图2-16 平水期模拟值与实测值对比

（7）矿区流场特征分析

1）流场分析

根据预测结果，矿区丰水期、枯水期地下水流场影像见图2-17（书后另见彩图）、图2-18（书后另见彩图）。与矿区存在水力联系的区域主要位于矿区西北部，该区域地下水径流方向受地形控制明显，其中养鸡场东部沿山坡脊线形成一地下水零通量边界，养鸡场内部受地形与地层切割影响，北部地下水向东北部方向径流，南部地下水向矿区方向径流，养鸡场南部地下水位在111～113m之间。

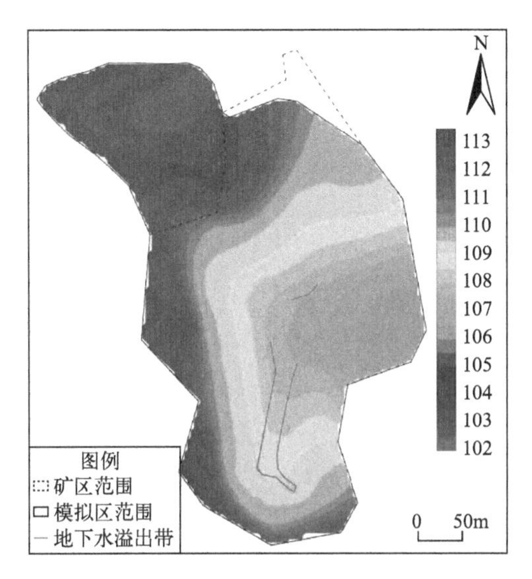

图2-17　丰水期流场影像

图2-18　枯水期流场影像

矿区内地下水流场受地形控制明显，地下水总体由坡脊向沟谷汇流，然后经沟谷径流至矿区东部流出区外，根据Zone Budget模型计算结果，通过矿区东部径流出区外地下水量约103m^3/d。受降雨补给量变化影响，枯水期地下水位较丰水期普遍降低了1～5m，最大降幅达5m以上，其中矿区北部降幅普遍为3～5m，其中ZK10、ZK11监测井周边地下水埋深8.5～12m，ZK4监测井周边地下水埋深在7～9m；中西部区域降幅1～2m，其中ZK8监测井周边地下水埋深0～1m，ZK9监测井周边地下水埋深1.5～2.5m；南部地区沿坡麓附近地下水位降幅明显，沟谷区域虽然地下水承压水头有所降低，但受地形切割深度影响较大，沟谷内地下水位仍高于地表高程。

2）地下水溢出带

根据预测结果，受枯水期、丰水期地下水位升降以及沟谷切割深度影响，矿区南部与中部分别存在一条明显的地下水溢出带。其中矿区南部溢出带丰水期在ZK2监测井向南一侧区域，地下水沿两侧坡麓向沟谷处汇集，在坡脚处溢出地表，溢出带长度329m，根据Zone Budget模型计算结果，溢出流量约27m^3/d；枯水期溢出带在ZK1监测井周边区域，长度194m，溢出流量约15m^3/d（表2-8）。溢出带分布与水文地质调查期间地下水位、水质监测情况一致，根据地下水位监测情况，调查期间ZK1、ZK2监测井地下水埋深均为0，矿区中部溢出带分布于ZK8与ZK5监测井之间，主要受该区域地形切割深度大影响，丰水期溢出带长度23m，溢出流量约3m³/d；枯水期溢出带长度19m，溢出流量约1m³/d。除上述区域外，其他区域地下水埋深普遍较大，地下水流向与沟谷分布一致。

表2-8 溢出带分布情况

序号	溢出带分布位置	时间段	溢出带长度/m	溢出水量/（m³/d）
1	中部（ZK8与ZK5之间）	枯水期	19	1
		丰水期	23	3
2	南部（ZK1、ZK2周边）	枯水期	194	15
		丰水期	329	27

3）流线分析

根据MODPATH粒子追踪预测结果，矿区内分布有3条明显的径流通道，其中，矿区北部ZK4、ZK11监测井地下水向南途经ZK3、ZK7监测井径流出区外，ZK10监测井地下水向东南径流，上部从东南方向坡脚溢出，下部途经ZK7监测井径流出区外；矿区西部ZK14、ZK9监测井地下水向ZK8、ZK7监测井一线径流出区外；矿区南部地下水主要从坡脚溢出，以地表水形式流出区外。北部ZK3监测井区域存在地下水集中径流区，西部ZK8监测井区域存在地下水集中径流区，东部ZK7监测井区域存在整个矿区地下水集中径流区。粒子迁移轨迹见图2-19（书后另见彩图）。

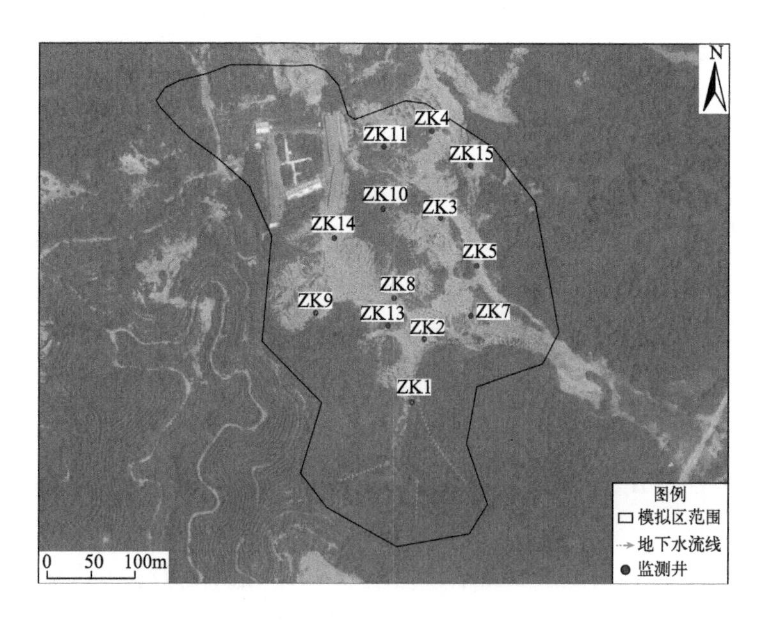

图2-19 粒子迁移轨迹

根据粒子径流时间统计分析，从矿区北部ZK4、ZK10、ZK11监测井周边区域迁移出矿区范围需要8～10个月，其中迁移时间最小值约7.9个月，最大值10.4个月，平均值9.6个月，中位数9.7个月，1/4中位数9.8个月，3/4中位数9.3个月；从矿区西部ZK9监测井周边区域迁移出矿区范围需要约11个月，其中迁移时间最小值约10.8个月，最大值11.4个月，平均值11.2个月，中位数11.25个月，1/4中位数11.4个月，3/4中位数11个月。具体见表2-9和图2-20。

表2-9　部分区域粒子迁移情况

区域	设置粒子数	全程迁移时间最大值/月	全程迁移时间最小值/月
ZK4	10	10.3	7.9
ZK8	10	5	4.7
ZK9	10	11.4	10.8
ZK10	10	9.4	8.8
ZK11	10	10.4	9.7

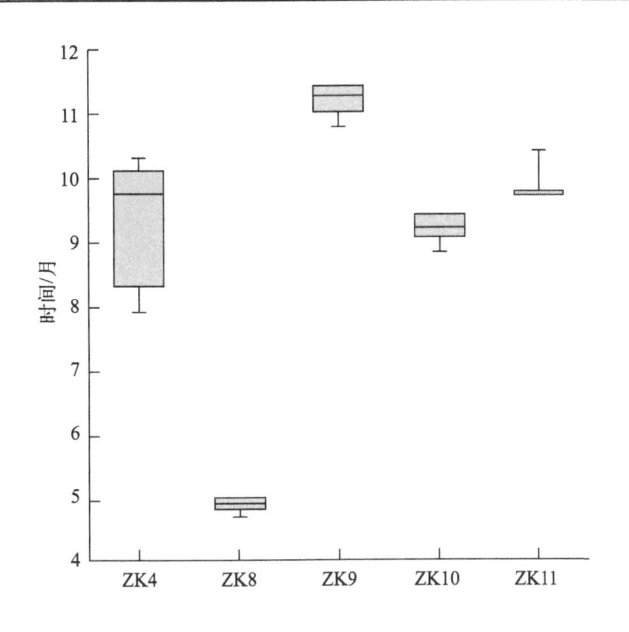

图2-20　粒子迁移矿区全程时间统计

2.4　工程地质条件

结合矿区地质与水文地质条件，查明工程地质条件，评价矿区稳定性，分析地基稳定性与均匀性、特殊岩土与不良地质作用以及基础持力层的适宜性，掌握矿区的工程地质参数。

2.4.1 岩土层划分及力学性质

结合矿区及周边区域水文地质调查成果，矿区西北侧为坡地，是矿区所在水文地质单元地下水径流的上游，东南侧为一沟谷，是矿区地下水总径流出口。因此，选择这两个区域开展工程地质条件研究。按照《工程勘察通用规范》（GB 55017—2021）、《岩土工程勘察规范》（GB 50021—2001）等相关要求，共设置两条工程地质勘察剖面，在矿区水文地质单元地下水径流上游区域和矿区地下水总径流出口，分别布设6个和5个岩土工程勘察钻孔，钻孔平面布置见图2-21。

根据钻孔岩土层揭露情况，将矿区岩土层自上而下划分为人工填土层（Q_4^{ml}）、第四系冲积层（Q^{al}）、第四系残积层（Q^{el}）、燕山三期花岗岩（γ）四大类，工程地质剖面见图2-22和图2-23。

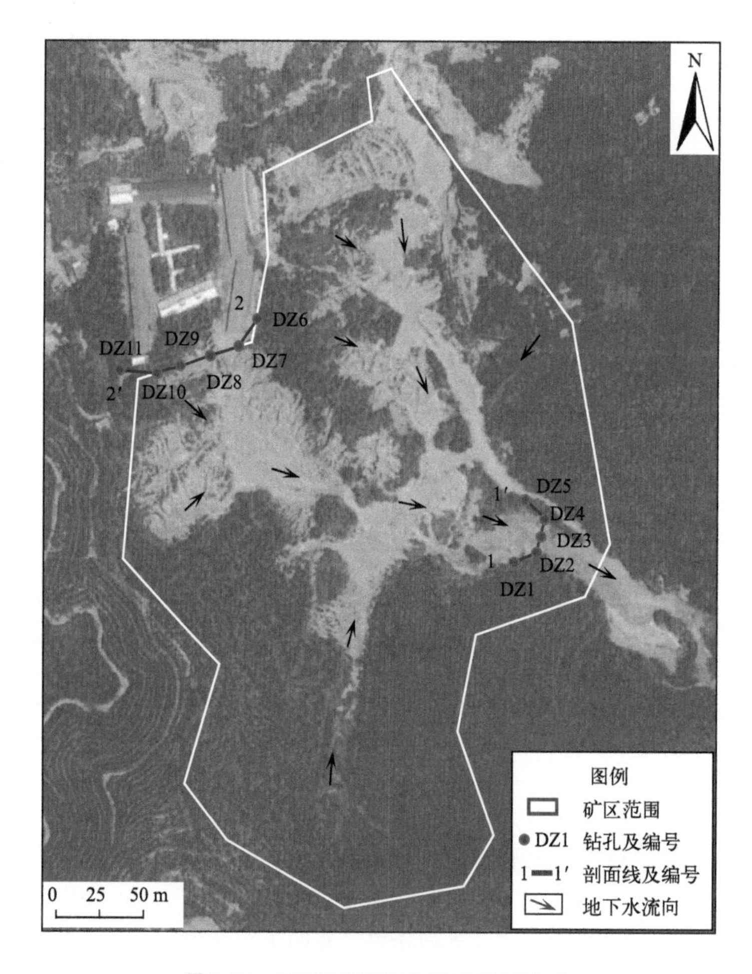

图2-21 矿区工程地质勘察钻孔平面布置

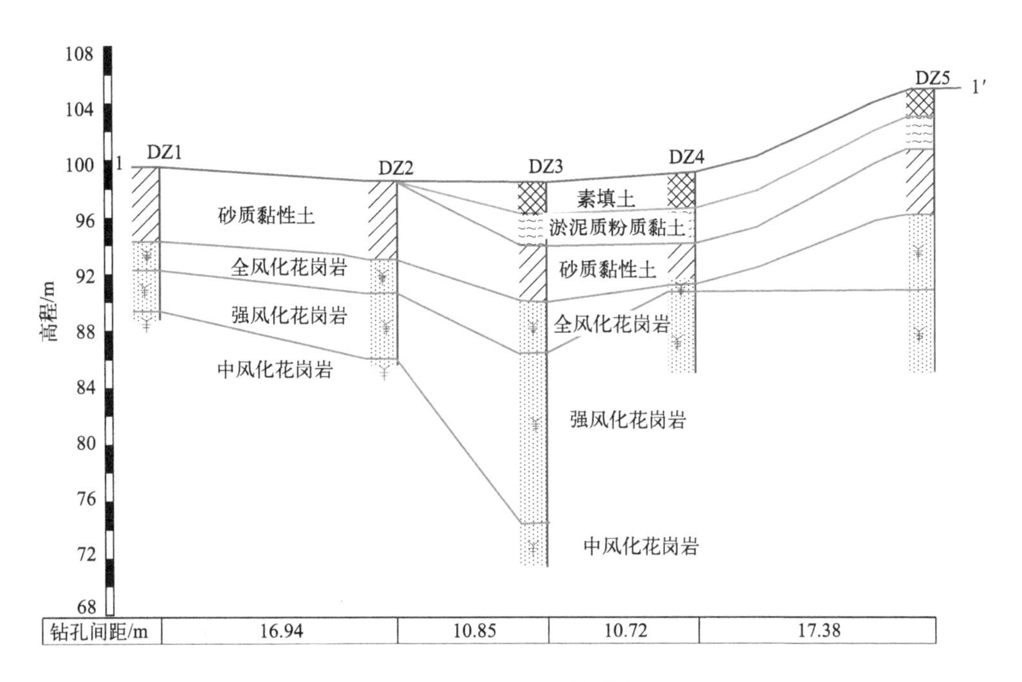

图2-22 1-1′ 工程地质剖面

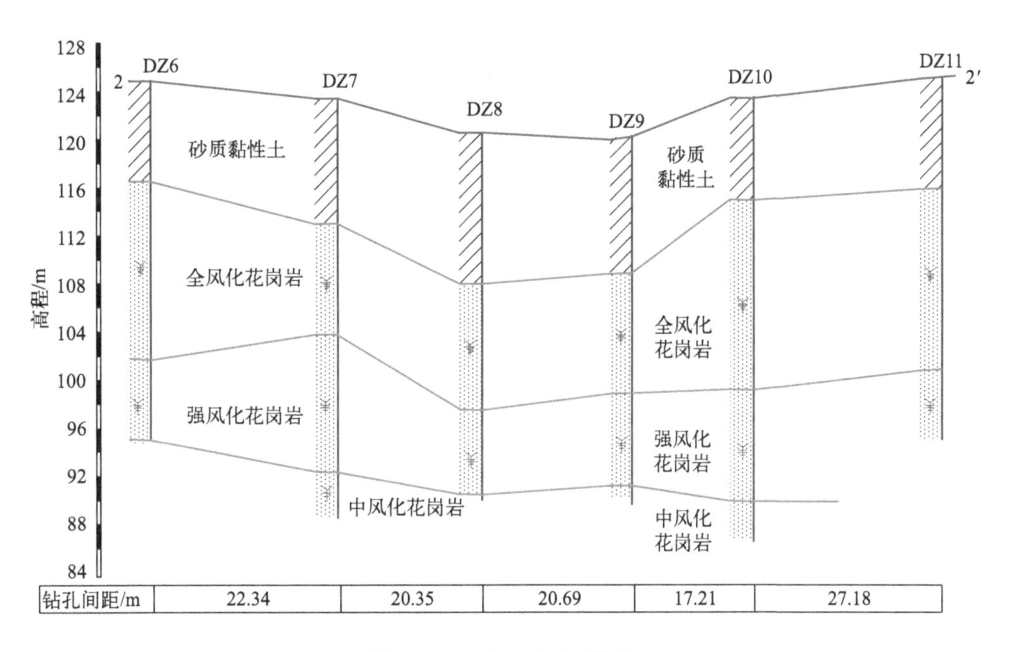

图2-23 2-2′ 工程地质剖面

（1）人工填土层（Q_4^{ml}）：层号①

素填土，杂色，稍湿，松散-稍密状，主要由黏性土组成，回填方式为大方量堆填，未压实。该层取土样6组，进行标准贯入试验4次，该层不推荐地基承载力特征值。该层在矿区内4个钻孔有揭露，厚度2.00～2.50m，平均厚度2.17m，顶面标高98.05～104.50m。

（2）第四系冲积层（Q^{al}）：层号②

淤泥质粉质黏土，深灰色，灰色，饱和，软塑状为主。该层取土样6组，进行标准贯入试验6次，推荐地基承载力特征值f_{ak}取60kPa。该层仅在矿区内3个钻孔有揭露，厚度2.20～2.60m，平均厚度2.35m，顶面标高95.85～102.50m。

（3）第四系残积层（Q^{el}）：层号③

砂质黏性土，褐黄色，灰黄色，稍湿，硬塑，为花岗岩风化残积土，遇水易软化崩解。该层取土样2组，进行标准贯入试验17次，推荐地基承载力特征值f_{ak}取200kPa。该层在矿区内所有钻孔均有揭露，厚度1.60～12.50m，平均厚度7.76m，顶面标高93.45～125.50m。

（4）燕山三期花岗岩（γ）：层号④

矿区基底为燕山三期花岗岩（γ），在钻探深度揭露范围内，根据岩石的风化程度可划分为全风化、强风化、中风化三个风化岩带。现分述如下：

1）全风化花岗岩：层号④1

岩性为花岗岩，褐黄色，风化剧烈，岩芯呈坚硬土状，遇水易软化崩解。该层取土样2组，进行标准贯入试验20次，推荐地基承载力特征值f_{ak}取300kPa。该层在矿区内所有钻孔均有揭露，单层厚度0.70～15.30m，平均厚度7.61m，顶面标高89.55～115.90m。

2）强风化花岗岩：层号④2

岩性为花岗岩，褐黄色，风化强烈，岩芯呈半岩半土—碎块状，遇水易软化崩解，岩质软，强度低，属极软岩，岩体完整程度为极破碎。岩石基本质量等级为Ⅴ。该层取土样2组，进行标准贯入试验13次，推荐地基承载力特征值f_{ak}取500kPa。该层在矿区内所有钻孔有揭露，单层厚度3.00～12.00m，平均厚度8.62m，顶面标高86.05～104.00m。

3）中风化花岗岩：层号④3

岩性为花岗岩，褐黄色，青灰色，中粗粒结构，块状构造，较新鲜—新鲜，击之声较脆—脆，岩芯呈块状、短柱状，属较硬岩，岩体完整程度为极破碎。岩石基本质量等级为Ⅴ。该层取5组花岗岩岩样，测得天然单轴极限抗压强度f_{rk}组值3.62～31.20MPa，平均值17.41MPa，标准值8.87MPa，取8.0MPa。推荐地基承载力特征值f_{ak}取2500kPa。该层在矿区内7个钻孔有揭露，厚度0.50～3.10m，平均厚度

1.91m，顶面标高74.05～92.30m。

2.4.2 岩土工程地质评价

（1）稳定性评价

① 根据区域地质资料及钻探资料，在钻探深度范围内，未发现岩层受强烈挤压扭曲和明显的断裂构造形迹。矿区没有区域性断裂通过，未发现全新活动断裂，未揭露岩溶、地震液化、陡坎、滑坡、泥石流、采空区等不良地质现象，未发现湿陷性土层和河道、沟浜、墓穴、防空洞等对工程不利的埋藏物。风化岩体中未发现洞穴、临空面、破碎岩体或软弱夹层，地质构造稳定性条件较好。

② 根据勘察钻孔资料估算，综合评价矿区土类型为西侧为中硬场地土，东侧为中软场地土，土的覆盖层揭露厚度为5.20～12.50m，建筑场地类别属于Ⅱ类。剪切波速估算见表2-10。

表2-10 剪切波速估算

分层序号	岩土层名称	剪切波速V_s/（m/s）	土的类型	分层序号	岩土层名称	剪切波速V_s/（m/s）	土的类型
①	素填土	135	软弱土	④1	全风化花岗岩	350	中硬土
②	淤泥质粉质黏土	105	软弱土	④2	强风化花岗岩	550	坚硬土
③	砂质黏性土	300	中硬土	④3	中风化花岗岩	800	岩石

③ 根据资料分析，矿区及周边区域历史上没有大的破坏性地震记录。按照《建筑抗震设计规范》（GB 50011—2010）及《中国地震动参数区划图》（GB 18306—2015），矿区位于抗震设防6度区，设计基本地震加速度为0.05g，设计地震分组为第一组，设计特征周期0.35s。矿区为建筑抗震设计一般地段，属基本稳定区，可不进行液化判别和处理。按照《建筑工程抗震设防分类标准》（GB 50223—2008），建筑物抗震设防类别为丙类。

综上所述，矿区稳定性较好，均匀性较差，建设用地适宜性为基本适宜。

（2）地基稳定性与均匀性评价

1）地基稳定性

矿区表部素填土结构松散、均匀性差，淤泥质粉质黏土具有流变性、中灵敏度、高压缩性和易触变的特点，对地基基础稳定性影响较大，其下各土层结构较均匀，强度较高，其自身稳定性较好。

2）地基均匀性

矿区内各地基岩土层的空间分布（水平与垂直方向）均差异较大，矿区大面积分布有较厚的素填土，经人工处理后应为不均匀地基。矿区基岩面起伏较大，个别钻孔残积土、全风化岩中夹强、中风化岩硬夹层。

（3）特殊岩土与不良地质作用评价

矿区特殊性岩土主要为人工填土、软土、残积土及风化岩。

1）人工填土（素填土）

欠压实，该土层具有不均匀性，密实度相差较大。人工填土可采用加强碾压、夯实，过厚区段可以采用夯实水泥土法、水泥粉煤灰矿石桩（CFG桩）等进行地基处理。

2）软土（淤泥质粉质黏土）

矿区内软土层为冲积层淤泥质粉质黏土层。该层具有流变性、高灵敏度、高压缩性和易触变的特点，对地基基础稳定性影响较大，应予以重视。

3）残积土及风化岩

残积土及风化岩具有遇水易软化、崩解的特点。

（4）基础持力层的适宜性评价

1）人工填土

松散状，没有压密，土质不均匀，为中-高压缩性土，工程性质较差，稳定性差，开挖时应采取支护措施，一般不宜作为建筑物的基础持力层。

2）冲积层

②层淤泥质粉质黏土，$f_{ak}=60kPa$；地基承载力差，为高压缩性土，稳定性差，开挖时应采取支护措施，不可作为持力层。

3）残积土层

③层砂质黏性土，可塑-硬塑状，$f_{ak}=200kPa$，具有一定承载力，普遍分布，可根据建筑物的荷载考虑作为建筑物的基础持力层。

4）燕山期花岗岩（γ）

分为全风化、强风化、中风化3个岩带，力学强度较高。全风化花岗岩$f_{ak}=300kPa$，地基承载力较好，为中等~低压缩性土，稳定性较好，可选作建筑物的基础持力层。强风化花岗岩$f_{ak}=500kPa$，地基承载力较好，为中等~低压缩性土，稳定性较好，可选作建筑物的基础持力层。中风化花岗岩$f_{rk}=8.0MPa$，$f_{ak}=2500kPa$，稳定性好，可选作建筑物的基础持力层。

第3章 矿区地下水污染分析

在区域环境质量状况调查的基础上，识别矿区内部和周边现状及历史污染源分布、潜在地下水特征污染指标和途径，评估矿区地下水污染状况，对典型超标指标从平面和沿程两个维度，分析地下水污染空间分布特征，并基于水-土相互作用、水文地球化学演化、水质多元统计分析等方面识别矿区地下水污染成因。

3.1 区域环境质量现状

3.1.1 环境质量目标

根据地表水功能区划，矿区周边主要水系为A河及其一级支流1、2、3，A河水质目标为《地表水环境质量标准》（GB 3838—2002）Ⅱ类标准。支流1、2、3未划定水环境功能区，参照地表水环境功能区划定原则，水质目标定为Ⅲ类。

根据地下水功能区划，矿区所在区域位于地下水水源涵养区，水质目标为《地下水质量标准》（GB/T 14848—2017）Ⅲ类标准。

根据土地利用规划，矿区所在区域土地利用包括一般农业发展区、林业发展区和自然保留地。一般农业发展区土壤环境质量执行《土壤环境质量　农用地土壤污染风险管控标准（试行）》（GB 15618—2018）风险筛选值。

3.1.2 环境质量现状

3.1.2.1 地表水环境质量

（1）监测断面及指标

为了解矿区及周边区域地表水环境状况，共布设7个地表水水质监测断面；4个监测断面（W1、W2、W6、W7）位于A河上、下游及其上游支流1、下游支流3，3个监测断面（W3～W5）位于流经矿区附近的A河支流2；监测指标为pH值、氨氮、硝酸盐氮、亚硝酸盐氮、镍、汞、砷、镉、铅9项。

地表水水质监测断面信息见表3-1和图3-1。

表3-1　地表水水质监测断面信息

编号	断面名称	所属河流	水质目标
W1	A河上游断面	A河	Ⅱ
W2	A河上游支流1断面	A河支流1	Ⅲ
W3	矿区汇入口断面	A河支流2	Ⅲ

续表

编号	断面名称	所属河流	水质目标
W4	矿区汇入口上游断面	A河支流2	Ⅲ
W5	矿区汇入口下游断面	A河支流2	Ⅲ
W6	A河下游支流3断面	A河支流3	Ⅲ
W7	A河下游断面	A河	Ⅱ

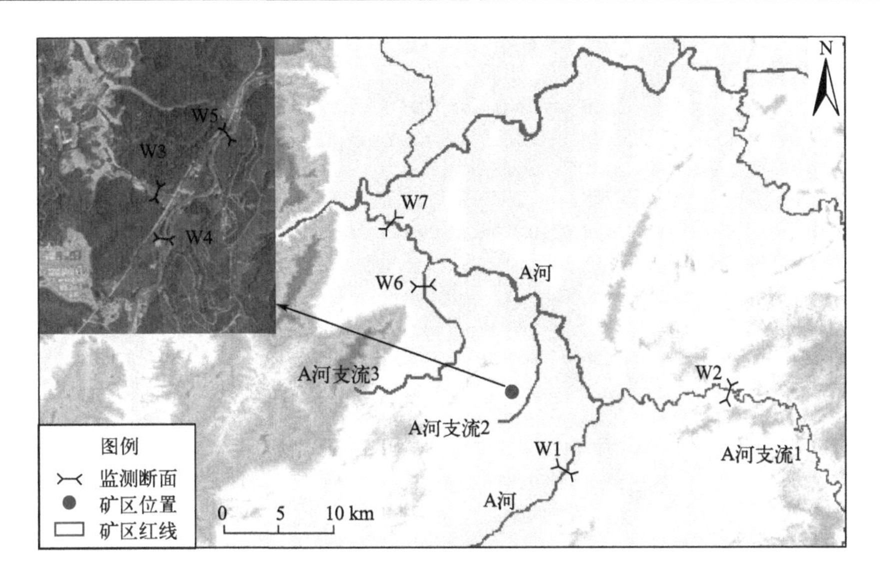

图3-1 地表水水质监测断面分布示意

(2)监测评价结果

W1、W7 2个监测断面执行《地表水环境质量标准》(GB 3838—2002)Ⅱ类标准，W2、W3、W4、W5、W6 5个监测断面执行Ⅲ类标准，采用单因子评价方法进行评价。地表水水质监测数据及评价结果见表3-2。

表3-2 地表水水质监测数据及评价结果

监测指标	数据类别	W1	W2	W3	W4	W5	W6	W7	Ⅱ类标准	Ⅲ类标准
pH值	监测数据(无量纲)	7.12	7.62	5.71	6.58	6.77	7.2	6.9	6～9	
	评价结果	Ⅰ	Ⅰ	劣Ⅴ	Ⅰ	Ⅰ	Ⅰ	Ⅰ		
氨氮	监测数据/(mg/L)	1.12	2.42	9.76	9.12	9.32	2.90	4.74	≤0.5	≤1.0
	评价结果	Ⅳ	劣Ⅴ	劣Ⅴ	劣Ⅴ	劣Ⅴ	劣Ⅴ	劣Ⅴ		

续表

监测指标	数据类别	W1	W2	W3	W4	W5	W6	W7	Ⅱ类标准	Ⅲ类标准
硝酸盐氮	监测数据/(mg/L)	8.93	7.90	22.94	24.62	24.38	12.90	13.20	—	—
亚硝酸盐氮	监测数据/(mg/L)	0.016	0.016	0.018	0.122	0.149	0.016	0.016	—	—
镍	监测数据/(mg/L)	0.0200	0.0200	0.0018	0.0007	0.0006	0.0200	0.0200	—	—
汞	监测数据/(mg/L)	ND	ND	ND	ND	ND	ND	ND	≤0.00005	≤0.0001
	评价结果	Ⅰ	Ⅰ	Ⅰ	Ⅰ	Ⅰ	Ⅰ	Ⅰ		
砷	监测数据/(mg/L)	0.0005	0.0006	0.0080	0.0026	0.0024	0.0008	0.0009	≤0.05	≤0.05
	评价结果	Ⅰ	Ⅰ	Ⅰ	Ⅰ	Ⅰ	Ⅰ	Ⅰ		
镉	监测数据/(mg/L)	0.00050	0.00050	0.00079	0.00038	0.00037	0.00050	0.00050	≤0.005	≤0.005
	评价结果	Ⅰ	Ⅰ	Ⅰ	Ⅰ	Ⅰ	Ⅰ	Ⅰ		
铅	监测数据/(mg/L)	0.0100	0.0100	0.0500	0.0047	0.0022	0.0100	0.0100	≤0.01	≤0.05
	评价结果	Ⅰ	Ⅰ	Ⅲ	Ⅰ	Ⅰ	Ⅰ	Ⅰ		

注：表中“ND”为指标未检出。

监测结果表明，7个监测断面均超出相应水质标准，超标指标包括pH值、氨氮。其中1个监测断面pH值超标，检出值为5.71，为矿区汇入口断面W3；7个监测断面氨氮均超标，最高检出值为9.76mg/L，超出《地表水环境质量标准》(GB 3838—2002)Ⅲ类标准的8.76倍，为矿区汇入口断面W3；A河自上游至下游，氨氮浓度增加了3.23倍(W1→W7)。3个位于流经矿区附近A河支流2的监测断面(W3~W5)氨氮浓度明显高于4个位于非经矿区A河及其支流1、3的监测断面(W1、W2、W6、W7)，是其平均浓度的2.31倍。

(3)污染成因分析

根据监测结果与资料分析，矿区周边地表水氨氮浓度变化与稀土历史遗留开采区域分布基本一致。由于稀土开采过程注入大量的硫酸铵，经地表径流和地下水渗出进入河流，导致地表水中氨氮超标。根据矿区所在区域地表水氨氮来源分析，稀土开采导致的氨氮入河量占氨氮总体入河量的80%以上；其次为畜禽养殖业、农村生活源、种植业和工业源，分别占比4.9%、4.4%、3.5%和1.8%。可见，稀土开采导致的氨氮入河量远高于其他污染源，是各监测断面氨氮超标的主要原因。地表水pH值超标断面W3位于矿区汇入口，是由于稀土开采过程中注入大量的硫酸铵浸出剂和采用草酸作为沉淀剂，经矿区地表径流和地下水渗出进入河流，导致地表水偏酸性。

3.1.2.2　地下水环境质量

（1）监测点位及指标

为了解矿区及区域周边地下水环境状况，共布设8个地下水环境监测点：3个监测点位于矿区上、中、下游（G1～G3），3个监测点位于矿区内（G4～G6），2个监测点位于非矿区（G7、G8）。监测指标为pH值、氨氮、硝酸盐氮、亚硝酸盐氮、镍、汞、砷、镉、铅9项。

地下水环境监测点信息见表3-3、图3-2。

表3-3　地下水环境监测点信息

编号	监测点名称	所属地下水功能区	水质目标
G1	矿区上游监测点	地下水水源涵养区	Ⅲ
G2	矿区中游监测点	地下水水源涵养区	Ⅲ
G3	矿区下游监测点	地下水水源涵养区	Ⅲ
G4	矿区内部监测点1	地下水水源涵养区	Ⅲ
G5	矿区内部监测点2	地下水水源涵养区	Ⅲ
G6	矿区内部监测点3	地下水水源涵养区	Ⅲ
G7	村庄1监测点	分散式开发利用区	Ⅲ
G8	村庄2监测点	分散式开发利用区	Ⅲ

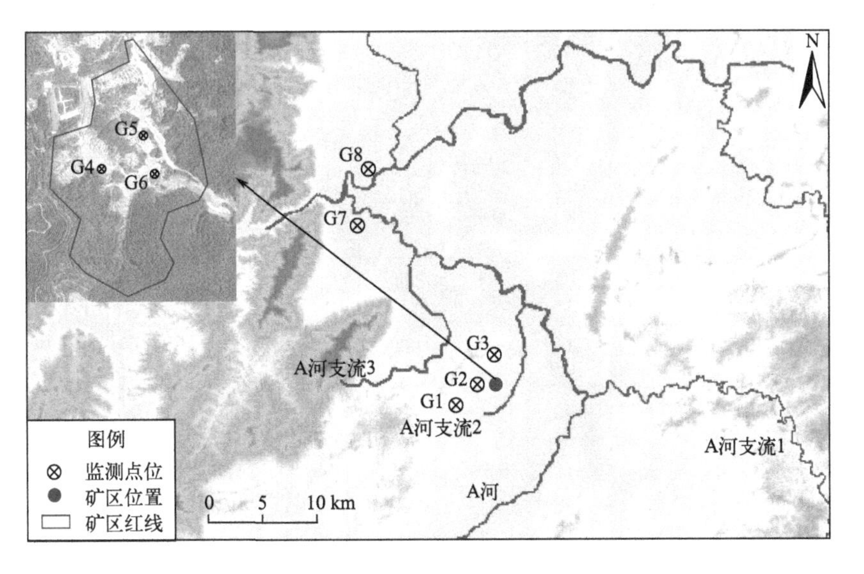

图3-2　地下水环境监测点分布示意

（2）监测评价结果

6个监测点（G1～G6）位于地下水水源涵养区，2个监测点（G7、G8）位于分散式开发利用区，均执行《地下水质量标准》（GB/T 14848—2017）Ⅲ类标准，采用单指标评价方法进行评价。

地下水环境监测数据及评价结果见表3-4。

表3-4 地下水环境监测数据及评价结果

监测指标	数据类别	G1	G2	G3	G4	G5	G6	G7	G8	Ⅲ类标准
pH值	监测数据（无量纲）	6.41	6.34	6.07	5.72	5.62	5.42	6.23	6.11	6.5～8.5
	评价结果	Ⅳ	Ⅳ	Ⅳ	Ⅳ	Ⅳ	Ⅳ	Ⅳ	Ⅳ	
氨氮	监测数据/（mg/L）	0.082	0.085	1.180	97.380	8.350	27.360	0.429	0.109	≤0.5
	评价结果	Ⅱ	Ⅱ	Ⅳ	Ⅴ	Ⅴ	Ⅴ	Ⅲ	Ⅲ	
硝酸盐氮	监测数据/（mg/L）	1.60	7.02	13.20	35.40	30.90	8.00	14.90	12.50	≤20.0
	评价结果	Ⅰ	Ⅲ	Ⅲ	Ⅴ	Ⅴ	Ⅲ	Ⅲ	Ⅲ	
亚硝酸盐氮	监测数据/（mg/L）	ND	ND	ND	0.032	0.094	0.013	ND	ND	≤1.00
	评价结果	Ⅰ	Ⅰ	Ⅰ	Ⅱ	Ⅱ	Ⅱ	Ⅰ	Ⅰ	
镍	监测数据/（mg/L）	ND	ND	ND	0.0035	0.0047	0.0006	ND	ND	≤0.02
	评价结果	Ⅰ	Ⅰ	Ⅰ	Ⅱ	Ⅱ	Ⅰ	Ⅰ	Ⅰ	
汞	监测数据/（μg/L）	0.100	0.040	ND	ND	ND	ND	ND	0.180	≤0.001
	评价结果	Ⅰ	Ⅰ	Ⅰ	Ⅰ	Ⅰ	Ⅰ	Ⅰ	Ⅲ	
砷	监测数据/（mg/L）	0.0014	0.0053	0.0042	0.0240	0.0057	0.0015	0.0059	0.0087	≤0.01
	评价结果	Ⅲ	Ⅲ	Ⅲ	Ⅳ	Ⅲ	Ⅲ	Ⅲ	Ⅲ	
镉	监测数据/（mg/L）	0.0001	0.00020	0.00025	0.00092	0.00077	0.00011	0.00010	0.00022	≤0.005
	评价结果	Ⅱ	Ⅱ	Ⅱ	Ⅱ	Ⅱ	Ⅱ	Ⅱ	Ⅱ	
铅	监测数据/（mg/L）	0.039	0.046	0.047	0.470	0.056	0.057	0.044	0.048	≤0.01
	评价结果	Ⅲ	Ⅲ	Ⅲ	Ⅴ	Ⅳ	Ⅳ	Ⅲ	Ⅲ	

注：表中“ND”为指标未检出。

监测结果表明，8个地下水环境监测点超标指标包括pH值、氨氮、硝酸盐氮、砷、铅。pH值的8个监测点均超标（偏酸性），超标率100%，其中3个监测点（G4 ~ G6）位于矿区内，检出值范围5.42 ~ 5.72；5个监测点（G1 ~ G3、G7 ~ G8）位于非矿区，检出值范围6.07 ~ 6.41。氨氮有4个监测点超标，超标率50%，其中1个监测点（G3）位于矿区下游，超标倍数为1.36；3个监测点（G4 ~ G6）位于矿区内，最大超标倍数193.76。硝酸盐氮有2个监测点（G4、G5）超标，超标率25%，均位于矿区内，最大超标倍数为0.44。1个砷超标监测点（G4）和3个铅超标监测点（G4、G5、G6）均位于矿区内。3个矿区内监测点（G4 ~ G6）氨氮、硝酸盐氮浓度明显高于5个位于非矿区的监测点（G1 ~ G3、G7 ~ G8），分别是其平均浓度的117倍和2.52倍；3个矿区内监测点的pH值检出值范围也均低于5个位于非矿区的监测点。

（3）污染成因分析

根据监测结果与资料分析，8个地下水pH值超标监测点中3个监测点（G1 ~ G3）位于矿区上、中、下游，2个监测点（G6、G7）位于村庄，周边不存在工业污染源，pH值超标主要受区域地质背景因素影响；3个监测点（G4 ~ G6）位于矿区内，主要受区域地质背景因素影响以及稀土开采过程注入大量硫酸铵浸矿剂和使用草酸作为沉淀剂的影响，导致地下水pH值偏低。4个地下水氨氮超标监测点中1个监测点（G3）位于矿区下游，3个监测点位于矿区内，主要受稀土开采过程注入大量硫酸铵浸矿剂影响，导致地下水中氨氮超标。2个地下水硝酸盐氮超标监测点（G4、G5）位于矿区内，受微生物硝化作用等影响，氨氮转化为硝酸盐氮，导致地下水中硝酸盐氮超标（杨帅，2015）。1个砷超标监测点（G4）和3个铅超标监测点（G4、G5、G6）均位于矿区内，主要是因为稀土矿中通常伴生铅等重金属，土壤中重金属背景值较高，酸性浸矿剂诱导土壤中原本不活跃的重金属离子析出进入地下水，导致地下水中铅等重金属超标（谭启海等，2022）。

3.1.2.3 土壤环境质量

（1）监测点位及指标

为了解矿区及周边区域土壤环境状况，共布设8个土壤环境监测点，土壤环境监测点与地下水环境监测点位置一致；3个监测点位于林业发展区（S1、S3、S8），3个监测点位于一般农业发展区（S2、S4、S7），2个监测点位于自然保留地（S5、S6）；其中有3个监测点位于矿区内（S4、S5、S6）。监测指标为pH值、氨氮、硝酸盐氮、亚硝酸盐氮、镍、汞、砷、镉、铅9项。

土壤环境监测点信息见表3-5和图3-2。

表3-5　土壤环境监测点信息

编号	对应地下水环境监测点编号	监测点名称	土地利用类型
S1	G1	矿区上游监测点	林业发展区
S2	G2	矿区中游监测点	一般农业发展区
S3	G3	矿区下游监测点	林业发展区
S4	G4	矿区内部监测点1	一般农业发展区
S5	G5	矿区内部监测点2	自然保留地
S6	G6	矿区内部监测点3	自然保留地
S7	G7	村庄1监测点	一般农业发展区
S8	G8	村庄2监测点	林业发展区

（2）监测评价结果

S4位于一般农业发展区，土壤环境质量执行《土壤环境质量　农用地土壤污染风险管控标准（试行）》（GB 15618—2018）风险筛选值。

土壤环境监测结果见表3-6。

表3-6　土壤环境监测结果　（单位：mg/kg，pH值除外）

监测指标	S1	S2	S3	S4	S5	S6	S7	S8
pH值	6.00	6.10	5.70	5.15	5.33	5.22	6.40	6.30
氨氮	0.10	0.21	1.69	339.00	21.50	16.00	0.18	1.46
硝酸盐氮	0.22	0.26	0.26	20.50	7.72	3.69	0.33	0.28
亚硝酸盐氮	0.15	0.15	0.15	ND	ND	ND	0.15	0.15
镍	2.5	3.1	3.0	3.0	4.0	2.6	2.6	2.9
汞	0.027	0.032	0.033	0.059	0.035	0.013	0.30	0.29
砷	1.9	1.9	2.6	5.0	4.6	2.7	1.7	1.6
镉	0.08	0.11	0.12	0.22	0.08	0.13	0.12	0.07
铅	90	89	100	161	110	103	80	75

注：表中“ND”为指标未检出。

监测结果表明，8个土壤环境监测点中，pH检出值范围为5.15～6.40，氨氮含量范围为0.10～339.00mg/kg，硝酸盐氮含量范围为0.22～21.50mg/kg，亚硝酸盐氮均为ND ～0.15mg/kg，镍含量范围为2.5～4.0mg/kg，汞含量范围为0.013～0.30mg/kg，砷含量范围为1.6～5.0mg/kg，镉含量范围为0.08～0.22mg/kg，铅含量范围为75～161mg/kg。矿区内3个监测点（S4～S6）的pH检出值范围为5.15～5.33，氨氮含量范围为16.00～339.00mg/kg，硝酸盐氮含量范围为3.69～20.50mg/kg，亚硝酸盐氮均为ND，镍含量范围为2.6～4.0mg/kg，汞含量范围为0.013～0.059mg/kg，砷含量范围为2.7～5.0mg/kg，镉含量范围为0.08～0.22mg/kg，铅含量范围为103～161mg/kg，其中S4监测点位铅含量超出《土壤环境质量　农用地土壤污染风险管控标准（试行）》（GB 15618—2018）风险筛选值的1.3倍，矿区内3个监测点氨氮、硝酸盐氮含量明显高于其他区域。

（3）污染成因分析

根据监测结果与资料分析，土壤铅超标监测点S4位于矿区内，超标原因主要为稀土矿中伴生有铅等重金属，导致土壤中重金属背景值较高。矿区内监测点氨氮、硝酸盐氮含量明显高于其他区域，主要是受稀土开采过程注入大量硫酸铵浸矿剂的影响，导致土壤中赋存大量的氨氮、硝酸盐氮。非矿区土壤pH偏酸性，主要受区域地质背景因素影响，矿区内土壤pH偏酸性主要受区域地质背景因素影响以及稀土开采过程注入大量硫酸铵浸矿剂和使用草酸作为沉淀剂的影响。

3.2　地下水污染来源

通过资料收集、现场踏勘和人员访谈，识别矿区内部和周边现状及历史污染源分布情况，分析其潜在地下水特征污染指标和途径。

3.2.1　矿区内部污染源

矿区范围内现状主要为荒地、人工草地、林地等，没有外来型的河流沟谷，无生活、工业、农业等污染源。历史上也无工业、农业等生产经营活动，因此不存在工农业生产生活等造成地下水污染的情况。矿区自20世纪80年代起存在稀土开采活动，为历史遗留的稀土开采区，地下水受到不同程度的污染。根据对矿区稀土开采历史的调研，矿区稀土开采主要采用堆浸和原地浸出工艺，堆浸工艺区域主要集中在矿区中部地势低洼处，原地浸出工艺区域主要集中在北西及南部区域。

矿区不同稀土开采工艺分布区域示意见图3-3。

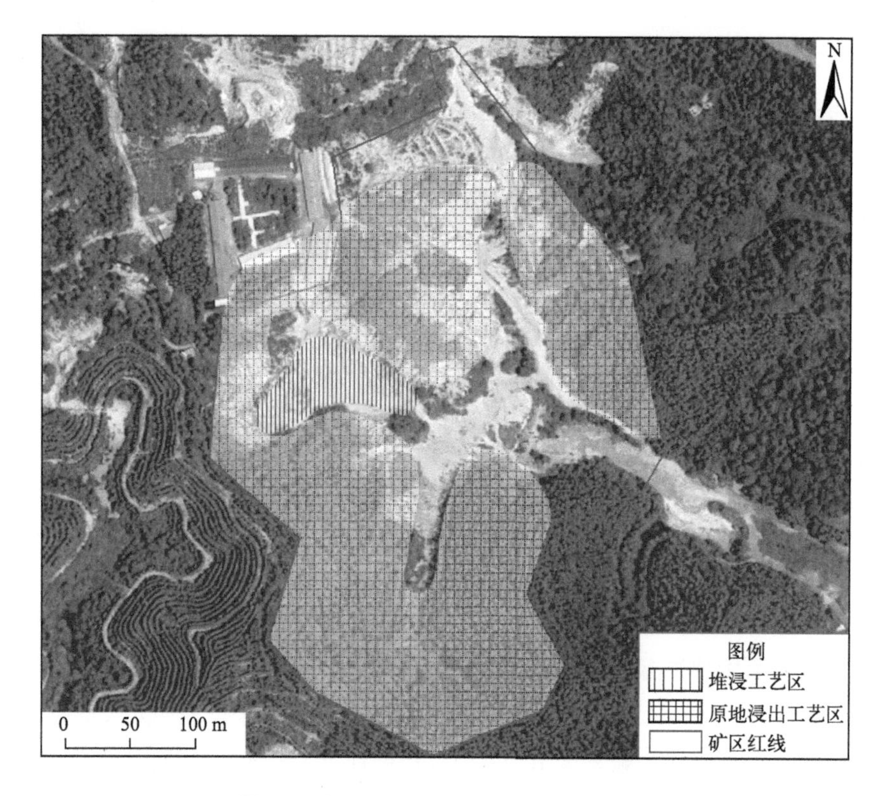

图3-3　矿区不同稀土开采工艺分布区域示意

3.2.2　矿区周边污染源

根据现场踏勘和人员访谈，矿区外的西北部历史上属于稀土开采区，现建有一处养鸡场。该区域处于矿区地下水流向的上游，其对矿区地下水污染可能来自于两个方面：一是稀土开采遗留的污染；另一是养鸡场带来的污染。

该养鸡场建于2016年，占地面积约9330m^2，养殖种类为肉鸡，共设鸡舍4栋，鸡舍面积2830m^2，鸡舍外设有散养区。肉鸡每年分2次出栏，年出栏量约75000羽。场区西侧最高处设1个蓄水池，北侧建有1个化粪池，东南部建有1个化尸池。

养鸡场平面布置见图3-4。

养鸡场采用圈养和散养相结合的方式，鸡舍在饲养期间不进行清洗，肉鸡全部转栏或出栏后才对鸡舍进行冲洗，冲洗废水经明渠管网流入养鸡场北侧化粪池处理后汇入北部沟谷。场内采用人工干清粪，粪便主要外运用作农家肥。正常情况下，鸡舍的冲洗废水经过收集处理外排，鸡舍内地面硬化较为完善，污染物向地下水中入渗的可能性较小；鸡舍外散养区在肉鸡散养时会存有少量鸡粪等污染物，在降雨条件下污染物渗入地下水会对地下水造成污染。另外，场区北侧化粪池和东南部化尸池，事故情况下发生泄漏，也会对地下水造成污染。

图3-4 养鸡场平面布置

3.3 地下水污染状况

在矿区布设地下水环境监测点，开展地下水采样检测、地下水质量和污染评价，分析矿区地下水环境质量及污染状况。同步采集土壤样品，分析土壤中残留污染物的分布特征以及水-土相互作用。

3.3.1 环境质量监测

3.3.1.1 监测布点

根据矿区及周边的地形地貌、污染源分布、水文地质条件以及污染物迁移转化等因素，参照《地下水环境监测技术规范》（HJ 164—2020）和《土壤环境监测技术规范》（HJ/T 166—2004）要求，在矿区内布设19个地下水环境监测点和6个土壤环境监测点。地下水环境监测点中，16个点（ZK1 ~ ZK16）为新设，3个点（G8 ~ G10）收集矿区原有水质监测数据；ZK6位于矿区地下水分水岭处，周边无采矿痕迹，未受到采矿活动影响，可作为对照点，ZK16用于观测养鸡场对矿区地下水环境的影响。6个土壤环境监测点主要布设在地下水主要径流通道上，结合各监测点钻孔揭露含水层岩性差异，每个采样点分3～5层取样，深度范围0～16.8m。

矿区地下水和土壤环境监测点布设位置见图3-5。

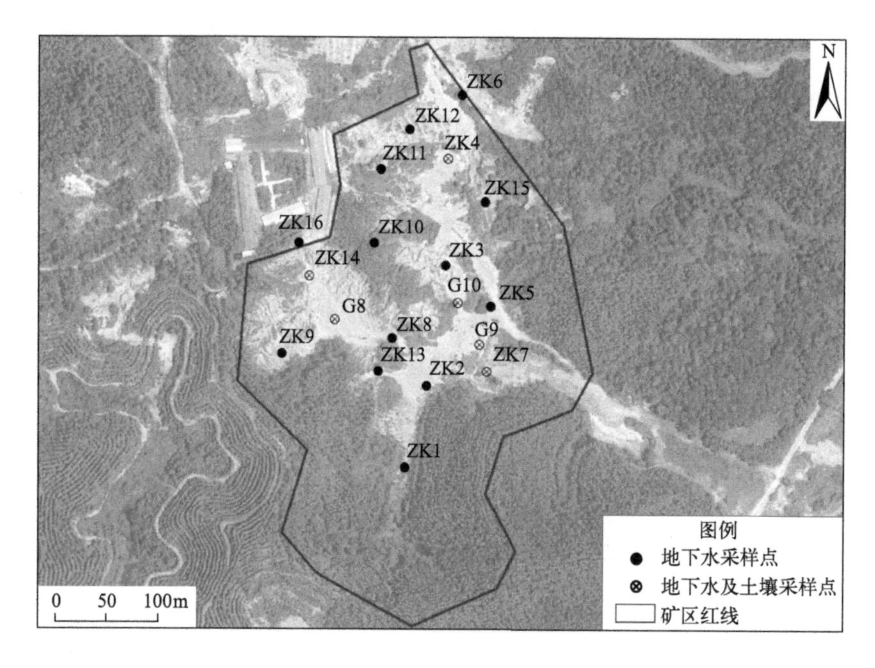

图3-5　矿区地下水和土壤环境监测点分布

3.3.1.2 监测指标

16个地下水环境监测点（ZK1～ZK16）监测指标包括水温、氧化还原电位、溶解氧、pH值、耗氧量、总磷、总氮、氨氮、硝酸盐氮、亚硝酸盐氮、汞、镉、六价铬、铅、砷、镍、镧、钕，共18项；3个地下水环境监测点（G8～G10）监测指标包括pH值、氨氮、硝酸盐氮、亚硝酸盐氮、汞、镉、六价铬、铅、砷、镍，共10项。

3个土壤环境监测点（ZK4、ZK7、ZK14）监测指标包括pH值、阳离子交换量、全氮、铵态氮、亚硝酸盐氮、硝酸盐氮，共6项；3个土壤环境监测点（G8～G10）监测指标包括pH值、铵态氮、亚硝酸盐氮、硝酸盐氮、铜、汞、砷、镉、铅、镍，共10项。

3.3.1.3 样品采集

根据16个地下水环境监测井（ZK1～ZK16）的深度，采用小流量潜水泵和贝勒管采样地下水混合样品。其中，水温、氧化还原电位、溶解氧、pH值4项指标采用多参数水质分析仪开展现场监测，其余指标的样品按照《地下水环境监测技术规范》（HJ 164—2020）规范保存，送至实验室进行检测分析。

根据6个钻孔揭露含水层岩性差异，ZK4、ZK7、ZK14 3个土壤环境监测点分5层取样，深度范围为4.5～16.8m；G8、G9、G10 3个土壤环境监测点分3～4层取样，深度范围为0～7.0m。表层样或柱状样品按照《土壤环境监测技术规范》（HJ/T 166—2004）采集、保存，送至实验室进行检测分析。

3.3.1.4 监测结果

根据地下水环境监测结果，19个地下水环境监测点，除六价铬未检出外，其他指标均有检出；其中水温、氧化还原电位、溶解氧、pH值、耗氧量、总氮、氨氮、硝酸盐氮、镍、镧、钕11个指标检出率为100%，其他指标检出率分别为铅89.47%、总磷86.67%，亚硝酸盐氮78.95%，砷73.68%、镉72.22%、汞5.56%。

根据土壤环境监测结果，6个土壤环境监测点土壤总体呈酸性，pH检测值范围4.12～6.80，平均值5.07；铵态氮浓度范围1.8～516mg/kg，平均值62.84mg/kg。

矿区地下水环境和土壤环境监测数据及统计结果分别见表3-7～表3-10和图3-6。

表3-7 矿区地下水环境监测结果

序号	监测指标	ZK1	ZK2	ZK3	ZK4	ZK5	ZK6	ZK7	ZK8	ZK9
1	水温/℃	22.0	23.3	26.1	22.9	22.3	25.8	24.3	23.7	23.4
2	氧化还原电位/mV	111	222	195	170	250	158	129	258	196
3	溶解氧/（mg/L）	4.66	1.06	4.66	5.34	4.50	1.97	1.89	1.64	2.44
4	pH值（无量纲）	6.01	5.41	6.58	5.14	4.67	7.06	6.05	4.53	5.51
5	耗氧量/（mg/L）	2.9	5.4	4.6	7.2	4.4	0.6	1.9	2.0	1.2
6	总磷/（mg/L）	0.14	0.05	0.08	0.02	0.10	ND	ND	0.09	0.03
7	总氮/（mg/L）	7.78	38.40	43.50	56.40	27.60	0.28	29.20	139.00	87.30
8	氨氮/（mg/L）	4.23	8.57	25.30	31.30	8.51	0.03	13.80	77.70	34.90
9	硝酸盐氮/（mg/L）	0.21	28.50	12.50	18.70	17.60	0.21	14.90	30.70	51.35
10	亚硝酸盐氮/（mg/L）	ND	ND	0.049	0.105	0.023	0.012	0.169	ND	0.045
11	六价铬/（mg/L）	ND	ND	ND	ND	ND	ND	ND	ND	ND
12	汞/（mg/L）	ND	ND	ND	ND	0.00018	ND	ND	ND	ND
13	镍/（mg/L）	0.0030	0.0015	0.0503	0.0613	0.0199	0.0008	0.0049	0.0034	0.0430
14	铅/（mg/L）	0.0020	0.0351	0.0149	0.0050	0.0060	0.0001	0.0005	0.9700	0.0030
15	镉/（mg/L）	ND	0.0004	0.0003	ND	0.0004	ND	0.0002	0.0001	0.0004
16	砷/（mg/L）	ND	0.0011	0.0002	0.0523	0.0002	0.0037	ND	0.0036	0.0861
17	镧/（mg/L）	0.0119	0.0308	0.0076	1.1800	0.4360	0.0006	0.3000	1.7600	0.7700
18	钕/（mg/L）	0.0068	0.0173	0.0095	0.7400	0.2760	0.0003	0.0743	0.9770	0.4900

续表

序号	监测指标	ZK10	ZK11	ZK12	ZK13	ZK14	ZK15	ZK16	G8	G9	G10
1	水温/℃	22.4	22.3	24.5	23.0	24.0	23.0	21.4	—	—	—
2	氧化还原电位/mV	235	279	189	198	213	206	199	—	—	—
3	溶解氧/(mg/L)	4.73	2.21	7.53	3.66	2.13	5.79	3.15	—	—	—
4	pH值	6.47	4.58	6.15	5.52	5.32	5.45	7.30	5.72	5.42	5.62
5	耗氧量/(mg/L)	1.8	2.1	0.8	2.0	1.4	1.9	—	—	—	—
6	总磷/(mg/L)	0.02	0.02	0.02	0.07	0.06	0.16	—	—	—	—
7	总氮/(mg/L)	102.00	96.40	3.46	13.60	23.60	9.77	61.20	—	—	—
8	氨氮/(mg/L)	59.70	43.00	1.10	7.40	1.72	4.63	31.60	97.38	27.36	8.35
9	硝酸盐氮/(mg/L)	30.30	47.20	2.18	5.87	21.70	4.36	23.00	35.40	8.00	30.90
10	亚硝酸盐氮/(mg/L)	0.329	0.045	0.012	0.072	0.031	ND	0.252	0.032	0.013	0.094
11	六价铬/(mg/L)	ND	ND	ND	ND	ND	ND	—	ND	ND	ND
12	汞/(mg/L)	ND	ND	ND	ND	ND	ND	—	ND	ND	ND
13	镍/(mg/L)	0.0345	0.0622	0.0081	0.0007	0.0066	0.0192	0.0160	0.0035	0.0006	0.0047
14	铅/(mg/L)	0.0009	0.0212	ND	ND	0.0003	0.0059	0.0056	0.4700	0.0570	0.0560
15	镉/(mg/L)	0.0006	0.0007	ND	ND	0.0002	0.0001	—	0.0009	0.0001	0.0008
16	砷/(mg/L)	ND	0.0791	ND	0.0217	0.0983	ND	0.0003	0.0240	0.0015	0.0057
17	镧/(mg/L)	0.2000	4.3600	0.0053	0.0188	0.2200	0.0255	—	—	—	—
18	钕/(mg/L)	0.0677	2.8600	0.0045	0.0145	0.1200	0.0048	—	—	—	—

注：表中“ND”为指标未检出；“—”为未检测该指标。

表3-8　矿区地下水环境监测统计结果

序号	监测指标	检出率/%	最小值	最大值	平均值	中位数
1	水温/℃	100.00	21.4	26.1	23.4	23.15
2	氧化还原电位/mV	100.00	111	279	201	199
3	溶解氧/(mg/L)	100.00	1.06	7.53	3.59	3.41
4	pH值（无量纲）	100.00	4.53	7.30	5.71	5.52
5	耗氧量/(mg/L)	100.00	0.6	7.2	2.7	2.0
6	总磷/(mg/L)	86.67	0.02	0.16	0.07	0.06
7	总氮/(mg/L)	100.00	0.28	139.00	46.22	33.80
8	氨氮/(mg/L)	100.00	0.029	97.380	25.609	13.800

续表

序号	监测指标	检出率/%	最小值	最大值	平均值	中位数
9	硝酸盐氮/（mg/L）	100.00	0.205	51.350	20.188	18.700
10	亚硝酸盐氮/（mg/L）	78.95	0.012	0.329	0.086	0.045
11	六价铬/（mg/L）	0.00	—	—	—	—
12	汞/（mg/L）	5.56	0.00018	0.00018	0.00018	0.00018
13	镍/（mg/L）	100.00	0.0006	0.0622	0.0181	0.0066
14	铅/（mg/L）	89.47	0.0001	0.9700	0.0973	0.0059
15	镉/（mg/L）	72.22	0.0001	0.0009	0.0004	0.0004
16	砷/（mg/L）	73.68	0.0002	0.0983	0.0270	0.0047
17	镧/（mg/L）	100.00	0.0006	4.3600	0.6218	0.2000
18	钕/（mg/L）	100.00	0.0003	2.8600	0.3775	0.0677

表3-9　矿区土壤环境监测结果（一）

序号	采样点	取样深度/m	取样层位	pH值（无量纲）	阳离子交换量/[cmol（+）/kg]	全氮/%	铵态氮/（mg/kg）	亚硝酸盐氮/（mg/kg）	硝酸盐氮/（mg/kg）
1	ZK4-1	4.5～4.8	素填土	4.36	6.6	0.313	2.56	<0.15	4.68
2	ZK4-2	6.1～6.8	素填土	4.45	4.8	0.250	1.80	<0.15	<0.25
3	ZK4-3	10.5～10.8	砂质黏性土	4.62	7.5	0.247	50.30	<0.15	<0.25
4	ZK4-4	13.5～13.8	强风化花岗岩	4.31	8.5	0.229	43.50	<0.15	13.40
5	ZK4-5	16.5～16.8		4.92	6.9	0.164	28.50	<0.15	6.98
6	ZK7-1	4.5～4.8	素填土	5.33	5.4	0.153	7.65	<0.15	0.27
7	ZK7-2	6.5～6.8	粉质黏土	4.61	3.1	0.257	13.80	<0.15	1.06
8	ZK7-3	10.5～10.8	砂质黏性土	6.21	3.9	0.137	11.60	<0.15	2.33
9	ZK7-4	13.5～13.8	强风化花岗岩	5.84	6.4	0.297	38.10	<0.15	<0.25
10	ZK7-5	16.5～16.8		6.80	3.7	0.369	20.90	<0.15	<0.25
11	ZK14-1	4.5～4.8	素填土	4.31	3.9	0.151	4.21	<0.15	2.93
12	ZK14-2	6.1～6.8	素填土	4.12	5.7	0.351	8.16	<0.15	<0.25
13	ZK14-3	10.5～10.8	素填土	5.27	6.6	0.552	149.00	<0.15	1.54
14	ZK14-4	13.5～13.8	砂质黏性土	4.55	5.4	0.381	58.40	<0.15	1.02
15	ZK14-5	16.5～16.8		4.66	6.9	0.316	19.70	<0.15	4.90

续表

序号	采样点	取样深度/m	取样层位	pH值（无量纲）	阳离子交换量/[cmol(+)/kg]	全氮/%	铵态氮/(mg/kg)	亚硝酸盐氮/(mg/kg)	硝酸盐氮/(mg/kg)
最大值			—	6.80	8.5	0.550	149.00	0.00	13.40
最小值			—	4.12	3.1	0.140	1.80	0.00	0.27
平均值			—	4.96	5.7	0.280	30.55	0.00	3.91

表3-10 矿区土壤环境监测结果（二）

序号	编号	取样深度/m	pH值（无量纲）	铵态氮/(mg/kg)	硝酸盐氮/(mg/kg)	亚硝酸盐氮/(mg/kg)	铜/(mg/kg)	汞/(mg/kg)	砷/(mg/kg)	镉/(mg/kg)	铅/(mg/kg)	镍/(mg/kg)
1	G8-1	0～0.5	5.01	14.50	3.43	ND	1.7	0.013	2.7	0.07	142	2.0
2	G8-2	3.2～3.3	5.15	339.00	20.50	ND	5.4	0.059	5.0	0.22	161	3.0
3	G8-3	4.3～4.4	5.30	516.00	24.80	ND	1.9	0.022	4.9	0.01	187	3.0
4	G9-1	0～0.5	5.41	5.10	3.08	ND	2.4	0.015	3.2	0.06	112	2.6
6	G9-3	3.2～3.3	5.22	16.00	3.69	ND	6.7	0.013	2.7	0.13	103	2.6
7	G9-4	4.3～4.4	6.47	116.00	8.83	ND	8.7	0.027	2.8	0.26	89	3.2
8	G10-1	0～0.5	5.33	21.50	7.72	ND	4.0	0.035	4.6	0.08	110	4.0
9	G10-2	3.2～3.3	5.07	9.80	3.36	ND	5.2	0.013	4.0	0.11	100	3.0
10	G10-3	4.3～4.4	4.56	57.60	32.20	ND	1.8	0.018	4.8	0.04	118	3.0
最小值			4.56	5.10	3.08	0	1.7	0.013	2.7	0.01	89	2
最大值			6.47	516.00	32.20	0	8.7	0.059	5.0	0.26	187	4
平均值			5.28	121.72	11.96	0	4.2	0.020	3.9	0.11	125	3

注：表中“ND”为指标未检出。

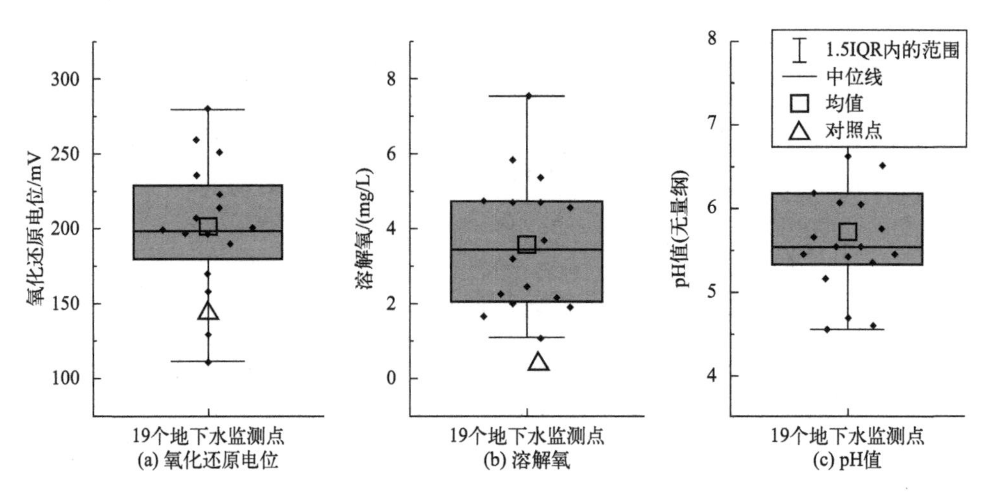

图3-6

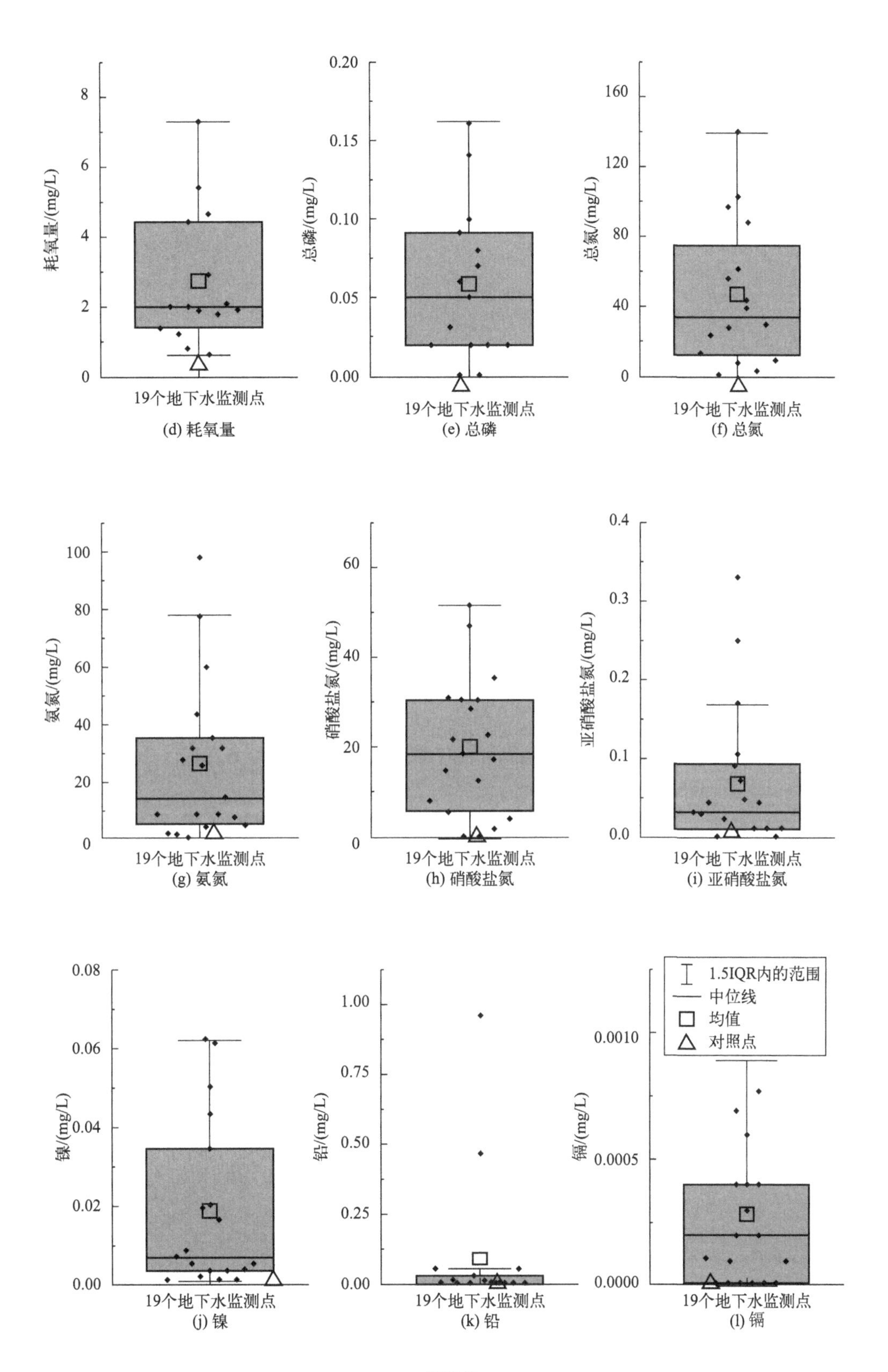
耗氧量/(mg/L)
19个地下水监测点
(d) 耗氧量
总磷/(mg/L)
19个地下水监测点
(e) 总磷
总氮/(mg/L)
19个地下水监测点
(f) 总氮
氨氮/(mg/L)
19个地下水监测点
(g) 氨氮
硝酸盐氮/(mg/L)
19个地下水监测点
(h) 硝酸盐氮
亚硝酸盐氮/(mg/L)
19个地下水监测点
(i) 亚硝酸盐氮
镍/(mg/L)
19个地下水监测点
(j) 镍
铅/(mg/L)
19个地下水监测点
(k) 铅
镉/(mg/L)
19个地下水监测点
(l) 镉
1.5IQR内的范围
中位线
均值
对照点

图3-6

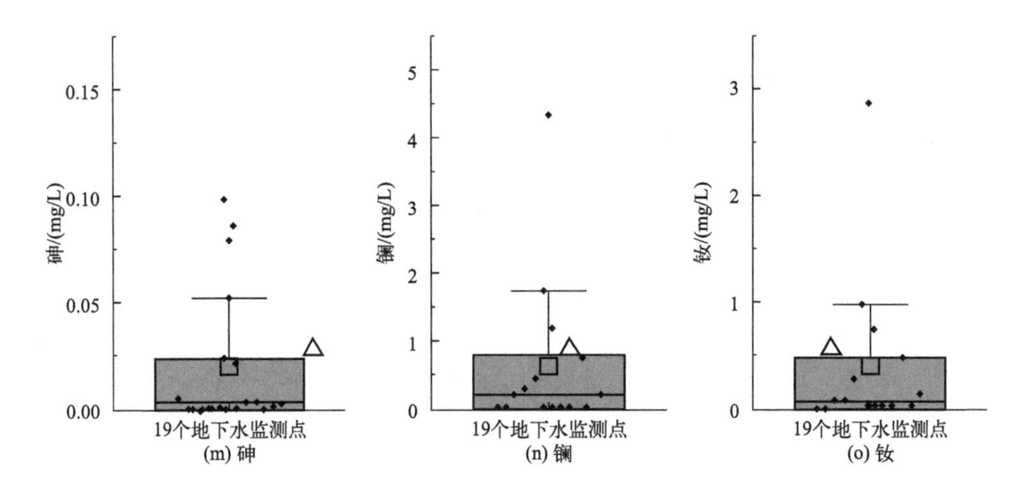

图3-6 矿区地下水环境监测结果箱型图

3.3.2 地下水质量评价

3.3.2.1 评价方法

根据《地下水质量标准》(GB/T 14848—2017),采用地下水质量单指标评价和综合评价两种方法对地下水质量进行评价。未列入《地下水质量标准》(GB/T 14848—2017)的指标不进行地下水质量评价。评价对象为矿区布设的19个地下水环境监测点(ZK1～ZK16、G8～G10)。

(1)地下水质量单指标评价

按指标值所在限值范围确定地下水质量类别,指标限值相同时从优不从劣。例如,挥发性酚类Ⅰ、Ⅱ类限值均为0.001mg/L,若质量分析结果为0.001mg/L时应定为Ⅰ类,不定为Ⅱ类。

(2)地下水质量综合评价

按单指标评价结果最差的类别确定,并指出最差类别的指标。例如,某地下水样氯化物含量400mg/L,四氯乙烯含量350ug/L,这两个指标属Ⅴ类;其余指标均低于Ⅴ类。则该地下水质量综合类别定为Ⅴ类,Ⅴ类指标为氯化物和四氯乙烯。

3.3.2.2 评价结果

(1)单指标评价结果

19个地下水环境监测点(ZK1～ZK16、G8～G10)18项指标,属于《地下水质量标准》(GB/T 14848—2017)的共计11项,根据单指标评价结果(表3-11、

图3-7），达到Ⅴ类的指标有pH值、氨氮、硝酸盐氮、铅、砷，达到Ⅳ类的指标有耗氧量、镍，达到Ⅲ类的指标有亚硝酸盐氮、汞，达到Ⅱ类的指标有镉，六价铬均属Ⅰ类。

表3-11　矿区地下水质量评价结果

序号	检测项目	ZK1	ZK2	ZK3	ZK4	ZK5	ZK6	ZK7	ZK8	ZK9	ZK10	ZK11	ZK12	ZK13	ZK14	ZK15	ZK16	G8	G9	G10
1	水温	—	—	—	—	—	—	—	—	—	—	—	—	—	—	—	—	—	—	—
2	氧化还原电位	—	—	—	—	—	—	—	—	—	—	—	—	—	—	—	—	—	—	—
3	溶解氧	—	—	—	—	—	—	—	—	—	—	—	—	—	—	—	—	—	—	—
4	pH值	Ⅳ	Ⅴ	Ⅰ	Ⅴ	Ⅴ	Ⅰ	Ⅳ	Ⅴ	Ⅳ	Ⅳ	Ⅴ	Ⅳ	Ⅳ	Ⅴ	Ⅴ	Ⅰ	Ⅳ	Ⅴ	Ⅳ
5	耗氧量	Ⅲ	Ⅳ	Ⅳ	Ⅳ	Ⅳ	Ⅰ	Ⅱ	Ⅱ	Ⅱ	Ⅱ	Ⅲ	Ⅰ	Ⅱ	Ⅱ	Ⅱ	—	—	—	—
6	总磷	—	—	—	—	—	—	—	—	—	—	—	—	—	—	—	—	—	—	—
7	总氮	—	—	—	—	—	—	—	—	—	—	—	—	—	—	—	—	—	—	—
8	氨氮	Ⅴ	Ⅴ	Ⅴ	Ⅴ	Ⅴ	Ⅱ	Ⅴ	Ⅴ	Ⅴ	Ⅴ	Ⅴ	Ⅳ	Ⅴ	Ⅴ	Ⅴ	Ⅴ	Ⅴ	Ⅴ	Ⅴ
9	硝酸盐氮	Ⅰ	Ⅳ	Ⅲ	Ⅲ	Ⅲ	Ⅰ	Ⅲ	Ⅴ	Ⅴ	Ⅴ	Ⅴ	Ⅱ	Ⅲ	Ⅳ	Ⅱ	Ⅳ	Ⅴ	Ⅲ	Ⅴ
10	亚硝酸盐氮	Ⅰ	Ⅰ	Ⅱ	Ⅲ	Ⅱ	Ⅱ	Ⅲ	Ⅰ	Ⅱ	Ⅲ	Ⅱ	Ⅱ	Ⅱ	Ⅱ	Ⅰ	Ⅲ	Ⅱ	Ⅱ	Ⅱ
11	六价铬	Ⅰ	Ⅰ	Ⅰ	Ⅰ	Ⅰ	Ⅰ	Ⅰ	Ⅰ	Ⅰ	Ⅰ	Ⅰ	Ⅰ	Ⅰ	Ⅰ	Ⅰ	—	Ⅰ	Ⅰ	Ⅰ
12	汞	Ⅰ	Ⅰ	Ⅰ	Ⅰ	Ⅲ	Ⅰ	Ⅰ	Ⅰ	Ⅰ	Ⅰ	Ⅰ	Ⅰ	Ⅰ	Ⅰ	Ⅰ	—	Ⅰ	Ⅰ	Ⅰ
13	镍	Ⅲ	Ⅰ	Ⅳ	Ⅳ	Ⅲ	Ⅰ	Ⅲ	Ⅲ	Ⅳ	Ⅳ	Ⅳ	Ⅲ	Ⅰ	Ⅲ	Ⅲ	Ⅲ	Ⅲ	Ⅲ	Ⅲ
14	铅	Ⅰ	Ⅳ	Ⅳ	Ⅰ	Ⅲ	Ⅰ	Ⅰ	Ⅴ	Ⅰ	Ⅰ	Ⅳ	Ⅰ	Ⅰ	Ⅰ	Ⅲ	Ⅲ	Ⅴ	Ⅴ	Ⅴ
15	镉	Ⅰ	Ⅱ	Ⅱ	Ⅰ	Ⅱ	Ⅰ	Ⅱ	Ⅰ	Ⅱ	Ⅱ	Ⅱ	Ⅰ	Ⅰ	Ⅱ	Ⅰ	—	Ⅱ	Ⅱ	Ⅱ
16	砷	Ⅰ	Ⅲ	Ⅰ	Ⅴ	Ⅰ	Ⅲ	Ⅰ	Ⅲ	Ⅴ	Ⅰ	Ⅴ	Ⅰ	Ⅳ	Ⅴ	Ⅰ	Ⅰ	Ⅳ	Ⅲ	Ⅲ
17	镧	—	—	—	—	—	—	—	—	—	—	—	—	—	—	—	—	—	—	—
18	钕	—	—	—	—	—	—	—	—	—	—	—	—	—	—	—	—	—	—	—
综合评价		Ⅴ	Ⅴ	Ⅴ	Ⅴ	Ⅴ	Ⅲ	Ⅴ	Ⅴ	Ⅴ	Ⅴ	Ⅴ	Ⅳ	Ⅴ	Ⅴ	Ⅴ	Ⅴ	Ⅴ	Ⅴ	Ⅴ

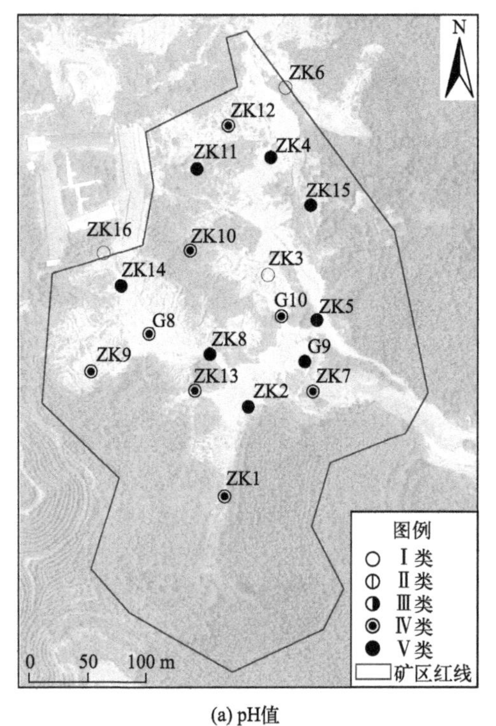

(a) pH值

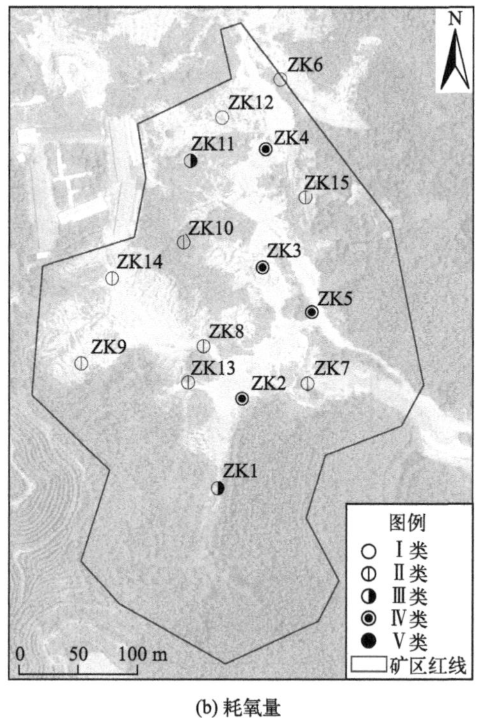

(b) 耗氧量

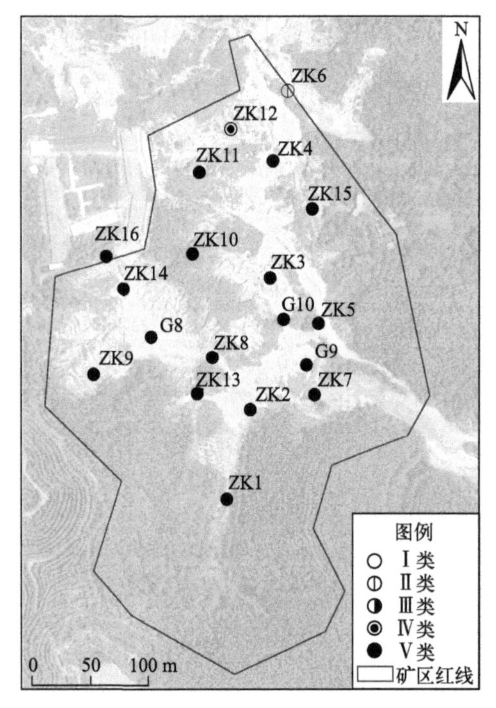

(c) 氨氮

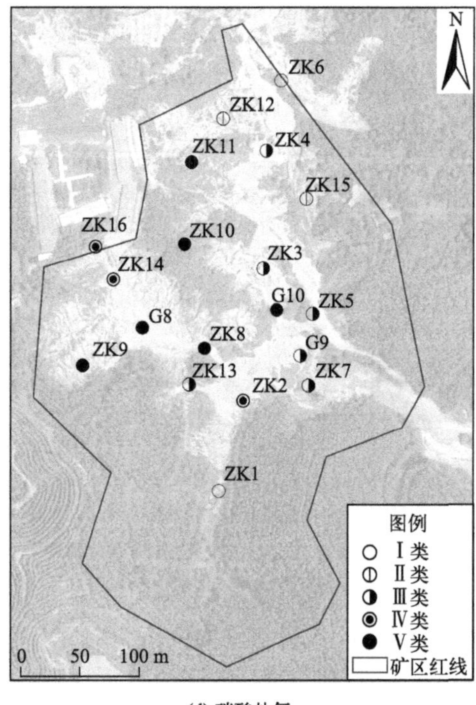

(d) 硝酸盐氮

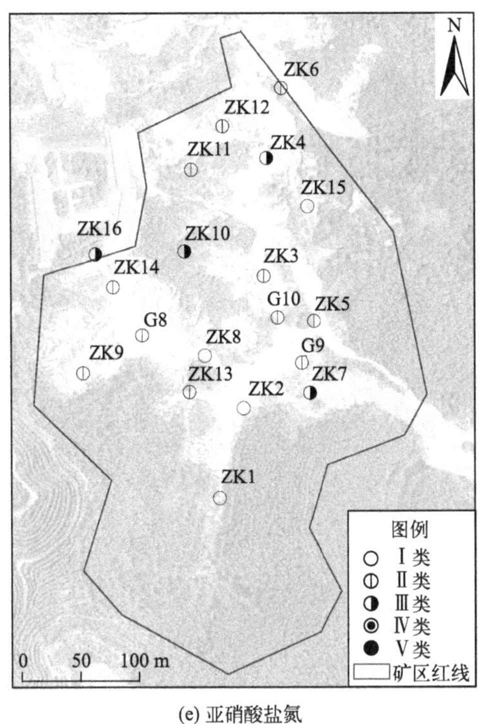

(e) 亚硝酸盐氮

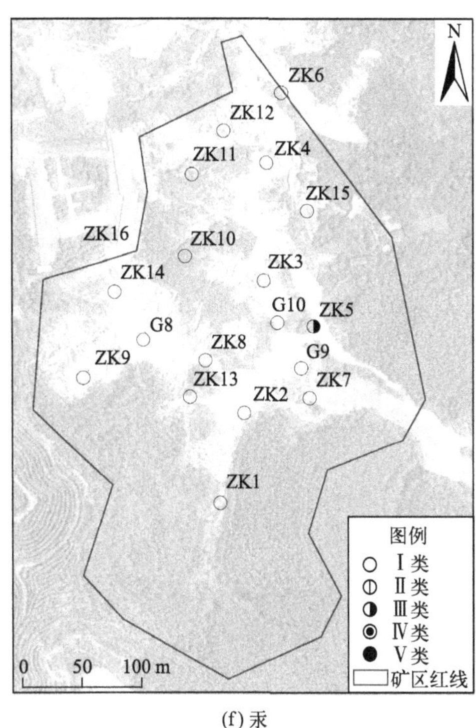

(f) 汞

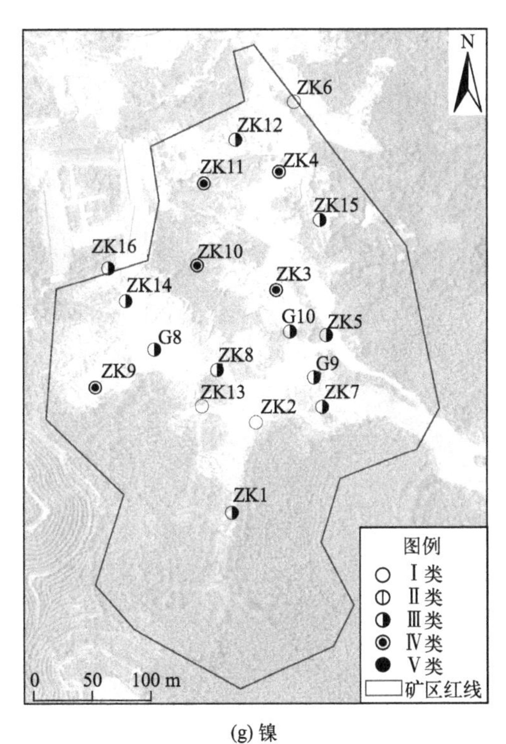

(g) 镍

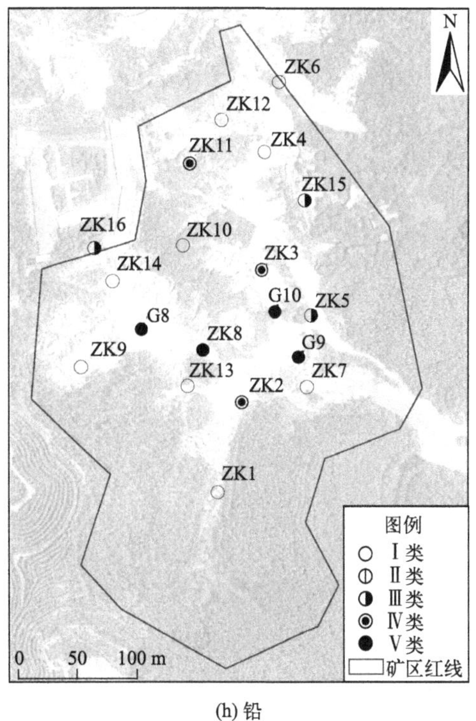

(h) 铅

图 3-7

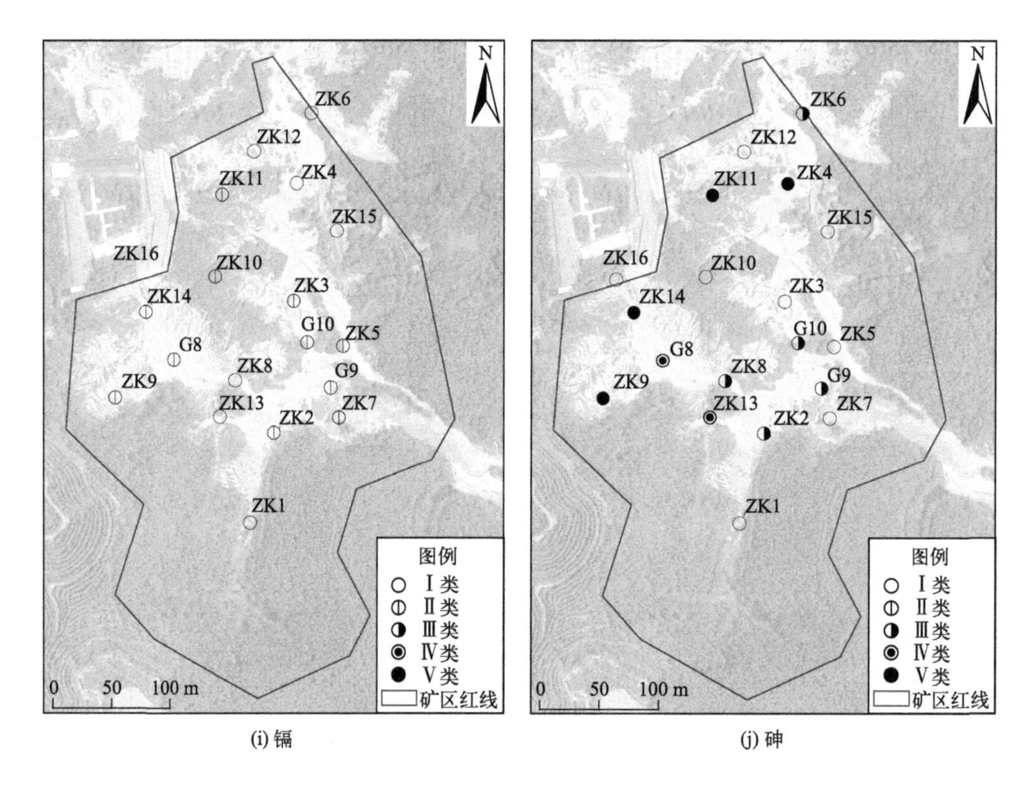

(i) 镉　　(j) 砷

图3-7　矿区地下水质量单指标评价结果

（2）综合评价结果

根据综合评价结果（表3-7、图3-8），矿区上游养鸡场边界的地下水ZK16监测点氨氮浓度31.60mg/L，为Ⅴ类水质。矿区内18个地下水监测点有16个点为Ⅴ类水质，1个点为Ⅳ类水质，1个点为Ⅲ类水质。对比Ⅲ类标准，各监测点超标指标合计7项，超标率分别为pH值（88.89%）、耗氧量（26.67%）、氨氮（94.44%）、硝酸盐氮（44.44%）、镍（27.78%）、铅（38.89%）、砷（33.33%）。

（3）超标原因分析

养鸡场污染物在雨水等淋滤作用下通过地下水进入到矿区范围内，对地下水中氨氮浓度造成一定影响。此外，矿区为稀土开采区，大量铵盐被使用导致部分NH_4^+遗留在土壤与地下水中，造成pH值、氨氮超标。硝酸盐氮为氨氮在微生物作用下发生硝化反应的产物。

矿区及周边地区除养鸡场和稀土开采外，无明显其他人为影响，不存在其他造成镍、铅、砷等重金属指标超标的污染源。根据分析，重金属超标主要由稀土开采导致。本次地下水监测层位主要为素填土、强风化花岗岩、全风化花岗岩等浅部地层，与稀土开采层位相同。在采用原地浸矿等工艺开采稀土矿过程中，以NH_4^+置换稀土离子，残留于土壤中的铵盐会提高重金属活性，将其他伴生重金属置换出来，导致铅、镍等非稀土类重金属元素的检出及超标。

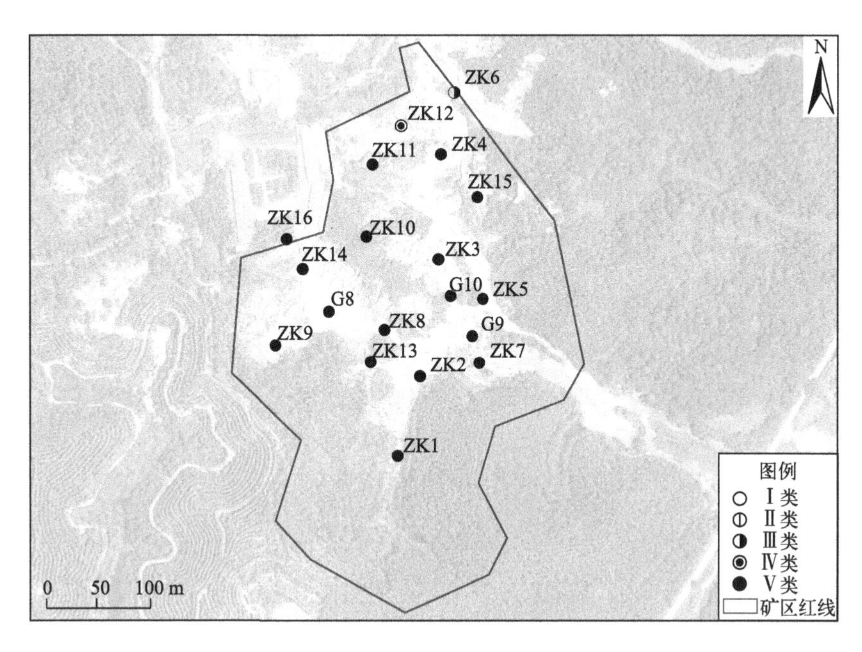

图3-8 矿区地下水质量综合评价结果

3.3.3 地下水污染评价

3.3.3.1 评价方法

采用污染指数法进行地下水污染评价［式（3-1）］。在去除背景值（或对照值）的前提下，以《地下水质量标准》（GB/T 14848—2017）、《地表水环境质量标准》（GB 3838—2002）作为对照。

$$P_{ki=}\ (C_{ki}-C_0)\ /C_{\mathrm{III}} \tag{3-1}$$

式中 P_{ki}——k水样第i个指标的污染指数；

C_{ki}——k水样第i个指标的测试结果；

C_0——k水样第i指标的对照值，无机组分对照值选取的主要来源为上游对照点监测点结果，有机组分等原生地下水中含量微弱的组分对照值按零计算。

本次地下水污染状况调查的19个地下水样品中，仅对照点ZK6监测点地下水达到Ⅲ类标准，且周边未发现稀土开采遗迹，判断地下水未受到污染，因此选择ZK6监测点作为对照点；C_{III}为GB/T 14848—2017中Ⅲ类标准，未列入该标准的指标参照GB 3838—2002中的Ⅲ类标准，其中总氮指标取1.0mg/L、总磷指标取0.2mg/L。

3.3.3.2 评价结果

采用污染指数法开展地下水污染评价，pH值及稀土元素镧、钕无标准限值不参与评价，评价结果见表3-12、表3-13和图3-9。

表3-12 矿区地下水污染评价结果（污染指数P_{ki}）

序号	点位编号	耗氧量	总磷	总氮	氨氮	硝酸盐氮	亚硝酸盐氮	汞	镍	铅	镉	砷
1	ZK1	0.767	0.700	7.500	8.402	0.000	−0.012	0.000	0.110	0.190	0.000	−0.370
2	ZK2	1.600	0.250	38.120	17.082	1.415	−0.012	0.000	0.035	3.500	0.080	−0.260
3	ZK3	1.333	0.400	43.220	50.542	0.615	0.037	0.000	2.475	1.480	0.060	−0.350
4	ZK4	2.200	0.100	56.120	62.542	0.925	0.093	0.000	3.025	0.490	0.000	4.860
5	ZK5	1.267	0.500	27.320	16.962	0.870	0.011	0.180	0.955	0.590	0.080	−0.350
6	ZK7	0.433	0.000	28.920	27.542	0.735	0.157	0.000	0.205	0.040	0.040	−0.370
7	ZK8	0.467	0.450	138.720	155.342	1.525	−0.012	0.000	0.130	96.990	0.020	−0.010
8	ZK9	0.200	0.150	87.020	69.742	2.557	0.033	0.000	2.110	0.290	0.080	8.240
9	ZK10	0.400	0.100	101.720	119.342	1.505	0.317	0.000	1.685	0.080	0.120	−0.370
10	ZK11	0.500	0.100	96.120	85.942	2.350	0.033	0.000	3.070	2.110	0.140	7.540
11	ZK12	0.067	0.100	3.180	2.142	0.099	0.000	0.000	0.365	−0.010	0.000	−0.370
12	ZK13	0.467	0.350	13.320	14.742	0.283	0.060	0.000	−0.005	−0.010	0.000	1.800
13	ZK14	0.267	0.300	23.320	3.382	1.075	0.019	0.000	0.290	0.020	0.040	9.460
14	ZK15	0.433	0.800	9.490	9.202	0.208	−0.012	0.000	0.920	0.580	0.020	−0.370
15	ZK16	—	—	60.92	63.142	1.140	0.240	—	0.760	0.550	—	−0.340
16	G8	—	—	—	194.702	1.760	0.020	—	0.135	46.990	0.184	2.030
17	G9	—	—	—	54.662	0.390	0.001	—	−0.010	5.690	0.022	−0.220
18	G10	—	—	—	16.642	1.535	0.082	—	0.195	5.590	0.154	0.200

表3-13　矿区地下水监测点污染因子

序号	点位编号	是否污染	污染因子及污染指数（P_{ki}）	P_{ki}>1
1	ZK1	是	耗氧量（0.767）、总磷（0.700）、总氮（7.500）、氨氮（8.402）、镍（0.110）、铅（0.190）	总氮、氨氮
2	ZK2	是	耗氧量（1.600）、总磷（0.250）、总氮（38.120）、氨氮（17.082）、硝酸盐氮（1.415）、镍（0.035）、铅（3.500）、镉（0.080）	耗氧量、总氮、氨氮、硝酸盐氮、铅
3	ZK3	是	耗氧量（1.333）、总磷（0.400）、总氮（43.220）、氨氮（50.542）、硝酸盐氮（0.615）、亚硝酸盐氮（0.037）、镍（2.475）、铅（1.480）、镉（0.060）	耗氧量、总氮、氨氮、镍、铅
4	ZK4	是	耗氧量（2.200）、总磷（0.100）、总氮（56.120）、氨氮（62.542）、硝酸盐氮（0.925）、亚硝酸盐氮（0.093）、镍（3.025）、铅（0.490）、砷（4.860）	耗氧量、总氮、氨氮、镍
5	ZK5	是	耗氧量（1.267）、总磷（0.500）、总氮（27.320）、氨氮（16.962）、硝酸盐氮（0.870）、亚硝酸盐氮（0.011）、汞（0.180）、镍（0.955）、铅（0.590）、镉（0.080）	耗氧量、总氮、氨氮
6	ZK7	是	耗氧量（0.433）、总氮（28.920）、氨氮（27.542）、硝酸盐氮（0.735）、亚硝酸盐氮（0.157）、镍（0.205）、铅（0.040）、镉（0.040）	总氮、氨氮
7	ZK8	是	耗氧量（0.467）、总磷（0.450）、总氮（138.720）、氨氮（155.342）、硝酸盐氮（1.525）、镍（0.130）、铅（96.990）、镉（0.020）	总氮、氨氮、硝酸盐氮、铅
8	ZK9	是	耗氧量（0.200）、总磷（0.150）、总氮（87.020）、氨氮（69.742）、硝酸盐氮（2.557）、亚硝酸盐氮（0.033）、镍（2.110）、铅（0.290）、镉（0.080）、砷（8.240）	总氮、氨氮、硝酸盐氮、镍
9	ZK10	是	耗氧量（0.400）、总磷（0.100）、总氮（101.720）、氨氮（119.342）、硝酸盐氮（1.505）、亚硝酸盐氮（0.317）、镍（1.685）、铅（0.080）、镉（0.120）	总氮、硝酸盐氮、镍
10	ZK11	是	耗氧量（0.500）、总磷（0.100）、总氮（96.120）、氨氮（85.942）、硝酸盐氮（2.350）、亚硝酸盐氮（0.033）、镍（3.070）、铅（2.110）、砷（7.540）	总氮、氨氮、硝酸盐氮、镍、铅、砷
11	ZK12	是	耗氧量（0.067）、总磷（0.100）、总氮（3.180）、氨氮（2.142）、硝酸盐氮（0.099）、镍（0.365）	总氮、氨氮
12	ZK13	是	耗氧量（0.467）、总磷（0.350）、总氮（13.320）、氨氮（14.742）、硝酸盐氮（0.283）、亚硝酸盐氮（0.060）、砷（1.800）	总氮、氨氮、砷

续表

序号	点位编号	是否污染	污染因子及污染指数（P_{ki}）	P_{ki}>1
13	ZK14	是	耗氧量（0.267）、总磷（0.300）、总氮（23.320）、氨氮（3.382）、硝酸盐氮（1.075）、亚硝酸盐氮（0.019）、镍（0.290）、铅（0.020）、镉（0.040）、砷（9.460）	总氮、氨氮、硝酸盐氮、砷
14	ZK15	是	耗氧量（0.433）、总磷（0.800）、总氮（9.490）、氨氮（9.202）、硝酸盐氮（0.208）、镍（0.920）、铅（0.580）、镉（0.020）	总氮、氨氮
15	ZK16	是	总氮（60.92）、氨氮（63.142）、硝酸盐氮（1.140）、亚硝酸盐氮（0.240）、镍（0.760）、铅（0.550）、镉（-0.340）	总氮、氨氮、硝酸盐氮
16	G8	是	氨氮（194.702）、硝酸盐氮（1.760）、亚硝酸盐氮（0.020）、镍（0.135）、铅（46.990）、镉（0.184）、砷（2.030）	氨氮、硝酸盐氮、铅、砷
17	G9	是	氨氮（54.662）、硝酸盐氮（0.390）、亚硝酸盐氮（0.001）、铅（5.690）、镉（0.022）	氨氮、铅
18	G10	是	氨氮（16.642）、硝酸盐氮（1.535）、亚硝酸盐氮（0.082）、镍（0.195）、铅（5.590）、镉（0.154）、砷（0.200）	氨氮、硝酸盐氮、铅

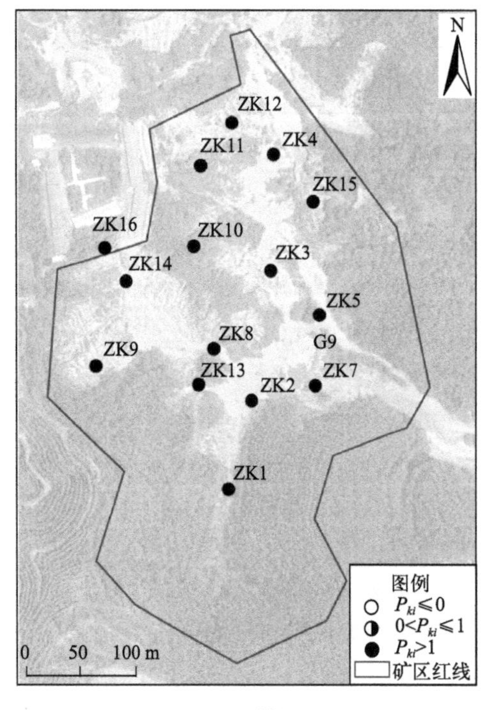

(a) 总氮

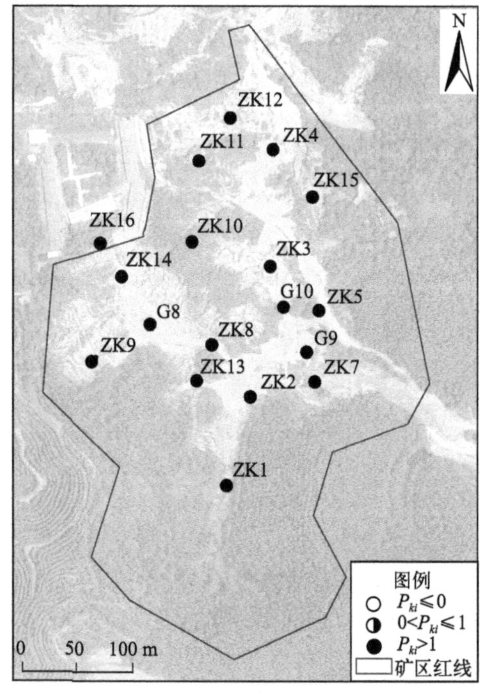

(b) 氨氮

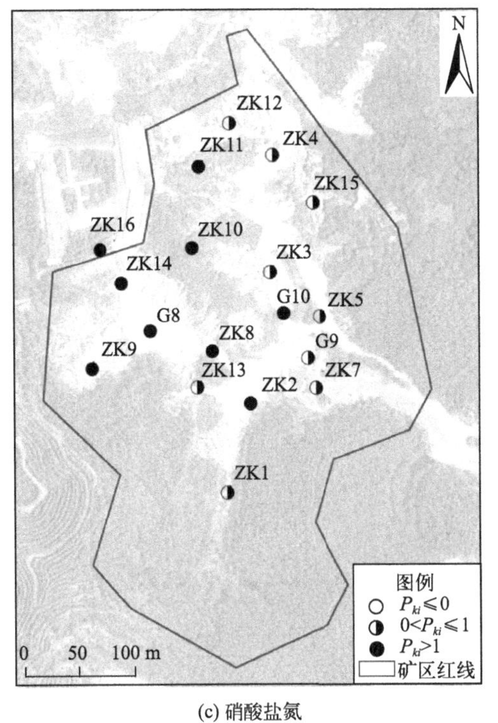

(c) 硝酸盐氮

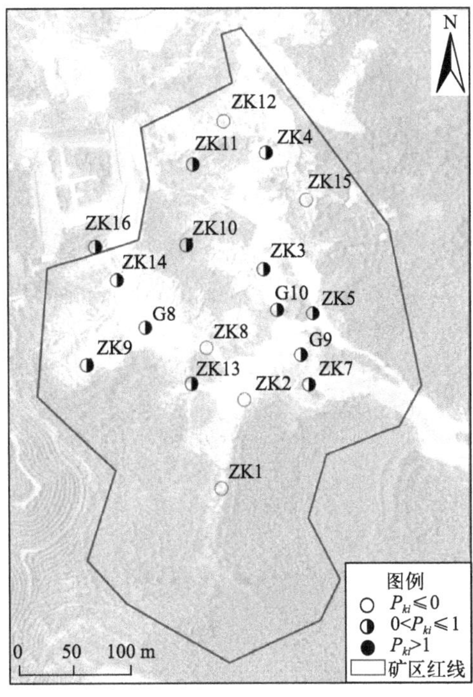

(d) 亚硝酸盐氮

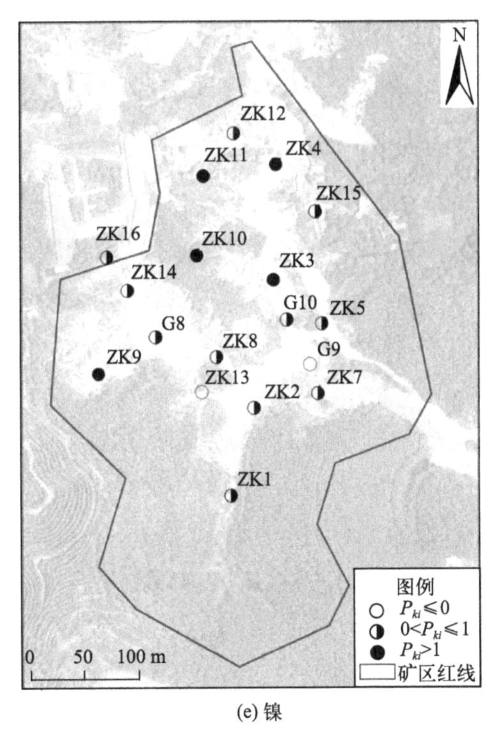

(e) 镍

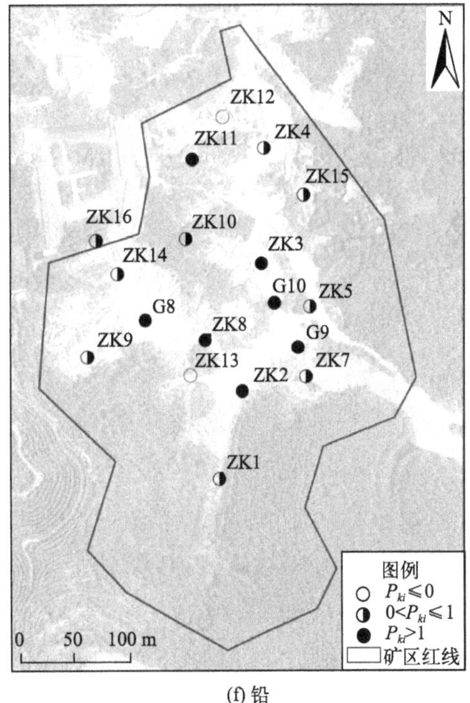

(f) 铅

图3-9

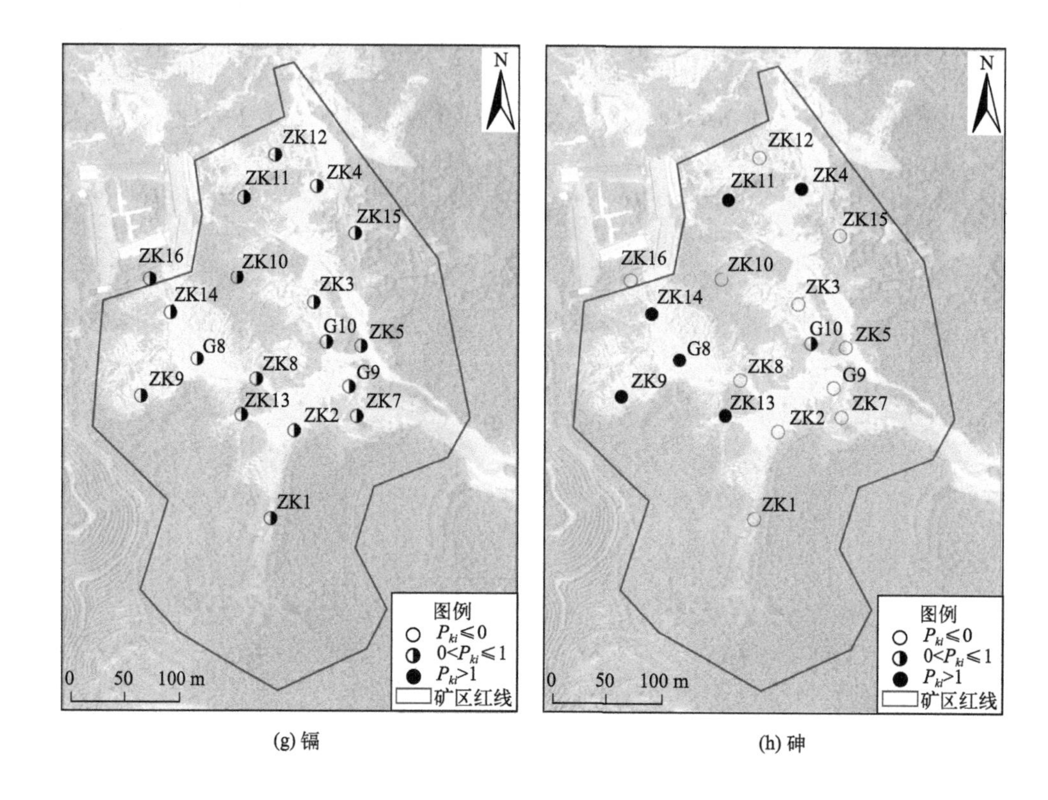

(g) 镉　　(h) 砷

图3-9 矿区地下水污染评价结果

根据地下水污染评价结果，参与评价的18个监测点位均存在P_{ki}>0的情况。其中，总磷、亚硝酸盐氮、汞、镉共计4项指标污染指数较低（P_{ki}≤1），判断属于检出值的正常波动，并非污染。污染指数较高（P_{ki}>1）的指标包括耗氧量、总氮、氨氮、硝酸盐氮、镍、铅、砷共计7项指标，其中矿区普遍受到总氮、氨氮污染，18个点位污染指数P_{ki}均大于1；硝酸盐氮、铅、砷、镍、耗氧量污染指数P_{ki}>1的点位占比依次为50.0%、41.2%、35.3%、29.4%、21.4%。

地下水污染指数最高的点位主要为G8监测点（氨氮P_{ki}=194.702、硝酸盐氮P_{ki}=1.760）和ZK8监测点（氨氮P_{ki}=155.342、硝酸盐氮P_{ki}=1.525），2个监测点均位于矿区中西部地势较低的汇水区，此处污染最为严重，曾为集中堆浸开采区。矿区北部汇水单元的ZK10监测点（氨氮P_{ki}=119.342、硝酸盐氮P_{ki}=1.505）、ZK11监测点（氨氮P_{ki}=85.942、硝酸盐氮P_{ki}=2.350）污染指数同样较高，该区域污染较为严重，曾为原地浸出开采区。

地下水污染指数结果统计见表3-14。

表3-14 地下水污染指数结果统计

序号	污染因子	对照值/(mg/L)	$C_{Ⅲ}$/(mg/L)	污染指数(P_{ki})最小值	污染指数(P_{ki})最大值	高污染指数(P_{ki}>1)占比/%
1	耗氧量	0.6	3.0	0.067	2.200	21.4
2	总磷	ND	0.2	0.000	0.800	0.0
3	总氮	0.28	1.0	3.180	138.720	100.0
4	氨氮	0.029	0.50	2.142	155.342	100.0
5	硝酸盐氮	0.21	20.0	0.000	2.557	50.0
6	亚硝酸盐氮	0.012	1.00	−0.012	0.317	0.0
7	汞	ND	0.001	0.000	0.180	0.0
8	镍	0.0008	0.02	−0.005	3.070	29.4
9	铅	0.0001	0.01	−0.010	96.990	41.2
10	镉	ND	0.005	0.000	0.140	0.0
11	砷	0.0037	0.01	−0.340	9.460	35.3

注：表中“ND”表示未检出。

3.4 地下水污染特征

选取矿区主要的7个指标（氨氮、硝酸盐氮、pH值、镍、铅、砷、稀土元素），从平面和沿程两个维度分析地下水污染空间分布特征；其中，稀土元素仅分析其在平面上的浓度分布特征。

由于ZK6监测点与其他监测点分属不同的水文地质单元，且水质较好，ZK16用于观测养鸡场对地下水环境的影响，因此选取其他17个地下水环境监测点（ZK1～ZK5、ZK7～ZK15、G8～G10）分析矿区地下水污染分布特征。

3.4.1 平面分布特征

根据17个地下水环境监测点的水质监测结果，高浓度区域主要集中于矿区北部及中西部汇水单元，其中北部主要以ZK10、ZK11监测点为中心（堆浸工艺开采区），中西部以ZK8、G8监测点为中心（原地浸出工艺开采区），沿原始地形沟谷分布，并在3条主要的地下水径流通道上形成局部高浓度区域（其他非开采区）。总体上，堆浸工艺开采区较原地浸出工艺开采区地下水污染程度高，氨氮、硝酸盐氮、铅浓度高出40%～50%。矿区各工艺开采区地下水浓度差异统计见图3-10。

矿区地下水污染物浓度区域分布如图3-11所示（书后另见彩图）。各指标浓度平面分布特征详述如下。

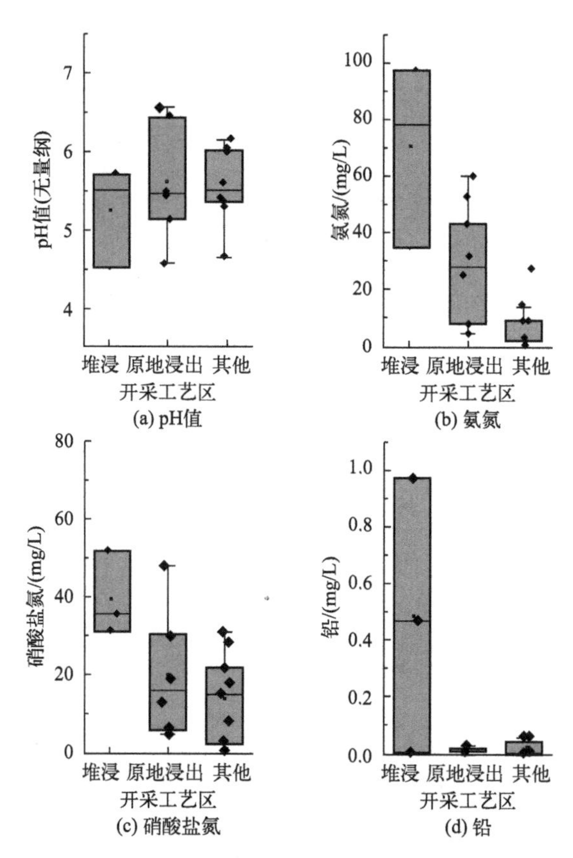

图3-10 矿区各工艺开采区地下水浓度差异统计

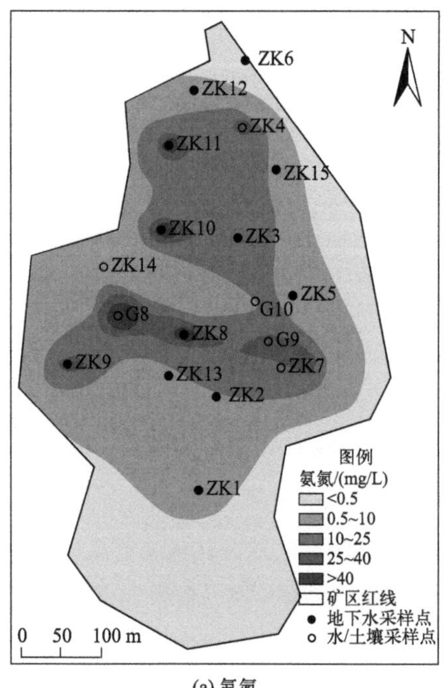

(a) 氨氮

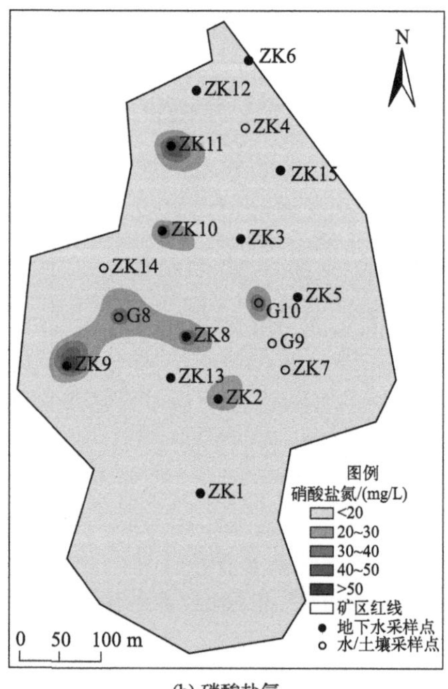

(b) 硝酸盐氮

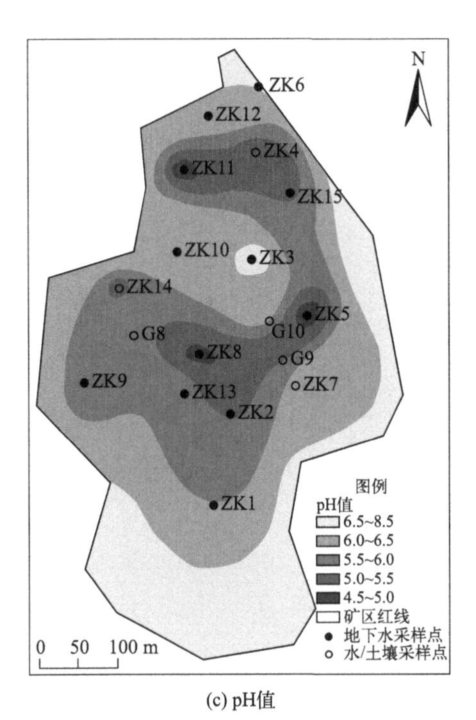

(c) pH值

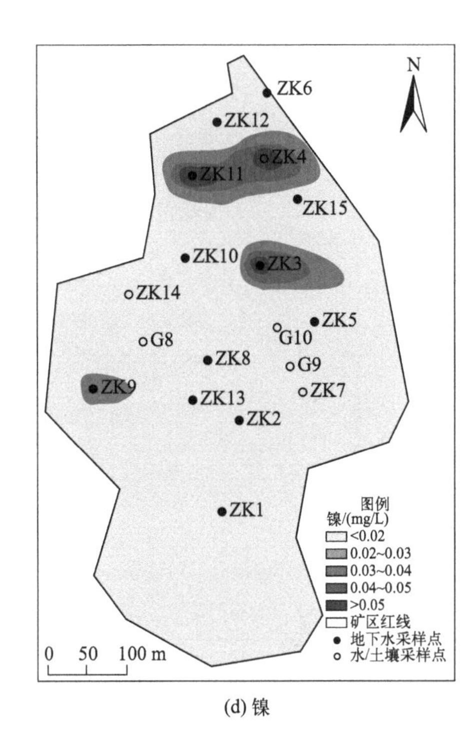

(d) 镍

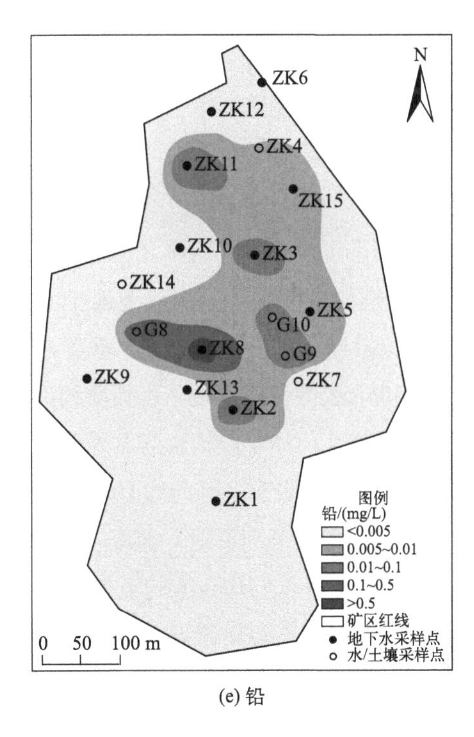

(e) 铅

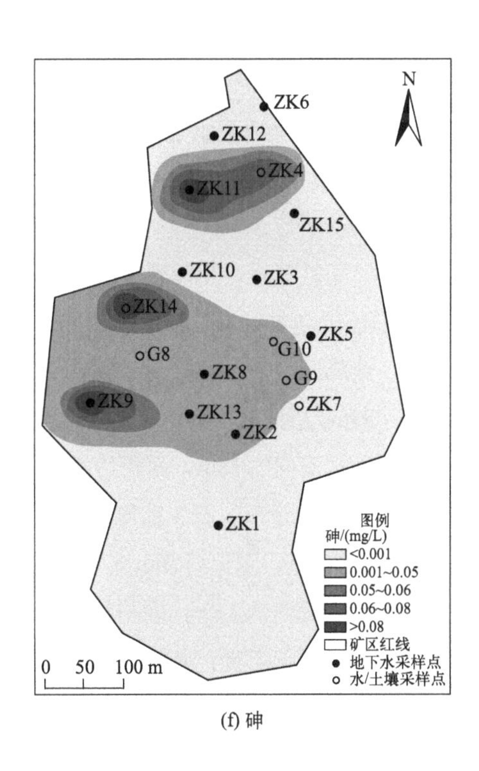

(f) 砷

图 3-11

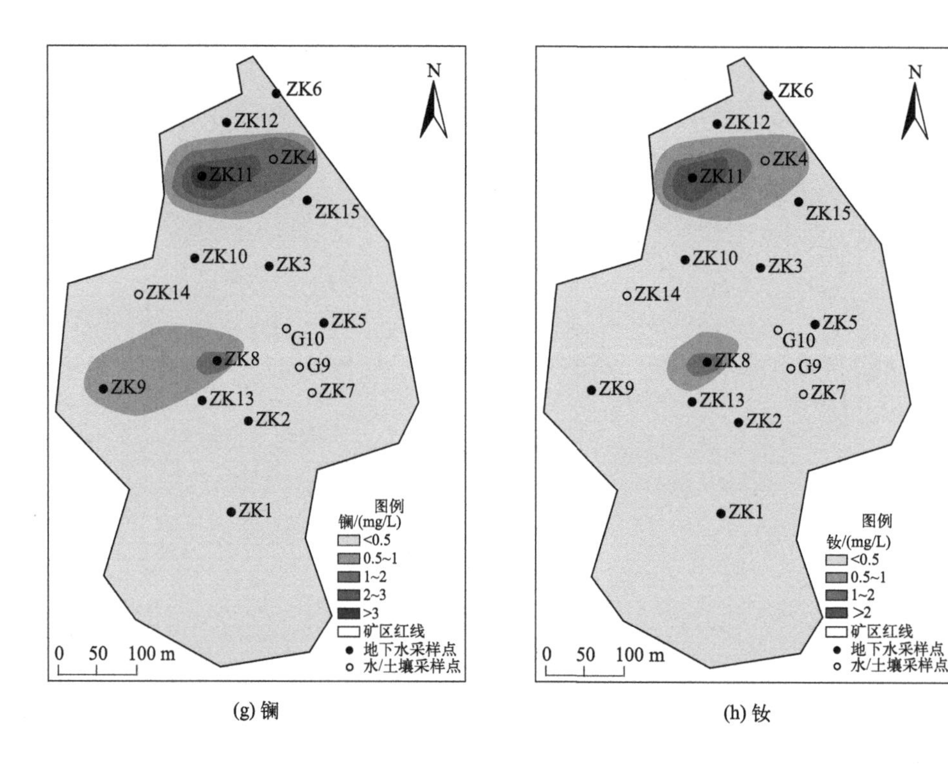

图3-11　矿区地下水污染物浓度区域分布（单位：mg/L，pH值无量纲）

（1）氨氮

17个地下水环境监测点中，氨氮指标为Ⅴ类的点有16个，Ⅳ类的点1个，浓度范围1.10～97.38mg/L，平均值26.76mg/L，中位数13.80mg/L，前三大值分别为G8监测点（97.38mg/L）、ZK8监测点（77.70mg/L）、ZK10监测点（59.70mg/L）。

氨氮重点超标区域主要位于北部及中西部汇水单元。其中北部以ZK11、ZK10监测点为中心的原始地形沟谷分布，污染范围向排泄区污染羽范围逐步增大、浓度逐渐降低。ZK11监测点周边>30mg/L的范围沿地下水流向约27m，垂直地下水流向约23m，面积约486m^2；ZK10监测点周边>30mg/L的范围沿地下水流向约30m，垂直地下水流向约18m，面积约457m^2。中西部以ZK9、G8、ZK8监测点为中心，沿原始地形沟谷分布。ZK9监测点周边>30mg/L的范围沿地下水流向约10m，垂直地下水流向约7m，面积约56m^2；G8监测点周边>30mg/L的范围沿地下水流向约42m，垂直地下水流向约37m，面积约1298m^2；ZK8监测点周边>30mg/L的范围沿地下水流向约48m，垂直地下水流向约25m，面积约751m^2。根据污染源识别，矿区分布有大范围原位浸出区域，除上述重点区外，这些区域包气带厚度普遍较小且地形切割强烈，降雨对周边地下水氨氮浓度影响相对较小，淋滤液浓度一般低于10mg/L，氨氮浓度在1.1～8.57mg/L之间，地下水与土壤中氨氮基本达到解析与吸附平衡。氨氮浓度具体见图3-11（a）。

（2）硝酸盐氮

17个地下水环境监测点中，硝酸盐氮指标为Ⅴ类的点有6个，Ⅳ类点2个。浓度范围为0.21～51.35mg/L，平均值21.20mg/L，中位数18.70mg/L，前三大值分别是ZK9监测点（51.35mg/L）、ZK11监测点（47.20mg/L）、G8监测点（35.40mg/L）。

硝酸盐氮重点超标区域与氨氮超标区域基本一致，主要位于北部及中西部汇水单元。其中北部以ZK11、ZK10、G10监测点为中心，沿原始地形沟谷分布，污染范围向排泄区污染羽范围增大、浓度逐渐降低。ZK11监测点周边>20mg/L的范围沿地下水流向约32m，垂直地下水流向约24m，面积约660m^2；ZK10监测点周边>20mg/L的范围沿地下水流向约38m，垂直地下水流向约26m，面积约794m^2；G10监测点周边>20mg/L的范围沿地下水流向约18m，垂直地下水流向约15m，面积约221m^2。中西部以ZK9、G8、ZK8监测点为中心，沿原始地形沟谷分布。ZK9监测点周边>20mg/L的范围沿地下水流向约40m，垂直地下水流向约30m，面积约987m^2；G8监测点周边>20mg/L的范围沿地下水流向约47m，垂直地下水流向约35m，面积约1283m^2；ZK8监测点周边>20mg/L的范围沿地下水流向约42m，垂直地下水流向约26m，面积约804m^2；ZK2监测点周边>20mg/L的范围沿地下水流向约32m，垂直地下水流向约24m，面积约841m^2。与氨氮浓度分布类似，除上述重点区外硝酸盐氮浓度一般低于10mg/L，硝酸盐氮浓度在0.2～4.36mg/L之间，地下水与土壤中硝酸盐氮基本达到解析与吸附平衡。硝酸盐氮浓度分布具体见图3-11（b）。

（3）pH值

17个地下水环境监测点中，pH值指标为Ⅴ类点有8个，Ⅳ类点有8个，最大值6.58，最小值4.53，平均值5.54，中位数5.51，均呈酸性。前三小值为ZK8监测点（4.53）、ZK11监测点（4.58）、ZK5监测点（4.67），浓度低值与氨氮浓度高值基本一致。推测认为，一是由于氨氮发生反硝化反应，NH_4^+被氧化后释放出H^+，导致地下水pH值降低；二是由于稀土矿开采中大量使用硫酸铵、草酸等酸性物质，导致土壤中pH值降低，进而导致地下水中pH值降低。pH值分布具体见图3-11（c）。

（4）镍

17个地下水环境监测点中，镍指标为Ⅳ类点有5个，镍最大值0.0622mg/L，最小值0.0006mg/L，平均值0.0193mg/L，中位数0.0066mg/L。前三大值位于ZK11监测点（0.0622mg/L）、ZK4监测点（0.0613mg/L）、ZK3监测点（0.0503mg/L），其浓度高值与原开采区（ZK9、ZK10、ZK11、ZK3、ZK4）基本一致。据分析，镍超标主要由稀土开采导致，在开采稀土矿过程中，以NH_4^+置换稀土离子，残留于土壤中的铵盐会提高重金属活性，将其他伴生重金属置换出来，进而导致地下水重金属指标的检出及超标。镍浓度分布具体见图3-11（d）。

（5）铅

17个地下水环境监测点中，铅指标为Ⅴ类点2个，Ⅳ类点5个，最大值0.97mg/L，最小值0.0003mg/L，平均值0.0970mg/L，中位数0.0059mg/L。前三大值为ZK8监测点（0.9700mg/L）、G8监测点（0.4700mg/L）、G9监测点（0.0570mg/L），浓度高值均分布于氨氮浓度高值以及地下水径流区，超标原因与镍相同，主要由稀土开采导致，受地下水酸性影响，其迁移速度明显强于镍，浓度高值与氨氮浓度高值迁移速度基本一致。铅浓度分布具体见图3-11（e）。

（6）砷

17个地下水环境监测点中，砷指标为Ⅴ类点4个，Ⅳ类点2个，最大值0.0983mg/L，最小值0.0001mg/L，平均值0.0220mg/L，中位数0.0015mg/L。前三大值为ZK14监测点（0.0983mg/L）、ZK9监测点（0.0861mg/L）、ZK11监测点（0.0791mg/L），浓度高值分布、超标原因与镍、铅等重金属相似，主要是由稀土开采导致，其迁移速度强于镍但小于铅。砷浓度分布具体见图3-11（f）。

（7）稀土元素

17个地下水环境监测点中，镧指标浓度最大值4.360mg/L，最小值0.005mg/L，平均值0.666mg/L，中位数0.210mg/L，前三大值为ZK11监测点（4.360mg/L）、ZK8监测点（1.760mg/L）、ZK4监测点（1.180mg/L）；钕指标浓度最大值2.860mg/L，最小值0.005mg/L，平均值0.404mg/L，中位数0.071mg/L，前三大值与镧元素一致，分别为ZK11监测点（2.860mg/L）、ZK8监测点（0.977mg/L）、ZK4监测点（0.740mg/L）。稀土元素高浓度区域主要位于开采区的高氨氮污染浓度区域，呈现出显著的相关性，这主要是由于浸出液中的NH_4^+与吸附在黏土矿物表面的稀土离子发生交换反应，导致稀土离子的析出。稀土元素浓度分布具体见图3-11（g）、（h）。

3.4.2 沿程分布特征

根据矿区地下水流场特征（图2-19），选取位于矿区3条径流通道上的北部径流区（ZK11、ZK3、G10、G9、ZK7）、西部径流区（G8、ZK8、ZK7）以及南部径流区（ZK1、ZK2、ZK7）地下水监测点的氨氮、硝酸盐氮、pH值监测数据，分析污染的沿程分布特征。分析可知，西部及北部径流区氨氮及硝酸盐氮浓度沿程不断降低，其中西部径流区氨氮浓度自97.38mg/L降至13.80mg/L，硝酸盐氮浓度自35.40mg/L降至14.90mg/L；北部径流区氨氮浓度自43.00mg/L降至13.80mg/L，硝酸盐氮浓度自47.20mg/L降至14.90mg/L；南部径流区污染物浓度略有上升，氨氮浓度自4.23mg/L升高至13.80mg/L，硝酸盐氮浓度自0.21mg/L升高至13.80mg/L。可以看出，氨氮及硝酸盐氮高浓度区主要集中在开采最严重的西部及北部径流区上游区域，南部径流区开采相对较少，污染物浓度相对较低，在径流区后半段受北部及西部径流区汇流影响ZK2监测点污染物浓度出现升高。受开采大量使用硫酸铵和草酸等酸性物质及污染物在地层中反应影响，pH沿程均呈现酸性特征。具体见图3-12。

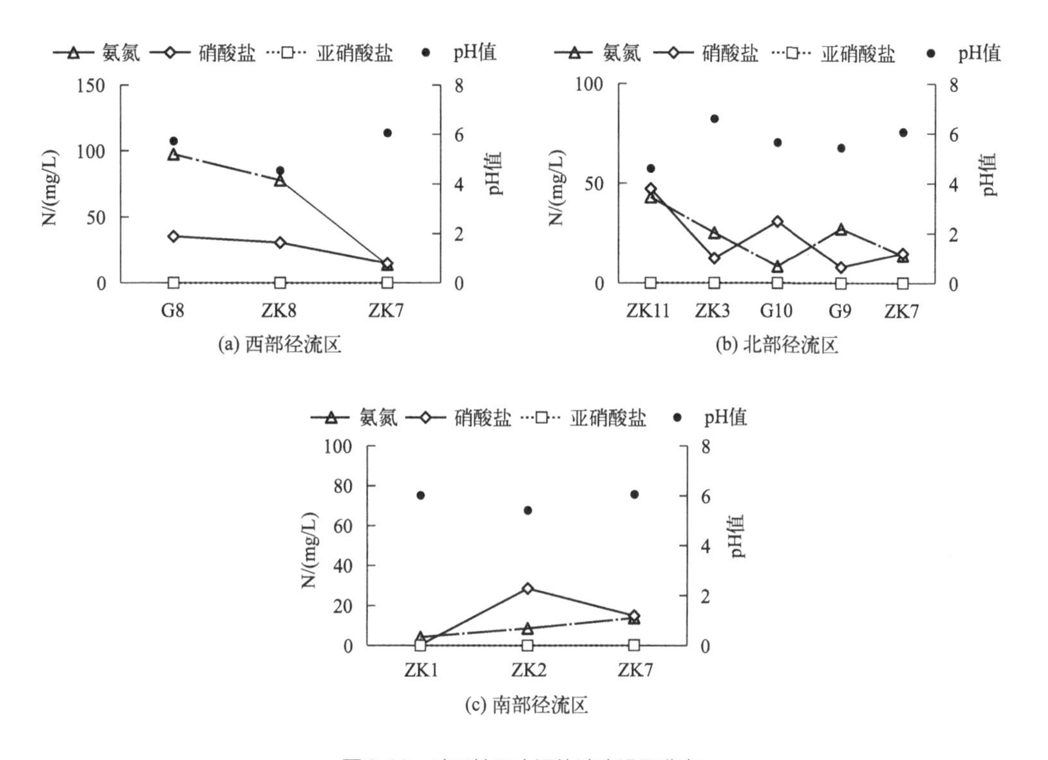

图3-12 矿区地下水污染浓度沿程分布

3.5 地下水污染成因

地下水污染成因分析是一个复杂而系统的过程，需要采用多种方法和技术手段进行综合分析，在地下水污染源识别、地下水污染状况评估和污染特征分析的基础上，通过水化学特征分析、水-土相互作用分析、相关性分析对矿区地下水污染成因做进一步研究。

3.5.1 水-土相互作用分析

土壤是各项污染因子进入地下水的必经场所，也是氮化物等污染物迁移转化的重要载体。分析污染物在不同点位、不同层位土壤中的分布，研究污染物在土壤与地下水之间的地球化学行为，对于识别地下水污染分布特征、研判地下水污染成因是十分必要的。

（1）氨氮

土壤中铵态氮是地下水中氨氮的重要补给来源，其浓度分布一定程度上决定了地下水中氨氮的水平和垂向分布特征。水平方向上，矿区中共有6个监测点同步采样监测了地下水和土壤样品，土壤样品深度均取4.0～5.0m。根据对应监测点地下水和土壤中氨氮/铵态氮浓度分布（图3-13），地下水与土壤中氨氮/铵态氮浓度在一定程度上呈正相关，G8监测点地下水氨氮浓度最高，为97.38mg/L，土壤中铵态氮浓度为516.00mg/kg。

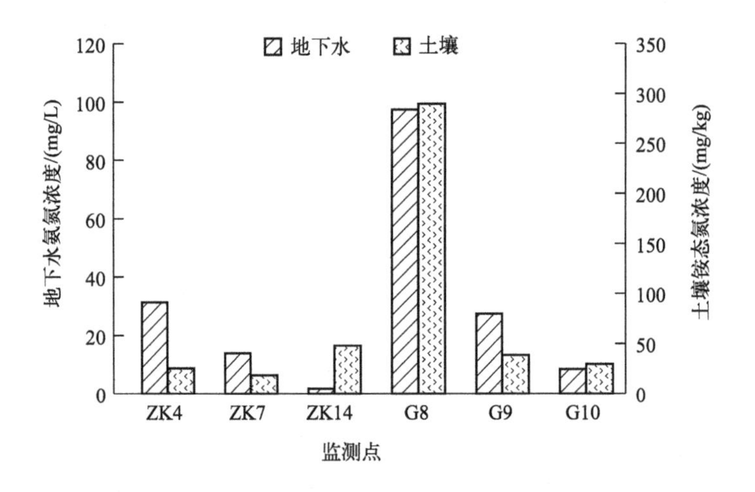

图3-13 对应监测点地下水和土壤氨氮/铵态氮污染浓度分布

垂向剖面上，G8、G9、G10监测点采集0～7.0m的上部土壤，ZK4、ZK7、ZK14监测点采集4.5～16.8m的中下部土壤。铵态氮检出浓度范围为1.80～516.00mg/kg（图3-14），其中，G8监测点铵态氮浓度最小值14.50mg/kg（深度0～0.5m）、最大值516.00mg/kg（深度4.5～4.8m），G9监测点铵态氮浓度最小值5.10mg/kg（深度0～0.5m）、最大值116.00mg/kg（深度7.0m），G10监测点铵态氮浓度最小值9.80mg/kg（深度3.2～3.3m）、最大值57.60mg/kg（深度4.3～4.4m），可以看出在0～7.0m的深度范围内土壤铵态氮浓度随土壤深度增加而升高。ZK4监测点铵态氮浓度最小值1.80mg/kg（深度6.1～6.8m）、最大值50.30mg/kg（深度10.5～10.8m），ZK7监测点铵态氮浓度最小值7.65mg/kg（深度4.5～4.8m）、最大值38.10mg/kg（深度13.5～13.8m），ZK14监测点铵态氮浓度最小值4.21mg/kg（深度4.5～4.8m）、最大值149.00mg/kg（深度10.5～10.8m），可以看出铵态氮浓度高值主要集中在10.5～13.8m深度，位于矿区地下水水位之下（平均埋深5.1m），表明土壤铵态氮主要富集在含水层。

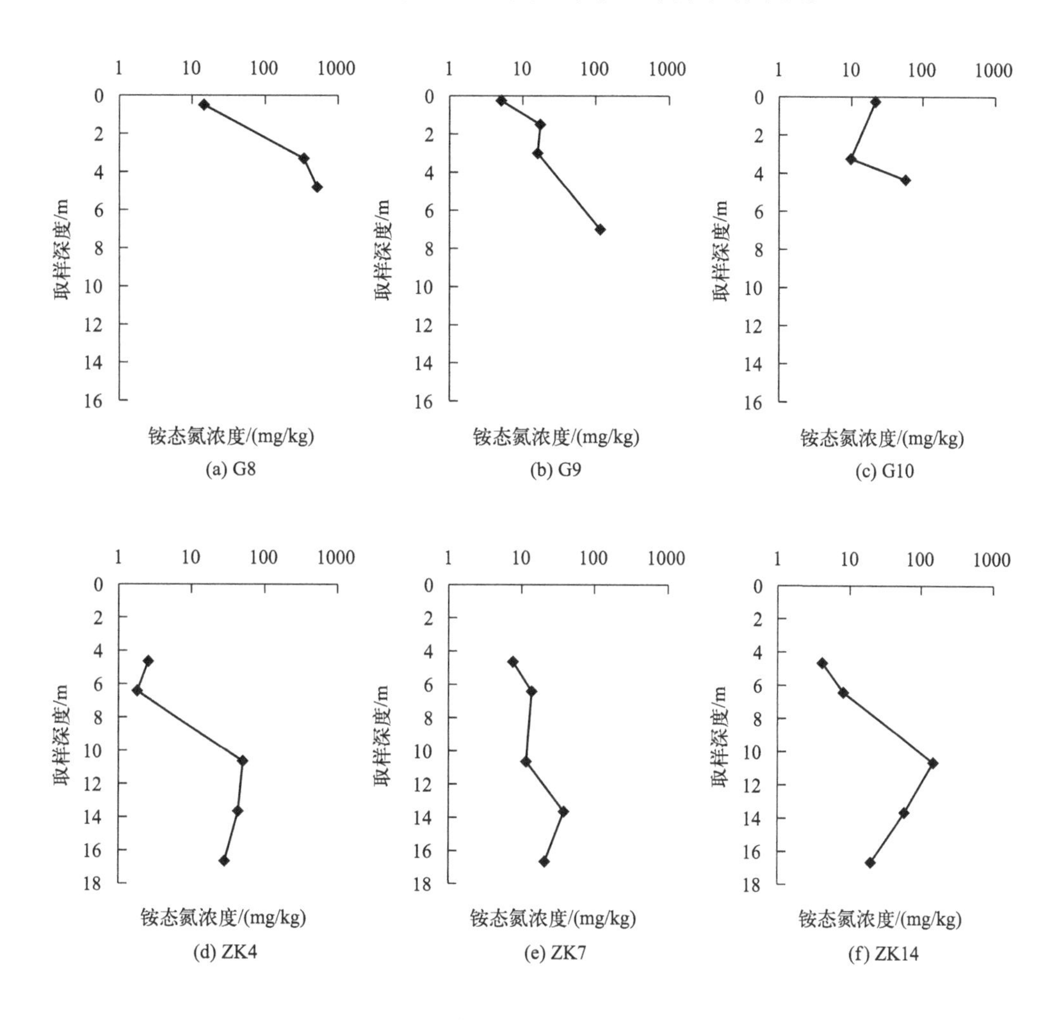

图3-14 土壤中铵态氮浓度垂向分布

（2）硝酸盐氮

硝酸盐氮主要来源于土壤中铵态氮在微生物、植物作用下发生硝化反应转化而成。水平方向上，根据对应监测点地下水和土壤中硝酸盐氮/硝态氮污染浓度分布（图3-15），地下水与土壤中硝酸盐氮/硝态氮浓度无明显相关关系，这是由于硝态氮带负电荷，不易被土壤中的胶体物质吸附，极易随水流向土壤深部迁移，并进入地下水中，因此土壤中残留的硝态氮浓度普遍较低。

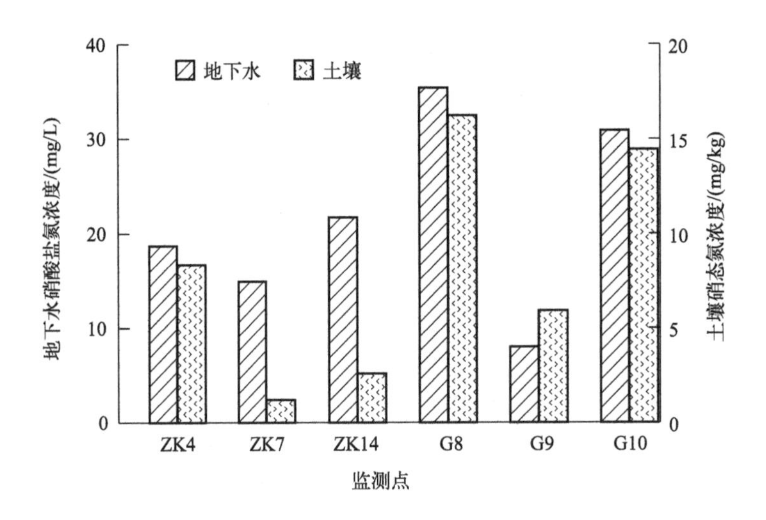

图3-15　对应监测点地下水和土壤硝酸盐氮/硝态氮污染浓度分布

垂向剖面上，硝态氮浓度检出浓度范围为0.13～32.20mg/kg（图3-16），6个监测点检出情况分别为G8监测点硝态氮浓度最小值3.43mg/kg（深度0～0.5m）、最大值24.80mg/kg（深度4.5～4.8m），G9监测点硝态氮浓度最小值3.08mg/kg（深度0～0.5m）、最大值8.83mg/kg（深度7.0m），G10监测点硝态氮浓度最小值3.36mg/kg（深度3.2～3.3m）、最大值32.20mg/kg（深度4.3～4.4m），ZK4监测点硝态氮浓度最小值0.13mg/kg（深度6.1～6.8m）、最大值13.40mg/kg（深度10.5～10.8m），ZK7监测点硝态氮浓度最小值0.13mg/kg（深度4.5～4.8m）、最大值2.33mg/kg（深度13.5～13.8m），ZK14监测点硝态氮浓度最小值0.13mg/kg（深度4.5～4.8m）、最大值4.90mg/kg（深度10.5～10.8m）。由于土壤本身对硝态氮富集作用不明显，其检出值普遍偏低，硝态氮浓度垂向分布与土壤深度无明显相关性。

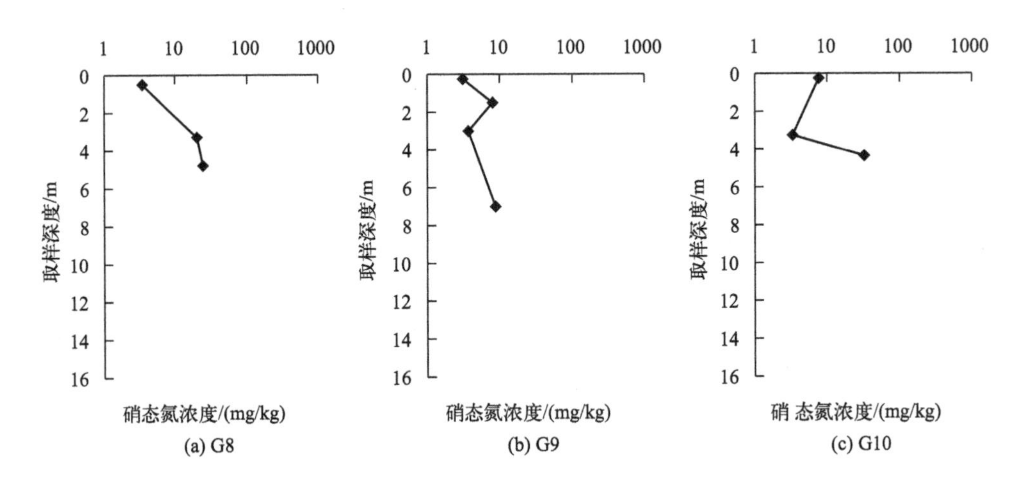

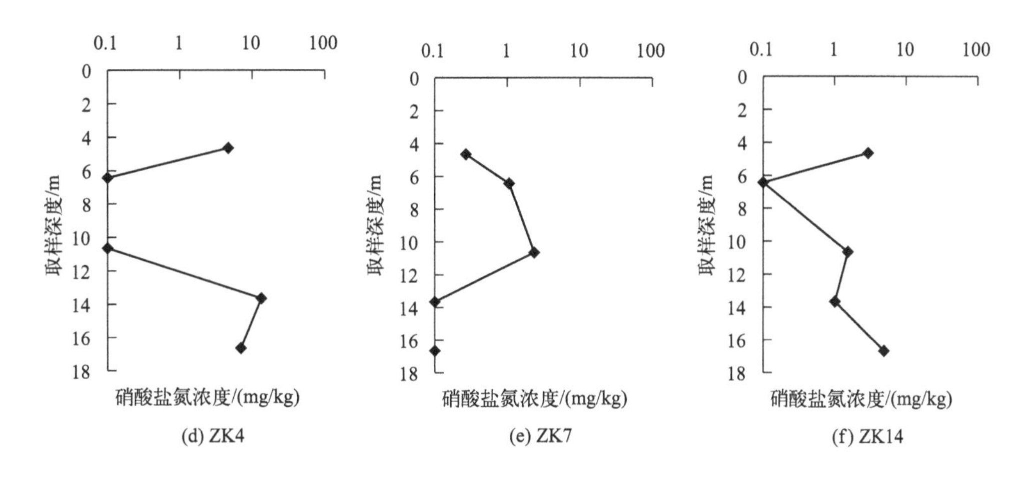

图3-16　土壤中硝态氮浓度垂向分布

（3）pH值

矿区6个监测点中，地下水pH值检出范围为5.14～6.05，土壤pH值检出范围为4.12～6.80，均呈现酸性-弱酸性。水平方向上，地下水pH较土壤pH值普遍高出0.40～1.00（图3-17），表明地下水受土壤酸化影响严重，并且还将持续接受土壤中的H^+释放。

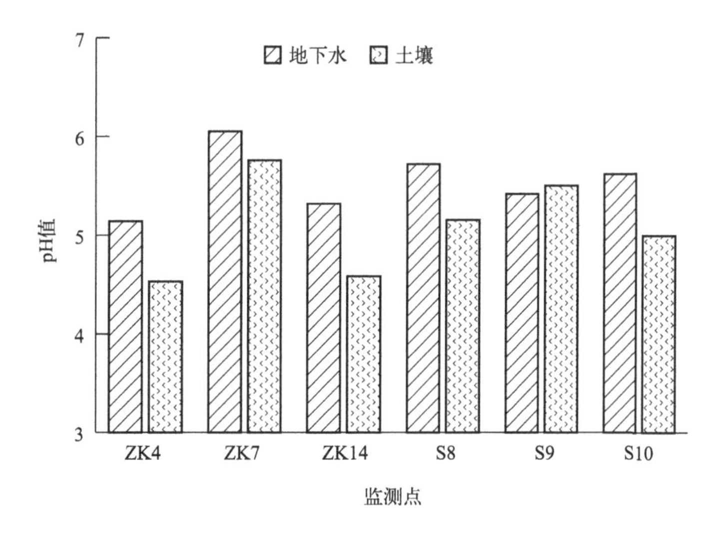

图3-17　对应监测点地下水和土壤pH值分布

垂向剖面上，6个监测点pH值检出情况分别为：G8监测点pH值最小值5.01（深度0～0.5m）、最大值5.30（深度4.5～4.8m），G9监测点pH值最小值4.91（深度1.5m）、最大值6.47（深度7.0m），G10监测点pH值最小值4.56（深度3.2～3.3m）、最大值5.33（深度0～0.5m），ZK4监测点pH值最小值4.31（深度13.5～13.8m）、最大值4.92（深度16.5～16.8m），ZK7监测点pH值最小值4.61（深度6.5～6.8m）、最大值6.80（深度16.5～16.8m），ZK14监测点pH值最小值4.12（深度6.5～6.8m）、最大值5.27（深度10.5～10.8m）（图3-18）。pH值与土壤深度呈一定的相关关系，表现出上部土壤pH值通常低于深部土壤。产生土壤酸化和pH值分布规律的原因主要在于硫酸铵为强酸弱碱盐，其水溶液呈酸性-弱酸性，含有硫酸铵的浸矿液或废水下渗造成了土壤的酸化，溶液在向下迁移的过程中，由于土壤的缓冲作用，pH值逐渐升高，因此深部土壤酸化程度低于上部土壤。

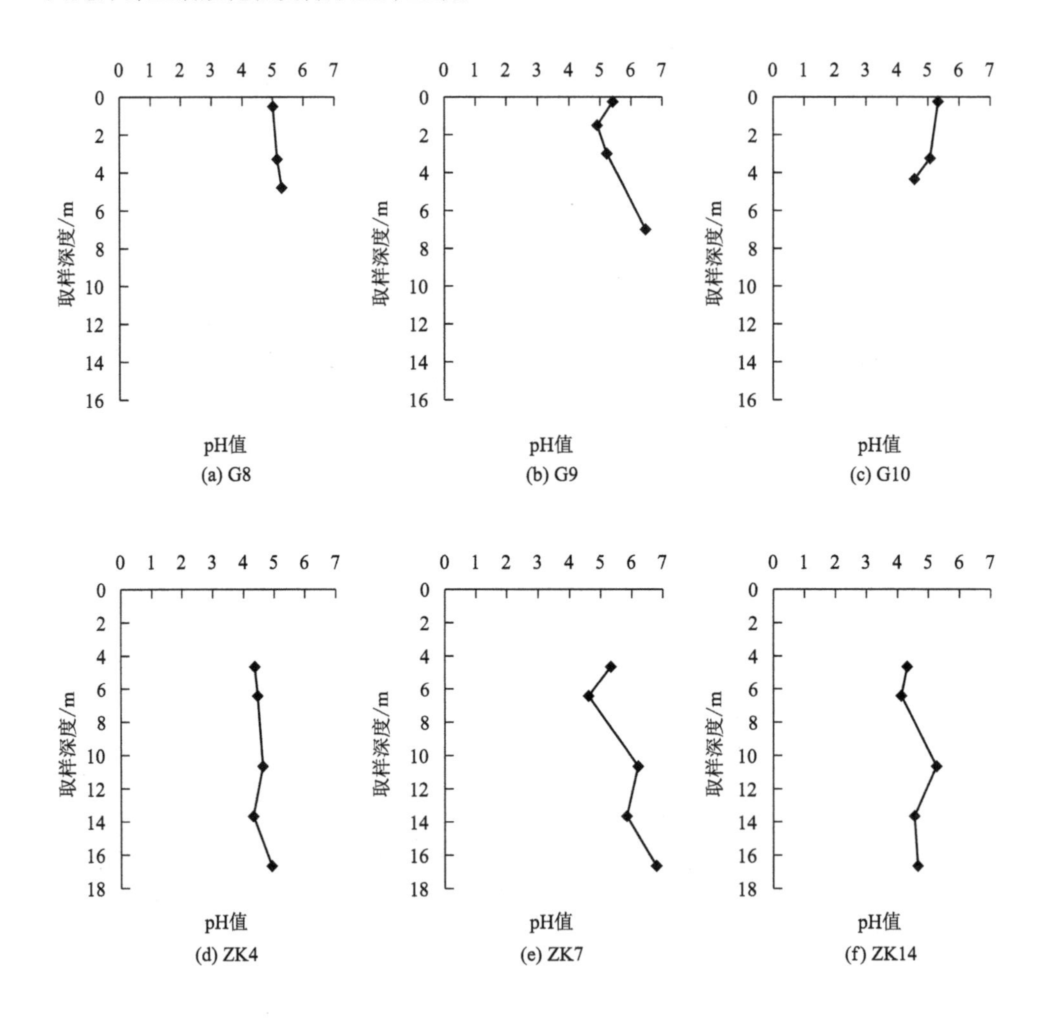

图3-18 土壤中pH值垂向分布

（4）重金属

矿区6个监测点中，地下水中重金属砷、镉、铅、镍检出浓度分别为0.0015～0.0240mg/L、0.00011～0.00092mg/L、0.056～0.470mg/L、0.0006～0.0047mg/L，土

壤中重金属砷、镉、铅、镍检出浓度分别为2.75～4.90mg/kg、0.010～0.195mg/kg、96～187mg/kg、2.9～3.0mg/kg，土壤垂向剖面中重金属含量分布无明显差异（图3-19、图3-20）。相关性分析表明，地下水中重金属的浓度与土壤重金属含量显著相关（r=0.97，P<0.01），地下水中部分点位重金属超标是由于土壤中的重金属高背景值造成的，并由于采矿活动从土壤中溶出进入地下水。

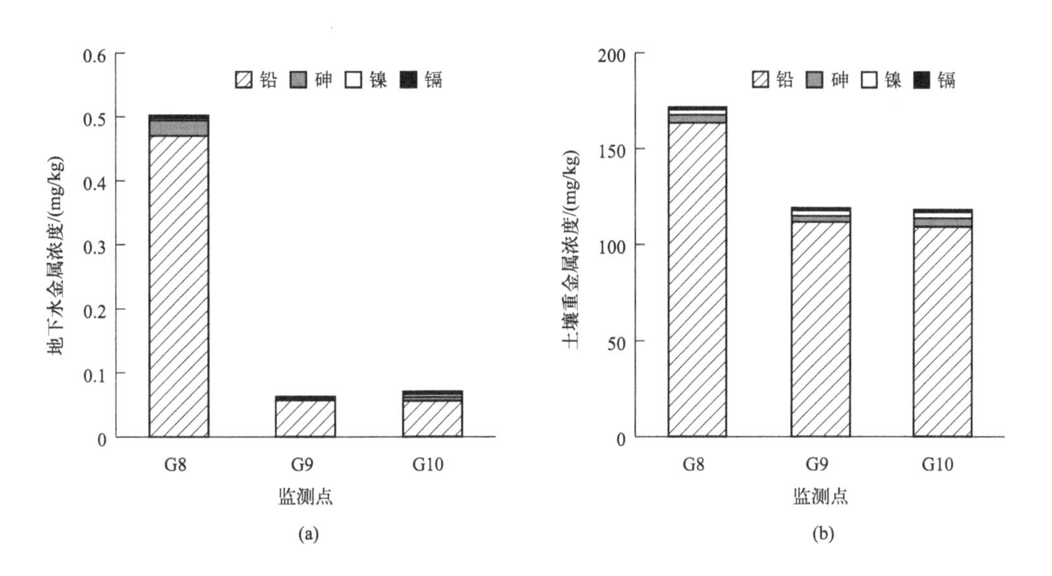

图3-19　对应监测点土壤和地下水重金属浓度分布

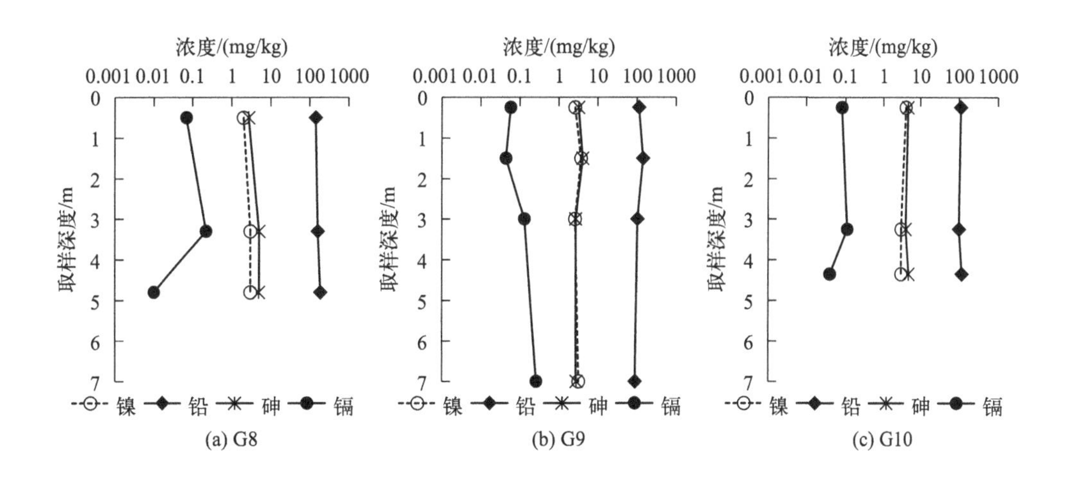

图3-20　土壤中重金属浓度垂向分布

硫酸铵浸出离子型稀土矿各污染物在土壤和地下水中的迁移转化见图3-21。

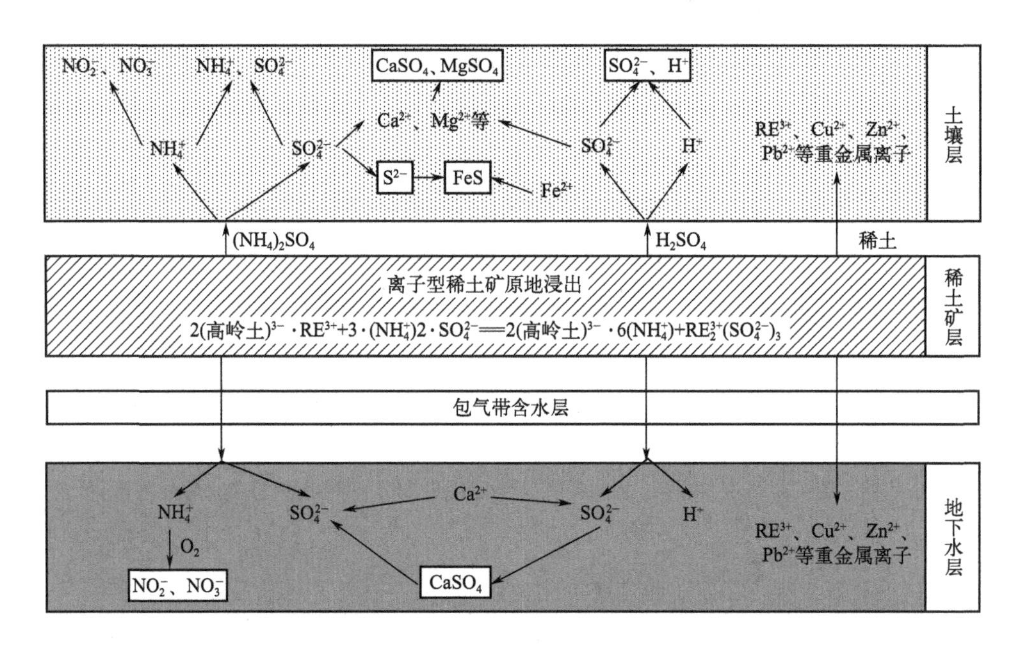

图3-21 硫酸铵浸出离子型稀土矿各污染物在土壤和地下水中的迁移转化（张培等，2021）

Re^{3+}—稀土离子

3.5.2 水文地球化学演化

3.5.2.1 地下水化学类型及成因

地下水水化学类型的空间变化规律受水文地质条件等自然因素和污染物的迁移、转化影响。对这些空间特征进行分析不仅可以帮助判断地下水水化学的成因，验证地下水的补给、径流、排泄条件，还有助于查明污染来源、污染程度和范围，继而研究污染条件下的水文地球化学演化过程。

（1）地下水基本化学类型

地下水的水化学类型由区域的水文地球化学环境决定，受地下水水流系统、含水层介质等因素影响；此外，人类活动也会改变天然地下水的化学组成。矿区内离子型稀土的母岩为花岗岩，岩性为粗、中黑云母花岗岩及二长花岗岩，岩石矿物主要包括高岭土、白云母、石英和钾长石等，原矿化学成分包括SiO_2、Al_2O_3、K_2O等，通常情况以碳酸盐、铝硅酸盐矿物为主的含水层介质中赋存的地下水，可能的水化学类型为HCO_3-Ca型水。根据水文地质详查资料，区域块状岩类裂隙水分布广泛，主要分布于区域丘陵区，富水性贫乏为主，矿化度0.01～0.09g/L，属HCO_3-Na、HCO_3-Na·Ca型水，从背景上看区域地下水矿化度较低，阴离子以HCO_3^-为主。

矿区浸矿液采用硫酸铵溶液，浸矿过程中NH_4^+替换黏土矿物上的稀土元素后，稀土元素进入溶液中，浸矿工艺过程及加入的过量硫酸铵溶液导致地下水中SO_4^{2-}浓度急剧上升，使水化学类型向SO_4-Ca或HCO_3·SO_4-Ca型转变。运用Piper三线图解法可以较为直观地分析水化学特征，揭示地下水水文地球化学演化过程。根据地下水“八大离子”水质监测结果，矿区地下水水化学类型单一，上游补给区及下游径流排泄区地下水水化学类型均为SO_4-Ca型水。可见，由于稀土矿开采原因，地下水中SO_4^{2-}浓度主导了矿区地下水化学特征，3个监测点SO_4^{2-}浓度占比均达到75%以上，原有占主导地位的HCO_3^-浓度占比不足30%。

Gibbs图（Gibbs R J，1970）是利用水体中阳离子质量浓度比值$c(Na^++K^+)/c(Na^++K^++Ca^{2+})$和阴离子质量浓度比值$c(Cl^-)/c(Cl^-+HCO_3^-)$与TDS的关系，将地下水中主要离子的控制因素分为蒸发浓缩型、岩石风化型和大气降雨型三类。矿区地下水的Gibbs图见图3-22，点位都落在岩石风化控制型范围内，表明其水化学特征主要受岩石风化作用影响，受蒸发及降雨影响较小。

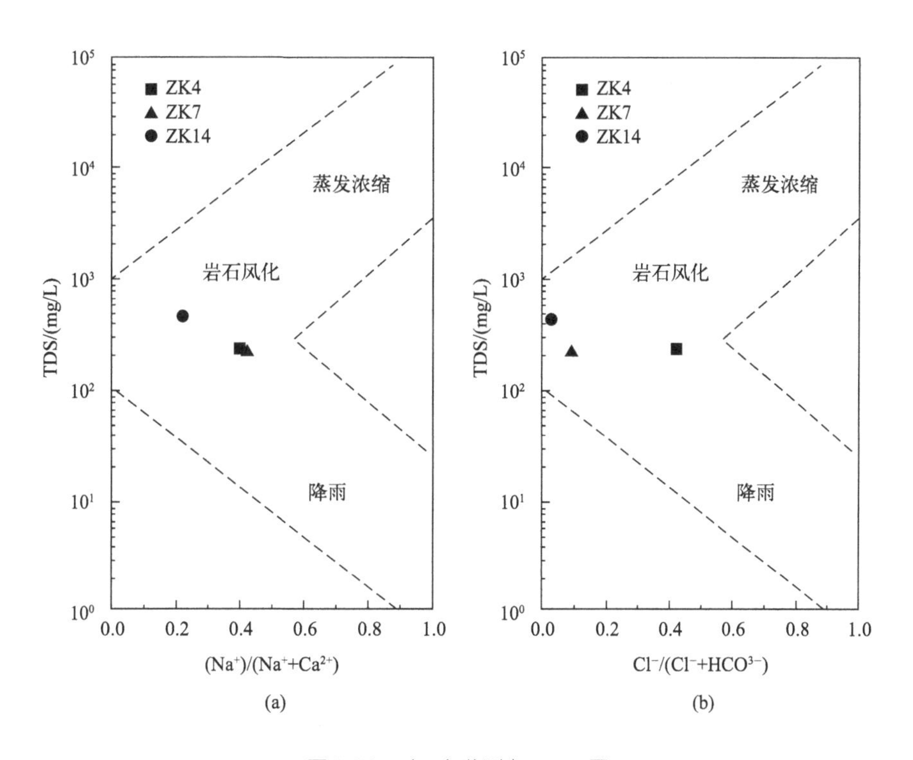

图3-22 矿区各监测点Gibbs图

（2）水化学类型空间变化规律

矿区地下水地势总体西北高东低、南高东北低，地下水主要接受大气降水补给，在矿区中东部流出区外，最终汇入地表水。根据前述章节，区域地下水化学类型受控于地下水对含水层矿物的溶滤作用，HCO_3-Ca型的地下水为“天然”的地下水类型，受矿区稀土矿人为开采影响，矿区的主要水化学类型为SO_4-Ca型水，根据对北部（即ZK4-ZK7一线）、西部（即ZK14-ZK7一线）径流区地下水主要水化学指标统计分析，矿区内水化学指标空间变化情况基本一致，地下水从补给区向径流区流动过程中，阳离子中Ca^{2+}量有所增加，阴离子中SO_4^{2-}含量急剧增加，其中北部径流区自ZK4至ZK7监测点SO_4^{2-}质量浓度增加了89.51%，西部径流区自ZK14至ZK7监测点SO_4^{2-}质量浓度增加了117.67%。此外，矿区原岩矿物对区内地下水酸化起到不同程度的缓冲作用。由于大量的H^+进入含水层系统，地下水的碳酸盐碱度从上游至下游有所上升，指示不饱和，重碳酸根通过正向转化，减轻酸性物质对地下水的影响。由于矿区内地下水的明显酸化，含水层中碳酸盐矿物以及铝硅酸盐矿物成分的溶解，引起阳离子组分（Na^+、K^+、Ca^{2+}、Mg^{2+}）沿径流途径上不断升高。

矿区北部及西部径流途径各离子组分变化具体见图3-23。

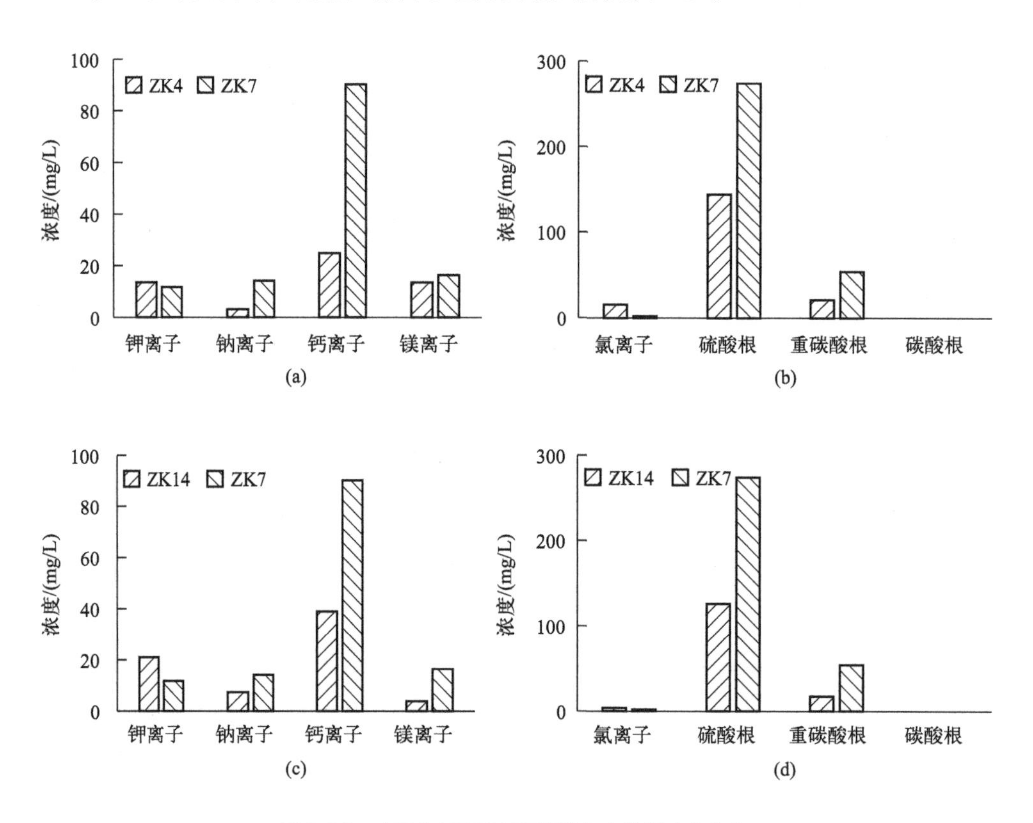

图3-23 矿区北部及西部径流途径水化学成分变化

3.5.2.2 浸矿条件下的水文地球化学作用

（1）矿物的溶滤作用

地下水与含水层介质中的矿物共同组成了固-液相的地球化学系统，当该固-液两相间处于不平衡的状态，含水层中的一些矿物就会溶解，从而使相关组分进入地下水溶液中。岩层和土壤中矿物盐类的溶滤作用以及可溶性盐类随大气降水下渗或径流进入地下水，往往是影响地下水化学成分形成的主要因素。天然状态下，通过制作地下水样的$Na^++K^++Ca^{2+}+Mg^{2+}$（meq/L）和碱度（meq/L）关系图，如果地下水中的阳离子主要来源于碳酸盐或铝硅酸盐的溶解，那么图中点应落在1∶1的趋势线上。即随着碳酸盐矿物以及铝硅酸盐矿物的不断溶解，地下水中的阳离子（Na^+、K^+、Ca^{2+}、Mg^{2+}）和碱度（HCO_3^-）的水平持续增高，水样点沿着1∶1趋势线向右上方向演化，具体见式（3-2）~式（3-4）：

$$CaCO_3+CO_2+H_2O \longrightarrow Ca^{2+}+2HCO_3^- \quad (3\text{-}2)$$

$$CaMg(CO_3)_2+2CO_2+2H_2O \longrightarrow Ca^{2+}+Mg^{2+}+4HCO_3^- \quad (3\text{-}3)$$

$$2NaAlSi_3O_8+2CO_2+3H_2O \longrightarrow Al_2Si_2O_5(OH)_4+4SiO_2+2Na^++2HCO_3^- \quad (3\text{-}4)$$

图3-24是矿区地下水样的$Na^++K^++Ca^{2+}+Mg^{2+}$（meq/L）和碱度（meq/L）关系。可以看出，地下水点落在1∶1趋势线的上方，即$Na^++K^++Ca^{2+}+Mg^{2+}$（meq/L）与碱度（meq/L）的比值大于1，这主要是由于硫酸盐等可溶盐类进入地下水而引起。稀土开采过程中注射液包含的大量硫酸盐进入地下水后，引起阳离子组分（Na^+、K^+、Ca^{2+}、Mg^{2+}）升高，造成二者比值的增大。

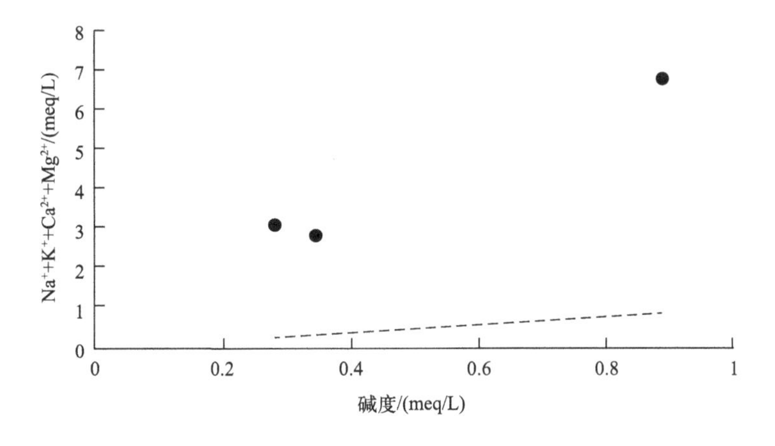

图3-24 $Na^++K^++Ca^{2+}+Mg^{2+}$与碱度关系

图3-25为矿区地下水样的$Na^++K^++Ca^{2+}+Mg^{2+}-SO_4^{2-}$（meq/L）与碱度（meq/L）关系。可以看出，消除了硫酸盐的污染影响后，矿物的溶滤作用变得更为显著，水样点基本都落在1∶1趋势线附近。此外，ZK4监测点的$Na^++K^++Ca^{2+}+Mg^{2+}-SO_4^{2-}$为负值（碱度很低），这主要是由于矿区氨氮浓度较高，氨氮发生反硝化反应，铵根离子被氧化后，释放出H^+，以及稀土矿开采中大量使用硫酸铵、草酸等酸性物质，导致土壤中pH值降低，造成矿区地下水不同程度的酸化。

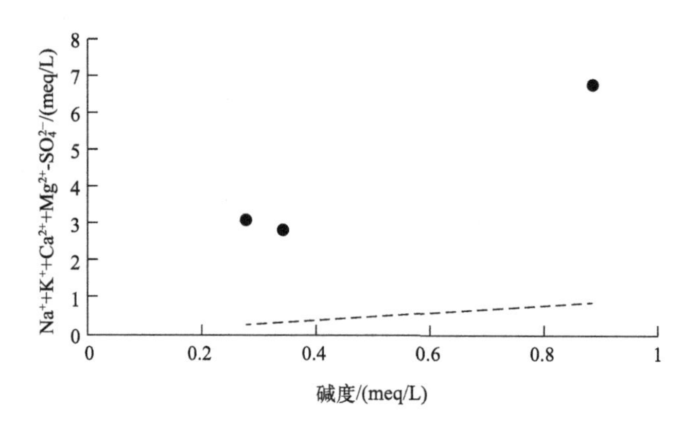

图3-25 $Na^{+}+K^{+}+Ca^{2+}+Mg^{2+}-SO_4^{2-}$与碱度关系

(2)离子的交替吸附

含水层固体颗粒表面通常带有负电荷，能够吸附地下水中的阳离子，而在一些条件下固体颗粒表面附着的阳离子会和地下水中的阳离子发生交换反应。吸附作用会使地下水的化学成分发生相应的变化，尤其是污染物在地下水中的迁移过程中，离子吸附解吸往往起重要作用。

图3-26为矿区地下水样的$Ca^{2+}+Mg^{2+}-SO_4^{2-}-HCO_3^{-}$（meq/L）和$Na^{+}+K^{+}-Cl^{-}$（meq/L）关系图。可以看出，矿区地下水水样点基本在$y=-x$的平衡线上，说明阳离子交替吸附作用在地下水的水-岩反应中起到重要作用，Ca^{2+}和Na^{+}发生了阳离子交换作用，指示了以正向离子交替吸附交换为主的反应。由图可以看出，$Ca^{2+}+Mg^{2+}-SO_4^{2-}-HCO_3^{-}$均为负值，且偏离程度较大，说明人为活动对地下水化学产生了较大影响；而$Na^{+}+K^{+}-Cl^{-}$（meq/L）呈正值，说明有较多的Na^{+}、K^{+}进入地下水中，地下水发生正向离子交替反应。

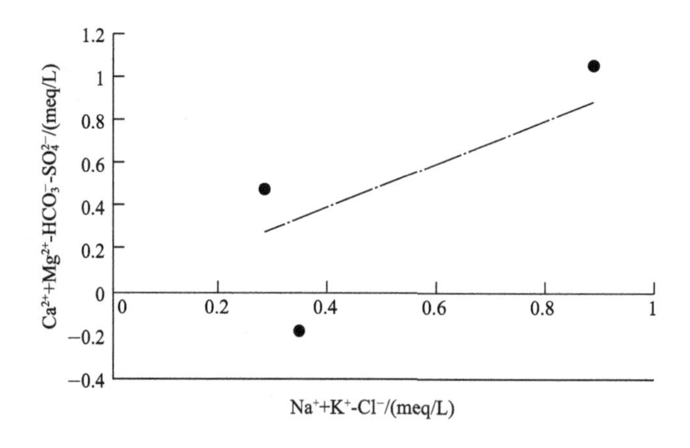

图3-26 $Ca^{2+}+Mg^{2+}-HCO_3^{-}-SO_4^{2-}$与$Na^{+}+K^{+}-Cl^{-}$关系

矿区内离子型稀土的母岩为花岗岩，岩性为粗、中黑云母花岗岩及二长花岗岩，岩石矿物主要包括高岭土、白云母、石英和钾长石等，原矿化学成分中以SiO_2为主，约占70%；其次为Al_2O_3，约占15%；再次为K_2O、Fe_2O_3、CaO、MgO以及少量其他元素，其中高岭土、白云母等黏土矿物是天然的离子交换剂，为置换黏土矿物所吸附的稀土，通过加入硫酸铵等浸矿液，使得浸矿液中活泼的阳离子与矿体中的稀土离子发生离子交换，浸矿液中活泼的阳离子吸附于矿体表面，而稀土离子进入浸矿溶液中，具体见式（3-5）：

$$2（高岭土）^{3-}\cdot RE^{3+}+3(NH_4)_2SO_4 \longrightarrow 2（高岭土）^{3-}\cdot(NH_4^+)_3+RE_2(SO_4)_3 \quad (3-5)$$

由上式可以看出，随着大量硫酸铵溶液的注入，未收集完全的浸出液及过量硫酸铵溶液导致地下水中硫酸根含量急剧上升，进而引起地下水中化学类型发生变化，钙、镁及硫酸根、重碳酸根平衡被打破。此外，矿区内地下水的明显酸化，导致含水层中碳酸盐矿物以及铝硅酸盐矿物成分的溶解，引起阳离子组分（Na^+、K^+、Ca^{2+}、Mg^{2+}）升高，从而表现出K^+的上升。

3.5.3 水质多元统计分析

多元统计分析是地下水污染成因分析的有效手段之一。在水质成因研究中，相关性分析是一种关键的统计工具，用于揭示不同水质参数之间的关系，这些关系有助于理解水质的整体状况，识别潜在污染源，以及预测水质未来的变化趋势。聚类分析则通过将相似的对象聚集在一起形成不同的类群，进而分析水质的成因。

3.5.3.1 相关性分析

不论是原生环境还是外界人类活动的影响，元素都不是独立存在的，各元素之间总是有一定的相关性，不同的元素可能一起或者以一定的条件富集、迁移于土壤或地下水系统中。下面对16项检出指标进行相关性分析，地下水指标浓度相关系数矩阵见图3-27（书后另见彩图）。

根据各监测指标的相关性计算结果（图3-28、图3-29），稀土元素镧、钕呈显著正相关（r=0.998，P<0.05），表明稀土元素均受到稀土开采活动影响进入地下水，且其地球化学行为较为相近。与2种稀土元素相关的指标分别为pH值（r=−0.541、−0.529，P<0.05）、氧化还原电位（r=0.551、0.553，P<0.05）、氨氮（r=0.547、0.507，P<0.05）、硝酸盐氮（r=0.643、0.633，P<0.05），表明酸性条件有利于稀土元素的迁移和富集，氧化环境对稀土迁移有促进作用，高浓度的氨氮浸矿液及硝酸盐氮往往伴随着高浓度稀土元素析出。硝酸盐氮与氨氮呈显著相关关系（r=0.652，P<0.01），但与地下水pH值、溶解氧非显著相关，硝酸盐氮为氨氮硝化反应的次生产物，主要发生在氧气较为充足的表层土壤中，并随淋滤迁移进入地下水（杨幼明等，2016）。

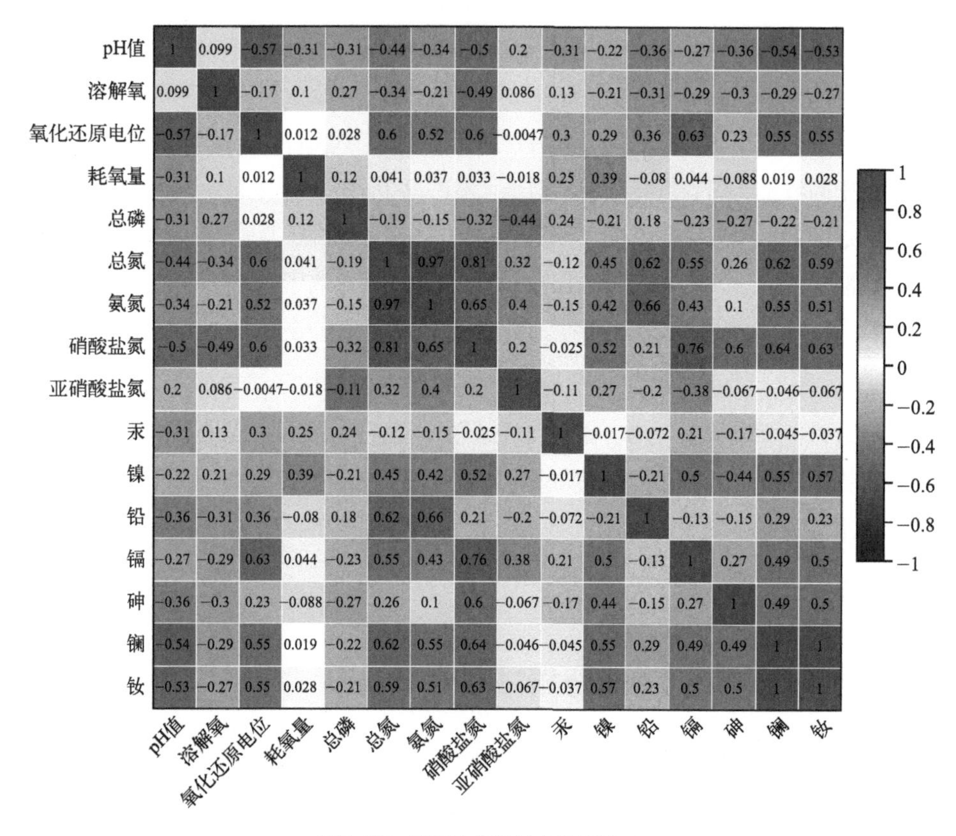

图3-27 地下水指标浓度相关关系

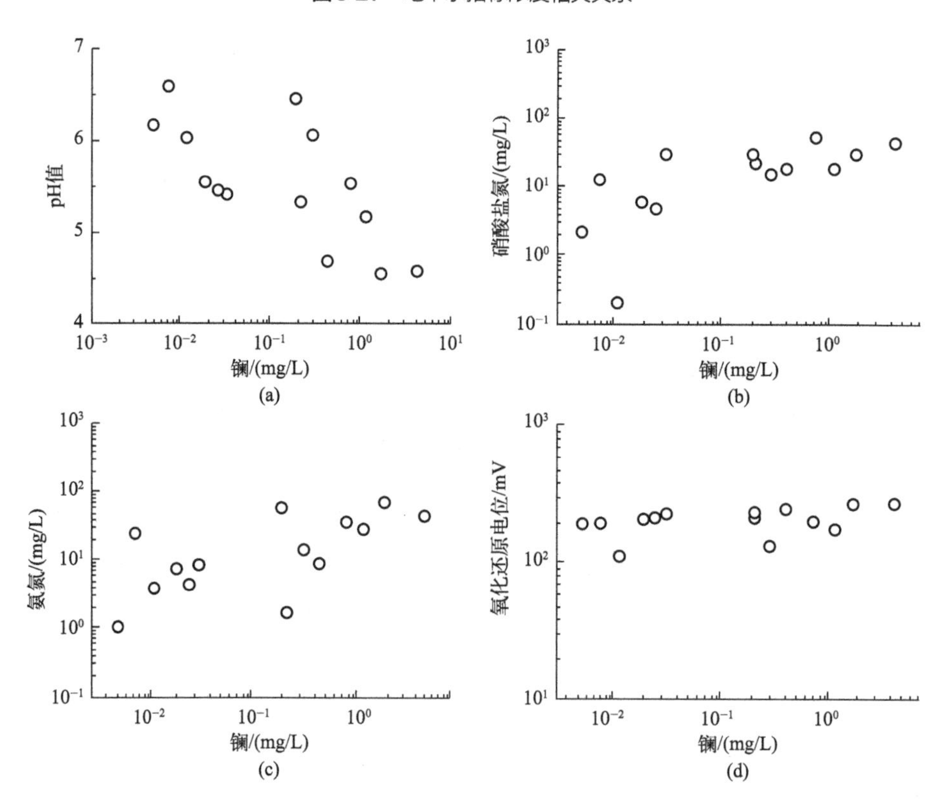

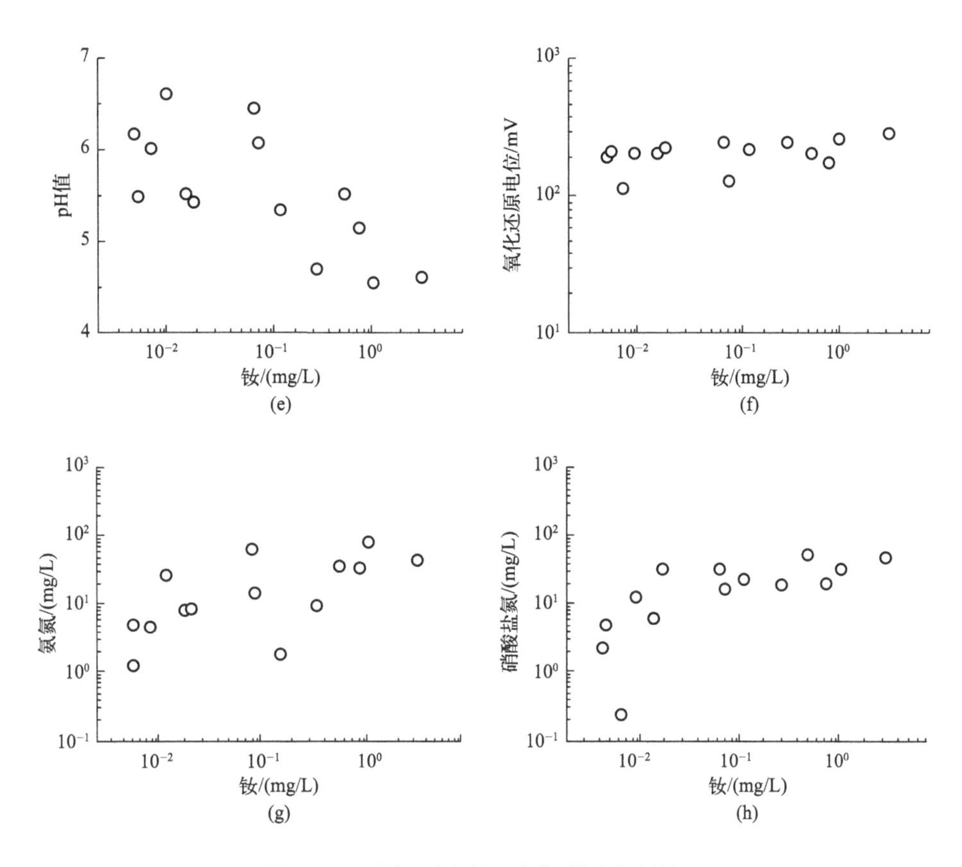

图3-28 稀土元素与地下水监测指标相关关系

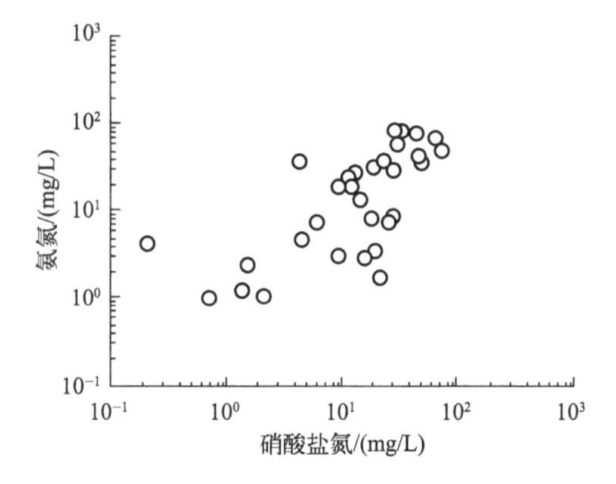

图3-29 氨氮与硝酸盐氮指标相关关系

3.5.3.2 聚类分析

为识别地下水化学组分的相似补给源，分析污染成因，针对矿区地下水主要污染因子，利用SPSS软件进行系统聚类分析，通过聚类树状图反映污染因子间的远近程度，有效地揭示污染因子间的联系。为了保证结果的准确性，先对数据进行标准化，以使数据有相同的权重。

根据基于相关系数最远邻法聚类分析结果（图3-30），当相似度为10～15时污染因子主要分为3类：

① 镧、钕稀土元素，表明稀土元素受到稀土开采活动影响进入地下水，且其地球化学行为较为相近；

② 硝酸盐氮和重金属镉、镍、砷，进一步验证了由于浸矿剂中NH_4^+在氧和微生物的作用下发生硝化作用形成H^+、NO_3^-，而H^+加速矿物风化，造成伴生在稀土矿中的重金属离子随着浸出母液进入地下水，造成硝酸盐氮和重金属同步升高；

③ 氨氮和重金属铅，说明铅较其他重金属元素，更容易析出进入地下水（任仲宇，2016）。

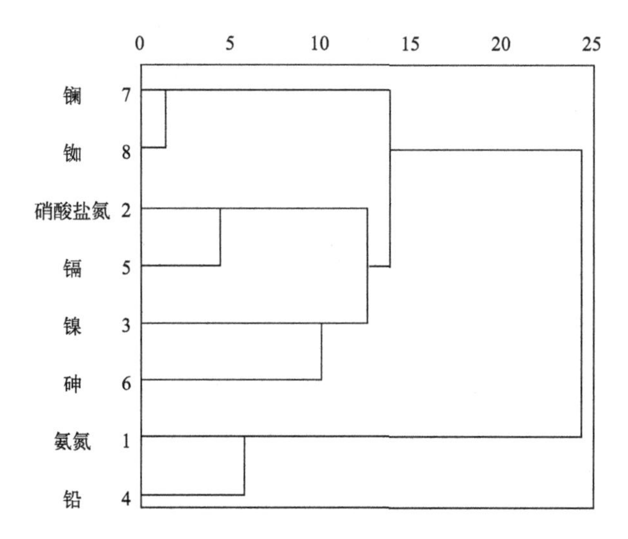

图3-30 地下水污染因子聚类分析

第 4 章
矿区地下水污染修复技术研究

根据矿区地质条件调查和地下水污染分析结果，明确矿区地下水修复目标，筛选适宜的地下水污染修复技术。通过开展室内小试、现场中试试验，对所筛选出的原位阻隔技术、原位注射反应带技术、可渗透反应墙技术、植物修复技术4项技术进行研究，获取相关技术工艺参数，为修复技术方案设计提供科学依据，确保实现矿区地下水污染修复目标。

4.1 污染修复目标

4.1.1 地下水污染状况

矿区地下水功能区为地下水水源涵养区，地下水水质目标为《地下水质量标准》（GB/T 14848—2017）Ⅲ类标准。根据矿区地下水污染特征分析结果，矿区土壤总体呈酸性，pH值检出范围为4.12～6.80，平均值5.07，铵态氮浓度范围1.8～516mg/kg，平均值62.84mg/kg。地下水同样普遍偏酸性，pH值检出范围为4.53～8.30，平均值5.82，氨氮、硝酸盐氮指标超标严重，检出范围分别为0.03～97.83mg/L、0.21～51.35mg/L，平均值分别为25.61mg/L、20.19mg/L，超标率分别为94.44%、44.44%，最大超标倍数分别为193.76倍、1.57倍，超标区域主要位于矿区北部及中西部汇水单元，为历史堆浸与原地浸出开采区。稀土开采过程中大量使用铵盐浸矿剂和草酸沉淀剂使得NH_4^+遗留在土壤与地下水中，是造成矿区地下水酸化以及氨氮、硝酸盐氮污染的主要原因；此外，矿区上游养鸡场污染物的淋滤、下渗、迁移也对矿区地下水造成一定影响。矿区地下水中镍、铅、砷等重金属指标也存在超标情况，平均超标率约30%，主要来源于土壤中高背景值的重金属，由于采矿活动从土壤中溶出进入地下水中。

4.1.2 地下水修复目标

根据矿区地下水污染状况与成因分析结果，矿区地下水污染超标指标主要为氨氮、硝酸盐氮和重金属等，其中，氨氮、硝酸盐氮主要来源于铵盐浸矿剂，污染浓度高、超标情况严重，重金属指标超标则主要由矿区地质高背景值造成，污染浓度与超标率相对较低。因此，地下水目标污染物确定为氨氮和硝酸盐氮，考虑污染物的最大超标倍数，修复目标确定为实现矿区下游地下水中氨氮去除率最高可达80%，硝酸盐氮浓度达到《地下水质量标准》（GB/T 14848—2017）Ⅲ类标准。

4.2 修复技术路线

4.2.1 修复技术筛选

针对矿区地下水中氨氮和硝酸盐氮目标污染物，目前较为成熟的地下水污染修复技术主要包括抽出处理技术、可渗透反应墙技术、原位化学修复技术、原位微生物修复技术、植物修复技术、原位阻隔技术和监测自然衰减技术等。综合分析各项技术的特点、适用性、修复效率和成本等，结合矿区水文地质条件、地下水污染特征，进行修复技术筛选。地下水修复技术特点分析见表4-1。

表4-1 地下水污染修复技术特点

修复技术	优点	缺点	适用性	效率	成本
抽出处理技术	对于污染浓度较高、地下水埋深较深的污染场地具有优势；早期处理见效快；设备简单，施工方便	不适用于渗透性较差的含水层；对修复区域干扰大；能耗大	适用于渗透性较好的孔隙、裂隙和溶岩含水层，污染范围大、地下水埋深较大的场地。适用于多种污染物	初期高，后期低	初期低、后期高
可渗透反应墙技术	反应介质消耗较慢，具备几年甚至几十年的处理能力	工程设施投资较大，施工工艺较复杂；为避免可渗透反应墙填料失活或孔隙堵塞，需要适时更换填料	适用于渗透性较好的孔隙、裂隙和溶岩含水层，适用于“三氮”、重金属、有机污染物等	中	中
原位化学修复技术	反应速度快，清除时间短；反应强度大，对污染物性质和浓度不敏感	场地水文地质条件可能会限制化学物质的传输；受腐殖酸含量、重金属、土壤渗透性、pH值影响较大；部分污染降解效果不稳定	适用于渗透性较好的孔隙、裂隙和溶岩含水层，适用污染物包括“三氮”、重金属、有机污染物等	高	高
原位微生物修复技术	对环境影响小	部分地下水环境不适宜微生物生长	适用于孔隙、裂隙和溶岩含水层，适用于易降解的有机物和氨氮、硝酸盐氮等	中	低
植物修复技术	施工简单，对环境影响较小	效果受地下水埋深、环境因素、污染物性质和浓度影响；修复周期较长；需考虑植物的后续处理	适用于地下水埋深较浅的污染场地，可修复氮、重金属和特定种类有机物等	低	中

续表

修复技术	优点	缺点	适用性	效率	成本
原位阻隔技术	施工方便，材料易得，可有效控制污染范围	阻隔效果受建设工艺、水文地质条件、地下水水质等因素影响	适用于低渗透性孔隙含水层，可有效阻隔多种污染物	高	低
监测自然衰减技术	费用低，对环境影响较小	需要较长监测时间	适用于污染程度较低、污染物自然衰减能力较强的地下水	低	低

采用地下水修复技术筛选矩阵法（赵勇胜，2012），从技术可接受性、场地可应用性、有效性、修复时间和修复费用共5个方面进行技术评分，综合确定适宜的地下水修复技术。技术可接受性主要考虑矿区的功能目标与修复技术的兼容性等，评分等级分为完全可接受（4分）、可接受（3分）、一般可接受（2分）、局部可接受（1分）。场地可应用性主要考虑矿区水文地质条件下修复技术的可实施性和可靠性，评分等级分为完全可应用（4分）、可应用（3分）、一般可应用（2分）、局部可应用（1分）。有效性根据修复技术的修复效果进行评价，评分等级分为非常有效（4分）、有效（3分）、一般有效（2分）、局部有效（1分）。修复时间根据所期望的修复时间进行评估，评分等级分为短（4分）、中等（3分）、长（2分）、很长（1分）。修复费用根据预期的修复费用进行评价，评分等级分为低（4分）、中等（3分）、高（2分）、很高（1分）。每项修复技术都分5个指标分别进行评分，每个指标可评分赋值为1～4，总分区间为5～20，分数越高表明该技术对于场地越适用。

根据矿区水文地质条件、工程地质条件和地下水污染特征进行修复技术综合评分，筛选结果见表4-2。

表4-2　地下水污染修复技术筛选结果　　单位：分

修复技术	技术可接受性	场地可应用性		有效性	修复时间	修复费用	综合得分	
		浅层	深层				浅层	深层
抽出处理技术	3	2	2	2	2	1	10	10
可渗透反应墙技术	3	3	2	3	2	2	13	12
原位化学修复技术	3	3	3	2	3	2	13	13
原位微生物修复技术	3	3	2	3	3	2	14	13
植物修复技术	3	2	1	3	1	3	12	11

续表

修复技术	技术可接受性	场地可应用性		有效性	修复时间	修复费用	综合得分	
		浅层	深层				浅层	深层
原位阻隔技术	3	3	3	2	2	2	12	12
监测自然衰减技术	3	1	1	1	1	4	10	10

修复技术综合评分结果显示，监测自然衰减技术作为唯一的被动修复技术，由于较低的修复效率与较长的修复周期，综合得分最低。主动修复技术中，相较于抽出处理的异位修复技术，原位修复技术普遍具有更高的技术评分，能够更好地适应矿区含水层渗透性低、污染浓度高、污染存量大的特点。根据技术综合得分，最佳的原位修复技术为原位微生物修复技术和原位化学修复技术。原位化学修复技术是备选技术中修复反应速率最快的技术，但由于NH_4^+、NO_3^-化学氧化还原反应的N_2转化率较低，较少采用单一的原位化学修复技术进行氮污染修复。原位微生物修复可通过硝化［式（4-1）］、反硝化［式（4-2）］将NH_4^+转化为NO_3^-，并将NO_3^-最终降解为无毒产物N_2，具有环境友好的优点，但脱氮功能微生物能否在矿区地下水中形成优势菌种，保持较高的反应活性至关重要。化学还原剂零价铁能够与H_2O、H^+反应提高地下水pH值［式（4-3）］，也可以通过Fe^0、Fe^{2+}和Fe^{3+}之间的氧化还原反应参与电子传递，介入微生物生化反应物质与能量代谢过程，快速增强微生物的生物活性和代谢能力，提高微生物脱氮效率［式（4-4）、式（4-5）］（刘云帆，2019），因此，可结合两项技术的优势，集成基于原位化学耦合微生物修复的原位注射反应带技术，通过化学药剂与微生物菌剂原位注射，改善地下水酸化、缺氧、营养物质匮乏的环境条件，构建矿区地下水优势功能菌种反应带，充分激活降解活性，能够实现矿区地下水高污染区的有效修复。

$$NH_4^+ \longrightarrow NH_2OH \longrightarrow NO_2^- \longrightarrow NO_3^- \quad (4\text{-}1)$$

$$NO_3^- \longrightarrow NO_2^- \longrightarrow N_2O \longrightarrow N_2 \quad (4\text{-}2)$$

$$Fe^0 + H^+ \longrightarrow Fe^{2+} + H_2 \quad (4\text{-}3)$$

$$Fe^0 + 2H_2O \longrightarrow H_2 + Fe^{2+} + 2OH^- \quad (4\text{-}4)$$

$$2NO_3^- + 5H_2 \longrightarrow N_2 + 4H_2O + 2OH^- \quad (4\text{-}5)$$

可渗透反应墙技术和植物修复技术对于浅层地下水污染具有较好的得分表现。可渗透反应墙技术主要作为地下水污染风险管控措施，适宜布设在矿区地下水下游汇水区域，通过填充微生物菌剂、零价铁、改性沸石和生物炭等活性填料，利用微生物作用与吸附作用，进一步去除地下水中残留的氨氮、硝酸盐氮，能够有效保证地下水下游水质达到修复目标。植物修复技术则适用于矿区整个区域，选用对氨氮、硝酸盐氮具有较强吸收能力的植物，能够去除浅层地下水以及土壤中的氮素，同时可缓解矿区因开采造成的地表植被破坏、水土流失严重等问题。此外，原位阻隔技术对于矿区也具有较好的适用性，考虑到上游养鸡场对矿区地下水污染的外源输入，通过在上游养鸡场与矿区之间布设阻隔墙，可切断地下水污染迁移途径，减小外源污染对矿区内地下水带来的影响。

根据筛选结果，采用“原位阻隔+原位注射反应带+可渗透反应墙+植物修复”集成技术，修复矿区地下水中的氨氮、硝酸盐氮污染。

4.2.2 修复技术研究路线

结合矿区地下水污染状况及地质条件，针对筛选的修复技术开展小试、中试试验，获取最佳的技术工艺参数，为修复技术方案设计提供科学依据。

修复技术研究路线见图4-1，具体如下所述。

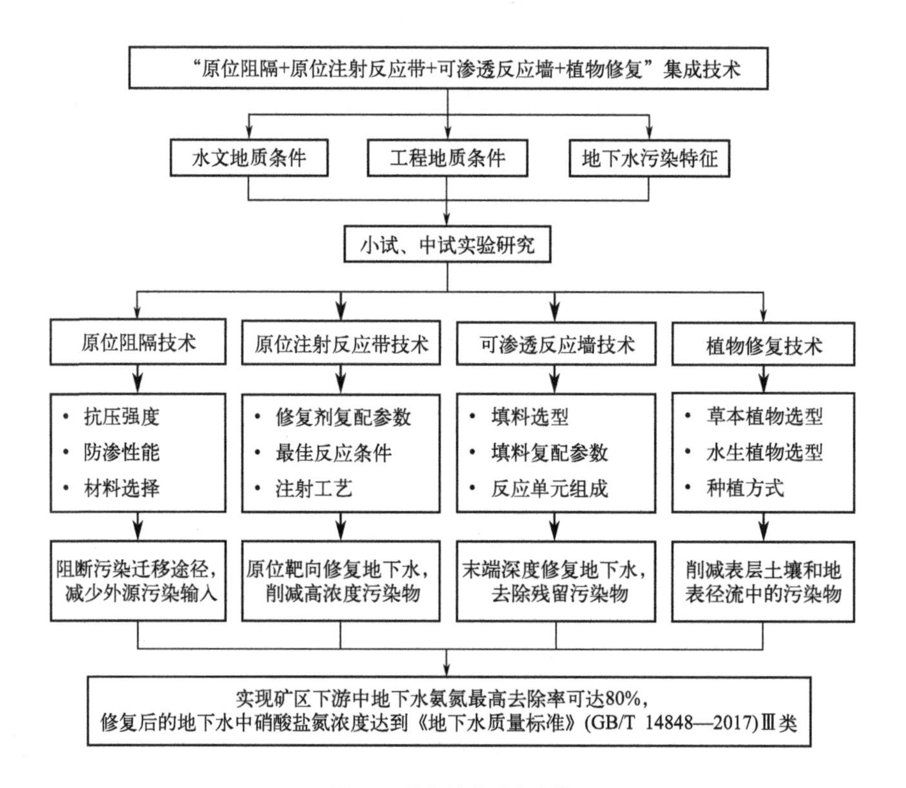

图4-1 修复技术研究路线

（1）原位阻隔技术

针对矿区上游污染源地下水污染物输入和迁移扩散问题，实施污染垂直阻隔，用于阻隔养鸡场与矿区的污染迁移途径，减少外源污染输入。技术研究方法为通过开展抗压试验、压水试验和围井试验，分析阻隔墙抗压强度及渗透系数，明确原位阻隔墙的材料选择。

（2）原位注射反应带技术

针对矿区地下水氨氮、硝酸盐氮污染浓度高值区域，采用原位注射反应带技术实施原位靶向修复，通过布设原位注射井，高压注入微生物微纳米铁基复合材料，利用硝化和反硝化微生物作用，耦合零价铁化学氧化还原作用，对地下水中的氨氮和硝酸盐氮进行降解，将氨氮转化为硝酸盐氮，再进一步转化为氮气。技术研究方法为分别开展批实验、柱实验、箱体实验，研究微生物菌剂、零价铁等修复材料的降解活性与科学配比，分析地下水pH值、DO、温度等因素对修复效果的影响。在此基础上，进一步开展场地原位注射实验，明确注射压力、注液配比、影响半径与时间等参数，为注射工艺设计提供依据。

（3）可渗透反应墙技术

针对矿区地下水下游汇水区域，采用可渗透反应墙技术实施末端深度修复。通过微生物菌剂、零价铁、改性沸石和生物炭等活性填料，利用微生物反硝化降解作用和物理吸附作用，进一步去除地下水中残留的氨氮和硝酸盐氮。技术研究方法为分别开展批实验、柱实验、箱体实验，研究活性填料的去除效率、饱和吸附量、粒径选择与用量配比。

（4）植物修复技术

针对矿区地表裸露区域，通过种植草本植物进行生态修复，利用植物对氮素的吸收作用，减少表层土壤氮素向下迁移污染地下水。针对矿区地表径流和地下出露水中的污染物，基于现有截排水沟建设生态沟，通过栽种水生植物削减水中的污染物。技术研究方法为分别开展植物土培实验、生态沟模拟实验以及场地垦栽实验，评估不同草本植物、挺水植物对矿区土壤和水环境的适应性以及对氮素的吸收作用，优选适宜的植物种类与种植方式。

4.3　实验装置、材料与仪器

4.3.1　实验装置

4.3.1.1　柱实验装置

柱实验装置主要针对原位注射反应带技术和可渗透反应墙技术研究需要进行设计制作，包括圆柱形有机玻璃柱、塑胶水桶、蠕动泵，装置结构见图4-2。有机玻璃柱共8根，采用无色透明的亚克力管材，柱总高1055mm，内径150mm，壁厚5mm。管柱底部为50mm高的配水管，侧面设有1个进水口，配有止水阀，用于向上部砂柱中均匀布水，砂柱高1000mm，侧面布设一列共5个圆形取样管，外径200mm，内径150mm，砂柱中取样管设置高度分别为200mm、350mm、500mm、650mm、800mm，管口向内伸入砂柱至中轴线处，外部配有止水阀，可按时间间隔分层采集水样品。配水管与砂柱之间设有滤水板，厚度为10mm，表面均匀布满孔径2mm的筛孔，并铺设一层100目尼龙滤网，用于承载砂柱中的填料，同时防止颗粒掉落。砂柱顶部为法兰盘，厚度为10mm，直径为200mm，法兰盘中心设有出水口，管高30mm，外径200mm，内径150mm。有机玻璃柱底部出水口通过塑胶软管与塑胶水桶连接，由蠕动泵泵入进水口。塑胶水桶容积为30L，能耐酸碱，塑胶软管为无色透明，外径5mm，内径3mm，蠕动泵为YZ15四通道蠕动泵，用于控制多个柱实验装置进水速率保持一致。

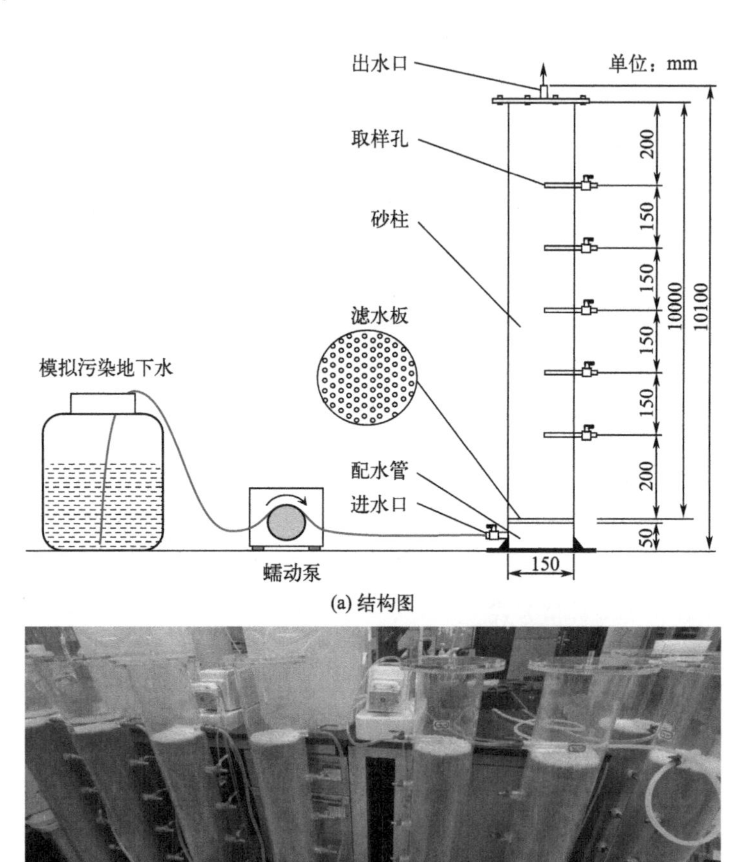

(a) 结构图

(b) 实物图

图4-2 柱实验装置

4.3.1.2 箱体实验装置

根据原位注射反应带技术和可渗透反应墙技术研究需要，研发了多功能地下水污染迁移和原位修复模拟装置，用于开展箱体实验。砂箱装置结构见图4-3。

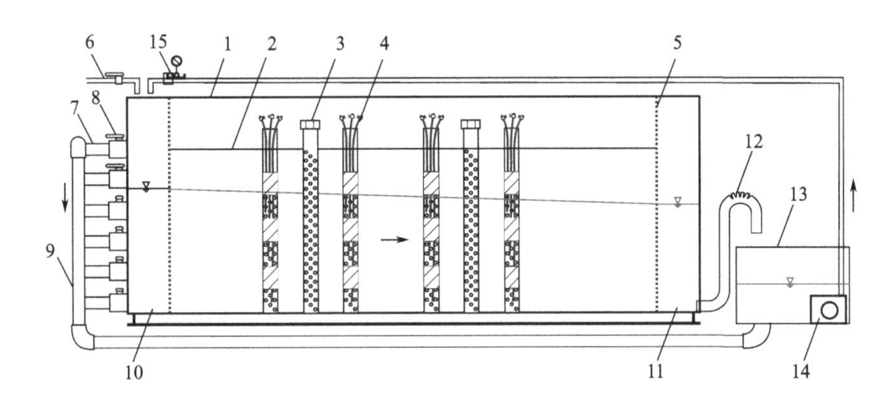

图4-3 砂箱装置结构

1—箱体；2—填充介质；3—注射井；4—水质监测井；5—滤水板；6—上游供水管；7—上游溢流管；8—上游溢流管阀门；9—上游溢流管总管；10—上游水槽；11—下游水槽；12—下游排水管；13—回水箱；14—抽水泵；15—回水流量控制阀。

砂箱主体采用钢结构，依次涂以底漆、面漆，并覆盖防腐树脂材料。每个砂箱长6m、宽1.12m、高2.5m。实验中采集矿区原位土填充，填充厚度均为2m。布设地下水水质监测井和修复剂注射井。水质监测井井管采用PVC管制作，外径63mm，管壁厚3mm；在3个不同深度位置处开孔，形成筛管，管外用纱网覆盖，防止土壤介质进入井管造成淤堵；筛管之间填充水泥，形成分层取样监测结构。在3个筛管段分别插入取样管，通过井筒引出至井管口；取样管管口安装三通阀，取样时打开，非取样时关闭。修复剂注射井材质为PVC管，口径为40mm，井管底部密封，置于箱底，下部为筛管结构。

砂箱装置外观见图4-4。

图4-4 砂箱装置外观

4.3.2 实验材料

4.3.2.1 试剂材料

原位阻隔技术、原位注射反应带技术、可渗透反应墙技术、植物修复技术4项技术研究实验涉及的试剂与材料见表4-3。

表4-3 实验试剂与材料

序号	材料名称	纯度	厂家
一	原位阻隔技术研究		
1	水泥	工业级	师大（清远）环境修复科技有限公司
2	膨润土	工业级	师大（清远）环境修复科技有限公司
二	原位注射反应带技术研究		
1	碳酸氢钠	分析纯	麦克林（MACKLIN）
2	氢氧化钠	分析纯	阿拉丁（aladdin）
3	盐酸	分析纯	阿拉丁（aladdin）
4	磷酸二氢钾	分析纯	天津市福晨化学试剂厂
5	七水硫酸镁	分析纯	Alfa Aesar
6	七水硫酸铁	分析纯	麦克林（MACKLIN）
7	硫酸锌	分析纯	阿拉丁（aladdin）
8	氯化锰	分析纯	阿拉丁（aladdin）
9	硫酸铜	分析纯	北京化工厂
10	钼酸钠	分析纯	北京化工厂
11	硝酸钠	分析纯	北京化工厂
12	硫酸铵	分析纯	北京化工厂
13	葡萄糖	分析纯	阿拉丁（aladdin）
三	可渗透反应墙技术研究		
1	碳酸氢钠	分析纯	麦克林（MACKLIN）
2	氢氧化钠	分析纯	阿拉丁（aladdin）
3	盐酸	分析纯	阿拉丁（aladdin）
4	磷酸二氢钾	分析纯	天津市福晨化学试剂厂
5	七水硫酸镁	分析纯	Alfa Aesar
6	七水硫酸铁	分析纯	麦克林（MACKLIN）

续表

序号	材料名称	纯度	厂家
7	硫酸锌	分析纯	阿拉丁（aladdin）
8	氯化锰	分析纯	阿拉丁（aladdin）
9	硫酸铜	分析纯	北京化工厂
10	钼酸钠	分析纯	北京化工厂
11	硝酸钠	分析纯	北京化工厂
12	硫酸铵	分析纯	北京化工厂
13	葡萄糖	分析纯	阿拉丁（aladdin）
14	改性沸石	—	师大（清远）环境修复科技有限公司
15	改性生物炭	—	师大（清远）环境修复科技有限公司
四	植物修复技术研究		
1	芦苇	—	翔盛花镜花海有限公司
2	黄菖蒲	—	翔盛花镜花海有限公司
3	风车草	—	翔盛花镜花海有限公司
4	香根草	—	翔盛花镜花海有限公司
5	高羊茅	—	翔盛花镜花海有限公司
6	紫穗槐	—	翔盛花镜花海有限公司
7	猪屎豆	—	翔盛花镜花海有限公司
8	营养土	—	山东福凯园艺有限公司
9	微肥营养液	—	山东福凯园艺有限公司
10	硫酸铵	分析纯	北京化工厂
11	氢氧化钠	分析纯	阿拉丁（aladdin）
12	盐酸	分析纯	阿拉丁（aladdin）
13	氯化钠	分析纯	北京化工厂
14	乙醇	分析纯	北京化工厂

4.3.2.2 微生物菌剂

实验所用硝化、反硝化菌剂来源于矿区周边某污水处理厂二沉池污泥，经过扩培驯化制得，培养过程在容量为200mL的PE塑料瓶内进行。菌剂驯化培养过程见图4-5。

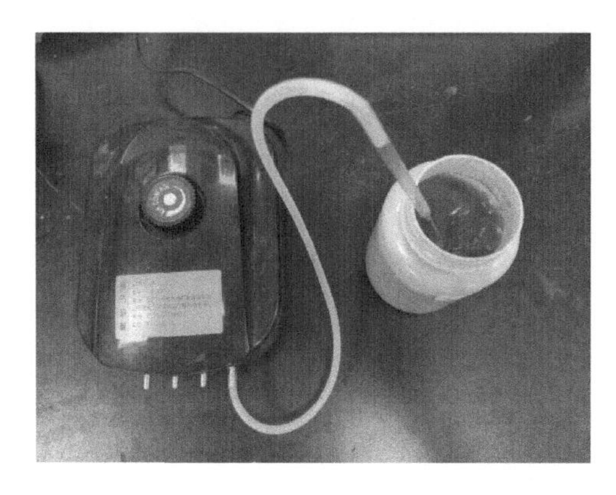

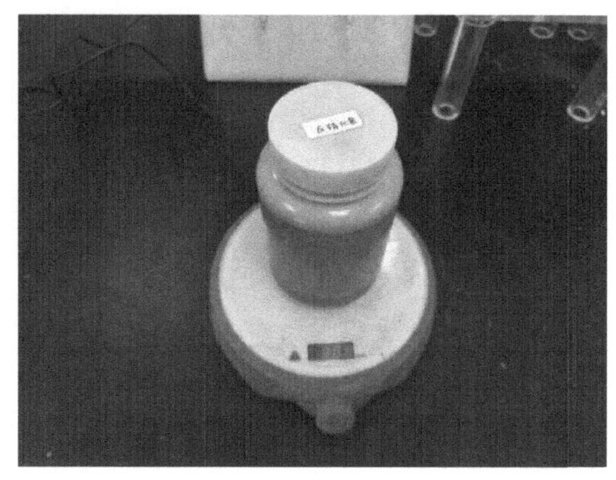

图4-5　硝化与反硝化菌剂驯化实验照片

硝化菌剂初始培养条件泥水比例为1∶3，培养过程以硫酸铵为氮源，氨氮初始浓度为70mg/L，通过碳酸氢钠调节体系pH值保持在7～8，并适量补充磷、钾、镁、铁、锌、锰、铜、钼等营养盐和微量元素，培养过程中全程采用曝气装置进行曝气，保证溶液溶解氧含量在1.5～2.5mg/L，直至氨氮浓度降为0mg/L，同时硝化反应产物硝酸盐氮浓度降为≤20mg/L。反应后，静置菌泥悬液，更换上清液，补充培养试剂，并逐级提高氨氮浓度至150mg/L，高于矿区地下水氨氮最高检出浓度，保证驯化后硝化菌剂对于高浓度氨氮具有较好生长适应性和反应活性。所得硝化菌剂微生物群落结构在属水平上包括具有硝化功能的硝化螺菌属、亚硝化单胞菌属，以及具有反硝化功能的陶厄氏菌属、假单胞菌属、硫杆菌属等。

反硝化菌剂初始培养条件泥水比例为1∶1，以硝酸钙为氮源，硝酸盐氮初始浓度为100mg/L，通过碳酸氢钠调节体系pH值保持在7～8，并适量补充磷、钾、镁、铁、锌、锰、铜、钼等营养盐和微量元素。培养过程中采用磁力搅拌器进行搅拌，使反应充分进行并且溶液中气体得以释放，直至硝酸盐浓度降为0mg/L。反应后，静置菌泥悬液，更换上清液，补充培养试剂，并逐级提高硝酸盐氮浓度至200mg/L，高于矿区地下水硝酸盐氮最高检出浓度，保证驯化后反硝化菌剂对于高浓度硝酸盐氮具有较好生长适应性和反应活性。所得反硝化菌剂微生物群落结构在属水平上包括具有反硝化功能的陶厄氏菌属、假单胞菌属、硫杆菌属等。

4.3.3　实验仪器

原位阻隔技术、原位注射反应带技术、可渗透反应墙技术、植物修复技术4项技术研究实验涉及的仪器见表4-4。

表4-4　实验仪器

序号	仪器名称	型号	厂家
一	原位阻隔技术研究		
1	分析天平	YP6002B	上海衡际科学仪器有限公司
2	应变控制式无侧限压缩仪	—	—
3	轴向位移计	—	—
4	水压式栓塞	—	—
5	水泵	—	—
6	压力表	—	—
7	压力传感器	—	—
二	原位注射反应带技术研究		
1	分析天平	ME36S	Sartorius
2	pH计	FE20	梅特勒-托利多仪器（上海）有限公司
3	多参数水质分析	SX836	上海三信仪表厂
4	便携式多参数水质分析	MeaChemBox	深圳市朗诚科技股份有限公司
5	紫外可见光分光光度计	UV1050	上海天美仪器有限公司
6	COD消解器	HCA-102	泰州市华晟仪器有限公司
7	COD快速测定仪	5B-3C（V8）	兰州连华环保科技有限公司
8	总有机碳分析仪	Vario TOC	Elementar
9	离子色谱仪	ICS-1100	Thermo Fisher
10	便携式微生物分析仪	MEL	HACHI
11	恒温摇床	ZWY-2112B	上海智诚分析仪器制造有限公司
12	恒温培养箱	GSP-9270MBE	上海博讯实业有限公司医疗设备厂
13	蠕动泵	BT100-1L	保定兰格恒流泵有限公司
14	磁力搅拌器	Big Squid	IKA
15	曝气装置	HP-BOD5	宁波鸿谱仪器科技有限公司
三	可渗透反应墙技术研究		
1	分析天平	ME36S	Sartorius
2	pH计	FE20	梅特勒-托利多仪器（上海）有限公司
3	多参数水质分析	SX836	上海三信仪表厂
4	便携式多参数水质分析	MeaChemBox	深圳市朗诚科技股份有限公司

续表

序号	仪器名称	型号	厂家
5	紫外可见光分光光度计	UV1050	上海天美仪器有限公司
6	COD 消解器	HCA-102	泰州市华晟仪器有限公司
7	COD 快速测定仪	5B-3C（V8）	兰州连华环保科技有限公司
8	总有机碳分析仪	Vario TOC	Elementar
9	离子色谱仪	ICS-1100	Thermo Fisher
10	便携式微生物分析仪	MEL	HACHI
11	恒温摇床	ZWY-2112B	上海智诚分析仪器制造有限公司
12	恒温培养箱	GSP-9270MBE	上海博讯实业有限公司医疗设备厂
13	蠕动泵	BT100-1L	保定兰格恒流泵有限公司
14	磁力搅拌器	Big Squid	IKA
15	曝气装置	HP-BOD5	宁波鸿谱仪器科技有限公司
四	植物修复技术研究		
1	水培定植篮	—	山东福凯园艺有限公司
2	土培霍伦盆	—	山东福凯园艺有限公司
3	分析天平	ME36S	Sartorius
4	恒温摇床	ZWY-2112B	上海智诚分析仪器制造有限公司
5	离心机	LD4-2A	北京京立离心机有限公司
6	多参数水质分析	SX836	上海三信仪表厂
7	便携式多参数水质分析	MeaChemBox	深圳市朗诚科技股份有限公司
8	紫外可见光分光光度计	UV1050	上海天美仪器有限公司
9	离子色谱仪	ICS-1100	Thermo Fisher

4.4 原位阻隔技术

采用原位阻隔技术切断养鸡场与矿区的污染迁移途径，减少外源污染输入。根据矿区水文地质和工程地质条件，HDPE土工膜复合墙和塑性混凝土墙机械开挖施工难度大、工艺成本高，帷幕注浆阻隔墙对于矿区场地条件更具有适用性。注浆材料主要包括水泥或黏土材料膨润土等。本研究通过开展抗压试验、压水试验和围井试验，分析水泥墙与膨润土墙的无侧限抗压强度和渗透系数等性能，并结合材料的来源和成本，综合比选适宜的注浆材料。

4.4.1 抗压试验

4.4.1.1 试验方法

试验采用应变控制式无侧限压缩仪、轴向位移计等进行，试验样品包括水泥试样、膨润土试样、混凝土试样。试验方法为：

① 原状土试样制备按三轴压缩试验步骤进行。试样直径为39.1mm，高度为80mm。

② 将试样两端抹一薄层凡士林，在气候干燥时，试样周围亦需抹一薄层凡士林，防止水分蒸发。

③ 将样放在底座上，转动手轮，使底座缓慢上升，试样与加压板刚好接触，将测力计读数调整为零。根据试样的软硬程度选用不同量程的测力计。

④ 轴向应变速度宜为每分钟应变1% ~3%。转动手柄，使升降设备上升进行试验，轴向应变<3%时每隔0.5%应变（或0.4mm）读数一次轴向应变≥3%时，每隔1%应变（或0.8mm）读数一次。试验宜在8~10min内完成。

⑤ 当测力计读数出现峰值时，继续进行3% ~5%的应变后停止试验；当读数无峰值时，试验应进行到应变达20%为止。

⑥ 试验结束，取下试样，观察试样破坏后的形状。

轴向应变的计算见式（4-6）和式（4-7）：

$$\varepsilon_1 = \Delta h / h_0 \tag{4-6}$$

$$\Delta h = n \times \Delta L - R \tag{4-7}$$

式中　ε_1——轴向应变，%；

h_0——试件起始高度，cm；

Δh——轴向变形，cm；

n——手轮转速；

ΔL——手轮每转一转，下加压板上升高度，精确到0.01mm；

R——百分表读数，精确到0.01mm。

试件平均面积计算见式（4-8）：

$$A_a = A_0 / (1 - \varepsilon_1) \tag{4-8}$$

式中　A_a——校正后试件的断面积，cm^2；

A_0——试件起始面积，cm^2。

应变控制式无侧限压缩仪上试件所受轴向应力计算见式（4-9）：

$$\delta = 10CR/A_a \quad (4\text{-}9)$$

式中 δ——轴向压力，kPa；

C——测力计校正系数，N/0.01mm。

以轴向应力为纵坐标，轴向应变为横坐标，绘制应力应变曲线。以最大轴向应力作为无侧限抗压强度。若最大轴向应力不明显，取轴向应变15%处的应力作为该试件的无侧限抗压强度。

4.4.1.2 试验结果

水泥试样、膨润土试样的抗压试验结果见表4-5，三者的无侧限抗压强度分别为21.1MPa、15.9MPa，表明水泥具有更好的抗压强度。

表4-5 抗压强度结果统计

试验结果	水泥	膨润土
最大值/MPa	25.7	18.5
最小值/MPa	10.3	7.8
平均值/MPa	21.1	15.9

4.4.2 压水试验

4.4.2.1 试验方法

压水试验方法参照《水利水电工程钻孔压水试验规程》（SL 31—2003）开展，钻孔压水试验随钻孔的加深自上而下地用单栓塞分段隔离进行，试段长度为10m，钻孔孔径为60mm，P_1、P_2、P_3三级压力分别为0.3MPa、0.6MPa、1.0MPa，试验设备包括止水栓塞、供水泵、压力表和压力传感器。试验方法为：

① 采用压水法洗孔，至孔口回水清洁肉眼观察无岩粉时结束，时间约为15min；

② 采用水压式栓塞进行试段隔离；

③ 监测工作管内水位，频率为5min/次，当水位下降速度连续2次均<5cm/min时监测结束；

④ 进行压力和流量监测，频率为1～2min/次，当流量无持续增大趋势，且5次流量读数中最大值与最小值之差小于最终值的10%或最大值与最小值之差<1L/min时，试验结束。

4.4.2.2 试验结果

根据3段压水试验的压力、压入水量以及压水段长度，代入式（4-10）计算得到各个压力段的单位吸水量：

$$\omega = Q/(P \times L) \tag{4-10}$$

式中　ω——单位吸水量，L/（MPa·m·min）；

Q——压入的水量，L/min；

P——试验段注浆全压力，MPa；

L——试验段长度，m。

再根据P-Q曲线初步判断阻隔墙渗透性大小。水泥阻隔墙、膨润土阻隔墙的压水试验结果见表4-6，二者单位吸水量较低，透水性较差。

表4-6　压水试验结果统计

试验结果	水泥	膨润土
ω_1/[L/（min·m·m）]	0.007	0.005
ω_2/[L/（min·m·m）]	0.021	0.024
ω_3/[L/（min·m·m）]	0.050	0.047
渗透性	较强	较强

4.4.3　围井试验

4.4.3.1　试验方法

采用旋喷桩构建原位阻隔墙，开展围井试验。围井试验是高喷墙现场检查渗透性的一种比较常用的方法。当地下水位比较高时，采用抽水试验；当地下水位低或测不到水位时，采用注水试验。由于矿区拟建设原位阻隔墙的位置地下水位相对较低，部分钻孔测不到水位，采用注水试验（图4-6）。其基本原理是：在一定的压力（水压高程）作用下，根据注入稳定水量多少反映土层的渗透能力的大小，参照《水利水电工程注水试验规程》（SL 345—2007）公式计算土层渗透系数，评价高喷墙质量。试验中的旋喷桩为单排，Φ300mm。

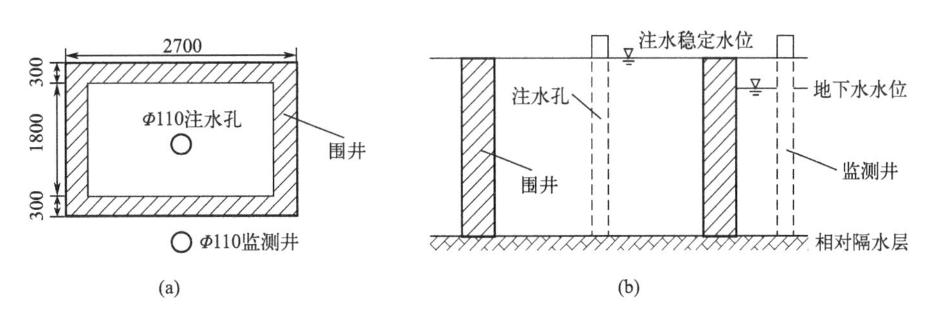

图4-6　围井试验示意（单位：mm）

注水试验中渗透系数的计算见式（4-11）：

$$K=7.05\times Q/(H\times L)\times \lg(2L/r) \tag{4-11}$$

式中 K——渗透系数，cm/s；

r——钻孔内半径，cm；

L——试段长度，cm；

H——试验水头，cm；

Q——注入流量，L/min。

4.4.3.2 试验结果

围井试验结果表明，Φ300mm单排水泥旋喷桩渗透系数为（8.95～9.42）×10^{-7}cm/s，Φ300mm单排膨润土旋喷桩渗透系数为（9.07～9.69）×10^{-7}cm/s，均远低于1.0×10^{-6}cm/s，满足工程防渗要求。

综上，根据抗压试验、压水试验和围井试验结果，水泥与膨润土具有较低的渗透系数，满足$K<1.0\times10^{-6}$cm/s的工程要求，无侧限抗压强度方面水泥则优于膨润土，并且水泥具有来源广泛、廉价易得的优点。综合考虑材料各方面性能、材料来源与成本，宜选择水泥作为原位阻隔墙的注浆材料。

4.5 原位注射反应带技术

采用原位注射反应带技术削减矿区地下水氨氮、硝酸盐氮高浓度污染，实施原位靶向修复。根据矿区地下水污染特征，利用微生物硝化和反硝化作用耦合零价铁化学氧化还原作用，将地下水中的氨氮、硝酸盐氮转化为氮气。本研究通过开展批实验、柱实验、箱体实验，研究微生物菌剂、微纳米零价铁等修复材料的降解活性与用量配比，分析地下水pH值、DO值、温度等因素对修复效果的影响；通过开展场地原位注射实验，明确注射压力、注液配比、影响半径与时间等参数，为注射工艺设计提供依据。

4.5.1 批实验

4.5.1.1 实验方法

批实验即实验室静态实验，将拟选的反应活性材料与污染物介质混合于反应瓶中，振荡，待反应达到平衡后测定溶液中污染物的浓度，建立样品中污染物浓度与时间的变化关系，评估材料对污染物的反应速率和修复能力。本实验针对氨氮、硝酸盐氮，采用微生物菌剂和微纳米零价铁作为修复剂，结合曝气增氧与营养物质补充，通过硝化反应与反硝化反应去除目标污染物。实验围绕修复目标设置不同实验对照组，研究修复剂投加量以及地下水pH值、DO浓度、温度等因素对修复效果的影响，从而得到最佳修复反应条件。

硝化反应批实验在50ml离心管或锥形瓶中进行，反应溶液为40mL，氨氮初始浓度为100mg/L，通过投加硝化菌剂、微纳米零价铁等修复剂启动硝化反应。反应体系初始pH值用0.1mol/L的NaOH和HCl溶液调节，碱度用$NaHCO_3$溶液调节，DO浓度通过曝气调控，好氧条件（≥2mg/L）采用空气曝气，厌氧条件（<2mg/L）采用氮气曝气。反硝化反应批实验在50mL离心管中进行，反应溶液为40mL，硝酸盐氮初始浓度为100mg/L，通过投加反硝化菌剂、微纳米零价铁、葡萄糖有机碳源等修复剂启动反硝化反应。反应体系初始pH值用0.1mol/L的NaOH和HCl溶液调节，DO浓度控制在<2mg/L。装有反应溶液的锥形瓶和离心管置于恒温恒湿振荡器中以60r/min的转速振荡，反应温度根据实验需要分别设置为10℃、15℃、20℃、25℃、30℃。反应过程中，按照一定的时间间隔取样，样品经0.45μm滤膜过滤后，测定滤液中的污染物浓度。分析方法为采用多参数水质分析仪检测溶液中pH值、DO浓度，采用紫外可见光分光光度计、离子色谱仪分别检测水中的氨氮、硝酸盐氮、亚硝酸盐氮，采用COD消解比色快速检测仪分析水中COD浓度。实验过程照片见图4-7。

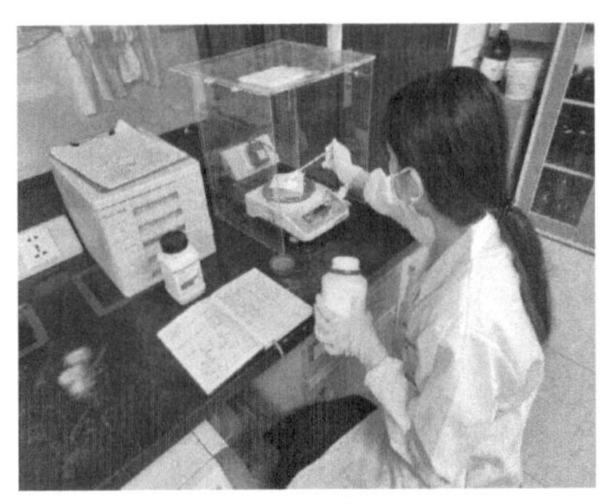

(a) 试剂称量

(b) 溶液配制

(c) 摇匀反应

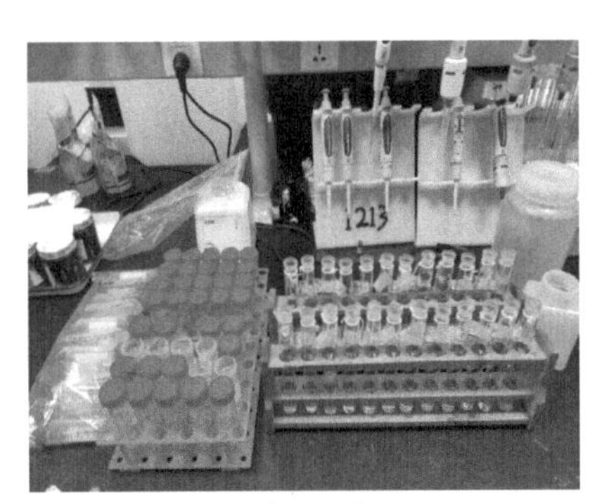

(d) 间隔取样

图4-7

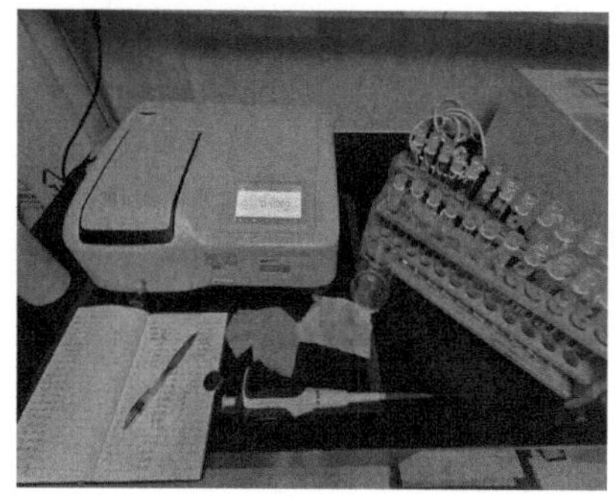

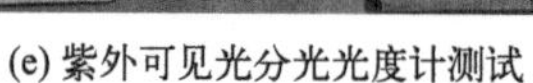

(e) 紫外可见光分光光度计测试

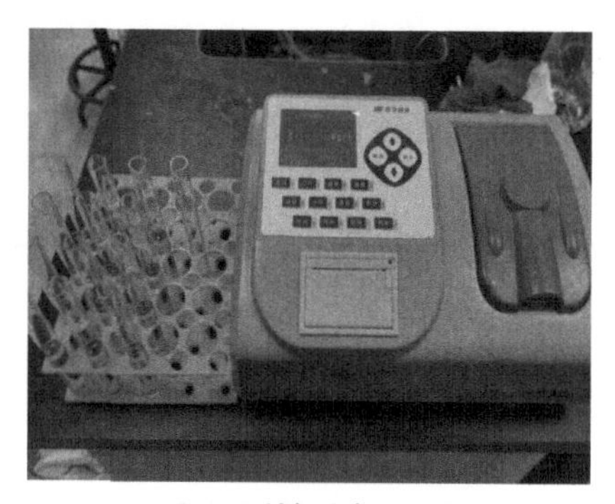

(f) COD消解比色法检测

图4-7 批实验过程照片

4.5.1.2 实验结果

（1）硝化反应实验结果

1）菌剂投加量的影响

硝化反应批实验中根据硝化菌剂投加量不同，共设置6组对照组，1组未投加菌剂为空白对照组，其余5组菌剂投加量分别为5×10^4CFU/mL、1×10^5CFU/mL、2×10^5CFU/mL、5×10^5CFU/mL、1×10^6CFU/mL，在好氧条件下反应后溶液中氨氮浓度变化趋势见图4-8。

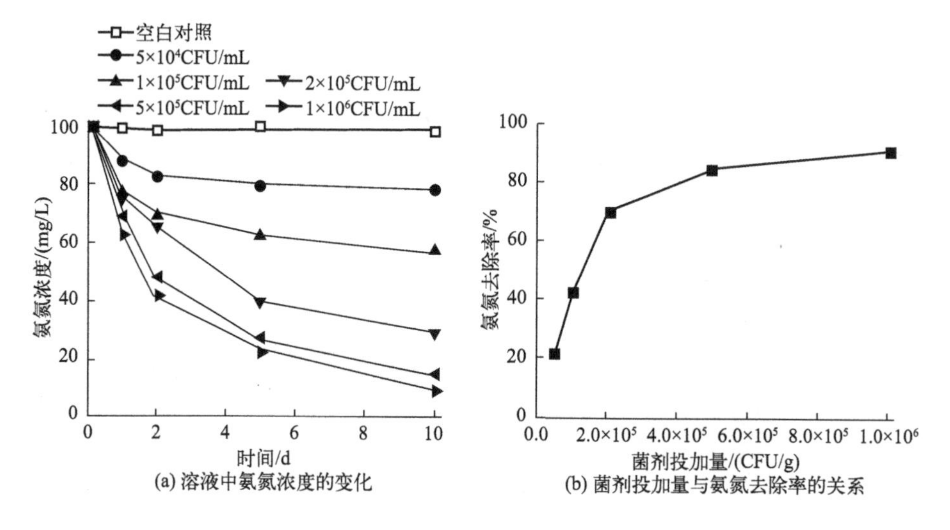

(a) 溶液中氨氮浓度的变化　　(b) 菌剂投加量与氨氮去除率的关系

图4-8 菌剂投加量对硝化反应的影响

经过10d的反应，空白对照组氨氮浓度保持不变，为（99.6 ± 0.4）mg/L，投加硝化菌剂的氨氮浓度则逐渐降低，表明硝化菌对于氨氮具有显著去除效果，5组菌剂投加对照组去除率分别为21.2%、42.8%、70.5%、85.0%、90.9%。氨氮去除率菌剂投加量呈正相关，菌剂浓度>5×10^5CFU/mL时，氨氮去除率可达到80%以上。

2）零价铁投加量的影响

不同微纳米零价铁投加量对氨氮去除效果见图4-9。

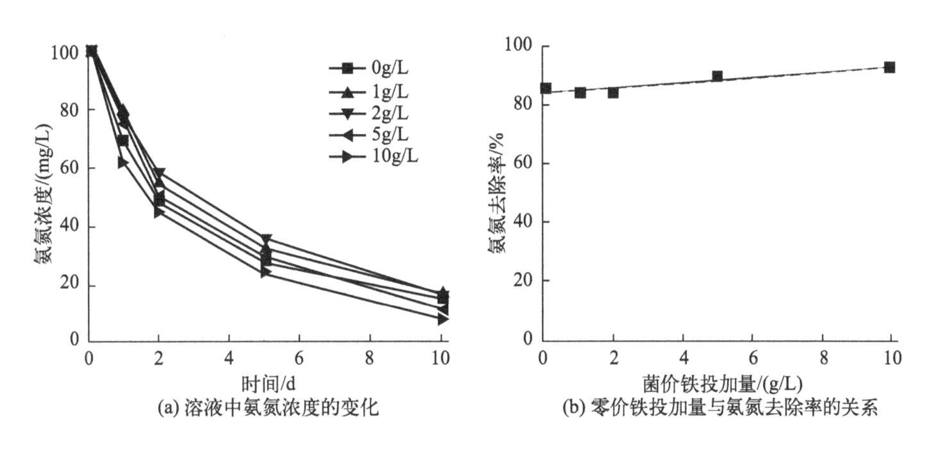

图4-9 零价铁投加量对硝化反应的影响

零价铁投加量为0g/L、1g/L、2g/L、5g/L、10g/L时，反应10d后氨氮去除率分别为85.0%、83.0%、83.8%、88.6%、92.4%。零价铁投加量较低时，对硝化反应无明显促进作用，主要是由于微生物强化效果有限，同时部分零价铁将硝化反应产物硝酸盐氮还原为氨氮，在一定程度上影响了氨氮的去除效果。随着零价铁投加量的进一步增加，硝化反应速率逐渐提高，当投加量为10g/L时氨氮的去除率可提高11%。这是由于好氧条件促进了零价铁在水中的腐蚀，电子转移速率加快，释放出的低浓度铁离子，可以促进硝化细菌与亚硝化细菌的硝化作用，从而提高氨氮去除率。

3）pH值的影响

图4-10显示了溶液pH条件对硝化反应的影响，反应周期为10d。从图4-10（a）可以看出，氨氮的去除率随初始pH值增大呈现先上升后下降的趋势，pH值为7~8时氨氮去除效果最好，去除率为84.9%，强酸性或碱性环境均不利于硝化反应的进行。实验进一步研究了碱度对硝化反应的影响，$NaHCO_3$初始浓度设置为100~1200mg/L，从图4-10（b）可以看出，反应后氨氮去除率分别为56.7%、67.7%、85.0%、88.6%、91.1%，pH值从初始值8.3±0.2分别降为3.9、5.3、6.5、7.2、7.8。这是由于硝化反应将NH_4^+-N转化为NO_3^--N的过程中会产生大量的H^+，由于较低的碱度对pH值的缓冲能力较弱，使得反应体系酸化，抑制了硝化菌反应活性；较高的碱度对pH值的缓冲能力较强，反应体系pH值能够始终保持在适宜硝化菌代谢生长的近中性pH条件，因此氨氮去除效果较好。根据实验结果，降解100mg/L氨氮需要补充约400mg/L的$NaHCO_3$才能使去除率保持在80%以上。

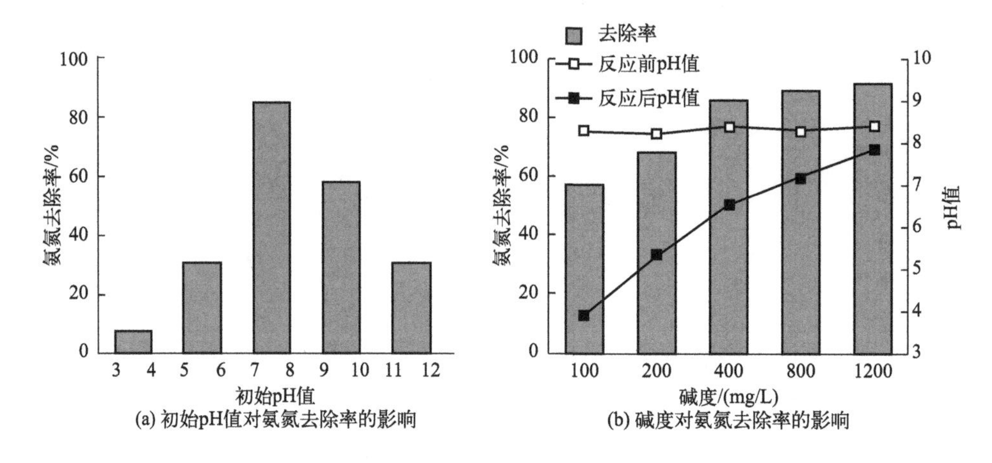

(a) 初始pH值对氨氮去除率的影响

(b) 碱度对氨氮去除率的影响

图4-10 pH条件对硝化反应的影响

4）DO浓度的影响

硝化反应属于化能自养反应，需要在好氧条件下进行，而地下水普遍为缺氧条件，因此有必要研究不同溶解氧浓度条件对硝化反应的影响。反应体系中，通过氮气和空气曝气分别调控DO初始浓度为<2mg/L（厌氧）和≥2mg/L（好氧），反应结果见图4-11。反应10d后，好氧条件下氨氮去除率为85.0%，厌氧条件下硝化反应几乎无法进行，氨氮去除率仅为3.6%，因此原位硝化修复中有必要向地下水中曝气供氧，使其DO浓度始终≥2mg/L。

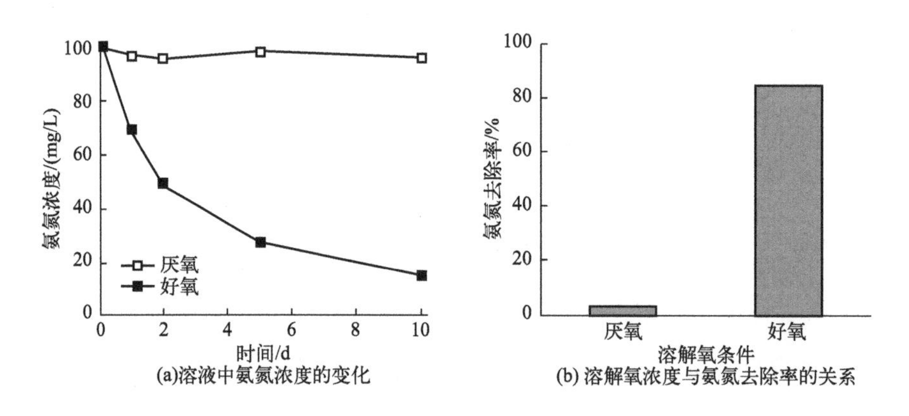

(a)溶液中氨氮浓度的变化

(b) 溶解氧浓度与氨氮去除率的关系

图4-11 不同溶解氧浓度对硝化反应的影响

5）温度的影响

温度对于微生物的生长速率和代谢活性都有较大影响，研究温度对硝化反应的影响对于评估不同季节地下水温度改变情况下的原位硝化修复效果是十分必要的。实验过程中，将反应体系置于恒温振荡反应箱中进行，温度条件分别控制在10℃、15℃、20℃、25℃、30℃，实验结果见图4-12。好氧条件下反应10d后，氨氮去除率分别为

8.1%、27.7%、54.6%、85.0%、97.1%。由于矿区属于亚热带季风气候，年平均气温21.1℃，地下水温度波动较小。在实际修复工程中，氨氮去除率可能在一定程度上受季节性温度变化影响，夏季高温条件下地下水原位硝化修复效果较好，冬季低温条件下地下水原位硝化反应速率将下降约30%。

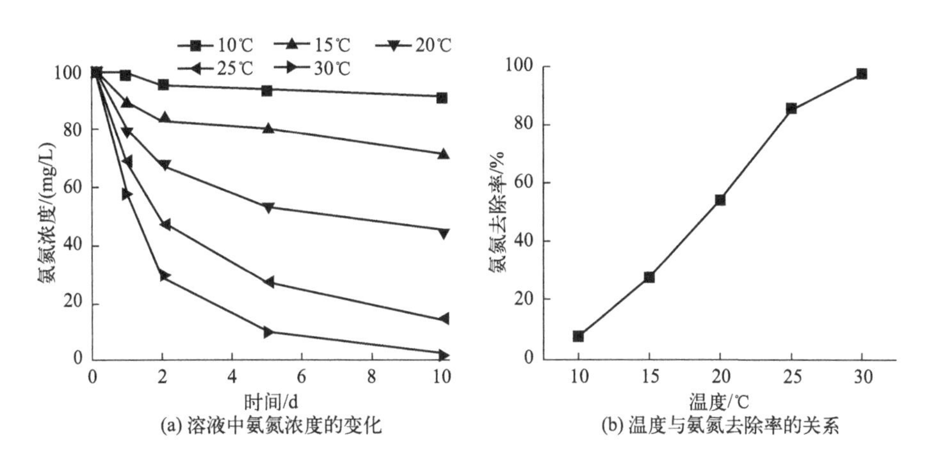

(a) 溶液中氨氮浓度的变化　(b) 温度与氨氮去除率的关系

图4-12　不同温度条件对硝化反应的影响

（2）反硝化反应实验结果

1）菌剂投加量的影响

不同反硝化菌投加量对硝酸盐氮的去除效果见图4-13。根据反硝化菌剂投加量不同，共设置6组对照组，1组未投加菌剂为空白对照组，其余5组菌剂投加量分别为1×10^4CFU/mL、2×10^4CFU/mL、5×10^4CFU/mL、1×10^5CFU/mL、2×10^5CFU/mL。经过10d的反应，空白对照组硝酸盐氮浓度保持不变，为（98.2±2.0）mg/L，投加反

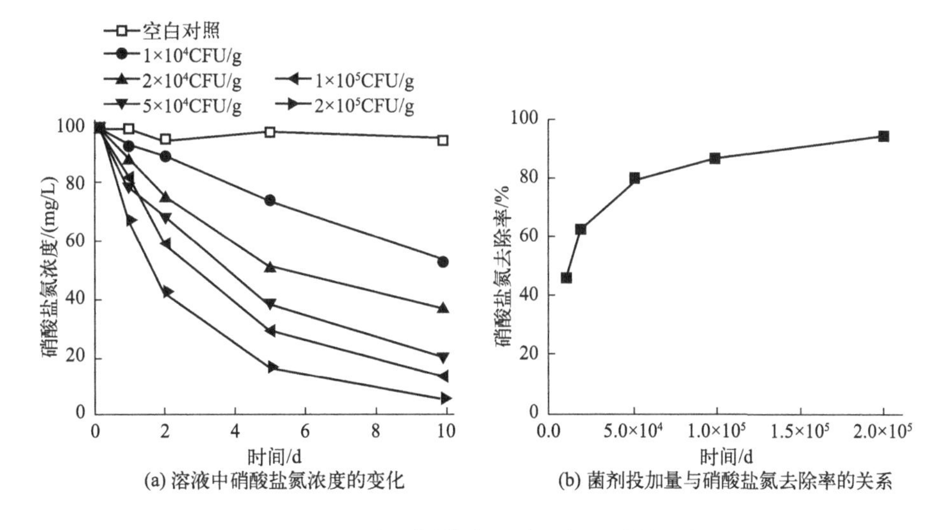

(a) 溶液中硝酸盐氮浓度的变化　(b) 菌剂投加量与硝酸盐氮去除率的关系

图4-13　反硝化菌剂投加量对反硝化反应的影响

硝化菌剂的硝酸盐氮浓度则逐渐降低，表明反硝化菌对于硝酸盐氮具有显著的去除效果，5组菌剂投加对照组去除率分别为45.8%、62.3%、79.2%、86.4%、94.4%。硝酸盐氮的去除率与菌剂投加量呈正相关，当菌剂浓度>5×10⁴CFU/mL时硝酸盐氮的去除率可达到80%以上，去除后其浓度<20mg/L。

2）碳源投加量的影响

以葡萄糖作为有机碳源，其不同投加量对硝酸盐氮去除效果见图4-14。葡萄糖投加量为0mg/L、100mg/L、300mg/L、600mg/L、900mg/L、1200mg/L时，在厌氧条件下反应10d后硝酸盐氮去除率分别为2.2%、51.3%、64.8%、79.2%、92.8%、98.2%。由于反硝化菌大部分属于兼性异养型菌，反应体系以有机物作为电子供体，对于硝酸盐氮具有较好的去除效果，因此反硝化反应速率明显大于硝化反应速率。硝酸盐氮去除率随着葡萄糖投加量的增加而增大，葡萄糖浓度为1200mg/L（C/N值=4.97）时修复反应速率最快。反应过程中，同步监测了体系中的COD变化情况，葡萄糖浓度为100～1200mg/L时，COD分别消耗10.0%、13.3%、13.3%、19.4%、18.8%，降为10mg/L、40mg/L、80mg/L、175mg/L、225mg/L。结果表明反硝化体系中的葡萄糖投加量须适量，过量葡萄糖无法完全消耗，使地下水中残留大量的COD，造成次生污染。批实验中葡萄糖浓度以600mg/L为宜。

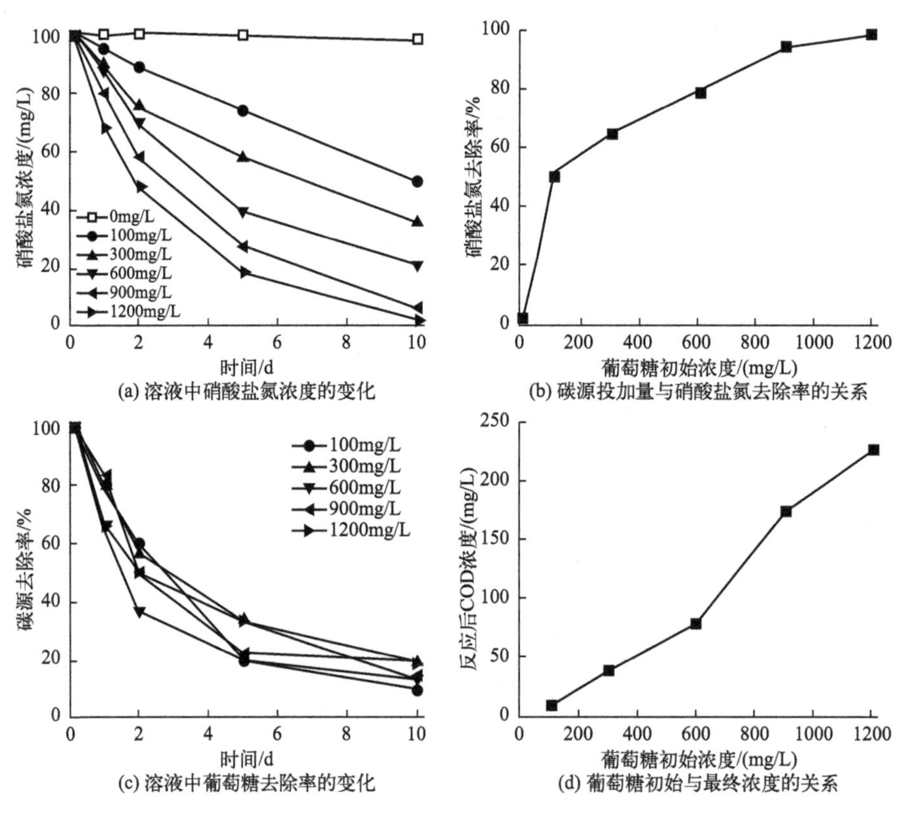

图4-14 碳源投加量对反硝化反应的影响

3）零价铁投加量的影响

不同微纳米零价铁投加量对硝酸盐氮去除效果见图4-15。零价铁投加量为0g/L、1g/L、2g/L、5g/L、10g/L时，反应10d后硝酸盐氮去除率分别为79.2%、74.7%、82.5%、100.0%、99.6%，表明零价铁的投加能够有效提高反硝化反应效率，零价铁的投加可使得硝酸盐氮的去除率提高约20%。这是由于零价铁在缺氧环境下与水反应生成的阴极氢，可被自然界广泛存在的氢自养反硝化微生物用作电子供体去消耗作为电子受体的硝酸盐，从而提高微生物的反硝化作用。

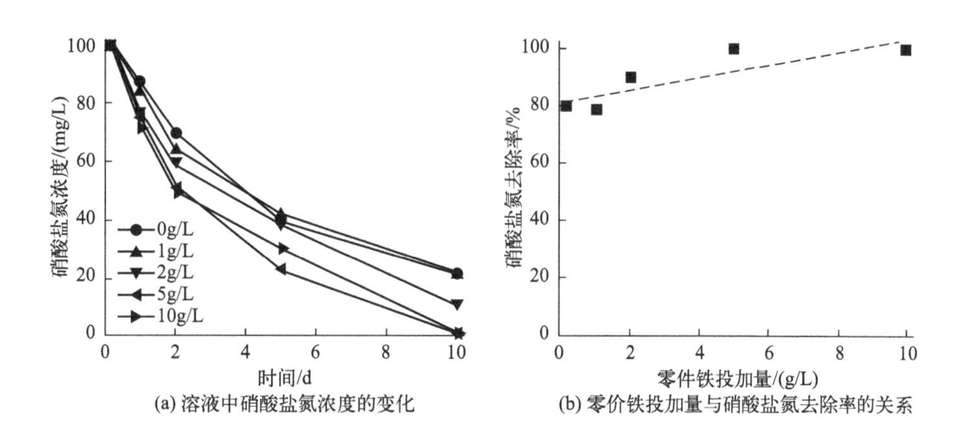

(a) 溶液中硝酸盐氮浓度的变化　(b) 零价铁投加量与硝酸盐氮去除率的关系

图4-15　零价铁投加量对反硝化反应的影响

4）pH值的影响

图4-16显示了溶液不同pH值初始条件下，硝酸盐氮的反硝化去除效果。pH值初始值为3.5、5.5、7.5、9.5、11.5时，厌氧条件下反应10d后硝酸盐氮去除率分别为31.41%、63.36%、79.24%、76.17%、26.35%［图4-16（a）］。从图4-16（b）污染去除率与pH值的关系图可以看出，最适宜反硝化反应的pH值范围为7～8。根据矿区

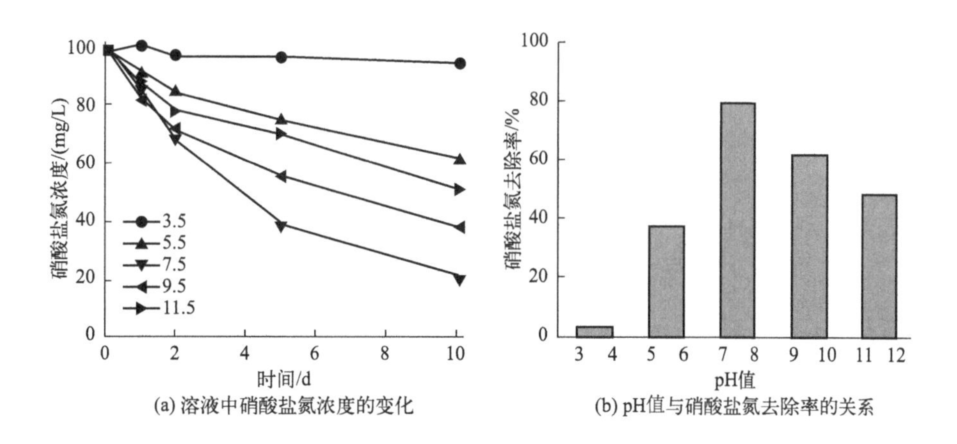

(a) 溶液中硝酸盐氮浓度的变化　(b) pH值与硝酸盐氮去除率的关系

图4-16　不同初始pH值条件对反硝化反应的影响

地下水污染特征分析结果，地下水pH值为4.53～6.58，呈酸性-弱酸性，若不进行碱性调节反硝化反应效率将降低20%～40%。为使反硝化微生物在原位修复中发挥充分作用，实现修复目标，有必要通过调碱提高地下水pH值至中性。

5）温度的影响

温度条件分别控制在10℃、15℃、20℃、25℃、30℃，实验结果见图4-17。反应10d后硝酸盐氮去除率分别为20.3%、48.5%、66.8%、79.2%、89.8%。考虑到矿区地下水温度主要为20～25℃。因此在实际修复中，硝酸盐氮去除率可能在一定程度上受温度影响，温度降低最多可使原位反硝化修复效果下降10%，必要时需补充菌剂浓度以保证微生物反应效率。

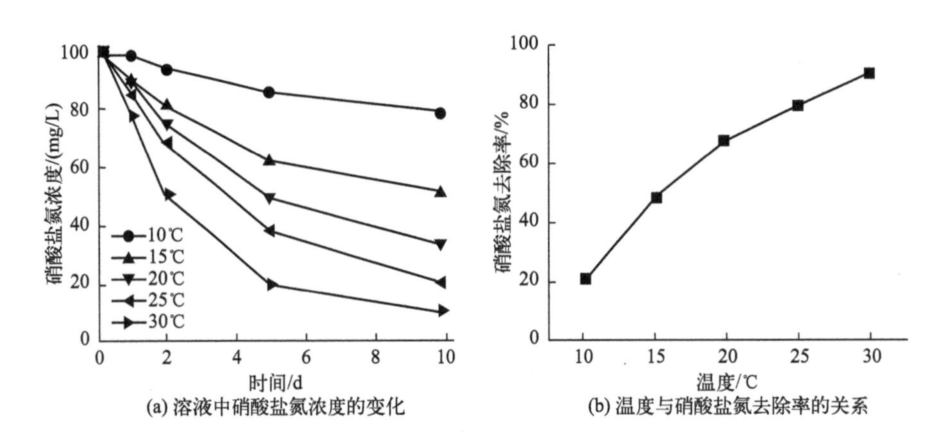

图4-17 不同温度条件对反硝化反应的影响

4.5.2 柱实验

4.5.2.1 实验方法

相比于批实验，柱实验存在不断流动的模拟水流，能够对原位注射反应带技术的参数设计提供切实可靠的参考，从而评估不同修复剂在含水层介质中对污染物的降解去除能力。为模拟矿区实际地下水含水层介质条件，采集了场地原位土壤，经过暴晒干燥后，使用直径3mm筛网进行粒径分选，按照实验设计投加适量的菌剂、微纳米零价铁等修复材料并搅拌均匀。在硝化和反硝化反应对照组中，设置不同的菌剂投加量、零价铁投加量等实验条件。硝化反应对照组中，入水溶液为好氧氨氮溶液（NH_4^+-N=100mg/L）；反硝化反应对照组中，入水溶液为厌氧硝酸盐氮溶液（NO_3^--N=100mg/L，葡萄糖=600mg/L），为减小酸性土壤介质的影响，入水溶液均采用NaOH调节初始pH值为10.0±0.2。溶液通过蠕动泵自下而上饱水注入土柱实验装置中，流速为1m/d。柱实验装置持续运行，定期从装置出水口和各层位侧向取样口采集水样，经0.45μm滤膜过滤后，使用多参数水质分析仪、COD快速检测设备等监测4组装置出水溶液中“三氮”、pH值、DO浓度、COD浓度变化。

柱实验过程见图4-18。

(a) 原位土采集　(b) 土壤过筛

(c) 修复剂投加　(d) 土柱装填

(e) 溶液泵入　(f) 检测分析

图4-18 柱实验过程照片

4.5.2.2 实验结果

（1）硝化反应实验结果

1）菌剂投加量的影响

实验结果表明氨氮去除率与硝化菌投加量呈正相关，菌剂投加量为1×10^5CFU/g时土柱中硝化作用较为显著，菌剂投加量与氨氮去除率的关系见图4-19。由于外源硝化菌剂在原状土中需要逐渐适应，因此在土柱中反应前7d硝化反应速率较低，随后氨氮去除效率逐渐提高，反应30d后氨氮去除率达到81.4%。反应过程中pH值、DO浓度均明显降低，这主要是由于NH_4^+-N转化为NO_3^--N的过程中消耗了氧气，产生了大量的H^+，使得反应体系逐渐酸化，同时，原位土壤介质受酸性淋洗液影响也呈现酸性，在土壤的缓冲作用下溶液pH值逐渐降低。因此，土柱实验相较于在水溶液中反应的批实验，需补充投加更多量的碱剂。

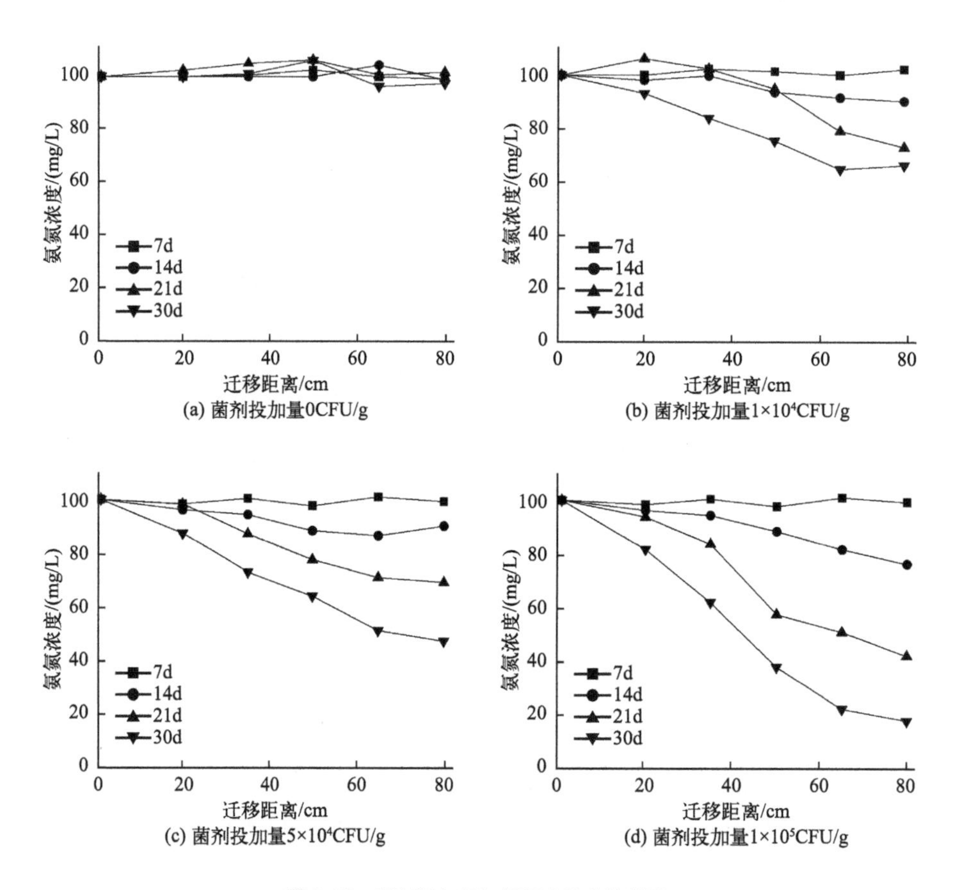

图4-19 菌剂投加量与氨氮去除率的关系

2）零价铁投加量的影响

零价铁的投加对柱实验淋滤液中氨氮浓度变化的影响见图4-20。图4-20（a）、（b）显示不投加和投加10g/kg零价铁的情况下，运行30d后氨氮去除率分别为81.7%、92.4%，提高约10%。图4-20（c）、（d）显示不投加和投加零价铁的情况下，运行30d后硝化反应产物硝酸盐氮、亚硝酸盐氮浓度变化趋势。结果表明，零价铁的投加能够提高硝酸盐氮的转化率，浓度为47.8mg/L，有毒副产物亚硝酸盐氮无明显积累现象，浓度始终低于0.3mg/L。硝化反应中，氨氮未完全转化为硝酸盐氮，去除率为45.3%，可能是由于硝化菌剂为驯化的混合菌种，兼具硝化和反硝化能力，土柱中存在的少量有机质为其提供了碳源，使得部分硝酸盐氮发生了反硝化反应，转化为氮气，实验过程中观察到土柱中产生的少量气泡证实了这一点。图4-20（e）、（f）显示了硝化反应过程中淋滤液pH值、DO浓度的变化情况，表明零价铁能够显著缓解地下水的酸化，但也会在一定程度上加速DO的消耗。

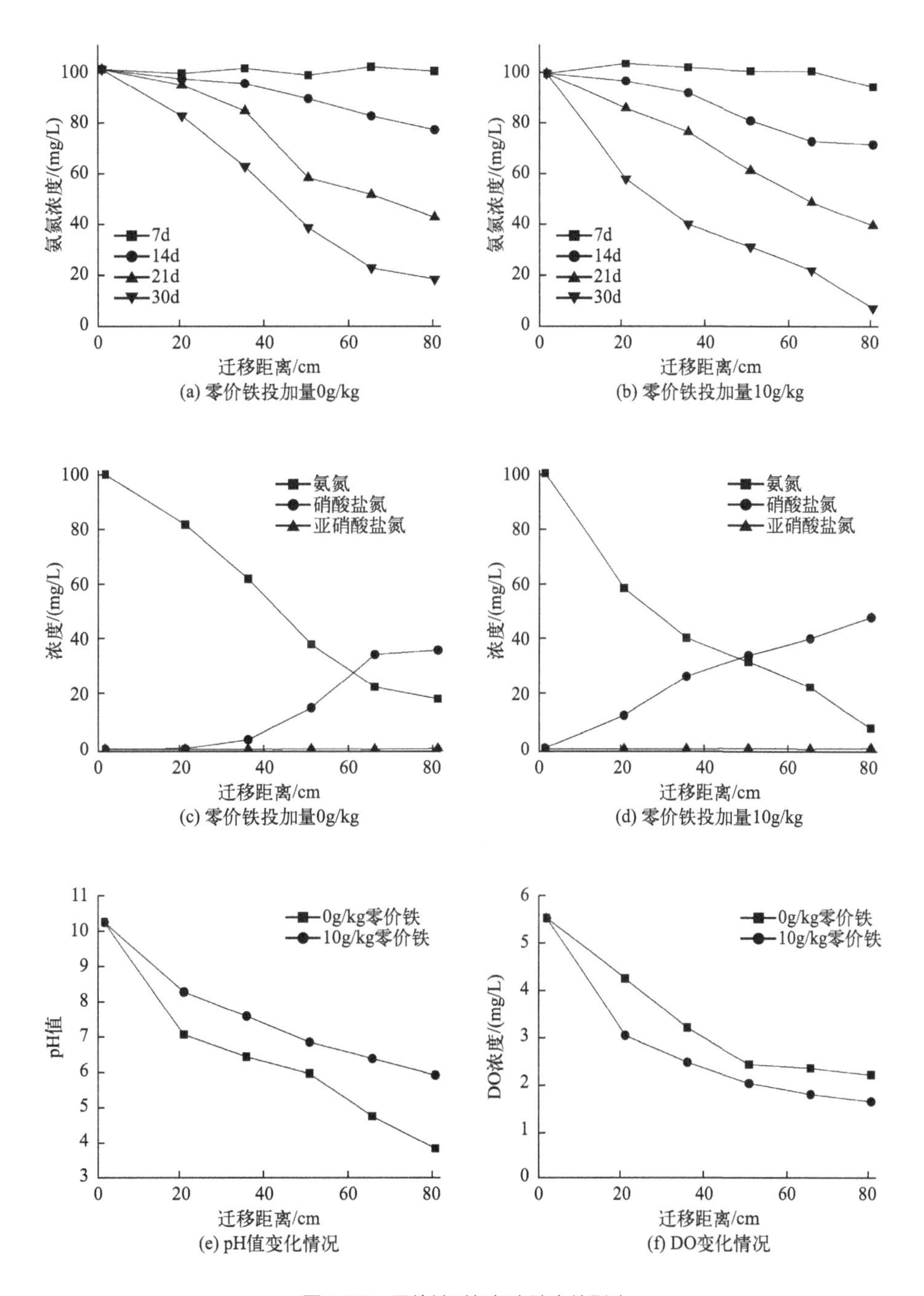

图4-20　零价铁对氨氮去除率的影响

3）DO浓度的影响

不同溶解氧浓度对氨氮去除效率的影响见图4-21。

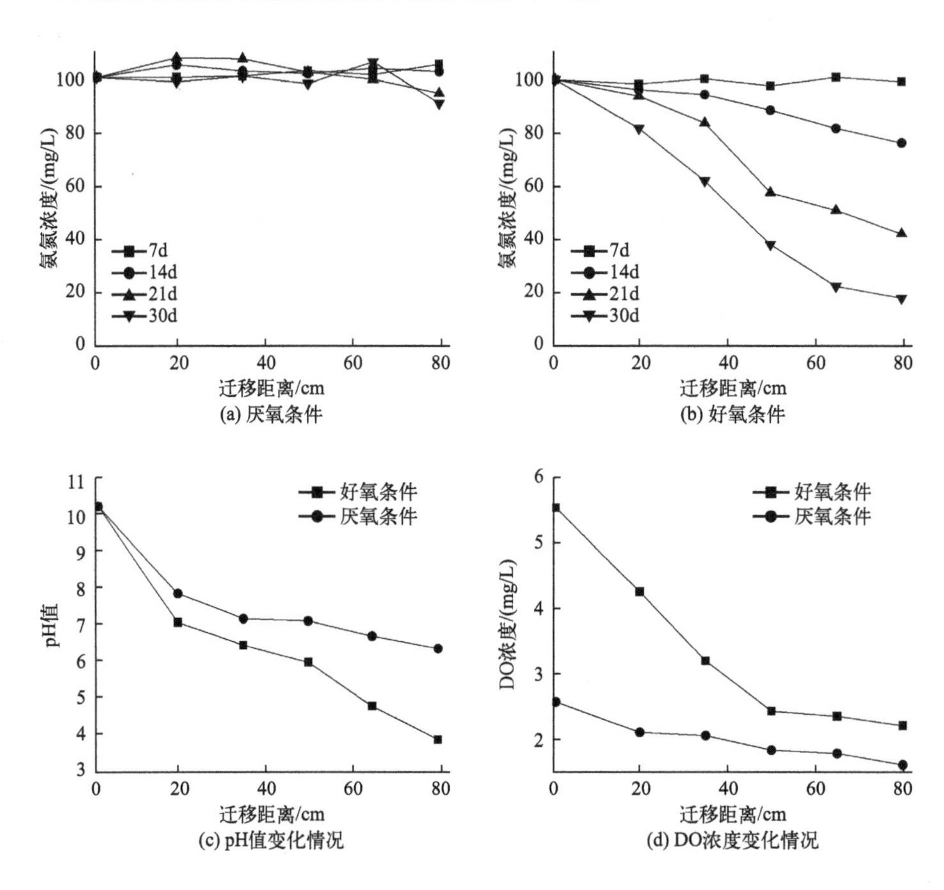

图4-21 不同溶解氧浓度对氨氮去除效率的影响

图4-21（a）显示经过30d的运行，柱实验淋滤液中氨氮浓度与初始条件基本一致，约为98.8mg/L，表明DO浓度不足2mg/L的缺氧条件下硝化反应难以进行，该结果与批实验结果一致。好氧条件下，氨氮去除率则可以达到80%以上［图4-21（b）］。图4-21（c）、（d）显示了硝化反应过程中淋滤液pH值、DO浓度的变化情况。入水溶液曝气增氧的情况下，随着硝化反应的进行，溶液中DO浓度不断下降，出水溶液DO浓度从5.5mg/L降为2.2mg/L，未曝气增氧的情况下DO浓度则始终保持较低水平，为1.6～2.5mg/L。厌氧条件下，在酸性土壤介质作用下淋滤液pH值从10.2降为6.3，而好氧条件下硝化反应生成的H^+加剧了酸化作用，pH值最终降至3.9。

（2）反硝化反应实验结果

1）菌剂投加量的影响

不同剂量菌剂投加量的条件下，柱实验淋滤液中硝酸盐氮浓度随时间的变化趋势见图4-22。未投加反硝化菌剂时，柱实验运行21d，硝酸盐氮去除率仍有33.5%，这是由于很多微生物都具有反硝化功能，葡萄糖溶液的持续注入激活了原状土中的土著微生物，提高了微生物群落总数和功能菌丰度，因此无外源菌剂投加的情况下也可以进行反硝化降解。反硝化菌剂的补充投加能够进一步提高反应效率，总体上硝酸盐氮去除率与反硝化菌投加量呈正相关。反硝化菌投加量为1×10^4CFU/g时，反应21d后硝酸盐氮去除率可达96.82%。反应过程中淋滤液在酸性土壤缓冲的作用下表现出了pH值下降的趋势，但由于反硝化作用中无H^+产生，因此pH值下降幅度低于硝化反应，pH值为6.4。

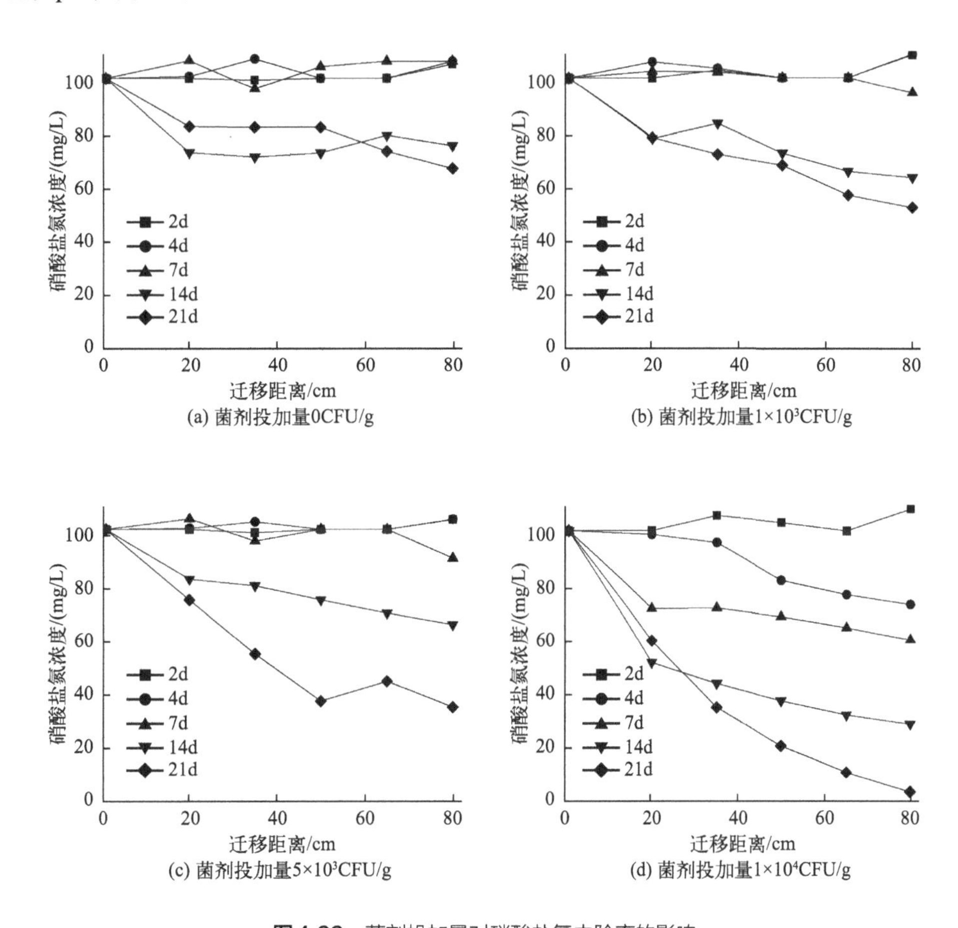

图4-22 菌剂投加量对硝酸盐氮去除率的影响

2）碳源投加量的影响

注入不同浓度的葡萄糖，柱实验淋滤液中硝酸盐氮浓度随时间的变化趋势见图4-23。葡萄糖浓度为100mg/L、300mg/L、600mg/L、1200mg/L时，运行21d后硝酸盐氮去除率分别为29.5%、80.8%、96.8%、100.0%，表明硝酸盐氮去除率与葡萄糖投加量呈正相关。然而，过高的葡萄糖浓度会造成地下水中COD指标超标，同时有机质也促进了含水层介质中的铁还原溶出，造成次生污染，葡萄糖浓度为1200mg/L时反应后残留COD浓度高达982.3mg/L。相较而言，葡萄糖浓度为300～600mg/L时修复效果更好，硝酸盐氮去除率超过80%，且残留COD浓度相对较低，可通过后续的吸附作用进一步去除。

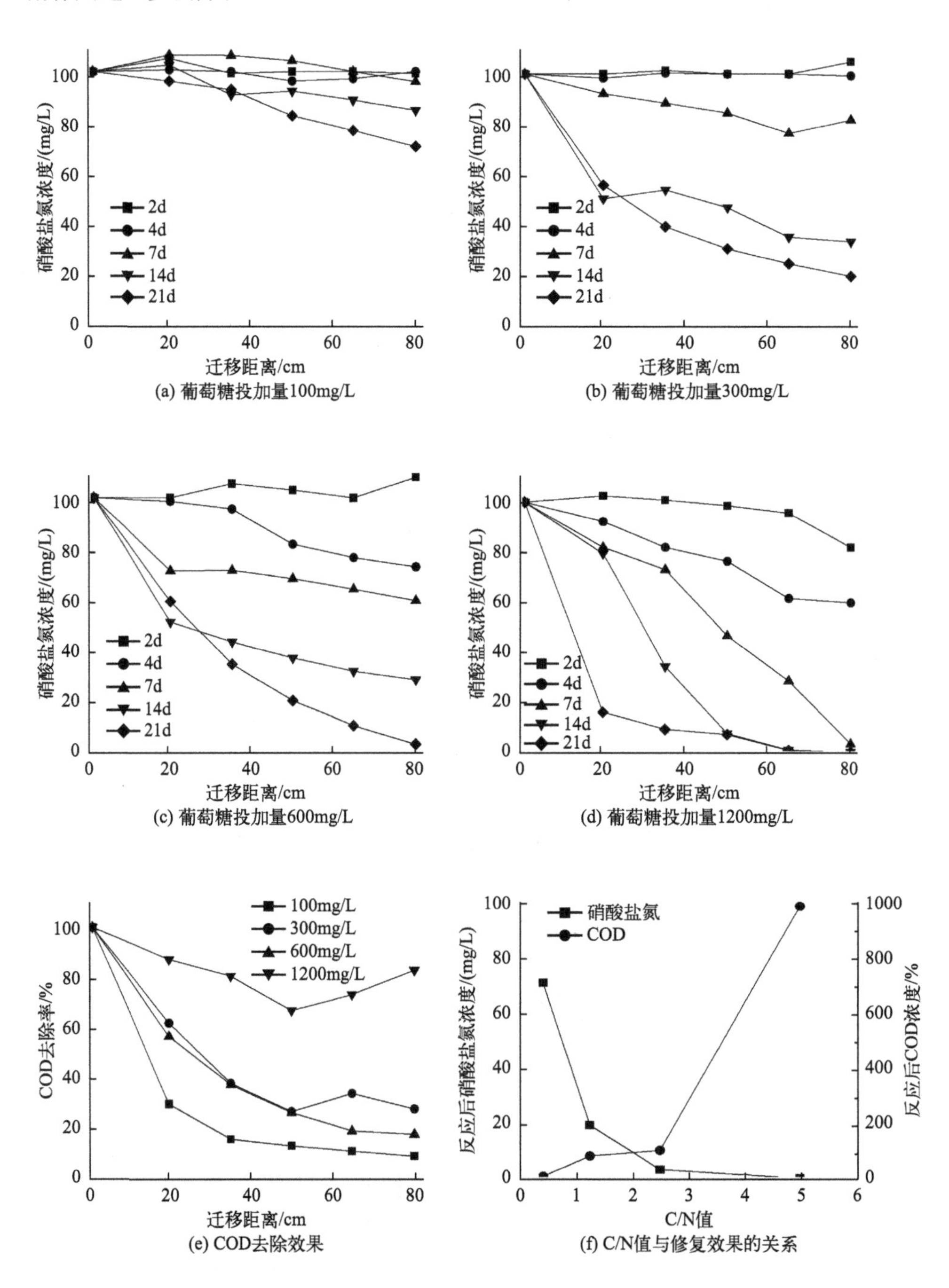

图4-23　碳源投加量对反硝化反应的影响

3）零价铁投加量的影响

零价铁的投加对柱实验淋滤液中硝酸盐氮浓度变化的影响见图4-24。

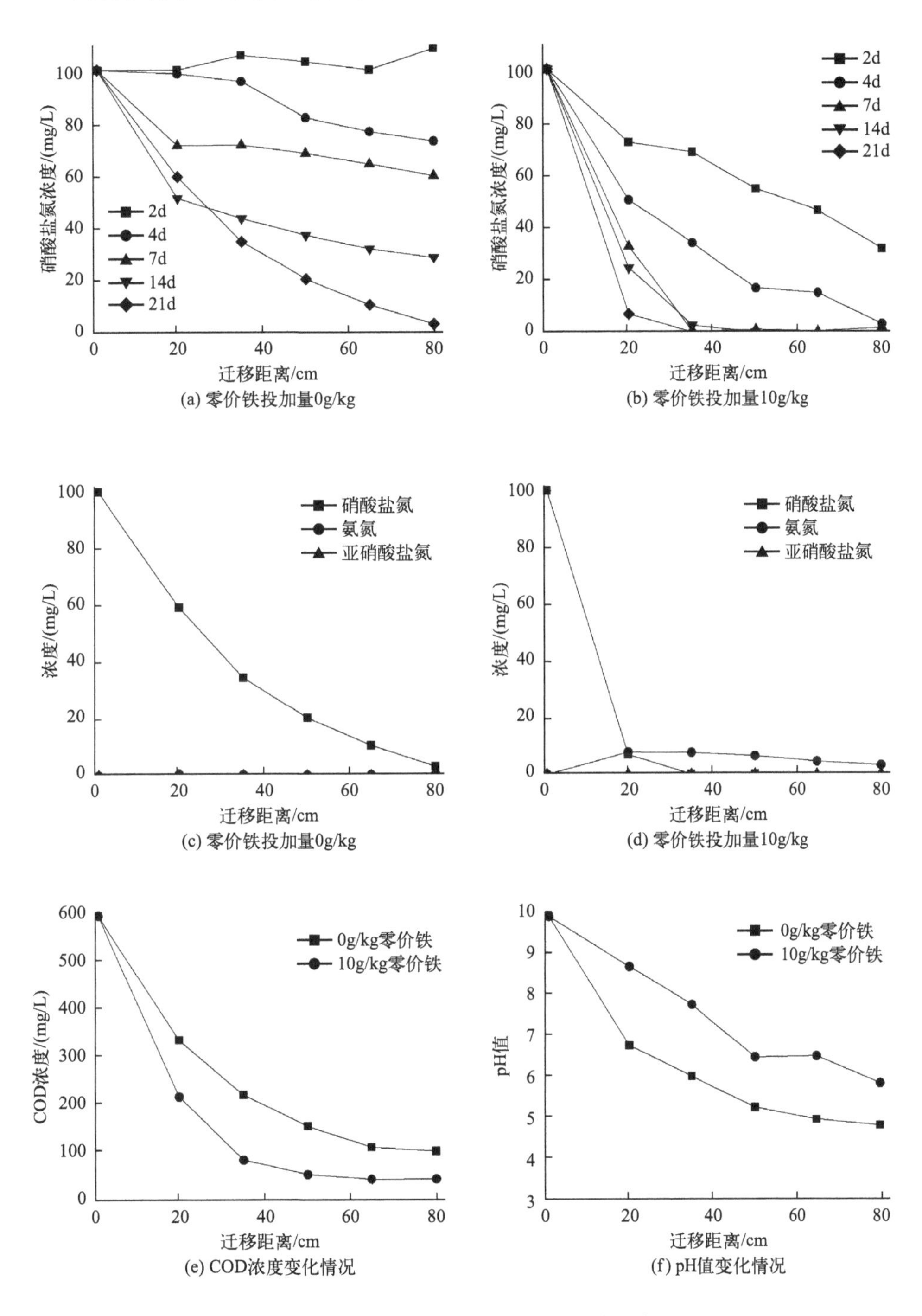

图4-24　零价铁对硝酸盐氮去除效果的影响

图4-24（a）显示不投加零价铁的情况下，运行21d后硝酸盐氮去除率为96.8%，

图4-24（b）显示投加10g/kg零价铁的情况下，硝酸盐氮去除效果显著提高，运行7d后去除率即可达到98.3%。图4-24（c）、（d）显示不投加和投加零价铁的情况下，运行21d后硝化反应产物硝酸盐氮、亚硝酸盐氮浓度变化趋势。结果表明，无零价铁时无氨氮、亚硝酸盐氮副产物产生，硝酸盐氮完全转化为氮气；有零价铁时亚硝酸盐氮始终低于检出限，但氨氮浓度有小幅度上升，为3.2mg/L，这是少量硝酸盐氮在零价铁还原作用下的产物，因此零价铁的投加不宜超过10mg/g，避免氮气转化率降低。图4-24（e）、（f）显示硝化反应过程中淋滤液pH值、DO浓度的变化情况，零价铁能够显著缓解地下水酸化和碳源消耗，减少COD残留。

4.5.3 箱体实验

4.5.3.1 实验方法

在砂箱中开展箱体实验，具体方法为调节砂箱上游溢水管阀门和下游出水管高度分别为1m、0.9m，打开上游供水管。待上游有水溢出进入回水箱时，打开抽水泵，启动水循环装置。投加适量硫酸铵、硝酸钠，经过一段时间后，试剂完全溶解并均匀分布在箱体中。采用便携式水质分析仪检测水中NH_4^+-N、NO_3^--N的初始浓度。在砂箱上游注射井中注入适量硝化菌剂、碱液，并采用曝气泵向井中持续曝气。在下游注射井中注入适量反硝化菌剂、碱液、葡萄糖溶液。反应启动后，按照一定时间间隔在监测井和下游出水管中采样，采用紫外分光光度计、多参数水质分析仪、COD快速检测仪检测水中“三氮”、DO浓度、COD浓度和pH值。箱体实验监测井和注射井布点示意见图4-25，箱体实验过程见图4-26。

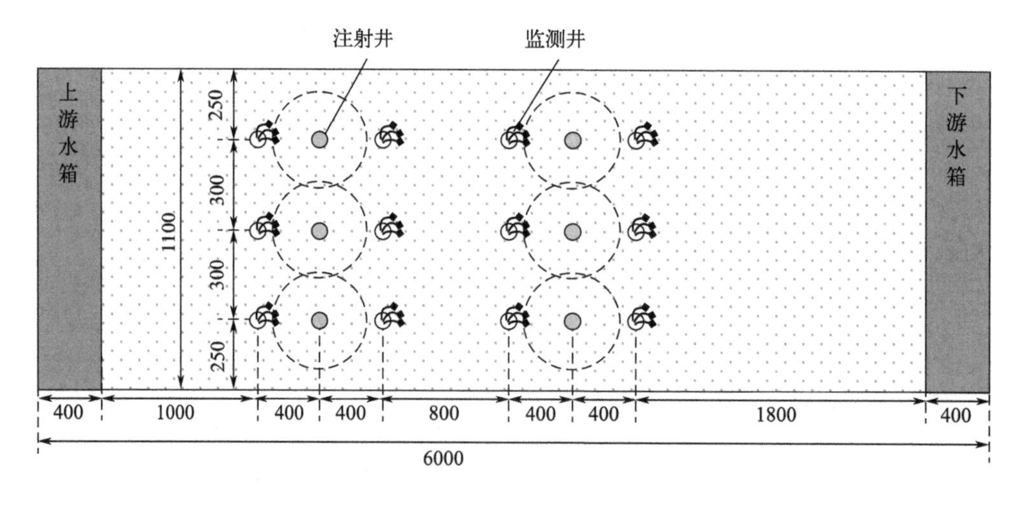

图4-25 监测井和注射井布点示意（单位：mm）

(a) 水位监测

(b) 水质监测

图4-26　箱体实验过程

4.5.3.2　实验结果

实验过程中，砂箱沿程监测井污染物浓度变化情况见图4-27，其中监测点位1、2、3、4分别代表第1～4排监测井，监测点位0、5分别位于上游水箱和下游水箱。反应前，调控箱体水流保持稳定，污染物浓度与砂箱介质中吸附平衡，各监测点污染物浓度基本一致，氨氮、硝酸盐氮浓度分别为99.9mg/L、101.5mg/L，接近100mg/L的调控目标。实验过程中定期注射硝化菌和反硝化菌，使其在箱体含水层中逐渐富集。经过30d的反应，污染物去除效果逐渐显现，经过第一排注射井硝化反应后，监测井中氨氮浓度降为19.9mg/L，硝酸盐氮、亚硝酸盐氮浓度分别上升为144.7mg/L、10.8mg/L；经过第二排注射井反硝化反应后，氨氮浓度基本稳定，硝酸盐氮浓度显著下降，为17.5mg/L，亚硝酸盐氮浓度降为0.1mg/L。出水硝酸盐氮浓度低于《地下水质量标准》（GB/T 14848—2017）Ⅲ类标准，氨氮和TN去除率分别为85.3%、84.2%，COD浓度为14.7mg/L。

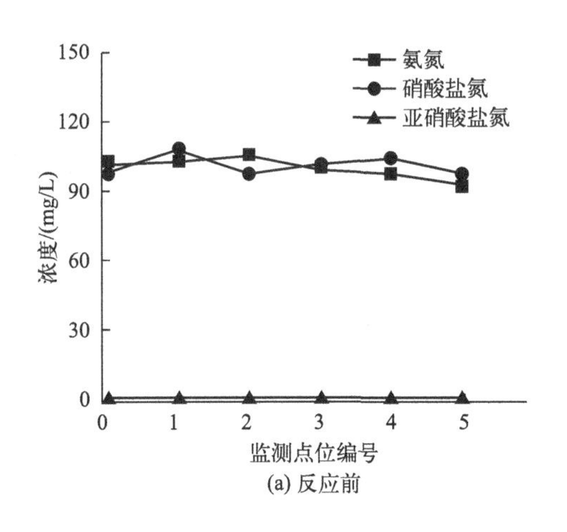

(a) 反应前

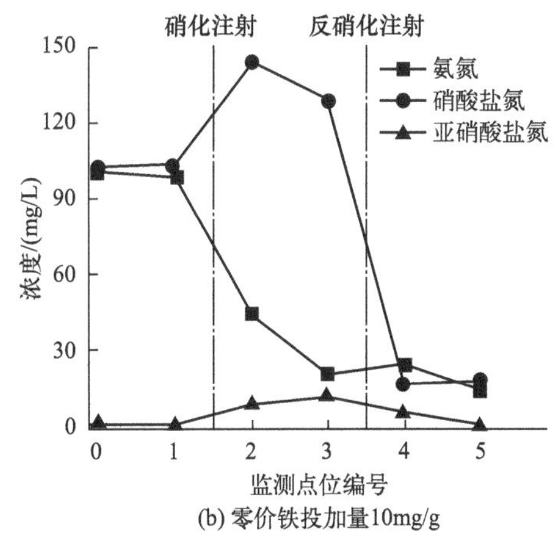

(b) 零价铁投加量10mg/g

图4-27

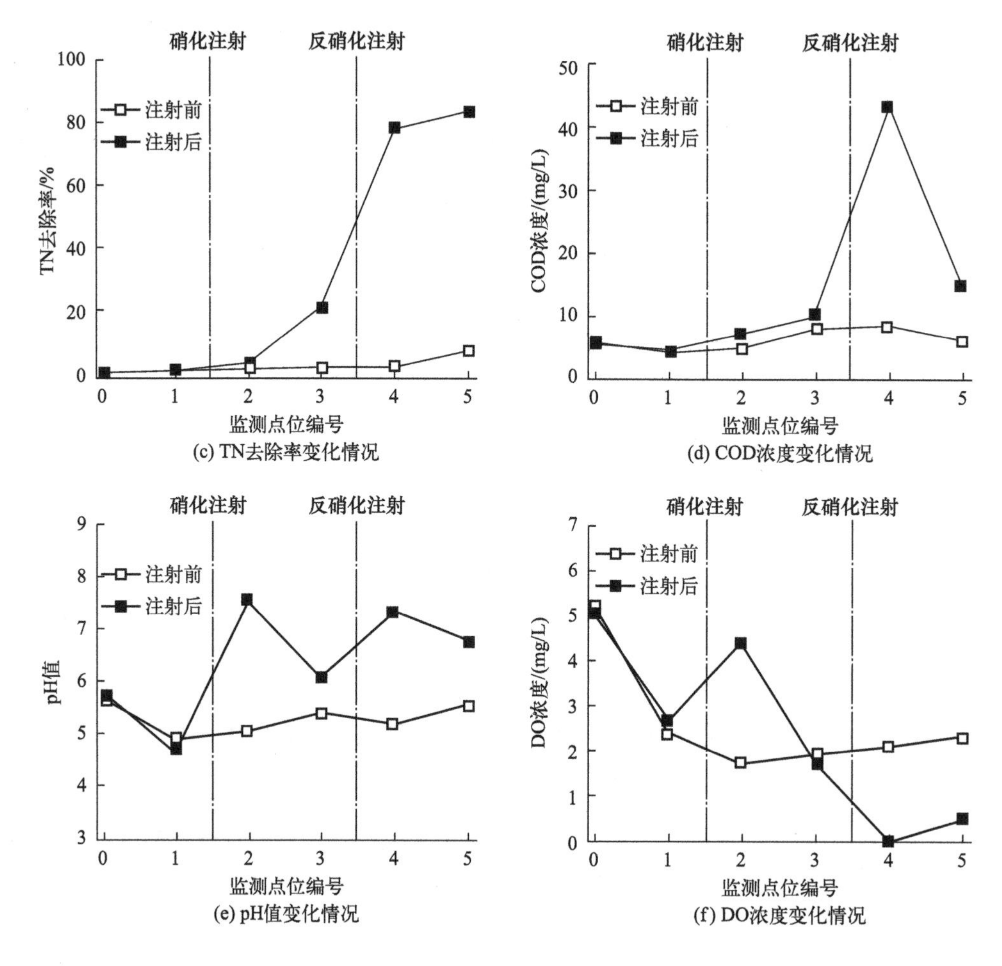

图4-27　箱体实验结果

4.5.4　场地实验

4.5.4.1　实验方法

在矿区选择典型污染区域开展场地原位注射实验。原位注射井与监测井布点见图4-28（a），共布设注射井1口，并沿其地下水流向垂向方向和沿程方向分别布设2排共7口监测井，监测井间距为1m，用于监测与注射井不同距离点位的地下水水质参数变化，评估注射效果和影响半径。注射井和监测井钻孔为Φ300mm，井管采用Φ110mm的PVC管材。其中，注射井由底部不密封、管壁可滤水的筛管、上部延伸至地表的实管组成，井深为24m，筛管顶部低于地下水水位2m，保证注射的修复剂进入目标含水层；监测井底部封底作为沉淀管，筛管顶部高于地下水水位1m，保证井内外地下水有效连通，其他结构参数与注射井相同。场地实验采用配液-注液-曝气一体化装置进行原位注射，主要包括配液系统、注液系统、供气系统3个部分，见

图4-28（b）。配液系统由修复剂储罐、水箱、配液箱以及pH值计组成，可按照适当比例混合修复剂，以达到微生物降解最佳反应条件，注液系统包括注液泵和压力计，通过高压注射，增大影响半径，供气系统通过空压机、气体过滤罐以及流量计为微生物修复提供氧气。

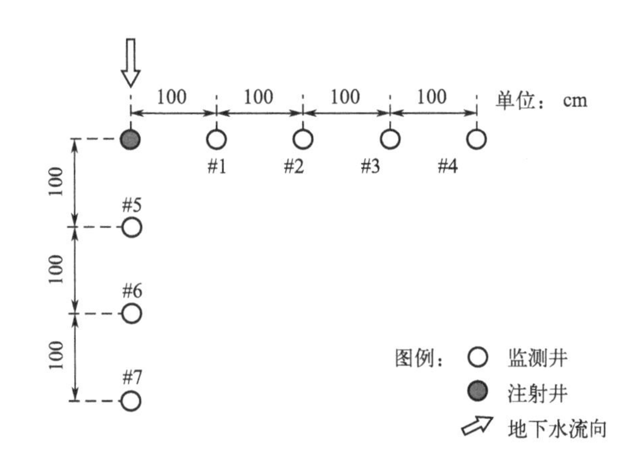

(a) 注射井布点示意

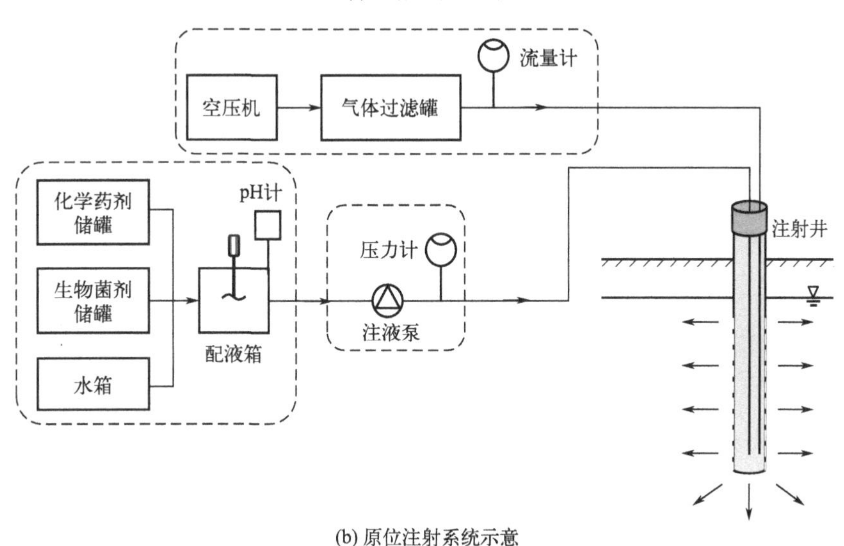

(b) 原位注射系统示意

图4-28 原位注射实验示意

根据室内实验结果，微生物硝化、反硝化最佳pH值为7～8，好氧硝化最佳DO浓度为≥2mg/L，反硝化作用主要发生于DO≤2mg/L的厌氧或兼性厌氧条件。考虑到实验区域地下水DO浓度低、pH偏酸性，实验过程中首先分别利用曝气增氧和碱剂注射，提高地下水DO浓度和pH值，形成适宜微生物硝化反应的中性好氧环境。在此基础上开展微生物菌剂和微纳米零价铁原位注射，单井投加量分别为20kg、2kg，通过曝气注碱启动好氧硝化反应，将NH_4^+-N转化为NO_3^--N。待DO浓度消耗至不足2mg/L时，转换为反硝化反应，将NO_3^--N转化为N_2。

为动态监测实验区地下水水质变化情况，定期开展地下水采样监测，洗井与采样方法参照《地下水环境监测技术规范》（HJ 164—2020）相关要求进行。地下水DO、pH值指标采用多参数水质分析仪监测，地下水NH_4^+-N、NO_3^--N、NO_2^--N指标采用多参数水质分析仪便携式快速检测设备进行现场分析，并结合实验室紫外可见光分光光度计、离子色谱仪等仪器进行精准分析。

4.5.4.2　实验结果

（1）曝气对地下水DO浓度的影响

注射井经过空压机曝气后，地下水DO平均浓度变化情况见图4-29。

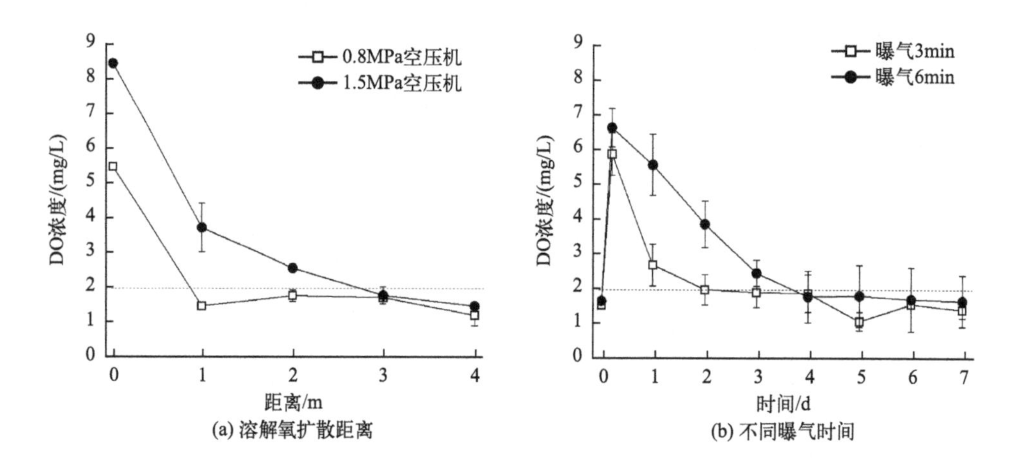

图4-29　曝气后地下水DO浓度变化

从图4-29（a）可以看出，选用额定压力0.8MPa的空压机对单口注射井曝气3min后，立即监测井中地下水DO浓度，为5.44mg/L；然而与之相邻的监测井中地下水未监测到DO浓度上升，仅为1.50mg/L，表明该型号空压机额定压力较小，曝气影响半径不足1m，不适用于实验场地条件。1.5MPa空压机曝气后，注射井中地下水DO浓度可升至8.37mg/L，与之距离1m、2m、3m的监测井地下水DO浓度分别为3.72mg/L、2.57mg/L、1.80mg/L上升，曝气影响半径2～3m，表明该型号空压机能够使得溶解氧在含水层中有效扩散，适用于实验场地条件。实验中选用额定压力1.5MPa的空压机曝气，进一步研究了曝气时间对地下水DO浓度的影响。

从图4-29（b）可以看出，实验区注射井曝气3min后地下水DO浓度快速升高，5h后DO浓度为5.87mg/L，2d后降至2.01mg/L，随后地下水DO浓度逐渐恢复至初始浓度。曝气6min的情况下，地下水DO浓度峰值和持续时间均高于曝气3min时，5h后DO浓度为6.62mg/L，可在2mg/L以上保持约3d。元妙新等（2022）通过搭建的曝气装置研究了曝气后水中的DO浓度，结果表明普通空气曝气气泡液中DO最高浓度为6.7mg/L，与本实验最高浓度相当，其持续作用时间3～4h远低于本实验的2～3d，主要原因为地下水与包气带空气的交互作用使其具有一定浓度的DO（李翔等，2013），同时实际地下水中溶质的运移扩散速度低于实验水体，延长了曝气的有效时间。

（2）注碱对地下水pH值的影响

通过注射井注射碱剂后，地下水pH值平均值变化情况见图4-30。

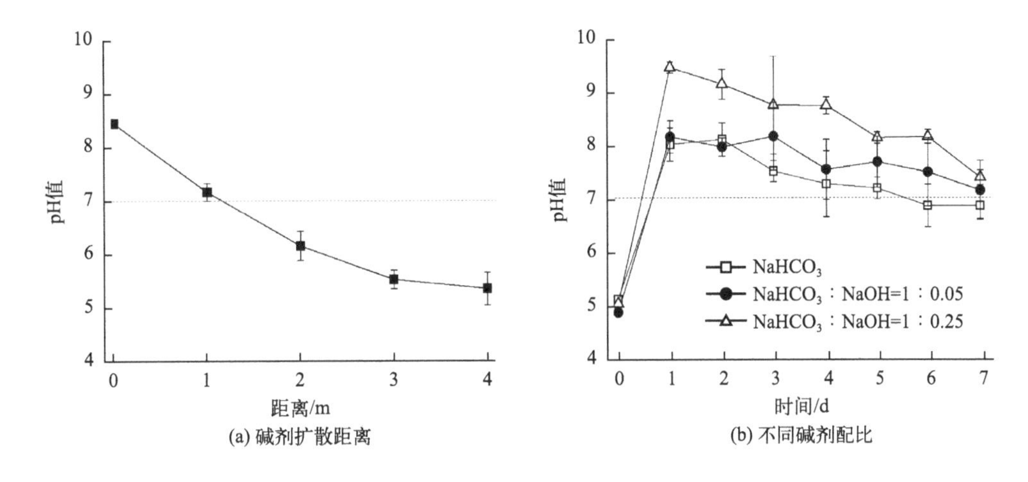

图4-30 注碱后地下水pH值变化

从图4-30（a）可以看出，注射6kg $NaHCO_3$碱剂后，井中地下水pH值快速升高至约8.43，与之距离1m、2m、3m的监测井地下水pH值分别为7.16、6.16、5.54，均高于地下水初始pH值（5.10），注液影响半径约3m。结果表明实验选用的GM-120型高压注液泵能够使得修复剂在含水层中有效扩散，适用于场地条件。为保证实验区内地下水pH值均达到最佳硝化与反硝化反应条件7～8，考虑到注液有效影响半径为1m，修复过程中注射井间距宜设置为1m，并均进行注液。

为研究碱剂不同成分配比对地下水pH值的影响，通过注射井注射6kg $NaHCO_3$，地下水pH值随时间变化情况见图4-30（b）。$NaHCO_3$注射1d后，地下水pH值升高至8.00，在地下水扩散迁移以及酸性含水层介质的缓冲作用下，6d后pH值降为6.85，低于最佳pH值条件，表明$NaHCO_3$单次注射有效时间约为5d。注射质量配比为1：0.05的$NaHCO_3$与NaOH混合碱剂，1d后地下水pH值为8.14，有效时间约为7d，高于$NaHCO_3$碱剂，这是由于强碱性的NaOH快速中和了地下水中的H^+，延长了$NaHCO_3$缓冲时间。提高NaOH比例使得混合碱剂$NaHCO_3$：NaOH=1：0.25时，有效时间进一步延长，但是地下水pH值峰值达到9.52，高于硝化、反硝化最佳反应条件

（王荣昌，2013），会极大抑制微生物菌剂的硝化、反硝化反应活性。因此，修复过程中宜采用$NaHCO_3$：NaOH=1：0.05的混合碱剂进行地下水pH值调节。

（3）注射后地下水污染物浓度变化

对原位注射井开展一轮次曝气并注射碱剂、微生物菌剂、零价铁注射，经过7d的运行观测，监测井中地下水“三氮”浓度变化情况见图4-31。注射后1d，地下水NH_4^+-N浓度显著降低，从51.35mg/L降至11.95mg/L，指示了硝化作用的发生，反应产物NO_3^--N浓度从38.75mg/L升高为86.65mg/L，NO_2^--N浓度基本稳定在0.15mg/L。反应过程中，TN浓度初期存在小幅度上升，由90.29mg/L变为98.75mg/L，表明存在地下水氮素污染补给。随后，NO_3^--N与TN浓度有所降低，表明随着溶解氧的消耗，含水层转为缺氧环境，地下水中发生了反硝化脱氮。运行6d后，NH_4^+-N浓度回升为平均49.4mg/L，NO_3^--N浓度逐渐降低为平均36.5mg/L，与初始浓度相当。针对运行过程中的污染物浓度反弹现象，分析主要原因为注射后地下水中NH_4^+-N浓度降低，与周边高浓度污染地下水产生浓度差，在弥散作用下注射区地下水氮污染负荷有所增加，此外含水层介质中吸附的NH_4^+-N由于固液溶解平衡释放进入了地下水，使得注射区地下水污染物浓度恢复至注射前的状态。

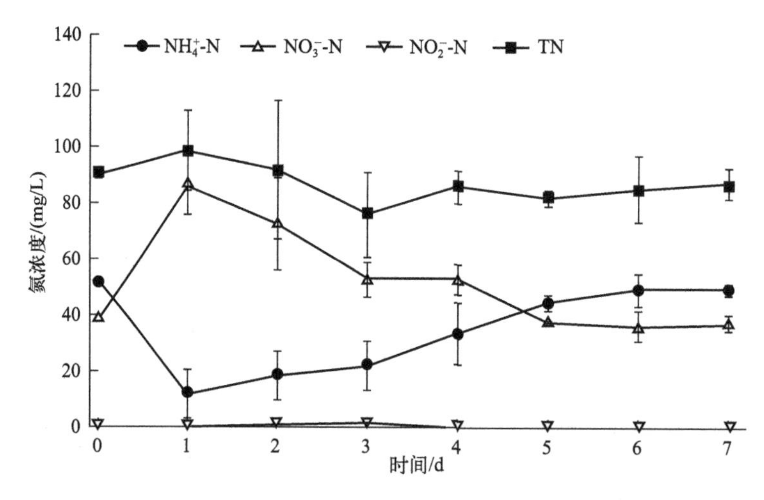

图4-31　单次注射后地下水“三氮”浓度变化

实验结果表明，原位间歇性曝气注液能够动态调控地下水好氧-厌氧条件，利用菌剂中的硝化和反硝化功能菌，实现同区域地下水硝化和反硝化反应的原位转换，将NH_4^+-N转化为NO_3^--N，再将NO_3^--N转化为N_2，分步去除地下水氮污染。但为了实现污染的完全去除需开展多轮次曝气注射。

综上，通过开展硝化反应、反硝化反应批实验、柱实验、箱体实验，研究微生物菌剂、微纳米零价铁等修复剂投加量以及pH值、温度、溶解氧浓度等环境因素对修复效果的影响。研究结果表明：

① 原位硝化反应体系中，通过碱剂注射和曝气增氧调节地下水环境条件，使地下水pH值保持在7～8、DO浓度保持在≥2mg/L，菌剂投加量宜>10^5CFU/mL，零价铁投加量不超过10g/L；

② 原位反硝化反应体系中，通过碱剂和葡萄糖注射，使地下水pH值保持在7～8、DO浓度<2mg/L、有机碳源浓度保持在C/N值=3～5，菌剂投加量宜>10^5CFU/mL，零价铁投加量不超过10g/L。

场地原位注射实验表明，单井注射的有效影响半径为1m，注射压力至少为1.5MPa，碱剂宜采用$NaHCO_3$：NaOH=1：0.05混合碱剂。修复过程中，为实现高浓度污染的有效削减需开展多轮次注射。

4.6　可渗透反应墙技术

采用可渗透反应墙技术进一步去除地下水中残留的硝酸盐氮、氨氮，实施末端深度修复，保证矿区下游水质达到修复目标。可渗透反应墙包括反硝化反应单元和吸附反应单元，针对硝酸盐氮污染，以微生物菌剂、零价铁、固体碳源为填料进行反硝化降解；针对氨氮污染，以改性沸石和生物炭为填料进行吸附去除。本研究围绕反应墙活性填料，开展批实验、柱实验、箱体实验，研究填料的去除效率、饱和吸附量、粒径选择与用量配比。

4.6.1　批实验

4.6.1.1　实验方法

本实验通过开展吸附动力学、热力学批实验，研究改性沸石、生物炭对氨氮的吸附效果。吸附动力学实验方法为分别称取1g改性沸石和生物炭，加入100mL溶液中，氨氮初始浓度为100mg/L，溶液pH值调节为7，于恒温振荡器中以25℃、160r/min的条件下进行振荡，分别于0、0.1h、0.2h、0.5h、1h、2h、4h、8h、12h、24、48h时进行取样，样品经0.45μm滤膜过滤后，测定滤液中的氨氮浓度，实验设置3组平行。吸附热力学实验方法为取20mL溶液，其中氨氮浓度分别为5mg/L、10mg/L、20mg/L、40mg/L、80mg/L、100mg/L，分别加入0.1g改性沸石和生物炭，调节溶液pH值为7，在恒温振荡器上分别于20℃、25℃、30℃下以160r/min的转速振荡24h，静置后过0.45μm滤膜，测定滤液中的污染物浓度。实验设置3组平行。实验中改性沸石粒径为1～20mm，生物炭粒径为0.1～6mm。实验材料见图4-32。

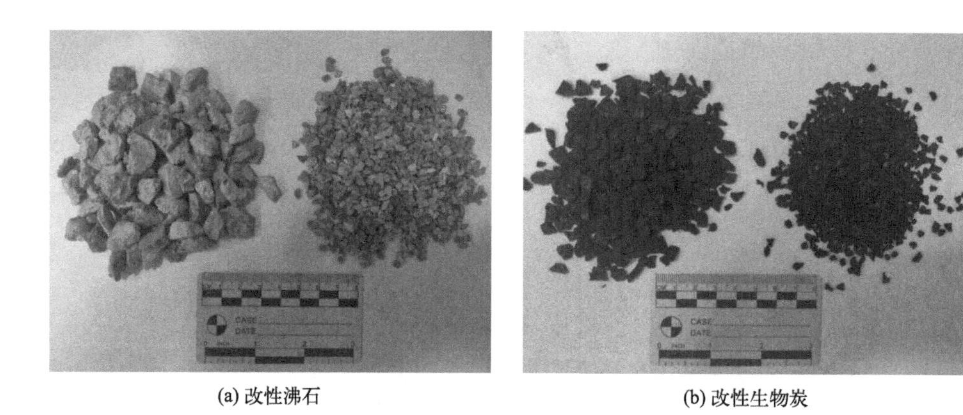

(a) 改性沸石 (b) 改性生物炭

图4-32 批实验材料照片

4.6.1.2 实验结果

(1) 吸附动力学

不同粒径改性沸石和生物炭对氨氮的吸附量随时间变化趋势见图4-33。

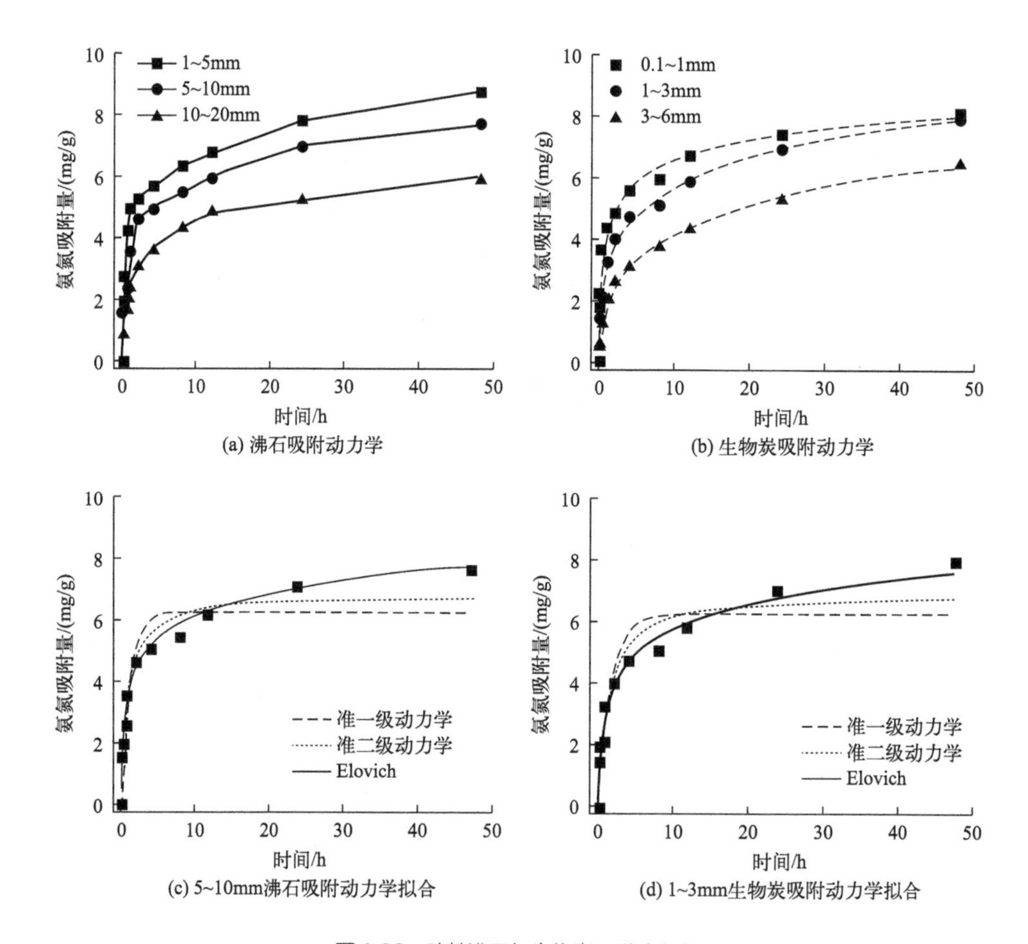

(a) 沸石吸附动力学 (b) 生物炭吸附动力学

(c) 5~10mm沸石吸附动力学拟合 (d) 1~3mm生物炭吸附动力学拟合

图4-33 改性沸石与生物炭吸附动力学

从图4-33（a）可以看出，反应48h后，粒径1～5mm、5～10mm、10～20mm沸石对氨氮的吸附量分别为8.7mg/L、7.6mg/L、5.9mg/L，粒径越小的沸石吸附量越大，这是由于小粒径沸石比表面积较大，具有更多的吸附活性位点。从图4-33（b）可以看出，生物炭表现出相近的吸附规律，粒径0.1～1mm、1～3mm、3～6mm生物炭对氨氮的吸附量分别为8.1mg/L、7.9mg/L、6.4mg/L。

基于改性沸石与生物炭吸附动力学数据，采用准一级动力学［式（4-12）］、准二级动力学［式（4-13）］、Elovich模型［式（4-14）］进行拟合：

$$\frac{dq_t}{dt}=k_1(q_e-q_t) \tag{4-12}$$

$$\frac{dq_t}{dt}=k_2(q_e-q_t)^2 \tag{4-13}$$

$$\frac{dq_t}{dt}=\alpha\exp(-\beta q_t) \tag{4-14}$$

式中 q_t——t时刻的氨氮吸附量，mg/g；

q_e——氨氮平衡吸附量，mg/g；

k_1——准一级动力学吸附速率，h^{-1}；

k_2——准二级动力学吸附速率，g/（mg·h）；

α——初始吸附速率，mg/g；

β——解吸常数，g/mg。

拟合结果见图4-33（c）、（d）和表4-7。3个模型中，拟合度最高的为Elovich模型（R^2>0.95），表明改性沸石和生物炭对氨氮的吸附为物理和化学吸附的共同作用。

表4-7 改性沸石与生物炭吸附动力学拟合结果统计

动力学模型	沸石			生物炭		
	1～5mm	5～10mm	10～20mm	0.1～1mm	1～3mm	3～6mm
准一级	0.840	0.872	0.848	0.864	0.840	0.898
准二级	0.916	0.937	0.925	0.938	0.914	0.953
Elovich	0.986	0.954	0.993	0.994	0.987	0.993

（2）吸附热力学

不同粒径改性沸石和生物炭对氨氮的吸附量与氨氮浓度的关系见图4-34。

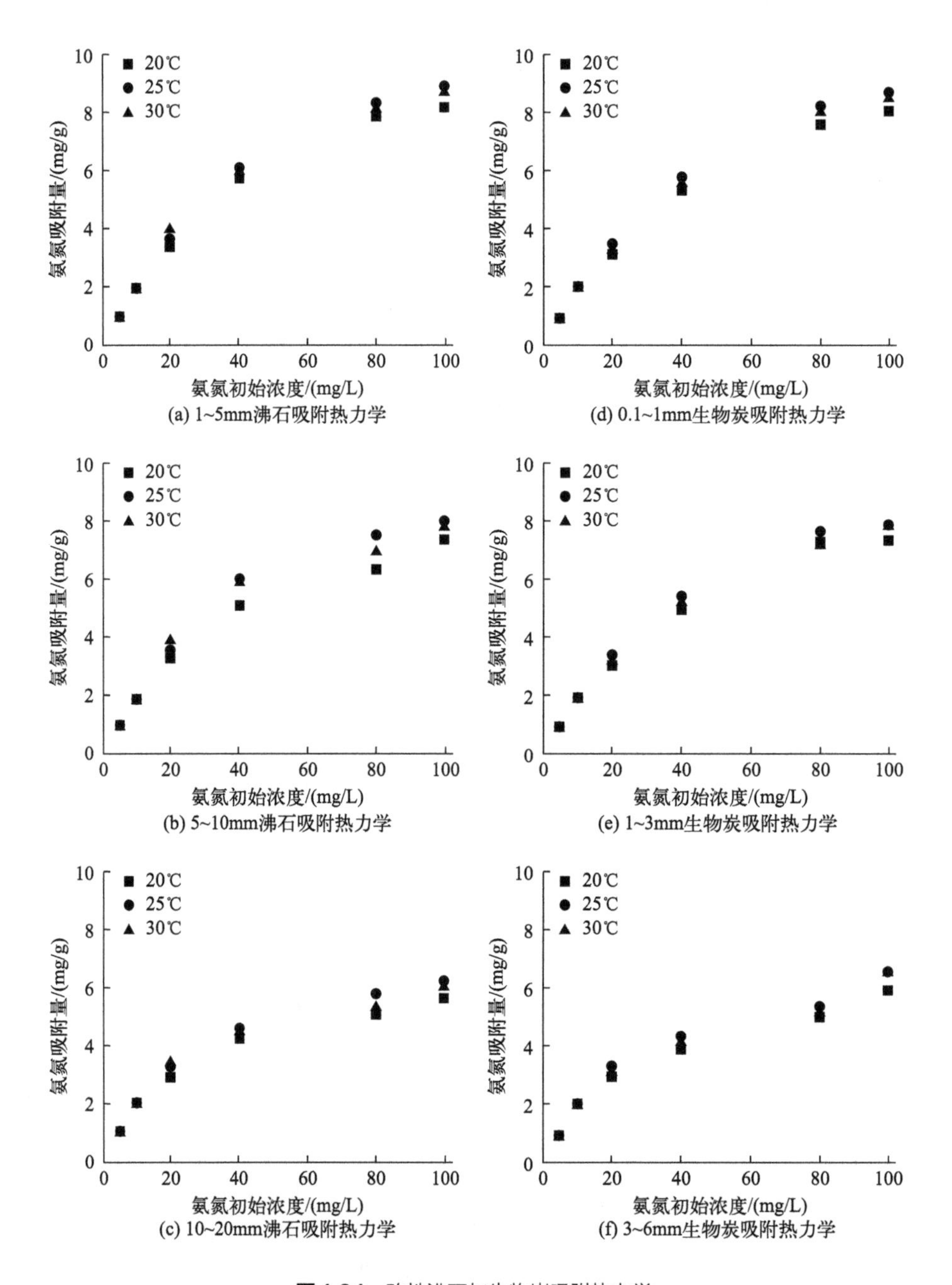

图4-34　改性沸石与生物炭吸附热力学

分别采用Langmuir［式（4-15）］和Freundlich［式（4-16）］等温线模型对实验结果进行等温线拟合：

$$q_e = \frac{KQC_e}{1+KC_e} \tag{4-15}$$

$$q_e = K_f C_e^n \tag{4-16}$$

式中 q_e——平衡状态氨氮的吸附量，mg/g；

Q——最大单层吸附容量，mg/g；

K——Langmuir模型分子间作用力，L/mg；

K_f——Freundlich模型系数，$mg^{(1-n)}L^n/g$；

C_e——吸附平衡后溶液中氨氮的浓度，mg/L。

Langmuir模型表示吸附机理为单层分子表面吸附，溶质与吸附剂之间无相互作用力；Freundlich模型为经验公式，用于表示化学吸附和非均质表面吸附过程。

根据拟合结果，改性沸石和生物炭对氨氮的吸附更加符合Freundlich模型（R^2>0.95）。表明沸石和生物炭的吸附位点为非均质的，对氨氮的吸附存在物理和化学吸附，与吸附动力学结果一致，表明沸石与生物炭经过改性后，表面官能团与氨氮之间发生了化学吸附，提高了饱和吸附量，增强了吸附稳定性。沸石在3种温度下均有最大拟合饱和吸附量，且在不同温度的饱和吸附量排序为25℃>30℃>20℃。在3个粒径中，1～5mm饱和吸附量最大，q_e为10.12mg/L；5～10mm为9.29mg/g；10～20mm为7.14mg/g，表明粒径越小饱和吸附量越高。然而，为保证反应墙可渗透性，防止地下水绕流，活性填料渗透系数不宜过低，因此选择粒径适中且具有较强吸附活性的5～10mm沸石与1～3mm生物炭。

4.6.2 柱实验

4.6.2.1 实验方法

在可渗透反应墙中，通过设置反硝化反应单元，去除地下水中残留的硝酸盐氮。基于原位注射反应带技术研究中关于反硝化的实验结果，为模拟反硝化反应单元，搭建柱实验装置，开展柱实验研究。土柱中填充过筛后的原位土壤，其中混合40kg/m³玉米秸秆作为固体碳源。入水溶液为100mg/L的硝酸盐氮溶液，初始pH值经碳酸氢钠溶液调节为8.3±0.2。反应开始后，按照一定时间间隔取样并监测各项指标。实验过程见图4-35。

为实现修复后下游地下水水质达到修复目标，在反硝化反应单元下游布设吸附反应单元，进一步去除地下水中残留的氨氮。根据批实验结果结合不同粒径材料渗透系数，优选出5～10mm改性沸石与1～3mm生物炭作为柱实验活性填料。柱实验方法为混合填充改性沸石和生物炭，活性填料高60cm，填料上下层分别填充10cm高的砂土。实验注水方式为自底部向上饱水，孔隙体积PV为2.4L，注入溶液中氨氮、硝酸盐氮浓度分别为100mg/L、20mg/L，定期从出入水口取样分析。

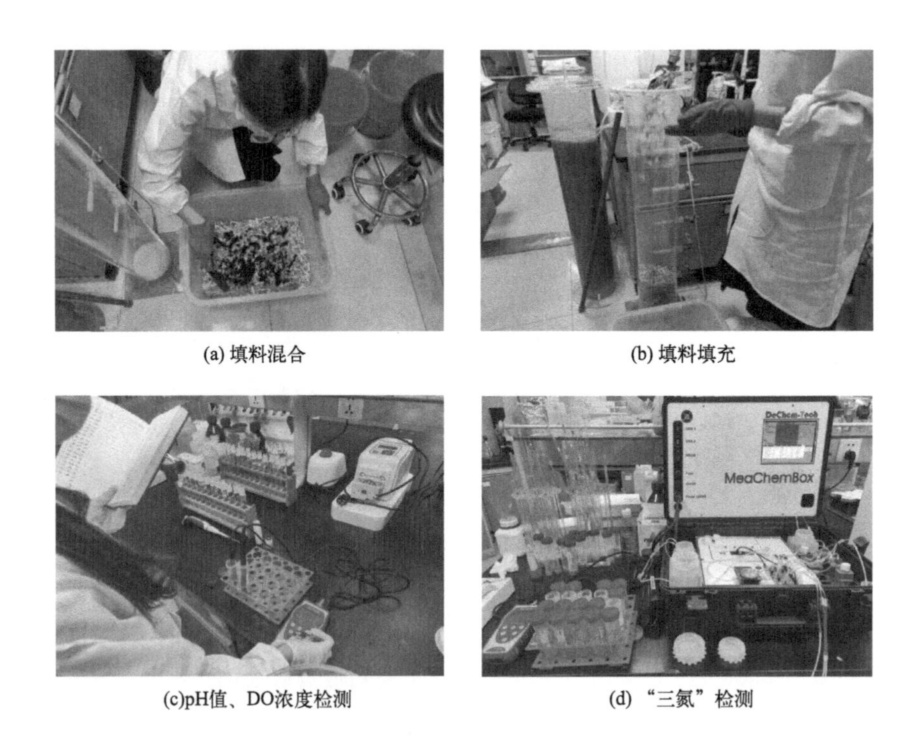

(a) 填料混合　(b) 填料填充　(c)pH值、DO浓度检测　(d) "三氮"检测

图4-35　柱实验过程照片

4.6.2.2　实验结果

（1）反硝化反应单元

本实验中对反硝化反应单元的反硝化菌活性及投加量、固体碳源投加量、改性零价铁投加量等关键参数进行研究。实验结果表明，在固体碳源投加量为40kg/m^{3}的情况下，反应14d后硝酸盐氮从初始浓度100mg/L降为19.9mg/L，硝酸盐氮去除率为80.1%（图4-36）。固体碳源COD释放速率不均匀，反应前期溶出最高浓度可达

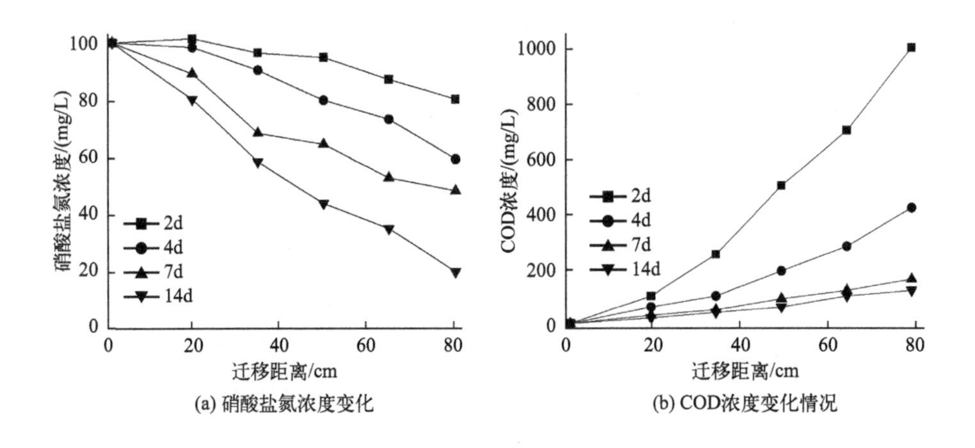

(a) 硝酸盐氮浓度变化　(b) COD浓度变化情况

图4-36　反硝化反应单元修复效果

1000mg/L，反应7d后基本达到稳定，出水溶液中COD浓度约为120mg/L，但仍远高于《地下水质量标准》（GB/T 14848—2017）Ⅳ类标准（10mg/L）。为避免造成高浓度COD二次污染，在反应墙实际填充过程中有必要等比例降低固体碳源投加量。

（2）吸附反应单元

本实验中对吸附反应单元的沸石和生物炭粒径、吸附量、投加量等关键参数进行研究，实验过程中共注入600pV溶液。实验结果（图4-37）显示，经过300pV的注入运行，反应后氨氮、硝酸盐氮、亚硝酸盐氮出水浓度均能达到《地下水质量标准》（GB/T 14848—2017）Ⅲ类标准，浓度分别为0.45mg/L、4.62mg/L、0.23mg/L。进一步注入污染溶液，出水溶液中氨氮、硝酸盐氮浓度逐渐上升，最高为92.51mg/L、18.64mg/L，表明活性填料逐渐吸附饱和。在柱实验系统中，改性沸石与生物炭对氨氮的最大吸附量约6.5mg/g，低于批实验的饱和吸附量，主要是由于填料与溶液难以全面接触并反应充分，但改性沸石和生物炭对于氨氮仍然具有较强的吸附能力，并且能够长期稳定保持吸附活性，可以作为反应墙的吸附填料，保证地下水出水水质达标。

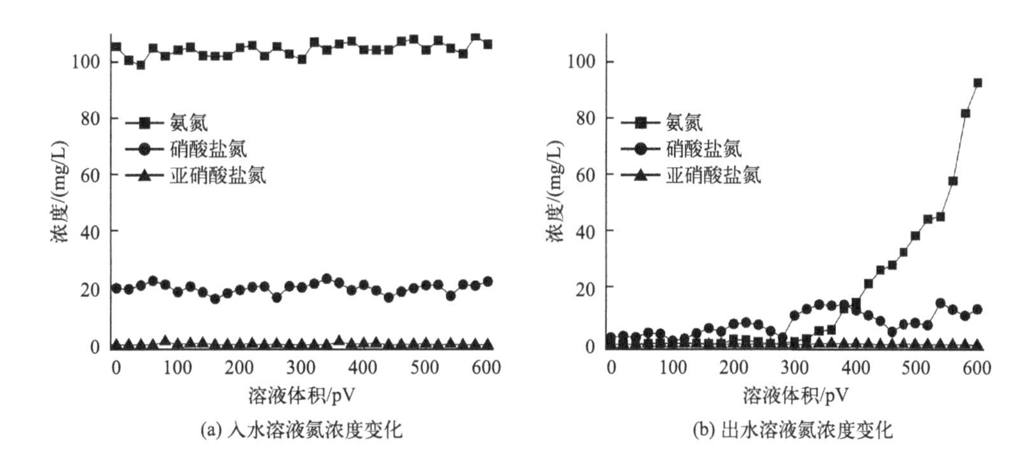

图4-37 改性沸石和生物炭的吸附效果

4.6.3 箱体实验

4.6.3.1 实验方法

首先，配制污染物溶液。向砂箱回水箱中加水至水位达到回水箱高度2/3处，分别加入适量硫酸铵、硝酸钠，搅拌溶液使其充分溶解，利用抽水泵将回水箱内的污染母液注入砂箱上游水槽中，形成稳定污染源。其次，调控砂箱地下水流场使上游溢水管阀门和下游出水管高度分别为1m、0.9m，打开上游供水管。待上游有水溢出进入回水箱时，打开抽水泵，启动水循环装置。经过一段时间后，氨氮和硝酸盐氮试剂完全溶解并均匀分布在箱体地下水中。使用便携式水质分析仪检测污染地下水中氨氮、硝酸盐氮的初始浓度。待污染羽均匀分布后，开始进行可渗透反应墙填料的安装。将反硝化菌剂、改性零价铁、固体碳源混匀，改性沸石和生物炭混匀，分装在防尘袋中。将防尘袋扎紧装入定制的铁网筐中，用吊车将2个铁网筐放入砂箱下游水槽内，每个铁筐中填料总质量为371.5kg。实验参数见表4-8，可渗透反应墙布设示意及安装过程照片见图4-38。安装完成后，按照一定时间间隔开展水质跟踪监测，使用便携式水质分析仪检测砂箱监测井中间层位取样管及下游出水管水中氨氮、硝酸盐氮、亚硝酸盐氮浓度。

表4-8 中试砂箱实验参数

指标	参数
箱体规格	上游水槽0.35m长×1.1m宽×2.5m高
	砂箱5.30m长×1.1m宽×2.5m高
	下游水槽0.35m长×1.1m宽×2.5m高
砂箱介质	砂土（2m高）
水位	上游1m高
	下游0.9m高
渗透系数	10.2m/d
渗流速度	0.5m/d
PRB规格	0.45m长×0.2m宽×1m高×2个
反硝化反应单元	反硝化菌剂4kg
	玉米秸秆1kg
	改性零价铁2kg
	砂土190kg
吸附反应单元	改性沸石160kg
	改性生物炭40kg
污染物初始浓度	氨氮20mg/L
	硝酸盐氮20mg/L

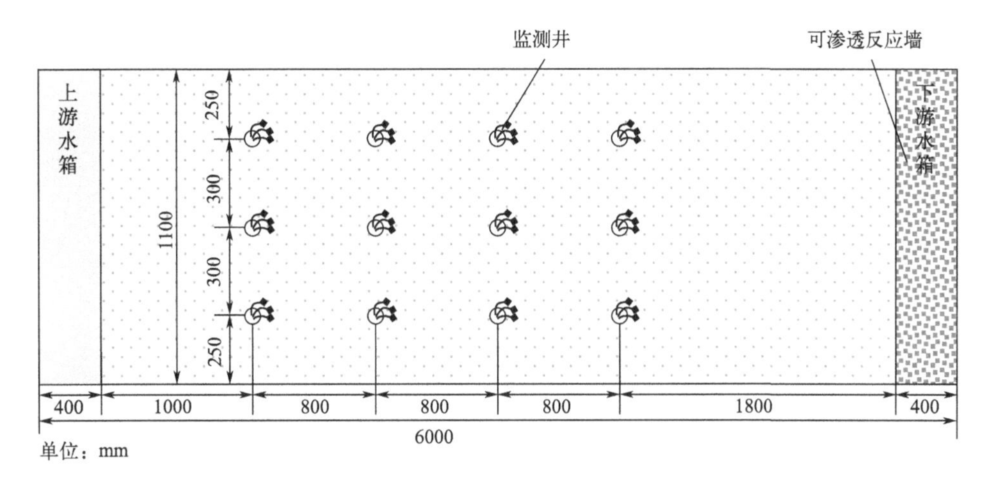

(a) 反应墙布设示意

(b) 安装过程照片

图4-38　可渗透反应墙示意与安装过程照片

4.6.3.2　实验结果

箱体实验运行过程中，实验砂箱中下游出水口地下水污染物浓度变化情况见图4-39。经过30d的反应，氨氮出水浓度平均为3.1mg/L，去除率为85.3%，硝酸盐氮出水浓度为10.9mg/L，较初始浓度降低了9.3mg/L，达到了《地下水质量标准》（GB/T 14848—2017）Ⅲ类标准，反应副产物亚硝酸盐氮浓度始终低于0.5mg/L，未超标。实验结果表明，采用反硝化反应单元和吸附反应单元，以反硝化菌剂、零价铁、改性沸石和生物炭等作为活性填料，能够进一步去除地下水中残留的氨氮和硝酸盐氮，有效保证修复后反应墙下游地下水水质达到修复目标。

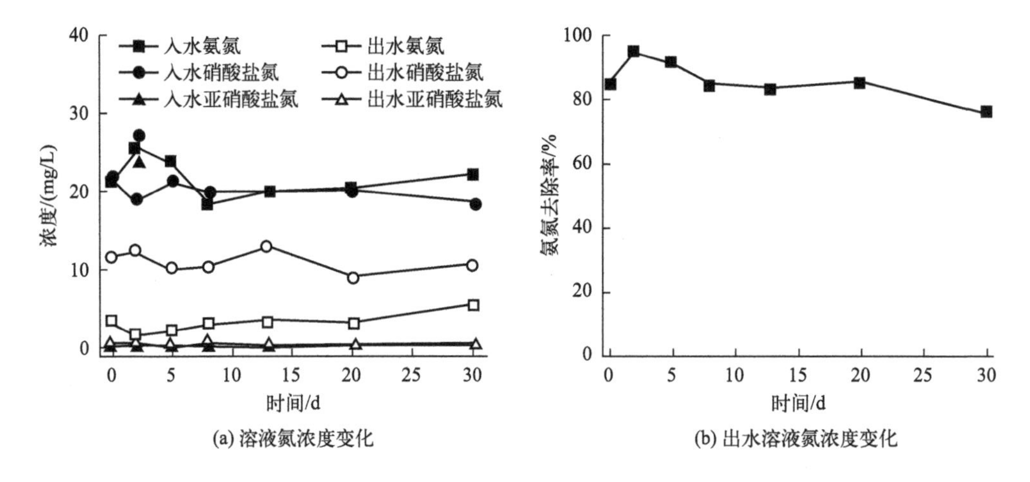

(a) 溶液氮浓度变化　(b) 出水溶液氮浓度变化

图4-39　可渗透反应墙修复效果

综上，通过开展批实验、柱实验、箱体实验，研究反应墙反硝化反应单元和吸附反应单元的填料饱和吸附量、粒径选择与科学配比。研究结果表明，反硝化反应单元可采用微生物菌剂、零价铁为活性填料，同时填充玉米秸秆、生物炭作为微生物代谢碳源，固体碳源填充量宜为30～40kg/m³；吸附反应单元可填充改性沸石和生物炭，优选粒径分别为沸石5～10mm、生物炭1～3mm，氨氮饱和吸附量约为7mg/g。

4.7　植物修复技术

针对矿区地表裸露区域，通过种植草本植物进行生态修复，利用植物对氮素的吸收作用，减少表层土壤氮素向下迁移污染地下水。针对矿区地表径流和地下出露水中的污染物，基于现有截排水沟建设生态沟，通过栽种水生植物削减水中的污染物。本研究通过开展植物土培实验、生态沟模拟实验以及场地垦栽实验，评估不同草本植物、挺水植物对矿区土壤和水环境的适应性以及对氮素的吸收作用，优选适宜的植物种类与种植方式。

4.7.1　植物土培实验

4.7.1.1　实验方法

土培实验选用香根草、高羊茅、紫穗槐、猪屎豆等固土护坡、污染治理、植被恢复常用草种。设置4组平行实验，采用霍伦盆进行栽种，填充高约10cm采自矿区的污染土壤，并投加适量土壤改良剂，盆中分别均匀播撒草籽，种植密度为1株/cm²，置于室外光照充足区域培养，平均气温30℃。定期浇水，观察并记录植物生长状况，培养30d后采集盆中土壤样品。土壤干燥后称取5g样品于离心管中，倒入40mL浓度为1mol/L的NaCl溶液进行提取，离心管在恒温振荡器上以160r/min的转速振荡48h，静置后过0.45μm滤膜，采用紫外可见光分光光度计和离子色谱仪监测滤液中的氨氮浓度，实验设置3组对照组。

植物土培实验照片见图4-40。

(a) 香根草　(b) 高羊茅

(c) 紫穗槐　(d) 猪屎豆

图4-40　植物土培实验照片

4.7.1.2　实验结果

香根草、高羊茅、紫穗槐、猪屎豆对矿区土壤表现出了较好的适应性，培养过程中植物生长状态良好，并且氨氮浓度越高，植物生长速度更快、长势更好。实验结果见图4-41。

实验结果表明，培养30d后，香根草、高羊茅、紫穗槐、猪屎豆植株平均长度为15.6cm、19.4cm、7.9cm、6.2cm、根系平均长度分别为10.2cm、12.5cm、6.9cm、5.7cm。土壤中可交换态铵态氮初始含量分别为212.5mg/kg、232.1mg/kg、224.6mg/kg、

218.9mg/kg，经植物修复后分别降至157.9mg/kg、156.7mg/kg、134.9mg/kg、142.1mg/kg，氨氮的去除率分别为25.7%、32.5%、39.9%、35.1%。地表植物恢复系统对氨氮的去除作用主要源于植物根系的吸收以及根际微生物硝化反硝化作用，能够有效减少土壤中铵态氮的含量，并且极大地降低土壤铵态氮淋滤进入地下水的污染风险。

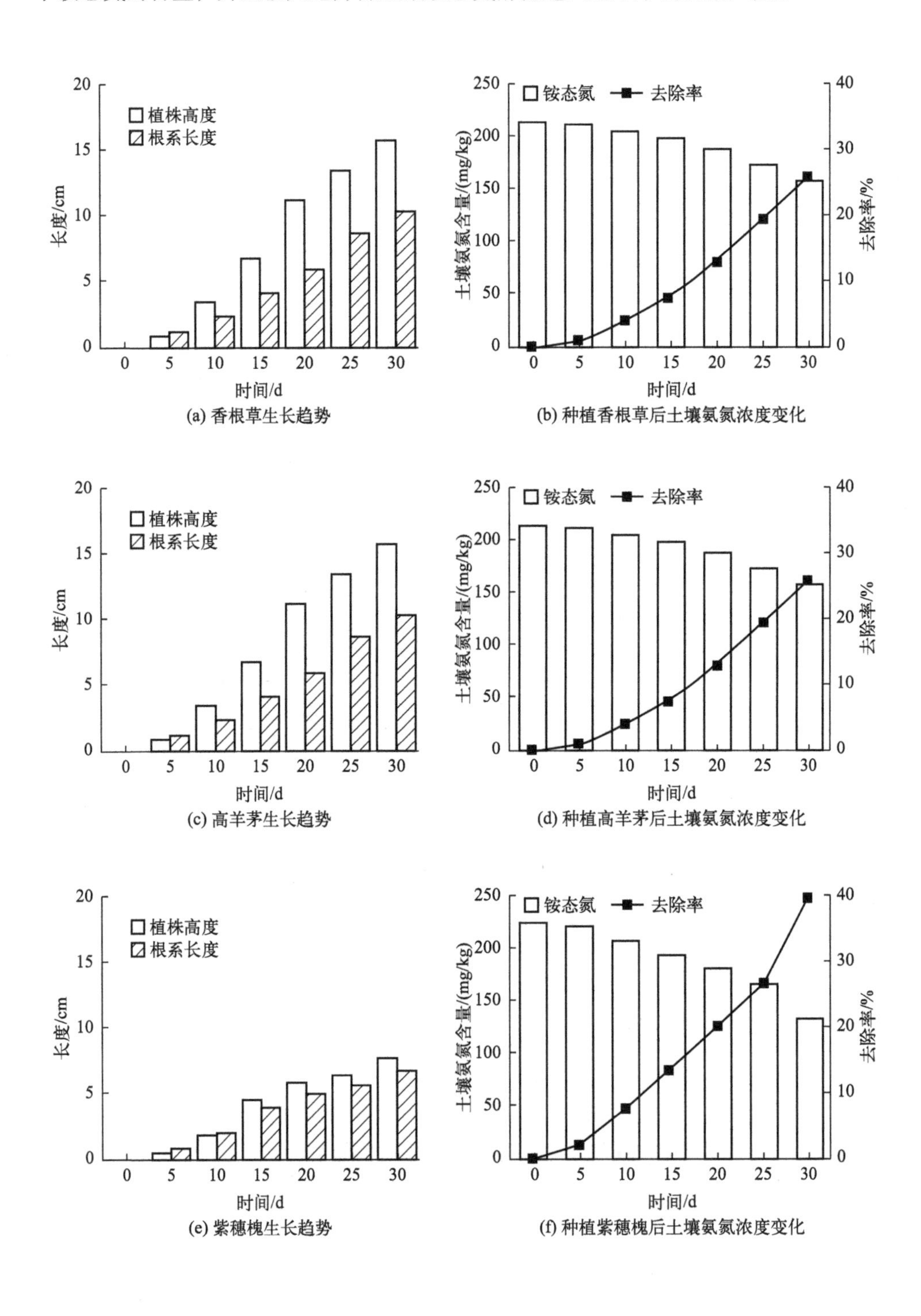

(a) 香根草生长趋势

(b) 种植香根草后土壤氨氮浓度变化

(c) 高羊茅生长趋势

(d) 种植高羊茅后土壤氨氮浓度变化

(e) 紫穗槐生长趋势

(f) 种植紫穗槐后土壤氨氮浓度变化

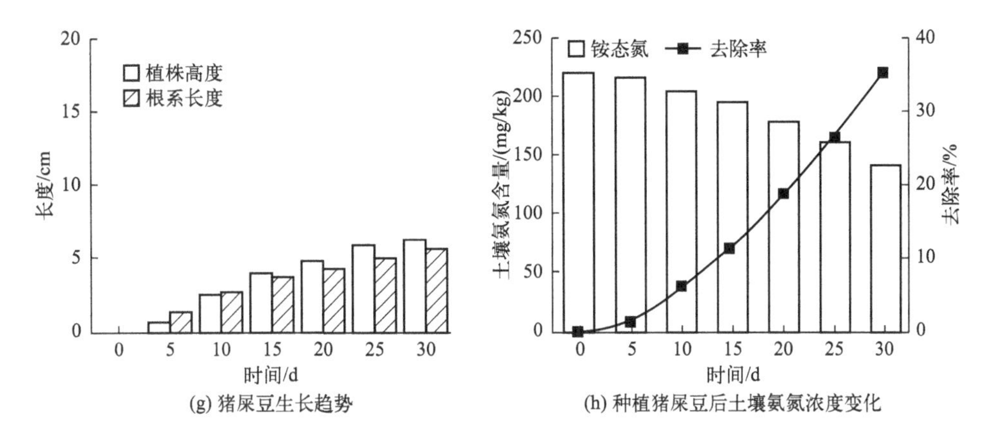

图4-41 植物土培实验结果

4.7.2 生态沟模拟实验

4.7.2.1 实验方法

芦苇、黄菖蒲、风车草作为植物修复常使用的挺水植物，能够有效吸收水中氨氮等污染物，具有较好的净化效果。为研究挺水植物对水中氨氮的去除效果，明确植物选型和种植方式，开展生态沟模拟实验。

挺水植物培养过程照片见图4-42。

图4-42 挺水植物培养过程照片

生态沟模拟实验在有机玻璃柱实验装置中进行，柱高60cm，内径10cm。为模拟生态沟基质条件，其中由下至上分层填充碎石层和土壤层，底部碎石层高度为40cm，碎石粒径为10～30mm；顶部土壤层高度为15cm，土壤采自矿区原位土壤，经过暴晒干燥后，使用直径3mm筛网进行粒径分选。填充后，分别栽种芦苇、黄菖蒲、风车草，栽种株数为2株。根据矿区排水沟收集的地表径流和地下出露水的水质特征，氨氮浓度为10～25mg/L，分别配置氨氮浓度为10mg/L、20mg/L、30mg/L、40mg/L的模拟溶液，pH值调节为5.5。实验过程中使用蠕动泵将模拟污染溶液泵入装置顶部，流速为1pV/d。实验温度为30℃，周期为20d，其间按照一定时间间隔，定期观察植物生长情况，并采集装置出水水样，经0.45μm滤膜过滤后，采用紫外可见光分光光度计和离子色谱仪监测水中氨氮浓度。

生态沟模拟实验示意见图4-43，装置照片见图4-44。

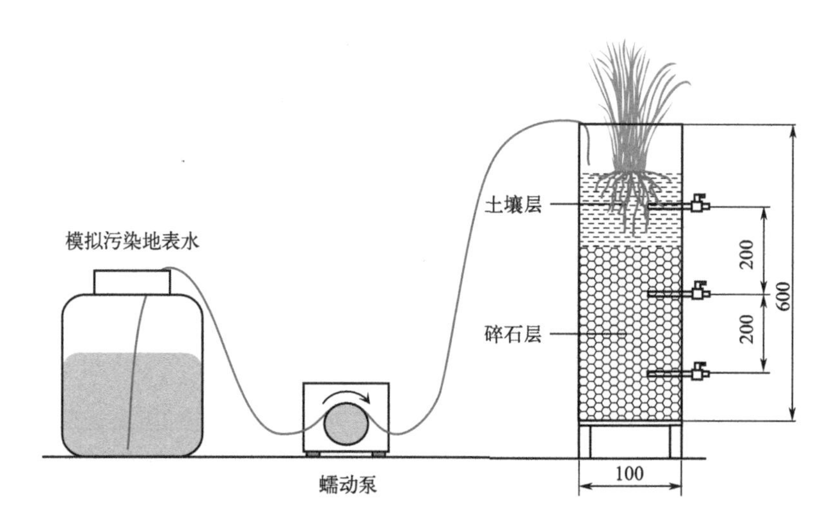

图4-43 生态沟模拟实验示意（单位：mm）

图4-44 生态沟模拟实验装置照片

4.7.2.2 实验结果

生态沟模拟实验结果见图4-45。

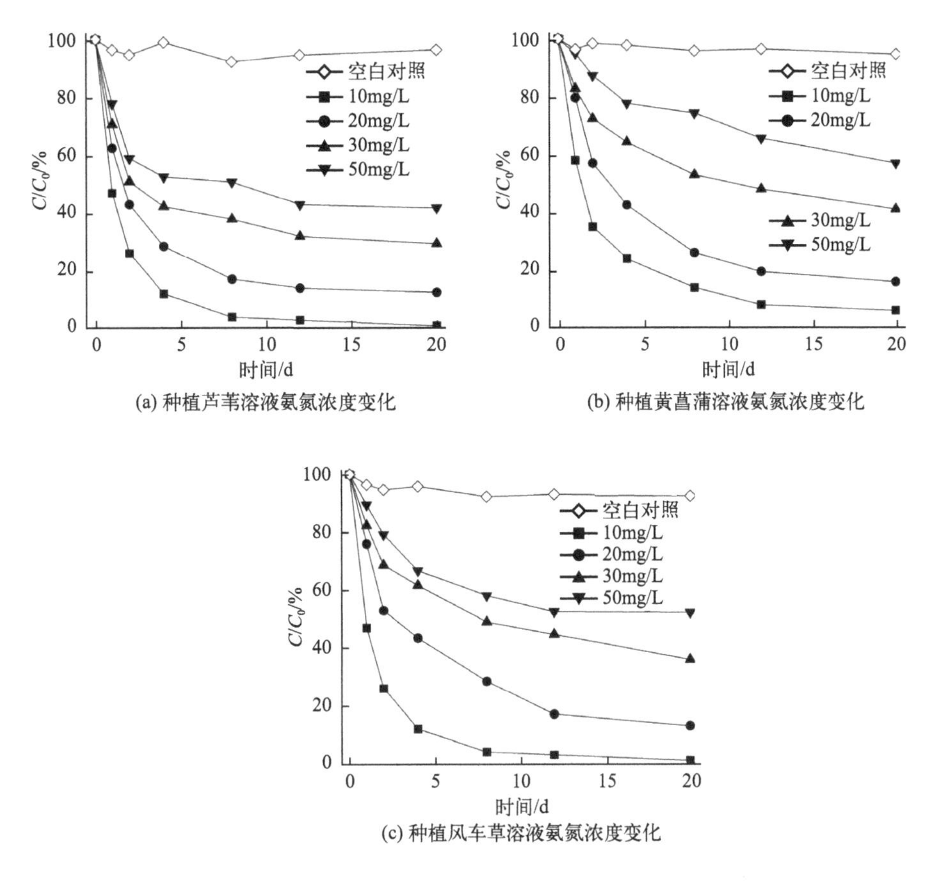

(a) 种植芦苇溶液氨氮浓度变化

(b) 种植黄菖蒲溶液氨氮浓度变化

(c) 种植风车草溶液氨氮浓度变化

图4-45　生态沟模拟实验结果

实验结果表明，培养20d后，芦苇、黄菖蒲、风车草对氨氮的去除率分别为58.2%～99.1%、43.0%～99.0%、47.7%～93.9%，其中芦苇对氨氮的去除效率最高且对高浓度氨氮具有较好的适应性，与前人研究结果基本一致（朱士江等，2022），黄菖蒲和风车草对于低浓度氨氮具有较好的去除效果。因此，植物种植时，应在生态沟上游选种芦苇用于去除水中较高浓度的氨氮，在生态沟下游选种黄菖蒲和风车草用于进一步去除水中残留的低浓度氨氮。

4.7.3　场地垦栽实验

4.7.3.1　实验方法

为进一步研究植物在矿区的实际生长情况，选择矿区中有代表性的裸露区域开展场地垦栽实验，面积为50m^2。实验中首先采用石灰、有机肥进行土壤重构与土壤改良，调节土壤理化性质，然后播撒香根草、高羊茅、紫穗槐、猪屎豆等混合草籽，密度为25g/m^2，上覆一层生态毯用于保水隔热、防止冲刷、提高种子发芽率。定期浇水，观察植物生长情况。

4.7.3.2 实验结果

场地垦栽实验结果表明，经过土壤重构与土壤改良，土壤理化性质改善，pH值从5.2上升为6.8。混合草籽3d后发芽，生长情况良好，表明实验所采用的植物选型和种植方式适用于场地条件。

场地垦栽实验照片见图4-46。

图4-46 场地垦栽实验照片

综上，根据植物土培实验结果，香根草、高羊茅、紫穗槐、猪屎豆对表层土壤中氮素具有较强的截留作用，降低了25%~40%的铵态氮含量，能够减少污染向地下水迁移；根据生态沟模拟实验结果，芦苇、黄菖蒲、风车草对水中的氨氮均具有较好的吸收效果，氨氮去除率至少可达58.2%、43.0%、47.7%，适宜作为生态沟内的挺水植物，去除地表径流和地下水出露的污染物；场地垦栽实验结果进一步证实，选种混合草种对矿区土壤具有较好的适应性，适宜作为矿区植物修复的品种。

第5章 矿区地下水污染修复技术应用

根据矿区地质条件调查、地下水污染分析及修复技术研究结果，针对原位阻隔工程、原位注射反应带工程、可渗透反应墙工程、植物修复工程、地下水监测工程5个分项工程进行试点工程设计；在施工组织、临时设施、设备材料等施工准备基础上，采取技术交底、设备材料检验、工序检验、过程指导与工程监理等质量保证措施，实施修复试点工程；结合修复试点工程运维情况，围绕地下水流场、注射井现状、地下水水质、生态沟水质4个方面开展跟踪监测，评估原位阻隔工程、原位注射反应带工程、可渗透反应墙工程、植物修复工程的实施效果，分析影响修复效果的主要因素，优化调整技术参数和动态反馈工程运维过程，直至达到地下水污染修复目标。

5.1 试点工程设计

5.1.1 设计依据

设计主要依据如下：

①《地下水质量标准》（GB/T 14848—2017）；

②《地表水环境质量标准》（GB 3838—2002）；

③《地下水监测井建设规范》（DZ/T 0270—2014）；

④《地下水环境监测技术规范》（HJ 164—2020）；

⑤《地表水环境质量监测技术规范》（HJ 91.2—2022）；

⑥《污染地块地下水修复和风险管控技术导则》（HJ 25.6—2019）；

⑦《矿山生态环境保护与恢复治理技术规范（试行）》（HJ 651—2013）；

⑧《矿山生态环境保护与恢复治理方案（规划）编制规范（试行）》（HJ 652—2013）；

⑨《矿山地质环境保护与治理恢复方案编制规范》（DZ/T 0223—2011）；

⑩《矿山废弃地植被恢复技术规程》（LY/T 2356—2014）；

⑪《地下水环境状况调查评价工作指南》（环办土壤函〔2019〕770号）；

⑫《地下水污染修复（防控）工作指南（试行）》（环办函〔2014〕99号）；

⑬《水电水利工程高压喷射灌浆技术规范》（DL/T 5200—2019）；

⑭《水工建筑物水泥灌浆施工技术规范》（SL/T 62—2020）；

⑮《建筑基坑支护技术规程》（JGJ 120—2012）；

⑯《工程结构通用规范》（GB 55001—2021）；

⑰《建筑与市政地基基础通用规范》（GB 55003—2021）；

⑱《室外排水设计标准》(GB 50014—2021);

⑲《人工湿地污水处理工程技术规范》(HJ 2005—2010);

⑳ 现行国家其他相关的规范、规程和标准;

㉑ 矿区地质条件、地下水污染特征及修复技术研究成果。

5.1.2　设计方案

5.1.2.1　原位阻隔工程

根据原位阻隔技术研究结果，结合矿区周边污染源分布及地下水流场进行原位阻隔工程设计。原位阻隔工程分为两部分，分别为上游原位阻隔工程和下游可渗透反应墙底阻隔工程。设计采用单排Φ300mm水泥旋喷桩进行垂直阻隔。

原位阻隔工程位置见图5-1。

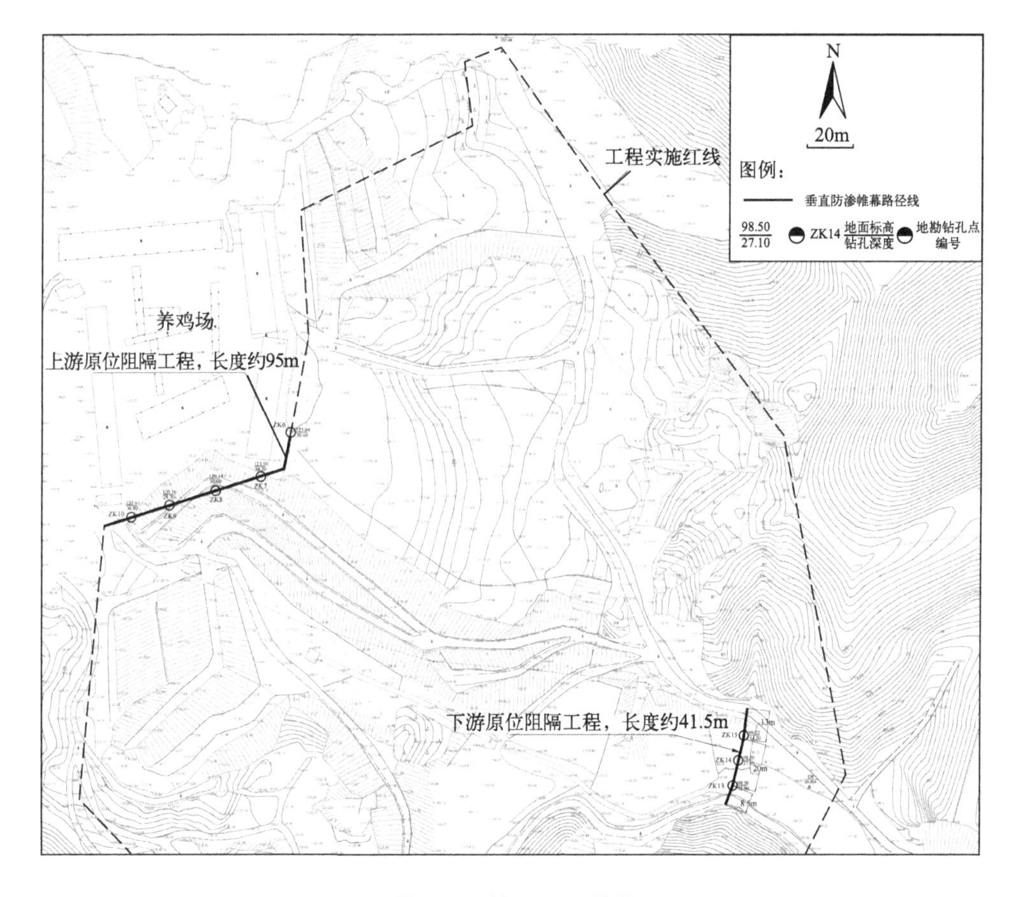

图5-1　原位阻隔工程位置

上游原位阻隔工程布设在矿区南侧及东侧，用于拦截养鸡场方向地下水径流补给，尽量避免地下水从阻隔墙底部绕流，阻隔养鸡场与矿区的污染迁移途径，减少外源污染输入。工程采用高压旋喷桩垂直防渗帷幕，阻隔墙平面长度为95m，水泥旋喷桩底线深度为29.7～34.3m，布设位置高程为120.2～126.0m，底部深入中风化层0.5m，阻隔墙水泥旋喷桩顶线高度优化为统一标高114m，平均有效桩长23.26m。水泥旋喷桩采用Φ300mm高压喷射注浆（旋喷工艺），灌浆材料采用纯水泥浆液，单排设置，相邻旋喷桩间距220mm，咬合距离80mm，旋喷桩间距布设见图5-2。

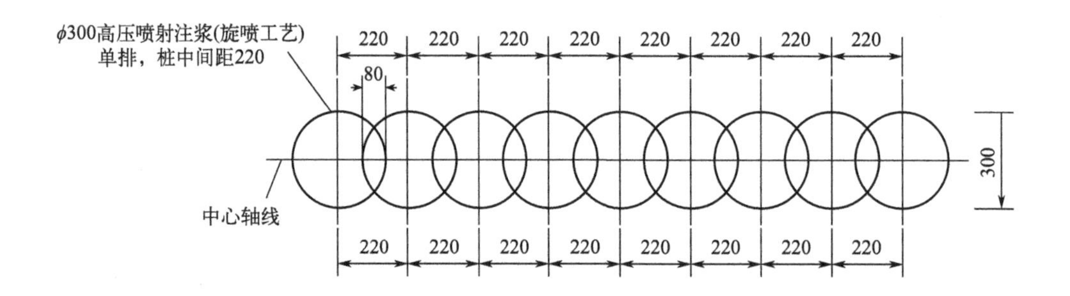

图5-2 原位阻隔工程旋喷桩间距布设（单位：mm）

下游可渗透反应墙底阻隔工程布设在矿区东南侧虎口处，分为可渗透反应墙两侧隔水墙及反应墙底部隔水墙，用于导流地下水至可渗透反应墙内进行污染修复，去除地下水中的污染物。工程同样采用高压旋喷桩垂直防渗帷幕，为Φ300mm、单排水泥高压喷射注浆（旋喷工艺），灌浆材料采用纯水泥浆液。下游可渗透反应墙底阻隔工程全长约41.5m，水泥旋喷桩底线深度为12.9～24.0m，布设在高程97.27～105.00m处，底部深入中风化层0.5m，平均有效桩长为13.9m。

5.1.2.2 原位注射反应带工程

根据原位注射反应带技术研究结果，结合矿区地下水污染特征进行原位注射反应带工程设计。原位注射反应带工程围绕矿区地下水中氨氮、硝酸盐氮污染较为严重的区域，布设原位注射井，开展原位硝化修复和反硝化修复，通过注入微生物菌剂、碱性试剂、零价铁等修复剂，结合空压机曝气增氧，将地下水中的氨转化为硝酸盐氮，并进一步转化为氮气。

根据矿区地下水环境质量状况与污染状况调查结果，围绕监测井JC09、JC10、JC13、JC14、JC15、JC16、JC21、JC22 8个区域布设原位注射井，原位注射反应带工程注射井区域分布位置见图5-3，注射井间距布设见图5-4。原位注射井沿垂直地下水流向方向布设，其中，监测井JC09、JC10区域布设1排原位注射井，监测井JC13

区域布设3排原位注射井，监测井JC14、JC15、JC16、JC21、JC22区域布设2排原位注射井。每排原位注射井的井间距为1m；2排或3排原位注射井的排间距为2m，每排井与相邻排井之间错位0.5m布置；8个区域共布设原位注射井300口。

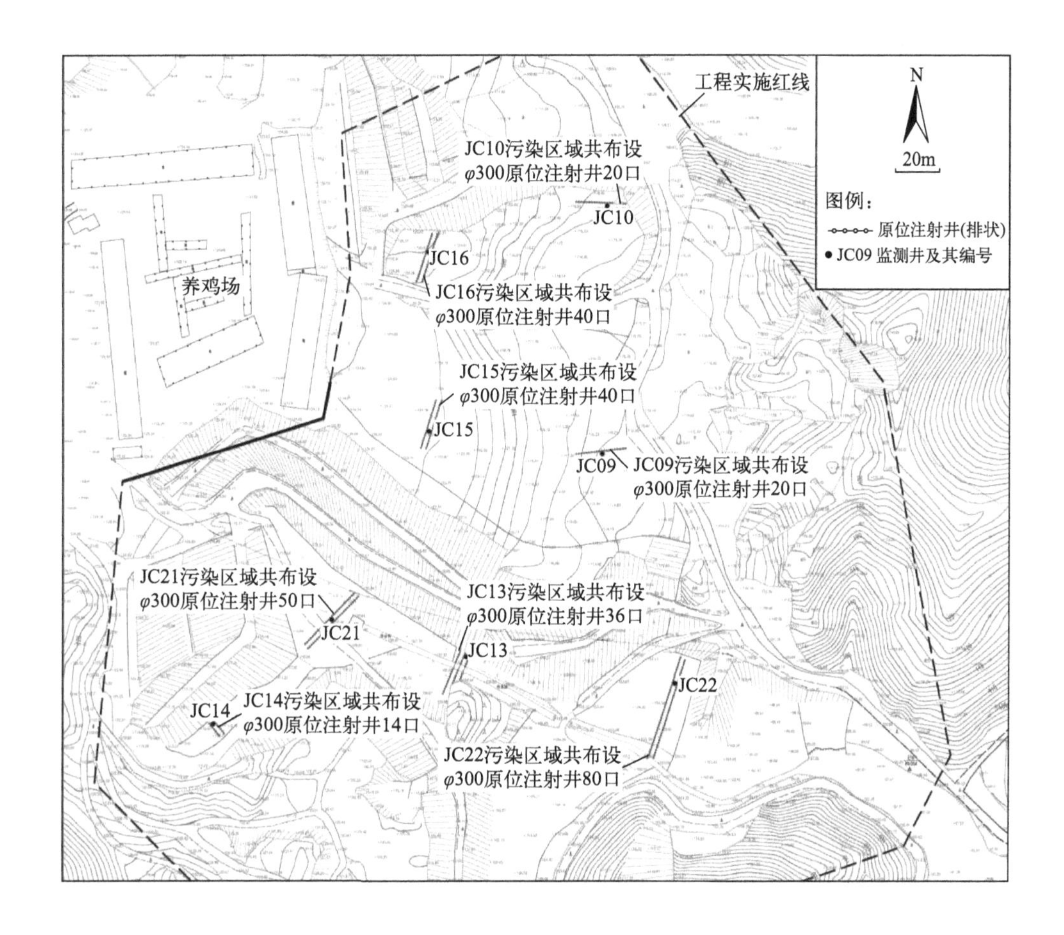

图5-3 原位注射反应带工程注射井区域分布

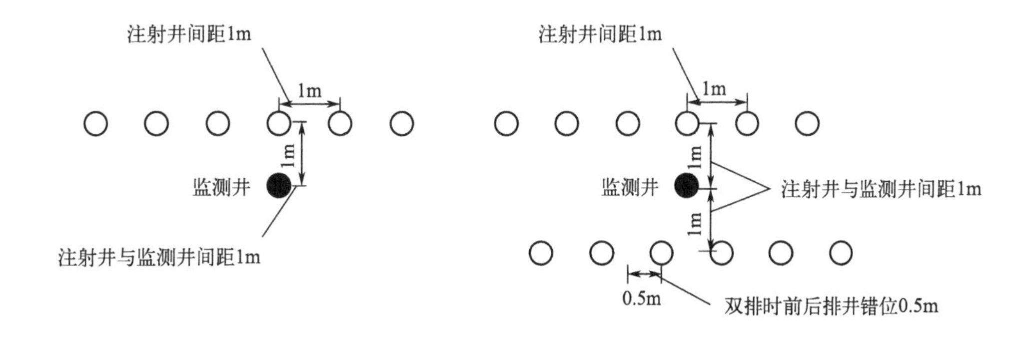

图5-4 原位注射反应带工程注射井间距布设

原位注射反应带工程注射井基本参数见表5-1。

表5-1 原位注射反应带工程注射井参数表

污染区域	排数/排	单排井数/口	注射井总数/口	深度/m	实管长度/m	筛管长度/m
JC9	1	20	20	18	9	8.8
JC10	1	20	20	18	11	6.8
JC13	3	12	36	12	2	9.8
JC14	2	7	14	10.5	3.5	6.8
JC15	2	20	40	21	14	6.8
JC16	2	20	40	24	14	9.8
JC21	2	25	50	12	5	6.8
JC22	2	40	80	10	5	4.8

注：原位注射反应带工程注射井的深度和穿孔管的安装位置根据现场地下水位的相对位置进行调整，原则上单井需达到地下水位以下10m，穿孔管位置需低于地下水水位。

根据原位硝化和反硝化阶段修复技术原理的差异，分别建立原位硝化注射系统和反硝化注射系统。其中，原位硝化注射系统采用配液-注液-曝气一体化装置进行注射，主要包括配液系统、注液系统、供气系统3个部分。配液系统由修复剂储罐、水箱、配液箱以及pH计组成，可按照适当比例混合修复剂，以达到微生物降解的最佳反应条件，注液系统包括注液泵和压力计，通过高压注射，增大影响半径，供气系统通过空压机、气体过滤罐以及流量计为微生物修复提供氧气。原位反硝化注射系统则无需供气系统，仅包括配液系统和注液系统两个部分，设备配置、功能与原位硝化注射系统相同。原位注射系统见图5-5（a）、（b）。

原位注射井采用螺旋钻进方式钻孔，成孔为Φ300mm，钻进过程中防止塌孔配合泥浆护壁。井管采用Φ110mm的PVC管材，由底部不密封、管壁可滤水的筛管、上部延伸至地表的实管组成。下部穿孔管段与钻孔之间间隙用石英砂回填，上部实管段与钻孔之间间隙用膨润土和水泥进行止水，井口周边区域设黏土层封口区。注射井构建完成后及时洗井，确保筛管不堵塞。注射井结构设计见图5-5（c）。

原位硝化修复阶段，每口井注射修复剂包括硝化菌剂、碳酸氢钠/氢氧化钠、零价铁，注药后间歇曝气动态调控地下水好氧/厌氧条件，开展序批式硝化-反硝化，分步去除地下水氨氮、硝酸盐氮污染。原位反硝化修复阶段，每口井注射修复剂包括

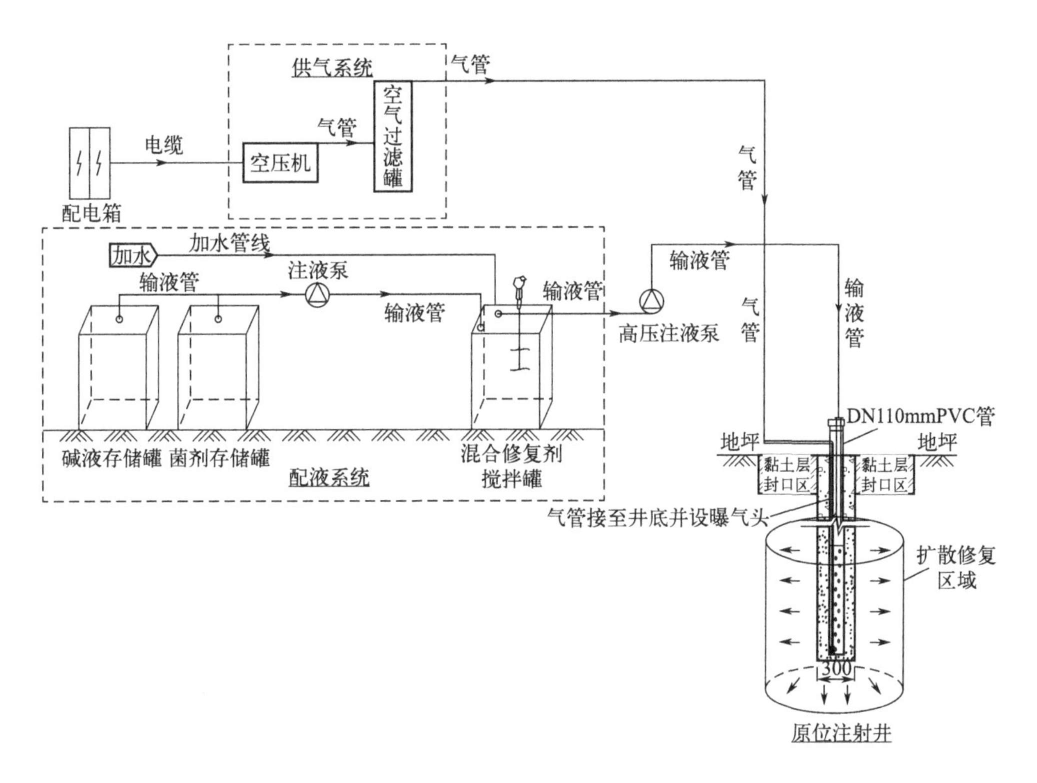

(a) 原位硝化系统

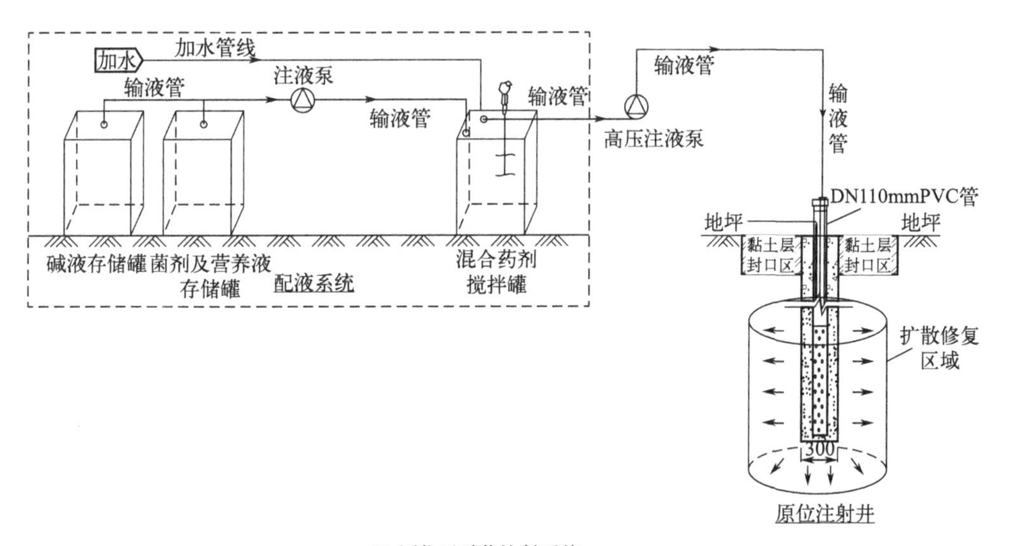

(b) 原位反硝化注射系统

图5-5

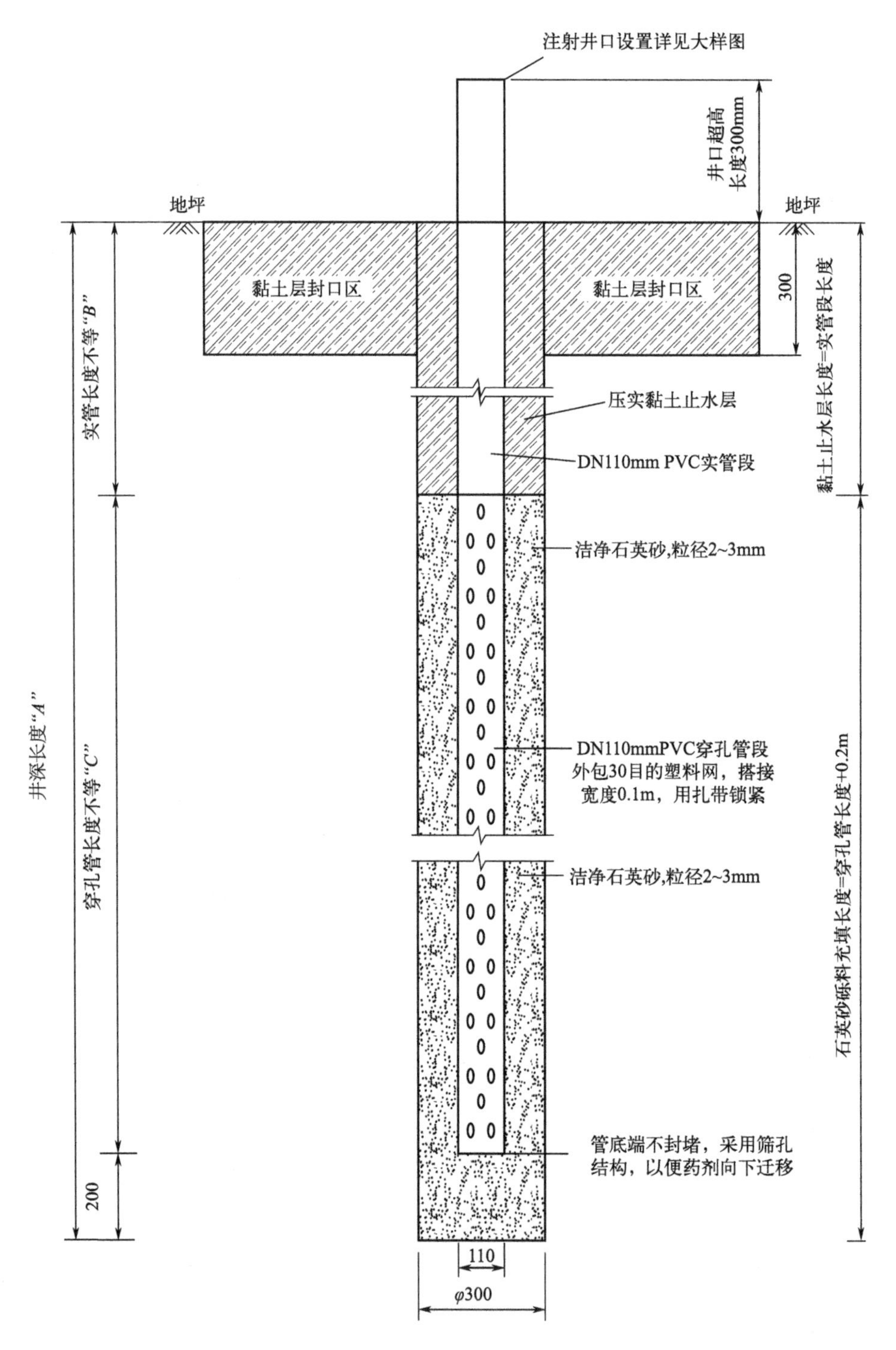

(c) 注射井结构

图5-5　原位注射反应带工程注射系统及注射井结构设计

反硝化菌剂、葡萄糖、碳酸氢钠/氢氧化钠、零价铁，通过注入碳源强化反硝化反应。修复剂使用量具体以现场污染物削减情况进行调整。原位硝化反应修复剂参数与原位反硝化反应修复剂参数推荐值分别见表5-2、表5-3。

表5-2 原位硝化反应修复剂参数推荐值

序号	修复剂	单井投加量/(kg/口)	投加批次/次	井数/口	总量/t	备注
1	硝化菌剂	10	4	300	12	干污泥量，配制成50g/L浆液注射
2	零价铁	0.8	4	300	1	微纳米级，配制成10g/L浆液注射
3	氢氧化钠	1.2	4	300	1.5	配制成溶液注入，使地下水pH值稳定为7~8
4	碳酸氢钠	6.2	4	300	7.5	

表5-3 原位反硝化反应修复剂参数推荐值

序号	修复剂	单井投加量/(kg/口)	投加批次/次	井数/口	总量/t	备注
1	反硝化菌剂	6.6	2	300	4	干污泥量，配制成50g/L浆液注射
2	葡萄糖	3.3	4	300	4	配制成10g/L溶液注入
3	零价铁	1.6	2	300	1	微纳米级，配制成10g/L浆液注射
4	氢氧化钠	0.8	2	300	0.5	配制成溶液注入，使地下水pH值稳定为7~8
5	碳酸氢钠	4	2	300	2.5	

5.1.2.3 可渗透反应墙工程

根据可渗透反应墙修复技术研究结果，结合矿区地形地貌、地下水流场和地下水污染特征进行可渗透反应墙工程设计。可渗透反应墙工程位于矿区地下水流向的下游，包括隔水墙和修复反应单元，反应单元内设复配填料，用于去除矿区地下水中的硝酸盐氮和氨氮。可渗透反应墙长度为20m，宽10.5m，深4.9m。可渗透反应墙平面布置见图5-6。

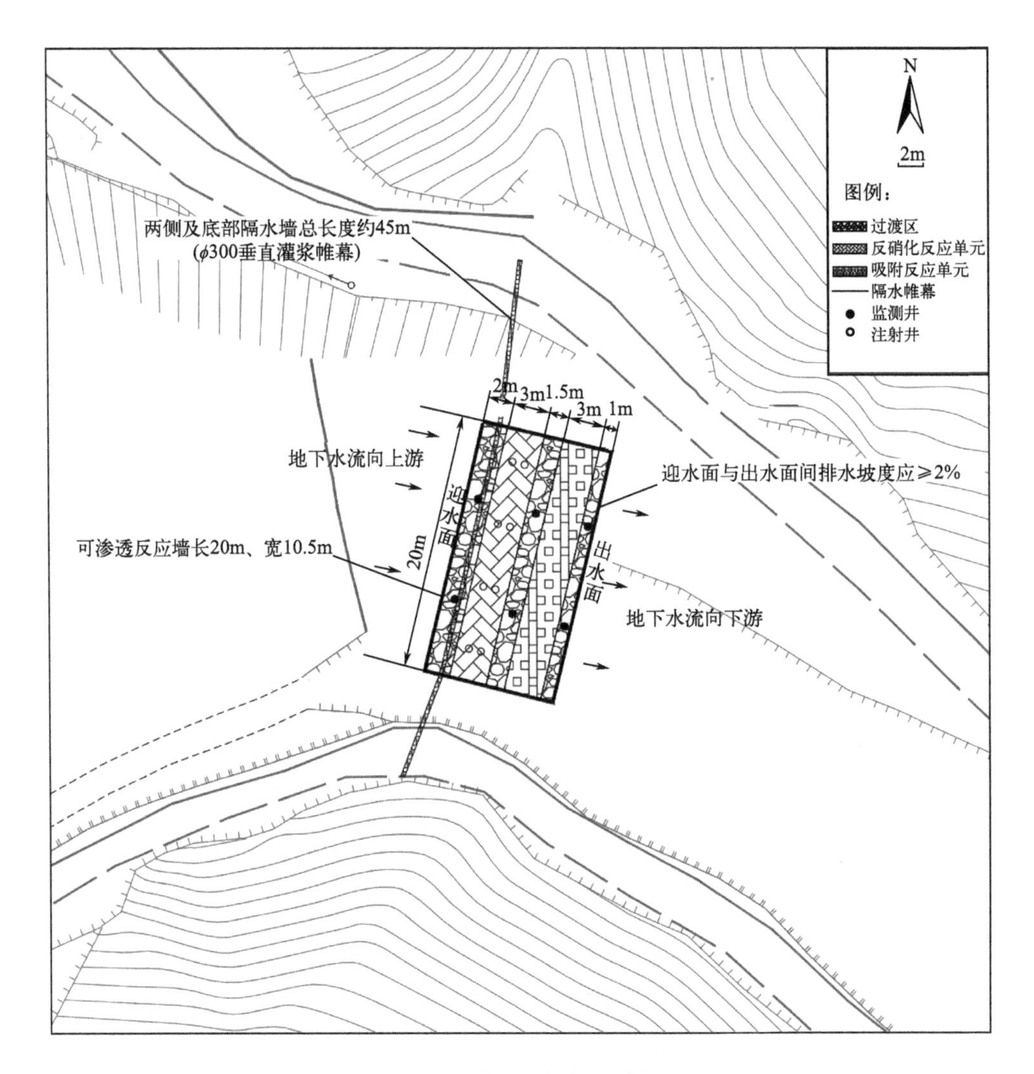

图5-6 可渗透反应墙平面布置

可渗透反应墙底部从下到上依次铺设复合无纺土工布、HDPE防渗膜、复合无纺土工布；填料层厚4.4m，从地下水流向上游到下游依次分为过渡区1、反硝化反应单元、过渡区2、吸附反应单元、过渡区3；填料层上覆盖1.0mm厚HDPE土工膜和500mm厚黏土层。在3个过渡区内，各布设地下水监测井2口，共计6口，即为监测井JC1～JC6；在反硝化反应单元内，按照5m间距布设原位注射井，每排布设4口，共布设2排，排间距为1m，共计8口。可渗透反应墙俯视图、剖面图见图5-7。

可渗透反应墙内的3个过渡区填料均为鹅卵石，反硝化反应单元填料为砾石、反硝化菌剂、玉米芯、葡萄糖、氢氧化钠、碳酸氢钠、零价铁，吸附反应单元填料为改性沸石、改性生物炭。可渗透反应墙填料基本参数推荐值见表5-4。

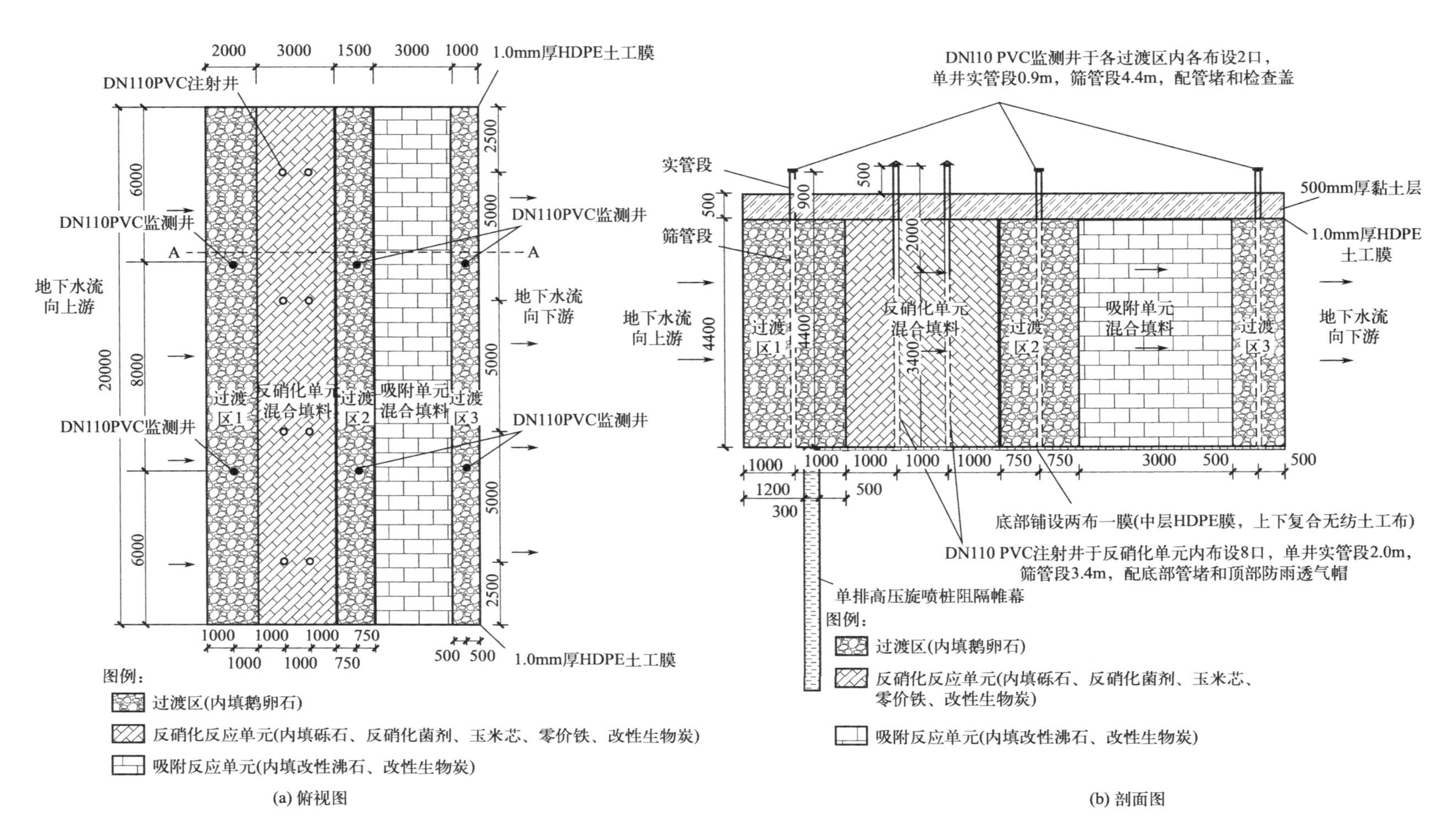

图5-7 可渗透反应墙俯视图和剖面图

表5-4　可渗透反应墙填料参数推荐值

填料	单位	过渡区	反硝化单元	吸附单元	备注
		$396m^3$	$264m^3$	$264m^3$	
鹅卵石	t	715	0	0	粒径10～30mm
砾石	t	0	400	0	粒径10～30mm
反硝化菌剂	t	0	11	0	干污泥量，与玉米芯混合后投加或配制成浆液补充注入
玉米芯	t	0	2	0	粒径10～30mm
葡萄糖	t	0	1.5	0	配制成1g/L溶液补充注入
氢氧化钠	t	0	1	0	配制成溶液注入，使地下水pH值稳定为7～8
碳酸氢钠	t	0	2	0	配制成溶液注入，使地下水pH值稳定为7～8
改性零价铁	t	0	20	0	混合粒径复配
改性沸石	t	0	0	400	粒径5～10mm
改性生物炭	t	0	20	80	粒径1～3mm

可渗透反应墙采用就地堆填形式。施工方式如下：

① 垂直方向上，由底部向上按1m距离分层堆填填料并压实，直至达到反应墙设计堆填高度；

② 水平方向上，反硝化区内以1m砾石为分层基础，玉米芯+零价铁+改性生物炭的混合物均匀铺撒于砾石缝隙，随后注入修复液（反硝化菌剂+葡萄糖+氢氧化钠+碳酸氢钠）；

③ 与两侧过渡区采用袋装生物炭堆码分隔，包装袋插若干孔避免阻隔过水通道；

④ 以上为一道工序，重复该工序直至达到反硝化区设计堆填高度；

⑤ 吸附区内中部堆填改性生物炭，靠近过渡区两侧堆码沸石吨袋进行区域分隔，包装袋插若干孔避免阻隔过水通道。

具体工艺选择和填料使用量可根据现场实际调整。

5.1.2.4　植物修复工程

根据植物修复技术研究结果，结合矿区地形地貌、地表植被、工程施工作业面分布情况和已有工作基础进行植物修复工程设计。植物修复工程包括地表植被恢复和生态沟建设两部分。

（1）已有工作基础

矿区所在当地政府前期已实施了稀土矿区地表生态修复工程，实施区域面积约

92710m²，南部与本试点工程区域基本重合，主要为矿区植被恢复和水土流失治理，包括生态拦挡工程、截排水工程、土地整理及边坡修整工程、土壤重构工程和植物修复工程，能够一定程度上减少表层土壤氮素经淋滤向下迁移污染地下水，也为试点工程的实施创造了较好的基础条件。矿区现有地表生态修复工程平面布置见图5-8（书后另见彩图），工程量统计见表5-5。

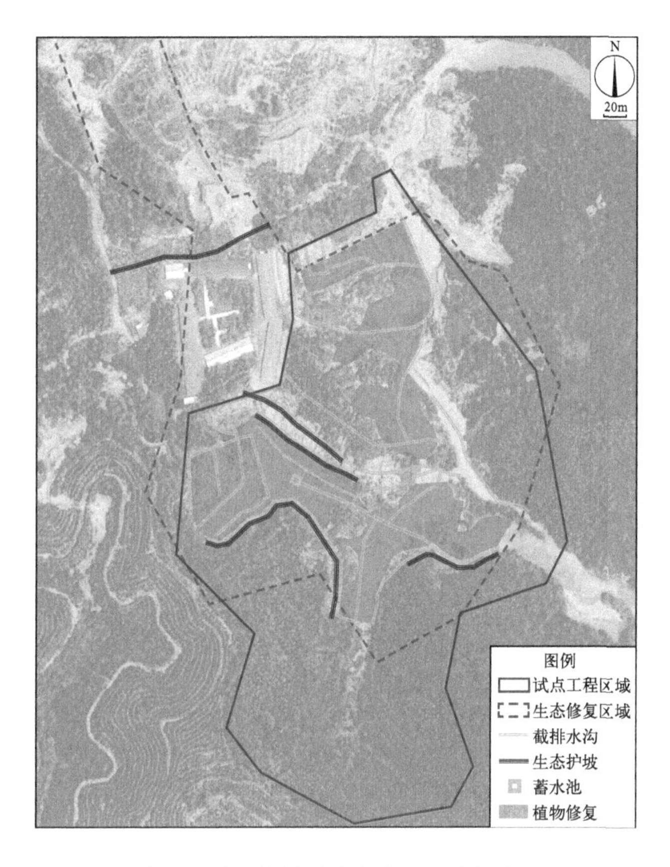

图5-8 矿区现有地表生态修复工程平面布置

表5-5 矿区现有地表生态修复工程量统计

序号	工程名称	工程简介
1	生态拦挡工程	建设生态护岸堤防约1040m，建设生态护坡面积约6000m²
2	截排水工程	修建截排水沟长约3201m
3	土地整理及边坡修整工程	场地整平土方工程量约5.8×10⁴m³，边坡采取三级台阶放坡修整，每阶高度2～4m
4	土壤重构工程	调理土壤面积约88500m²
5	植物修复工程	修建蓄水池1个，铺设灌溉喷淋管长度约7000m，种草面积约90900m²

（2）植被恢复

植被恢复主要恢复原位注射井施工破坏区域的植被，包括土壤重构和改良、种植香根草、人工撒播混合草籽、人工覆盖生态毯，减少地下水径流污染量，同时提升区域生态多样性。植被恢复工程量见表5-6，植被恢复区域见图5-9。

表5-6 植被恢复工程量

序号	工程名称	单位	数量	备注
1	种植香根草	株	46428	种植面积约11607.2m²，种植密度为4株/m²；实际种植量可根据现场实际情况调整
2	人工播撒混合草籽	m²	11607.2	混合种子（高羊茅、猪屎豆、紫穗槐、狗牙根、宽叶草稗）撒播用量为2.5kg/100m²
3	人工覆盖生态毯	m²	11607.2	撒播植草后覆盖一层生态毯，以起到保水隔热、防止冲刷、提高种子发芽率的作用

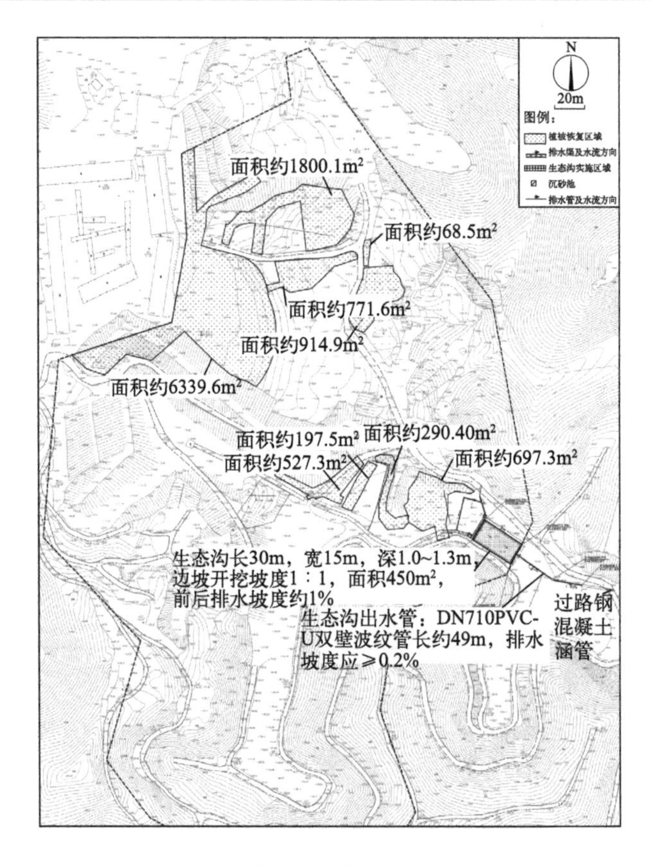

图5-9 植物修复工程生态沟平面布置

（3）生态沟建设

生态沟位于矿区东南侧冲沟区域，可渗透反应墙下游，采用水平潜流式人工湿地。生态沟利用土壤、填料、流物、微生物的物理、化学、生物三重协同作用，去除上游排水渠内地表径流和地下出露水中的氨氮等污染物。通过设置调蓄池收集经截、排水沟的汇集的地表径流和地下出露水，并沉降分离水中的泥沙。

生态沟长度为30m，宽度为15m，占地面积为450m^2，深度为1.0～1.3m，总容积约460m^3。生态沟进水通过钢混凝土布水渠进行布水，渠壁内穿PVC-U排水实管，连接生态沟内穿孔管进行配水；生态沟出水采用埋地暗管形式，沿现状冲沟内布设接至下游低位处。生态沟分为3个区域，从上游至下游依次为配水缓冲区、生态沟主体区、排水缓冲区。生态沟底部做地基处理，进行抛石挤淤，然后从下往上分别铺设300mm厚度黏土层、1.5mm厚的HDPE光面土工防渗膜、600g/m^{2}聚酯长丝针刺无纺土工布、0.8～1m碎石填料层和200mm覆土层，其中配水缓冲区和排水缓冲区采用40～60mm粒径粗碎石填料，生态沟主体区采用10～30mm粒径细碎石填料。生态沟平面布置见图5-9，工艺平面布置与剖面见图5-10。

设计取矿区雨季平均地表径流量232m^3/d和丰水期地下水溢出流量30m^3/d，即262m^3/d作为生态沟设计流量，水力坡度为1%，水力负荷为0.58m^3/（m^2·d），水力停留时间为0.70d。生态沟内选种对氨氮具有较强去除能力且适应南方地区生长的芦苇、黄菖蒲、风车草等；配水缓冲区种植芦苇，密度为16株/m^2；主体区种植黄菖蒲和风车草，排水缓冲区种植风车草，种植密度均为20株/m^2。

5.1.2.5　地下水监测工程

根据矿区水文地质详查和地下水污染特征分析结果，结合地下水埋深、含水层厚度、地下水流场以及目标污染浓度等空间分布特征，共布设监测井24口，采样监测地下水中氨氮和硝酸盐氮等指标，其中矿区内布设监测井18口（JC7～JC24），可渗透反应墙内布设监测井6口（JC1～JC6）。地下水监测井平面布置见图5-11，监测井结构信息见表5-7。

地下水监测井建设施工步骤包括选定井位、钻孔成井、换浆、下井管、滤层与封隔层围填、平台与井口保护设施安装、监测井清洗等。矿区和可渗透反应墙内的地下水监测井设计分别见图5-12、图5-13。

监测井建设完成后及时进行洗井，保证监测井出水水清砂净。常用洗井方法包括超量抽水、反冲等。洗井在监测井建成后24h进行，采用潜水泵，流速不超过3.8L/min，以免损坏滤水管和滤料层。成井洗井达标条件为（以下2条满足之一即可）：

① 直观判断水质基本上达到水清砂净即基本透明无色、无沉砂，且浊度<50NTU；

② 洗井水体积达到3倍以上采样井内水体积。洗井不达标时需要继续洗井直到达标为止。

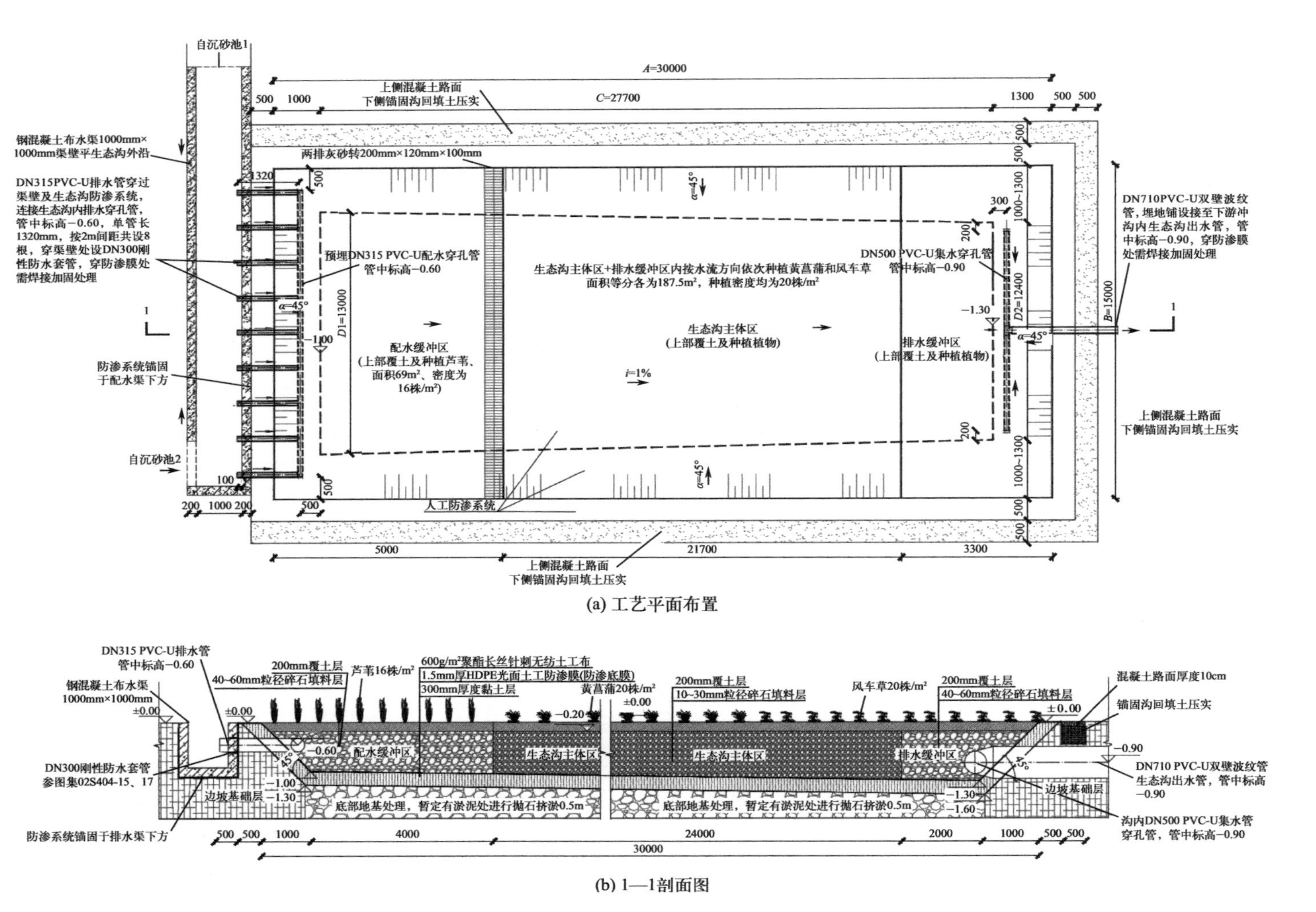

(b) 1—1剖面图

图5-10　生态沟工艺平面布置与剖面图（单位：mm）

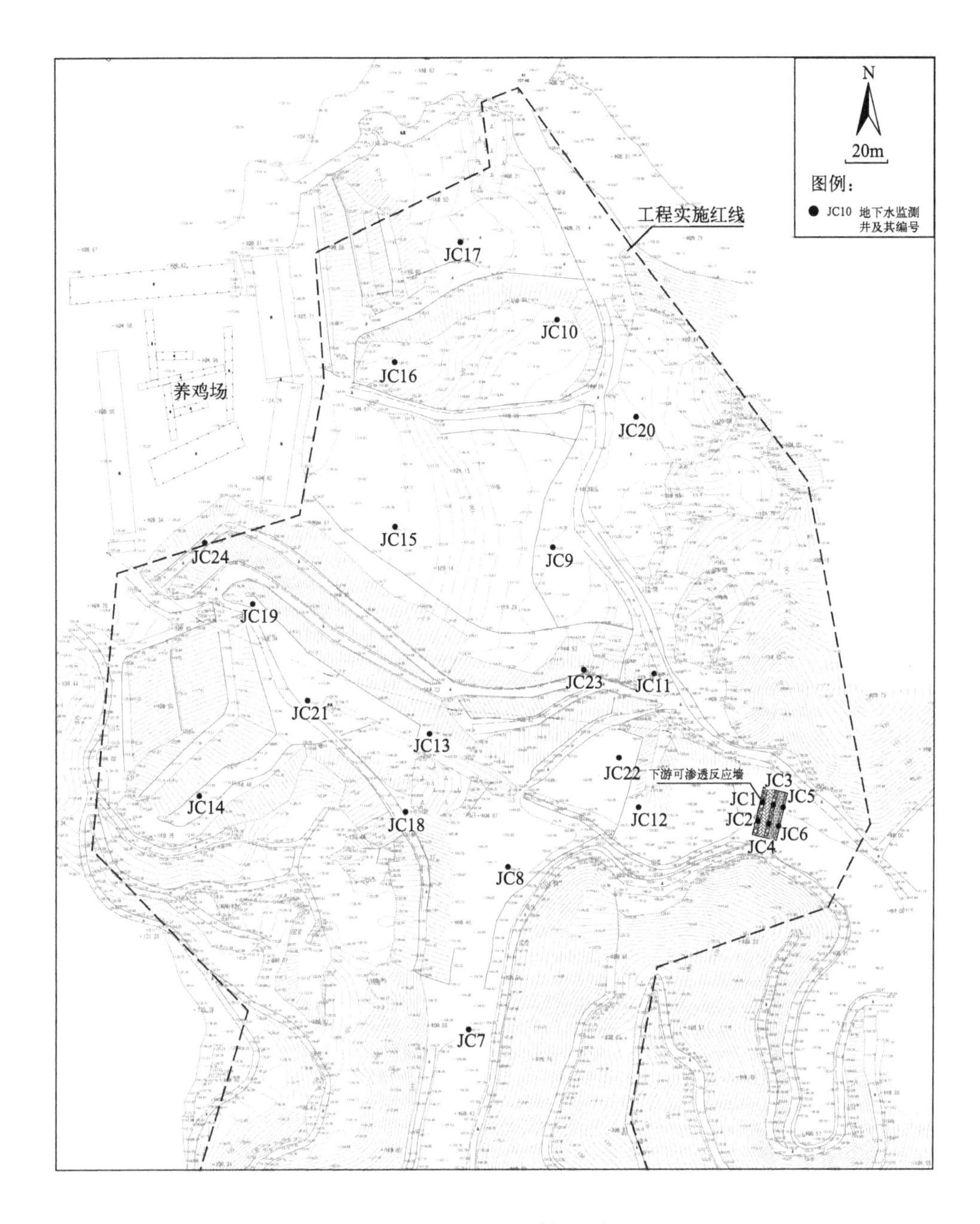

图 5-11 地下水监测井平面布置

表 5-7 监测井结构信息 （单位：m）

编号	井深	井口地面高程	黏土止水长度	石英砂砾料充填长度	上部实管长度（不计地面超高）	穿孔管长度	底部沉淀管长度
JC1	4.9	98.50	—	—	0.5	4.4	—
JC2	4.9	98.50	—	—	0.5	4.4	—

续表

编号	井深	井口地面高程	黏土止水长度	石英砂砾料充填长度	上部实管长度（不计地面超高）	穿孔管长度	底部沉淀管长度
JC3	4.9	98.50	—	—	0.5	4.4	—
JC4	4.9	98.50	—	—	0.5	4.4	—
JC5	4.9	98.50	—	—	0.5	4.4	—
JC6	4.9	98.50	—	—	0.5	4.4	—
JC7	20	105.11	3	17	4	15	1
JC8	20	104.75	3	17	4	15	1
JC9	20.3	116.34	6.5	13.8	7	12.3	1
JC10	20	118.14	8	12	9	10	1
JC11	17.4	110.97	6	11.4	7	9.4	1
JC12	19.8	104.32	2	17.8	3	15.8	1
JC13	18.8	117.30	3	15.8	4	13.8	1
JC14	24	112.91	2	22	3	20	1
JC15	25	124.50	11	14	12	12	1
JC16	26	125.08	11	15	12	13	1
JC17	20	112.58	3	17	4	15	1
JC18	20	112.41	5	15	6	13	1
JC19	18	114.48	2	16	4	13	1
JC20	18.5	117.32	9	9.5	10	7.5	1
JC21	6.6	117.37	1.2	5.4	2	3.4	1.2
JC22	6.2	111.74	1.2	5.0	1.7	2.7	1.8
JC23	5.5	115.71	1	4.5	2	2.5	1
JC24	20	120.30	5.3	14.7	6.3	12.7	1

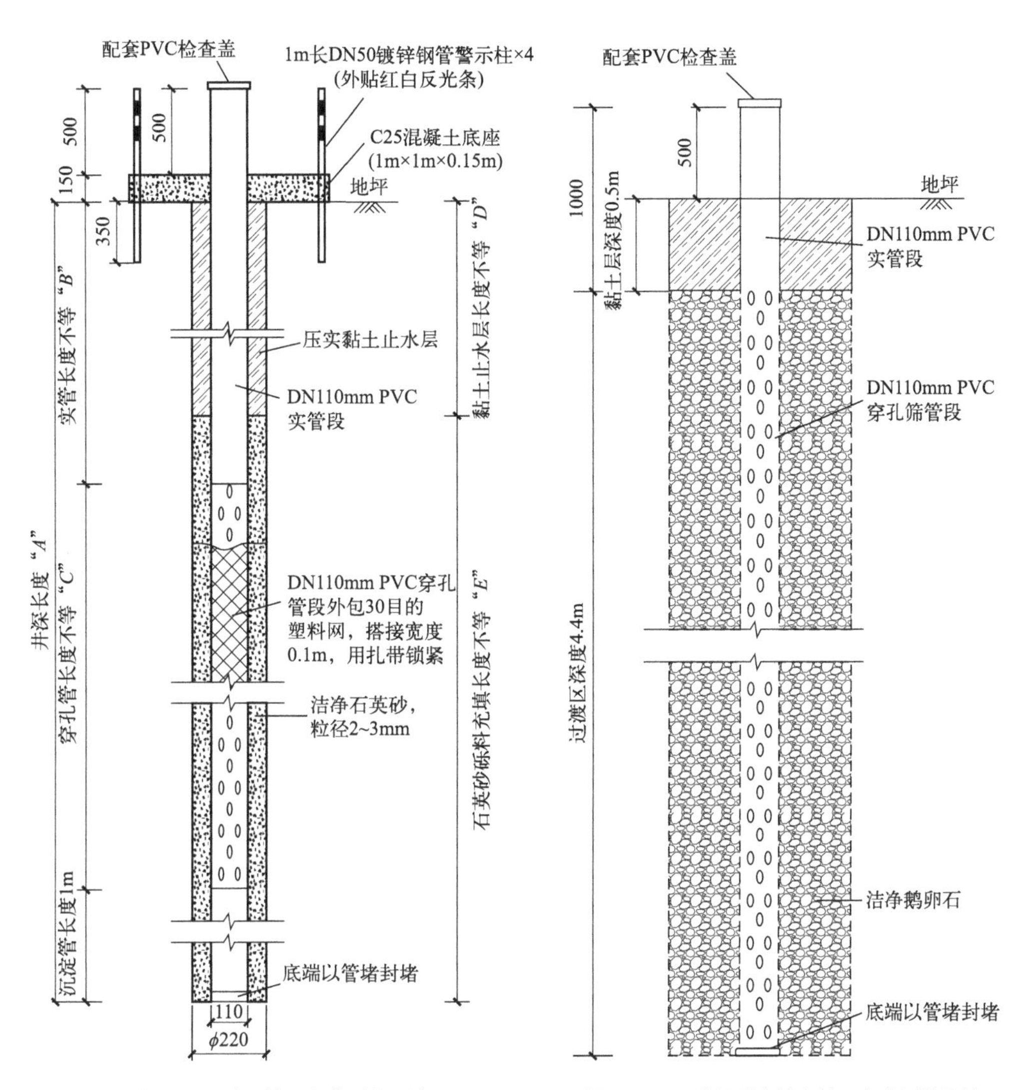

图5-12　矿区地下水监测井设计

图5-13　可渗透反应墙内地下水监测井设计

5.1.3　总体布局

矿区试点工程包括的原位阻隔工程、原位注射反应带工程、可渗透反应墙工程、植物修复工程、地下水监测工程5个分项工程总体布局见图5-14。

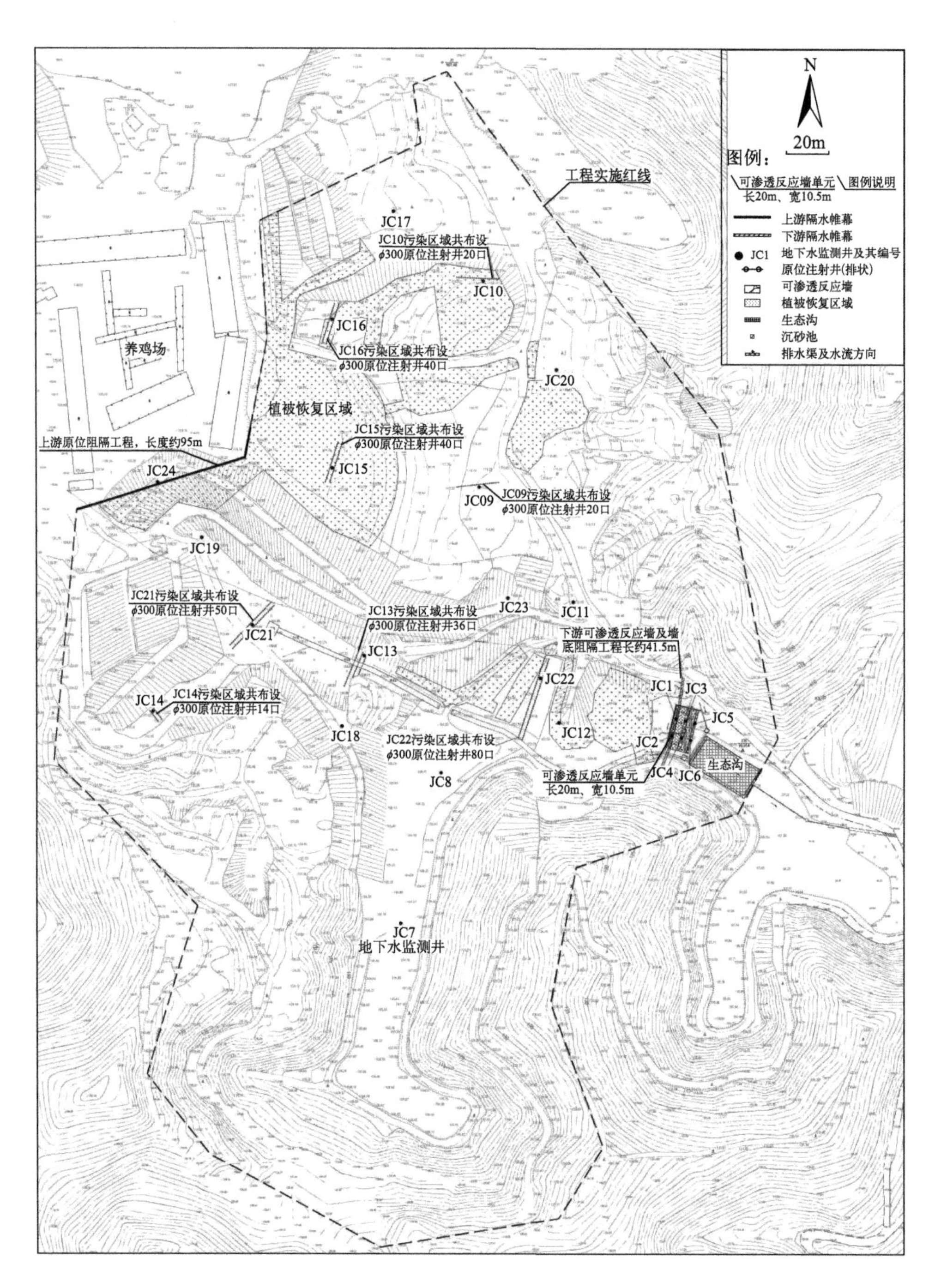

图5-14　矿区试点工程总体布局

5.2　试点工程施工

5.2.1　施工准备

5.2.1.1　施工组织准备

（1）管理架构

试点工程实行三级管理。

1）一级管理层

由项目经理和技术负责人组成的一级管理层，其中项目经理全面负责项目施工组织，协调各施工班组之间、班组与供应方之间的关系，并对施工全过程的安全、质量、进度进行总体管控；技术负责人主管日常技术工作，建立符合项目特点的质量管理控制网络，全面负责技术质量工作。

2）二级管理层

由施工员、质检员、安全员、资料员、预算员、材料员、保管员、试验员组成的二级管理层，具体执行各项管理、组织、协调工作，保证工程施工的正常进行，对工程质量、进度、安全直接控制，协同监理方做好各分部、分项工程质量成果的检查、评定、验收。

3）三级执行层

由土方施工组长、测量组长、土建组长、机修组长、后勤组长组成的三级执行层，即具体的项目施工班组，负责各班组内的具体组织管理、安全施工、质量、进度计划的具体施工工作。

试点工程施工组织架构见图 5-15。

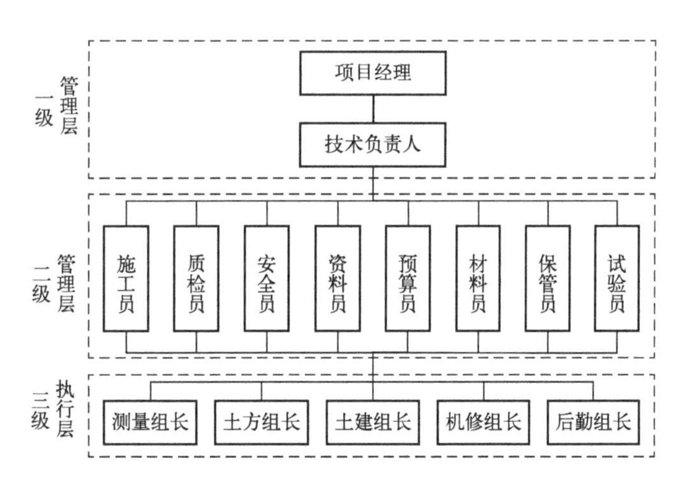

图 5-15　试点工程施工组织架构

（2）施工时序

试点工程施工工期为7个月。在试点工程总体部署规划时，既要考虑保证所有施工工序按照设计和监理工程师要求进行，又要充分衔接工期要求，充分考虑人、财、物及任务量平衡、合理安排各施工项目，合理规划分项、分段施工顺序，合理配置各施工工序、区段操作人员，合理调配原材料、施工机械，在确保工程安全的前提下，充分发挥主观能动性，确保施工工期。

试点工程施工时间计划见表5-8。

表5-8　试点工程施工时间计划

工作内容	第1月			第2月			第3月			第4月			第5月			第6月			第7月		
施工准备	■																				
技术交底		■	■																		
原位阻隔工程		■	■	■	■																
原位注射反应带工程			■	■	■																
可渗透反应墙工程			■	■	■	■	■														
地下水监测工程			■	■	■	■	■														
植物修复工程							■	■	■	■	■	■	■	■	■	■	■	■	■	■	■

5.2.1.2　临时设施准备

进行试点工程施工营地建设，接入水电、现场设置办公区等，项目部采用临时一层活动板房，另设置淋浴房、洗手间。矿区内产生的生活污水经场地内地埋式三级化粪池处理后，采用吸污车运至周边污水处理站进一步处理达标后外排。

施工营地建设照片见图5-16。

(a) 施工营地

(b) 办公用房

(c) 地埋式三级化粪池

(d) 吸污车

图5-16 施工营地建设照片

5.2.1.3 设备材料准备

（1）设备材料进场

各分项工程施工前，设备材料按需、分批次进场。设备材料类别、进场量等具体见表5-9。

表5-9 设备材料进场情况

序号	设备材料	进场量	备注（型号、规格）
1	钻机	11台	MGJ-150型
2	注浆机	3台	GYB-55E
3	挖土机	2台	PC200
4	GPS测量仪	1套	SE-RTK
5	抽水设备	4台	50WQ（D）、$27m^3/h$
6	注射设备	2套	GM-120型
7	空压机	3台	活塞式空气压缩机1.5MPa
8	水泥	800t	PC42.5
9	井管	1255条	PVC110管（4m/条）
10	滤料	169t	石英砂
11	膨润土	$300m^3$	—
12	双壁波纹管	54m	DN710
13	双壁波纹管	12m	DN500
14	PVC-U管	24m	ND315

续表

序号	设备材料	进场量	备注（型号、规格）
15	土工膜	1370m^2	HPDE膜+土工布
16	硝化菌剂	35t	自行培养
17	反硝化菌剂	22t	自行培养
18	改性零价铁	22.1t	密封袋装
19	葡萄糖	5.55t	袋装
20	氢氧化钠	3.1t	袋装
21	碳酸氢钠	22.95t	袋装
22	玉米芯	2t	Φ10～30mm
23	改性沸石	400t	Φ5～10mm
24	改性生物炭	100t	Φ1～3mm
25	碎石	400t	Φ10～30mm
		265t	Φ40～60mm
		290t	Φ300～500mm
26	鹅卵石	820t	Φ10～30mm
		265t	Φ40～60mm

（2）菌剂培养

场地内所需硝化、反硝化菌剂源来自矿区某城镇市政污水处理厂二沉池污泥，经扩培驯化制得，培养过程均在高2m、直径1.8m、容量5m³的PE塑料桶内进行，污泥驯化过程见图5-17。

(a) 初始污泥

(b) 驯化过程

图5-17　污泥驯化现场照片

硝化菌剂初始培养条件泥水比例为1∶3，培养过程以硫酸铵为氮源，氨氮初始浓度为70mg/L，通过碳酸氢钠调节体系pH值保持在7～8之间，并投加适量磷酸二氢钾、七水硫酸镁、七水硫酸铁、硫酸锌、氯化锰、硫酸铜、钼酸钠等营养盐和微量元素，培养过程中全程采用100m³/h鼓风机装置进行搅拌和曝气，保证溶液溶解氧含量维持在1.5～2.5mg/L，直至氨氮浓度降为0mg/L，同时硝化反应产物硝酸盐氮浓度降为≤20mg/L。待培养剂消耗完全后，静置菌泥悬液，更换上清液，补充培养试剂，并逐级提高氨氮浓度（90mg/L、100mg/L、120mg/L，直至150mg/L）高于矿区地下水氨氮最高检出浓度。硝化菌剂驯化周期7～10d，所得菌剂微生物群落结构在属水平上包括具有硝化功能的硝化螺菌属、亚硝化单胞菌属，以及具有反硝化功能的陶厄氏菌属、假单胞菌属、硫杆菌属等。

反硝化菌剂初始培养条件泥水比例为1∶1，以硝酸钙为氮源，硝酸盐氮初始浓度为100mg/L，通过碳酸氢钠调节体系pH值保持在7～8之间，并投加适量磷酸二氢钾、七水硫酸镁、七水硫酸铁、硫酸锌、氯化锰、硫酸铜、钼酸钠等营养盐和微量元素。培养过程中采用BLD搅拌器进行搅拌，使溶液中气体得以释放，并保证厌氧条件，直至硝酸盐浓度降为0mg/L。待培养剂消耗完全后，静置菌泥悬液，更换上清液，补充培养试剂，并逐级提高硝酸盐氮浓度（200mg/L、400mg/L、500mg/L，直至600mg/L）高于矿区地下水硝酸盐氮最高检出浓度。反硝化菌剂驯化周期14～20d，所得菌剂微生物群落结构在属水平上包括具有反硝化功能的陶厄氏菌属、假单胞菌属、硫杆菌属等。

5.2.2 工程施工

5.2.2.1 原位阻隔工程

（1）定点放线

按照设计方案，采用GPS测量仪（SE-RTK）进行施工段定点放线，每个钻孔位置均设置标记，共布设433个点位，点位间距220mm。

（2）钻进成孔

完成放线工作后开展注浆钻孔施工，施工期间使用MGJ-150型全液压钻探设备进行钻进施工，钻进过程使用Φ91mm钻头进行开孔，钻孔深度均达到中风化花岗岩0.5m，共完成钻孔433个，成孔总深度13033.7m。

（3）浆液制作

灌浆使用材料为纯水泥浆液，制浆过程中使用重量称量法进行称量，误差为

3%～5%，使用普通搅拌机搅拌90～120s，温度控制在5～30℃，采用一边搅拌一边使用方式，浆液进行过筛后方能使用，自制备至使用完成时间间隔为2h。

(4) 高压注浆

完成钻孔施工后采用高压注浆机（GYB-55E）自钻孔底部至114m标高开展高压喷射注浆，单排高压旋喷桩间距为220mm，桩咬合间距为80mm，水泥喷浆水灰比由稀至浓逐级改变，水灰比初始按照1.5：1开始注浆，至0.8：1停止，共完成阻隔墙水平延米95m，单桩阻隔墙桩数433根，累计注浆总长10104.2m，单位注浆长度水泥消耗量约60kg，满足设计中不少于50～70kg/m水泥用量要求。

施工完成后原位阻隔工程性能进行检测，原位阻隔工程无侧限抗压强度和渗透系数分别为8.8～15.9MPa、8.95×10^{-7}cm/s，满足设计中无侧限抗压强度≥2MPa、渗透系数<10^{-6}cm/s的要求。

工程实施效果见图5-18。

图5-18 原位阻隔工程实施效果

5.2.2.2 原位注射反应带工程

(1) 定点放线

按照设计方案，采用GPS测量仪（SE-RTK）进行原位注射井位置定点放线，每口注射井位置均设置标记，共布设8个注射区域、300口注射井，每个注射区域均设置为排井，单排井间距1m，相邻排井间错位0.5m布设。

(2) 钻进成孔

原位注射井钻探施工采用MGJ-150型钻机，钻孔Φ91mm，钻进过程采用泥浆护壁钻进，钻进深度分别按照设计要求，最终成孔总深度4499m。钻进完成后，采用Φ300mm扩孔器按设计要求进行扩孔，深度达到设计孔深，扩孔前使用钻杆钻具进行量测，确保扩孔深度满足要求。

（3）下管

从地表向下井管按以下顺序排列为井壁管、滤水管，井管采用Φ110mmPVC管，不设置沉淀管，井底部不封堵，井管各接头连接采用螺纹式连接井管。滤水管段现场成孔加工，滤水管总长度1406.4m，滤水管段使用缠丝包埋过滤器。

（4）填砾

滤料层从底部到滤水管顶部以上50cm，滤料层材料选择球度与圆度好、无污染的石英砂，使用前经过筛选和清洗，避免影响地下水水质。将填料缓慢均匀填充至井管与钻孔的环形空隙内，防止填料形成架桥或卡锁，滤料填充过程进行测量，确保滤料填充至设计高度。

（5）封孔

回填层位于止水层之上至地面，为保证注射井密封性，采用膨润土及水泥作为回填材料。

（6）成井洗井

建井完成后进行洗井，保证井出水水清砂净。洗井采用超量抽水、反冲等方式。洗井后统一加装井盖保护。

按照设计要求，共在8个修复区域完成注射井建设300口，建井总深度4499m。注射井建设效果见图5-19。

图5-19　原位注射井建设效果

5.2.2.3 可渗透反应墙工程

（1）隔水墙

1）定点放线

按照设计方案，采用GPS测量仪（SE-RTK）进行施工段定点放线，每个钻孔位置均设置标记，共布设190个点位，点位间距220mm。

2）钻进成孔

注浆钻孔使用MGJ-150型全液压钻探设备进行钻进施工，钻进过程使用Φ91mm钻头开孔，钻孔深度均达到中风化花岗岩0.5m，共完成钻孔190个，成孔总深度3431.5m。

3）浆液制作

灌浆使用材料为纯水泥浆液，制浆过程中使用重量称量法进行称量，误差为3%～5%，使用普通搅拌机搅拌90～120s，温度控制在5～30℃，采用一边搅拌一边使用方式，浆液进行过筛后方能使用，自制备至使用完成时间间隔为2h。

4）高压注浆

完成钻孔施工后采用高压注浆机（GYB-55E）自钻孔底部至设计标高开展高压喷射注浆，单排各个高压旋喷桩间距为220mm，桩咬合间距为80mm，水泥喷浆水灰比由稀至浓逐级改变，水灰比初始按照1.5∶1开始注浆，至0.8∶1停止，共完成阻隔墙水平延米41.5m，水泥旋喷桩单桩阻隔墙桩数190根，累计注浆总长2977.5m。

施工完成后对隔水墙灌浆强度和防渗性能开展检测，隔水墙无侧限抗压强度和渗透系数分别为4.3～15.9MPa、9.65×10^{-7}cm/s，满足设计中无侧限抗压强度≥2MPa、渗透系数<10^{-6}cm/s数量级的要求。

（2）可渗透反应墙

1）基坑开挖

施工前，采用GPS测量仪（SE-RTK）确定反应墙施工范围，开挖过程采用PC200型号挖机配合人工进行放坡开挖，开挖坑底面积210m^2，分两级放坡，第一级深2.50m，第二级2.40m，设2.2m的中间平台，开挖基坑总深度4.9m，开挖期间采用4台50WQ（D）型浅水泵进行基坑抽水，保持坑内地表干燥。

2）坑底防渗层铺设

基坑开挖完成后，对坑底、南北两侧墙面进行两布一膜铺设，覆膜面积约320m^2，铺设完成后进行可渗透反应墙填料回填施工。

3）填料回填

完成铺膜后按照设计方案确定的比例和用量进行填料回填。其中沿地下水流上游至下游方向3个过渡区回填规格分别为20m×2m×4.4m、20m×1.5m×4.4m、

20m × 1m × 4.4mm，回填 Φ10 ~ 30mm 鹅卵石材料；反硝化反应单元回填规格 20m × 3m × 4.4m，回填 Φ10 ~ 30mm 砾石材料、反硝化菌剂、固体碳源（玉米芯）、液体碳源（葡萄糖）、氢氧化钠、碳酸氢钠、改性零价铁、Φ1 ~ 3mm 改性生物炭；吸附反应单元回填规格 20m × 3m × 4.4m，回填 Φ5 ~ 10mm 改性沸石、Φ1 ~ 3mm 改性生物炭。回填期间在过渡区 1、2、3 中各布设了两口监测井，监测井管径为 Φ110mmPVC 管，管长 5.5m。反硝化反应单元区共布设 8 口注射井，注射井管为 Φ110mmPVC 管，管长 5.5m。

4）上部防渗层铺设

回填材料厚度达到 4.4m 后，上部铺设两布一膜（HPDE 膜），完成铺设后进行原土及黏土回填，回填厚度 0.5m。完成所有回填工序后，使用 PC60 型号挖机进行土质压实，减少沉降系数，施工期间无间断使用抽水泵进行基坑排水。

施工过程中，基坑开挖、防渗层铺设、填料回填等步骤均由监理工程师全程监督进行，施工完成后监理单位组织工程质量验收。可渗透反应墙工程实施效果见图 5-20。

图 5-20　可渗透反应墙工程实施效果

5.2.2.4　植物修复工程

（1）植被修复

1）复垦播撒

针对原位注射井施工对部分破坏区域进行植被恢复。对破坏区域进行场地平整和压实，对整理后的表层土施石灰、有机肥等进行土质改良，调整土壤 pH 值至 6 ~ 7。然后抛撒肥料，撒播混合草籽，撒播用量为 2.5kg/100m^2，配比为：高羊茅（20%）、猪屎豆（20%）、紫穗槐（20%）、狗牙根（20%）、宽叶草稗（20%）。撒播植草后覆盖一层生态毯，以起到保水隔热、防止冲刷、提高种子发芽率的作用。随后，在生态毯上采用人工方式种植香根草。

2）植物养护

为提高栽种植物存活率，植物养护主要包括浇水、施肥、病虫防治及植物补种，养护工作为期3个月。

植被修复前后现场照片见图5-21。

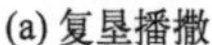

(a) 复垦播撒

(b) 植被修复实景

图5-21　植被修复前后现场照片

（2）生态沟

1）基坑开挖

施工前，采用GPS测量仪（SE-RTK）确定生态沟施工范围，确定明确的主体开挖范围、放坡范围等。基坑采用PC200型号挖机配合人工进行放坡开挖，开挖坑底面积450m^2，坑底长30m，宽15m，1：1放坡，开挖深度1～1.3m，开挖期间采用4台50WQ（D）型浅水泵进行基坑降水，保持坑内地表干燥。

2）抛石挤泥

基坑开挖完成后，鉴于底部为黏性较大土层，为增强其抗压强度，将Φ200～600mm大石块投加至坑底进行挤淤、石渣换填、碾压等，压实后达到表面无明显轮迹，层面密实，无弹簧现象，抗压强度大于15MPa，在此基础上进行人工底层修平。

3）防渗层铺设

基坑开挖完成后，底部铺设30mm黏土层，上部进行两布一膜铺设。

4）管网铺设

在生态沟进水口处建设17m×1m×1m布水渠，在南北两侧分别建设2m×2m×2m、1.5m×1.5m×1.5m沉砂池；布水渠与生态沟间设8个DN315PVC-U进水管。

沿生态沟至下游排水沟布设DN710PVC-U双壁波纹管，预埋至土层下0.9m；在距生态沟出水口1.3m处处置与出水方向布设DN500PVC-U集水包网穿孔管，预埋至土层下0.9m，中部与总排水管连接。

5）基坑回填

在生态沟上、下游配水缓冲区采用Φ40～60mm鹅卵石，主体区采用Φ10～30mm碎石进行回填，回填深度约80cm；其后在上部进行种植土回填，回填深度20cm，回填面积约450m²。完成所有回填工序后，使用PC60型号挖机进行土质压实，减少沉降系数，施工期间无间断使用抽水泵进行基坑排水。

6）植被种植

完成覆土回填后，在生态沟内沿上游至下游分别种植芦苇、黄菖蒲、风车草，植株高40～50cm，种植密度为芦苇16株/m²，黄菖蒲和风车草均为20株/m²。生态沟工程实施效果见图5-22。

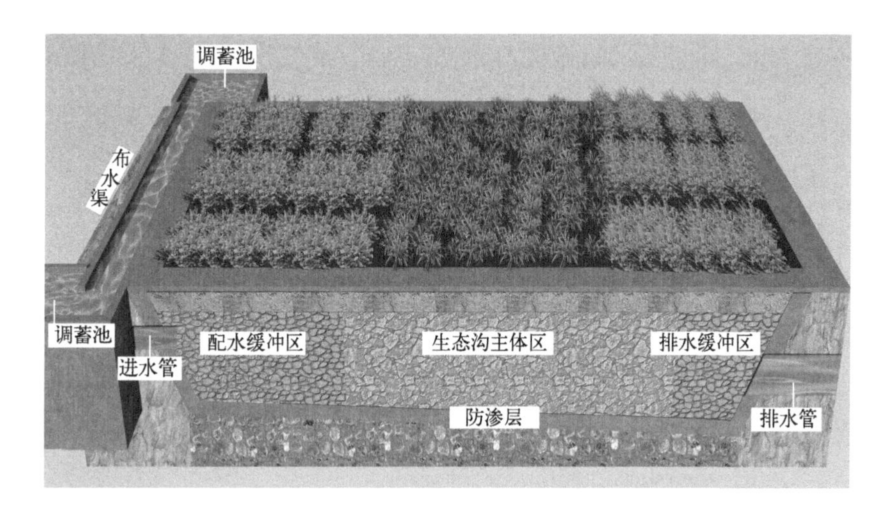

图5-22　生态沟工程实施效果

5.2.2.5　地下水监测工程

（1）原位注射区监测井

1）钻进成孔

原位注射井钻探施工采用MGJ-150型钻机，钻进方式为跟管回转取芯钻进，钻孔Φ91mm，钻进过程采用泥浆护壁钻进，最终钻进总长度326.1m。

2）扩孔

钻进完成后，采用Φ220mm扩孔器按设计要求进行扩孔，深度与钻进深度一致，扩孔前使用钻杆钻具进行量测，确保深度满足要求。

3）下管

监测井井管为单管单层结构，监测井管材采用PVC-U饮用水管材，井管为Φ110mm。采用双面割缝处理及双层滤网包裹。按成井深度将滤管和白管依次连接，连接处用铆钉固定，井底使用PVC管帽套头封堵。滤水管段上部至地下水稳定水位上0.5～1.0m处，下部至孔底，滤水管顶部至距地表采用黏土和混凝土封堵，防止地表水渗入，阻隔地表污水与目标地下水层联系。下管前对孔深校正，按先后次序将井管逐根丈量、排列、编号，确保下管深度和滤水管安装位置准确无误。将井管整体放入钻孔中，合理控制井管下放过程，防止速度过快，同时缓慢注入清水，使其沉到井底。下管完成后，将其扶正、固定，使得井管与钻孔轴心重合。

4）填砾

滤料层从底部到滤水管顶部以上50cm，滤料层材料选择球度与圆度好、无污染的石英砂，使用前经过筛选和清洗，避免影响地下水水质。将填料缓慢均匀填充至井管与钻孔的环形空隙内，且灌入过程中防止填料形成架桥或卡锁现象，滤料填充过程进行测量，确保滤料填充至设计高度。

5）封孔

回填层位于止水层之上至地面，采用膨润土密封。

6）成井洗井

采用超量抽水、反冲等方式进行洗井，保证井出水水清砂净。

7）监测井保护

监测井保护装置包括井口保护筒、井台或井盖、警示柱等部分，井口保护筒：选用PVC井盖，高出水泥面约40cm，井管周边采用混凝土构筑，井台规格为50cm×50cm×20cm。

（2）可渗透反应墙监测井

在可渗透反应墙回填过程中，预埋Φ110mmPVC管，建井深度4.9m，共建设监测井6口。

按照设计要求，在矿区完成建设原位注射区监测井18口和可渗透反应墙区域监测井6口。地下水监测井照片见图5-23。

(a) 原位注射区监测井地面实景

(b) 可渗透反应墙监测井地面实景

图5-23 地下水监测井照片

5.2.3 质量控制

5.2.3.1 技术交底

施工过程中严格技术交底制度，主要包括设计图纸、施工质量、施工工艺、工艺参数等内容，做到先交底后施工，确保工程质量，杜绝重大质量事故的发生。项目建设单位组织技术单位、设计单位、施工单位、监理单位等分别对原位阻隔工程、原位注射反应带工程、可渗透反应墙工程、植物修复工程、地下水监测工程等进行技术交底，并填写项目技术交底确认单（表5-10）。

表5-10　项目技术交底确认单

<table>
<tr><td>项目名称</td><td colspan="2"></td><td>编号</td><td></td></tr>
<tr><td>分项工程名称</td><td colspan="2"></td><td>交底日期</td><td></td></tr>
<tr><td>交底内容</td><td colspan="4"></td></tr>
<tr><td>交底单位</td><td>（盖章）</td><td>接收单位</td><td colspan="2">（盖章）</td></tr>
<tr><td>交底人</td><td>（签字）</td><td>接收人</td><td colspan="2">（签字）</td></tr>
<tr><td rowspan="6">会签栏</td><td colspan="2">参加单位</td><td colspan="2">参加人员</td></tr>
<tr><td colspan="2">建设单位</td><td colspan="2"></td></tr>
<tr><td colspan="2">技术单位</td><td colspan="2"></td></tr>
<tr><td colspan="2">设计单位</td><td colspan="2"></td></tr>
<tr><td colspan="2">施工单位</td><td colspan="2"></td></tr>
<tr><td colspan="2">监理单位</td><td colspan="2"></td></tr>
</table>

注：本表一式两份，项目技术交底单位和接收单位各执一份。

5.2.3.2 设备材料检验

施工期间，设备材料进场严格落实检验进场制度。施工单位负责对拟进场设备材料进行评审，收集设备材料质量证明文件，并将证明文件备案，对符合要求的填写施工设备材料进场报验申请表（表5-11），经项目经理签字后报送监理单位监理工程师审核同意方可进场。

表5-11　设备材料进场报验申请表

<table>
<tr><th>项目名称</th><th></th><th>编号</th><th></th></tr>
<tr><td colspan="4">致：＿＿＿＿＿（监理单位）
我单位于＿＿年＿＿月＿＿日进场的设备/材料数量清单如下（见附件），现将质量证明文件及自检结果报上，拟用于＿＿＿（分项工程）的施工，请予以审核。

附件：1. 数量清单；
2. 质量证明文件；
3. 自检结果。

施工单位（盖章）　　项目经理（签字）：
日期：　年　月　日</td></tr>
<tr><td colspan="4">审核意见：
□ 经检查上述设备/材料，符合设计文件和规范的要求，准许进场，同意使用于拟定工程。
□ 经检查上述设备/材料，不符合设计文件和规范的要求（见附件），不准许进场使用，应重新组织进场。

附件：问题数量清单

监理单位（盖章）　　监理工程师（签字）：
日期：　年　月　日</td></tr>
</table>

注：本表一式两份，项目施工单位和监理单位各执一份。

5.2.3.3　工序检验

施工过程中严格执行分项工序质量检验制度，上道工序验收不合格不得进行下道工序施工，尤其是原位阻隔墙、原位注射井、可渗透反应墙、地下水监测井等隐蔽工程。分项工序施工完毕后由施工单位组织自检，发现问题及时整改，并填报工序质量验收记录表（表5-12），经项目经理签字后，报送监理单位监理工程师审核同意方可进行下一步工序，每道工序均严格履行签字手续。

5.2.3.4　过程指导

为了解项目施工进度和质量，建设单位定期组织技术单位、设计单位赴施工现场，调研工程施工进展，并对存在问题提出整改意见和优化建议。结合施工进度安排，技术单位通过线上、线下相结合的方式，组织召开项目施工技术交流会，派出专业技术人员赴现场开展技术指导，与设计、施工等单位对施工过程中遇到的问题进行交流讨论，提出针对性的对策建议，指导工程顺利实施，并定期形成工作简报，报送建设单位。施工单位根据建设单位和技术单位的指导意见，优化施工时序、改进施工方法，保证项目施工质量。

表5-12　__________工序质量验收记录表

项目名称		编号	
分项工程名称		验收工序	
施工单位			
监理单位			
序号	**验收项目**	**施工单位自检记录**	**监理单位验收记录**
1	分项工序	共____道，自查____道符合要求，____道经整改后符合要求	共____道，验收____道符合要求，经整改后____道符合要求，____道不符合要求
2	质量控制资料	共____项，自查____项符合要求，____项经整改后符合要求	共____项，验收____项符合要求，经整改后____项符合要求，____项不符合要求
3	安全和主要功能	共____项，自查____项符合要求，____项经整改后符合要求	共____项，验收____项符合要求，经整改后____项符合要求，____项不符合要求
施工单位自检结果	□合格 □整改后合格 施工单位（盖章）　　项目经理（签字）： 日期：　年　月　日		
监理单位验收结果	□通过 □整改后通过 □不通过 监理单位（盖章）　　监理工程师（签字）： 日期：　年　月　日		

注：本表一式两份，项目施工单位和监理单位各执一份。

5.2.3.5　施工监理

施工过程中，监理单位派驻监理工程师驻场，通过监督旁站形式重点对原位阻隔墙、原位注射井、可渗透反应墙、地下水监测井等隐蔽工程进行监督。采取定期或不定期施工现场巡视方式，对施工进行全过程监督。通过资料审查对设备材料进场、技术交底等进行检查，对存在的问题及时提出整改意见，并通知施工单位项目经理。各分工序、分项工程完成后，及时组织验收，出具验收意见，保证施工进度及质量安全。

5.3 试点工程运维

5.3.1 工程运维方案

为保证地下水污染修复效果，主要对原位注射反应带工程和可渗透反应墙工程开展运维工作。

5.3.1.1 原位注射反应带工程

（1）运维方式

运维设备包括配液系统、注液系统和供气系统各1套，含水箱、菌剂存储罐、混合修复剂搅拌罐、高压注液泵、空压机、输液管和气管。以300口原位注射井为对象，针对重点区域适时注射修复剂、营养物质及曝气增氧，调节pH值（稳定在7～8），增强修复效果。定期对矿区8个修复区内各监测井、注射井开展地下水pH值、溶解氧、氨氮、硝酸盐氮等指标检测，并根据指标变化情况，进行运维技术参数调整。

（2）运维周期

运维周期计划为3个月，并根据实际修复效果调整运维周期。具体可分为两个阶段。第一阶段为硝化反应运维阶段，修复剂包括硝化菌剂、零价铁、氢氧化钠和碳酸氢钠，在注射修复剂的同时，通过间歇性曝气使得地下水DO浓度≥2mg/L，利用好氧硝化菌将NH_4^+-N转化为NO_3^--N，待DO消耗后，利用反硝化菌再将部分NO_3^--N转化为N_2。当8口监测井地下水氨氮平均去除率达到80%并保持稳定时启动第二阶段反硝化反应运维。反硝化反应运维阶段不曝气，注射修复剂包括反硝化菌剂、零价铁、葡萄糖、氢氧化钠和碳酸氢钠，通过补充碳源强化反硝化反应，使地下水硝酸盐氮浓度达到修复目标。

（3）运维目标

当矿区8个修复区8口监测井地下水氨氮平均去除率达到80%、地下水中硝酸盐氮平均浓度达到《地下水质量标准》（GB/T 14848—2017）Ⅲ类标准并保持稳定，运维结束。

5.3.1.2 可渗透反应墙工程

（1）运维方式

运维设备为原位注射反应带工程运维配液系统和注液系统。以反应墙反硝化反应单元内8口原位注射井为对象，适时注入反硝化菌剂、零价铁、葡萄糖、氢氧化钠和碳酸氢钠，原位调节地下水pH值（稳定在7～8）。定期对反应墙内各监测井、注射井开展地下水pH值、溶解氧、氨氮、硝酸盐氮等指标检测，并根据指标变化情况进行运维技术参数调整。

（2）运维周期

运维周期计划为3个月，并根据实际修复效果调整运维周期。

（3）运维目标

当反应墙下游JC05、JC06点位地下水氨氮去除率达到80%、硝酸盐氮浓度达到《地下水质量标准》（GB/T 14848—2017）Ⅲ类标准并保持稳定，运维结束。

5.3.2 工程运维实施

5.3.2.1 原位注射反应带工程

（1）硝化反应阶段

1）运维设备

运维设备包括配液系统、注液系统和供气系统各1套（图5-24）。

(a) 配液-注射-供气系统

(b) 水箱(左)、菌剂存储罐(右)

图5-24

(c) 高压注液泵

(d) 气管(黑色)、输液管(蓝色)

图5-24 工程运维设备照片

2）运维过程

对矿区300口原位注射井，开展微生物菌剂、零价铁注入、原位地下水pH值调节和曝气增氧，同步开展现场快速检测（监测井中水温、pH值、溶解氧、氨氮、硝酸盐氮浓度）。

3）参数调整

根据修复效果跟踪评估结果对运维技术参数进行了调整：

① 根据实际修复效果，优化了修复剂单次投加量和投加频次；

② 采取硝化阶段与反硝化交替进行的方式，通过间歇性曝气改变地下水氧化还原条件，当曝气使DO浓度≥2mg/L时，启动好氧硝化反应，待DO消耗至<2mg/L时启动反硝化反应，逐步去除地下水中的NH_4^+、NO_3^-；

③ 考虑汛期降雨导致土壤中残留的氨氮发生溶滤释放等因素，针对性加强了跟踪监测频次，强化修复剂投加和曝气；

④ 综合考虑实际修复效果和汛期降雨影响，工程运维周期延长至6个月。

硝化阶段运维情况统计见表5-13。

表5-13 硝化阶段运维情况统计

修复剂	单井投加量/(kg/口)		投加批次/次		投加总量/t	
	设计	实际	设计	实际	设计	实际
硝化菌剂	10.0	4.0～20.0	4	5～15	12.0	34.8
零价铁	0.8	2.0	4	1～3	1.0	1.0
氢氧化钠	1.2	0.5、1.0	4	3～8	1.5	1.3
碳酸氢钠	6.2	3.0～6.6	4	9～30	7.5	18.7

4）运维结果

运维阶段，地下水pH值总体稳定在7～8范围内，累计曝气时间35104min（24.4d），曝气后地下水溶解氧浓度总体满足≥2mg/L的要求，见图5-25。

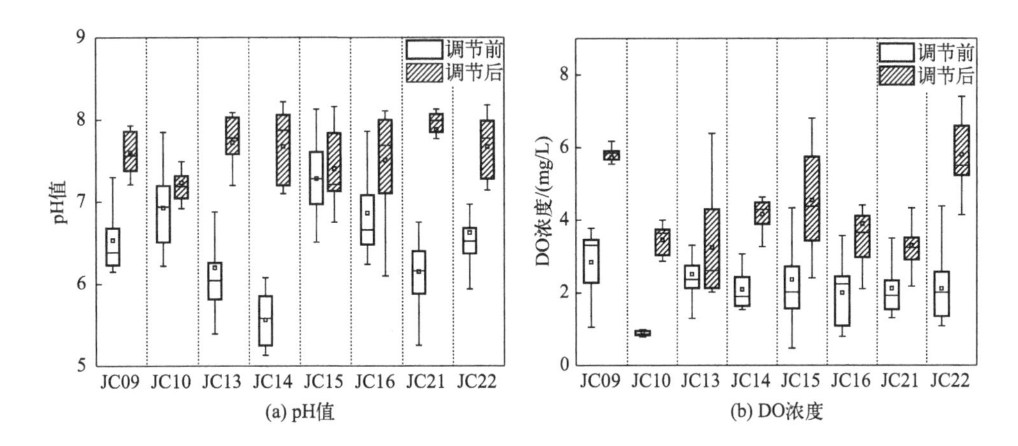

图5-25 硝化阶段地下水pH值和DO浓度统计箱型图

（2）反硝化反应阶段

1）运维设备

对比硝化反应阶段，反硝化反应阶段运维设备包括配液系统和注液系统。

2）运维过程

对矿区300口原位注射井开展微生物菌剂、葡萄糖、零价铁注入，原位地下水pH值调节，同步开展现场快速检测（监测井中水温、pH值、溶解氧、氨氮、硝酸盐氮浓度）。

3）参数调整

根据修复效果跟踪评估结果对运维技术参数进行了调整：

① 考虑汛期降雨导致土壤中残留氨氮发生溶滤释放，在硝化阶段转化为更多的硝酸盐氮等因素，强化了反硝化菌剂和碳源投加；

② 综合考虑硝化阶段部分硝酸盐氮已同步反硝化去除，运维周期调整为1个月。

反硝化阶段投加修复剂统计见表5-14。

表5-14 反硝化阶段运维情况统计

修复剂	单井投加量/（kg/口）		投加批次/次		投加总量/t	
	设计	实际	设计	实际	设计	实际
反硝化菌剂	6.6	15.0、20.0	2	1～3	4.0	9.9
零价铁	1.6	1.6、3.2	2	1～3	1.0	1.0

续表

修复剂	单井投加量/(kg/口)		投加批次/次		投加总量/t	
	设计	实际	设计	实际	设计	实际
葡萄糖	3.3	7.0、7.5	4	1～3	4.0	4.0
氢氧化钠	1.2	1.2	2	1～3	0.5	0.7
碳酸氢钠	4.0	4.0	2	1～3	2.5	2.3

4）运维结果

运维阶段，地下水pH值总体稳定在7～8范围内，地下水溶解氧浓度总体满足<2mg/L的要求，见图5-26。

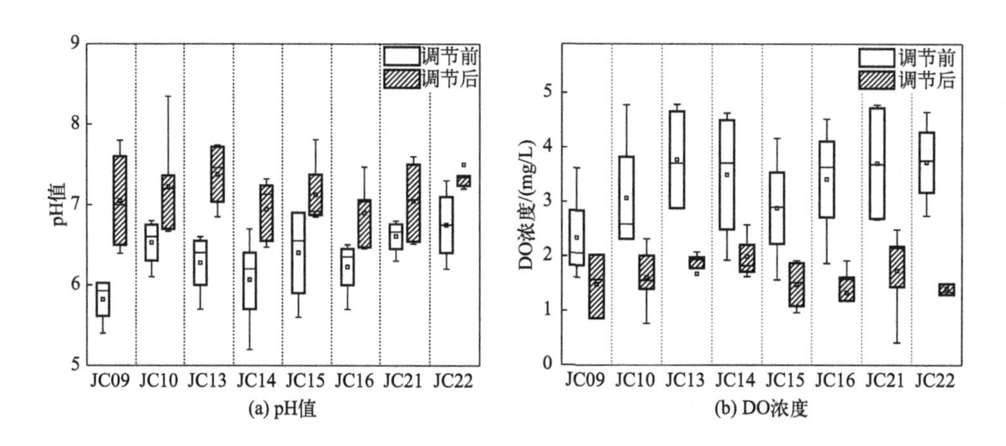

图5-26 反硝化阶段地下水pH值和DO浓度统计箱型图

5.3.2.2 可渗透反应墙工程

（1）运维设备

运维设备同原位注射反应带工程反硝化反应阶段运维设备。

（2）运维过程

对反应墙反硝化反应单元内8口原位注射井开展反硝化菌剂和碳酸氢钠注入，调节地下水pH值，同步开展现场快速检测，监测井中水温、pH值、溶解氧、氨氮、硝酸盐氮浓度。

（3）参数调整

结合原位注射反应带工程效果及可渗透反应墙内监测井地下水水质监测结果，综合分析确定运维参数。当识别上游来水硝酸盐氮浓度上升时，为保证渗透反应墙的效果，增加反硝化菌注入量。运维阶段投加反硝化菌剂、碳酸氢钠情况见表5-15。可渗透反应墙工程注射运维周期为4个月，之后反应墙地下水水质稳定达标，转为被动运维，未注射修复剂。

表5-15 可渗透反应墙工程运维情况统计

时间	频次	反硝化菌/kg	碳酸氢钠/kg
第1个月	第1次	422.4	—
第2个月	第2次	52.8	32.0
第3个月	第3次	52.8	128.0
第4个月	第4次	52.8	32.0
小计		580.8	192.0

（4）运维结果

各监测井地下水pH值平均值接近7，DO浓度普遍低于2mg/L，具体见图5-27。

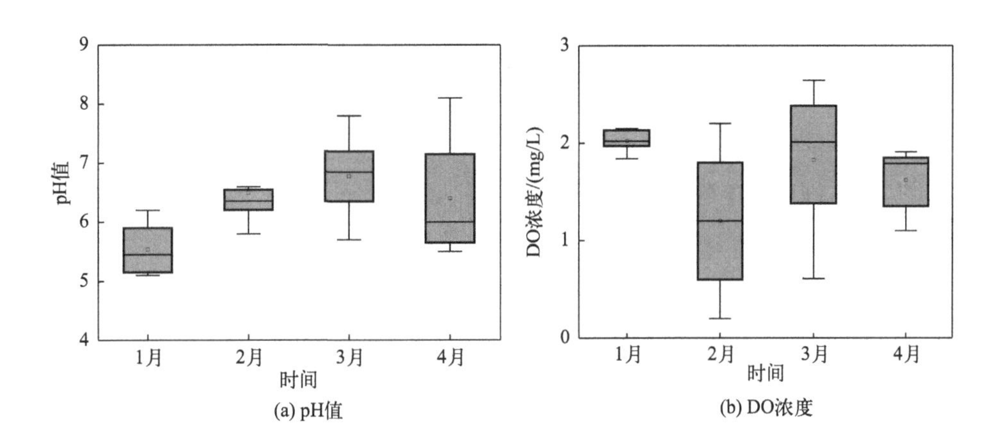

图5-27 运维阶段地下水pH值和DO浓度统计箱型图

5.4 试点工程评估

5.4.1 跟踪评估方案

为保障修复目标可达，在试点工程运维期间，围绕原位阻隔工程、原位注射反应带工程、可渗透反应墙工程和生态沟工程，从地下水流场、注射井现状、地下水水质、生态沟水质4个方面开展跟踪监测，评估试点工程实施效果，识别影响修复效果的主要因素，针对性提出修复技术参数优化调整建议，并反馈于运维过程，直至达到修复目标。

修复效果跟踪评估技术路线见图5-28。

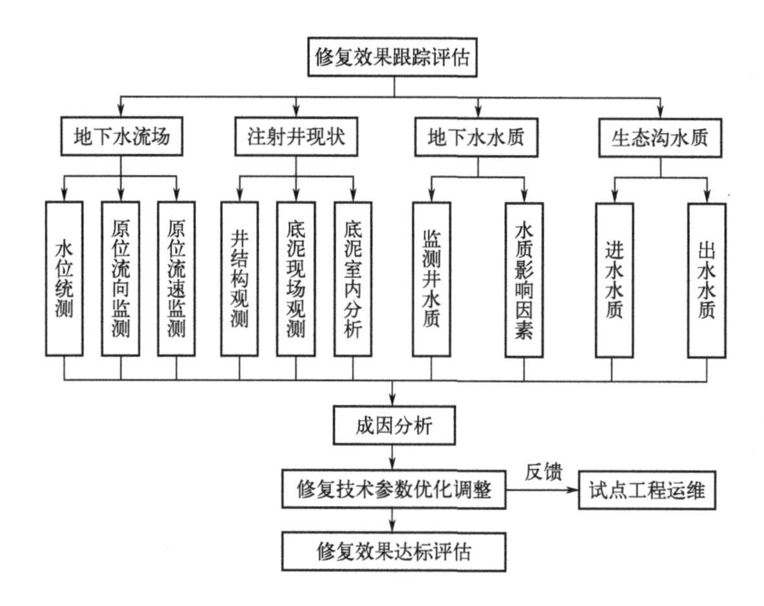

图5-28 修复效果跟踪评估技术路线

5.4.1.1 原位阻隔工程

修复期间采用地下水流速流向仪、地下水水位计，定期开展地下水水位、流向原位监测，同步采用多参数水质分析仪，开展地下水水质监测，评估原位阻隔工程的隔水效果。监测点位为原位阻隔工程上游JC24和下游JC19监测井，水位与水质监测频次为1次/月，流速流向监测频次为丰、平、枯水期3个期次。

5.4.1.2 原位注射反应带工程

（1）地下水流场

修复期间，采用地下水流速流向仪、地下水水位计，定期开展地下水水位、流速和流向原位监测。监测点位为矿区17口地下水监测井，水位监测频次为1次/月，流速流向监测包括丰、平、枯3个水期。根据监测结果，分析地下水流场动态变化特征，并结合地下水流向，分析注射井与地下水流向的关系，评估注射井布设方案合理性。根据地下水流速监测结果，划分地下水运移区段，计算矿内地下水流经原位修复区所需的时间，从而对工程运维周期进行优化调整。

（2）注射井现状跟踪评估

修复期间，定期使用井下摄录系统对300口注射井进行全面观测，测量注射井地下水埋深、筛管起始深度、井深等成井结构，识别井管是否存在变形、错位、堵塞等问题，及时反馈工程运维单位，对存在问题的注射井进行修复和疏通，并观测复核，保证修复剂在目标含水层中能够有效扩散。此外，采用现场抽样观测的方式，评估注射井底泥菌落量和活性，抽取至少40%的注射井，观察底泥性状。采用平板计数和降解批实验的方式，分析原位修复区注射井底泥中菌落丰度、数量和反应活性，评估注射井中微生物菌剂残留情况，每个修复区每次至少分析底泥样品5个，每个样品设3组平行。对于微生物菌剂数量和活性不足的修复区，提出针对性补充注液建议，并反馈给工程运维单位，提高修复效果。

（3）地下水水质跟踪评估

修复期间，围绕17口地下水监测井，采用自行监测和委托监测相结合的方式，开展地下水水质跟踪监测。自行监测利用水质快速检测试纸盒、多参数水质分析仪等便携式快速检测设备，频次为1次/周。委托有资质的检测单位进行采样监测，频次为1次/月，监测频次考虑工程运维进度和天气因素动态调整。水质监测指标包括水温、pH值、DO浓度、氨氮、硝酸盐氮、亚硝酸盐氮。根据跟踪监测结果，一方面分析矿区地下水总体水质状况，综合评估工程修复效果。另一方面逐一分析各修复点位地下水水质变化趋势，识别菌剂注射、pH值调节、曝气增氧等运维措施以及降雨、温度等因素与地下水水质变化的响应关系，研判水质变化成因，为技术参数优化调整提供依据。

5.4.1.3　可渗透反应墙工程

（1）注射井现状跟踪评估

修复期间，定期使用井下摄录系统对8口注射井进行全面观测，测量注射井地下水埋深、筛管起始深度、井深等成井结构，识别井管是否存在变形、错位、堵塞等问题，及时反馈工程运维单位，对存在问题的注射井进行修复和疏通，并观测复核，保证修复剂在目标含水层中能够有效扩散。此外，采用平板计数和降解批实验的方式，观察8口注射井底泥性状，每口注射井分析底泥样品1个，每个样品设3组平行，分析反硝化反应单元底泥中菌落丰度、数量和反应活性，评估注射井中微生物菌剂残留情况。微生物菌剂数量和活性不足时，提出针对性补充注液建议，并反馈给工程运维单位，提高修复效果。

（2）地下水水质跟踪评估

修复期间，围绕6口地下水监测井，采用自行监测和委托监测相结合的方式，开展地下水水质跟踪监测，监测方法和频次同原位注射反应带工程地下水水质跟踪监测。根据跟踪监测结果，综合评估工程修复效果，分析地下水水质变化趋势，识别菌剂注射、碳源投加、pH值调节等工程运维措施与地下水水质变化的响应关系，研判水质变化成因，为技术参数优化调整提供依据。

5.4.1.4　植物修复工程

在生态沟建设完工后，待生态沟运行状况稳定，植被生长状况良好，对生态沟进出水水质开展了跟踪监测。监测点位包括生态沟进、出水2个点位，进水采样点位布设在生态沟布水渠内，出水采样点布设在靠近生态沟边界的主排水管处，监测指标包括pH值、氨氮等指标，监测频次为每月1次。根据生态沟出水水质，分析生态沟对地表径流和地下水出露中的氨氮等污染物的去除效果。

5.4.2　原位阻隔工程跟踪评估

5.4.2.1　地下水跟踪监测设备

采用地下水流速流向仪、地下水水位计，同步采用多参数水质分析仪，开展了原位阻隔工程上游JC24和下游JC19监测井地下水水位、流向和水质监测，水位和水质监测频次为每月1期，流速流向监测包括丰、平、枯3个水期。根据监测结果，评估阻隔墙隔水效果。

监测设备照片见图5-29。

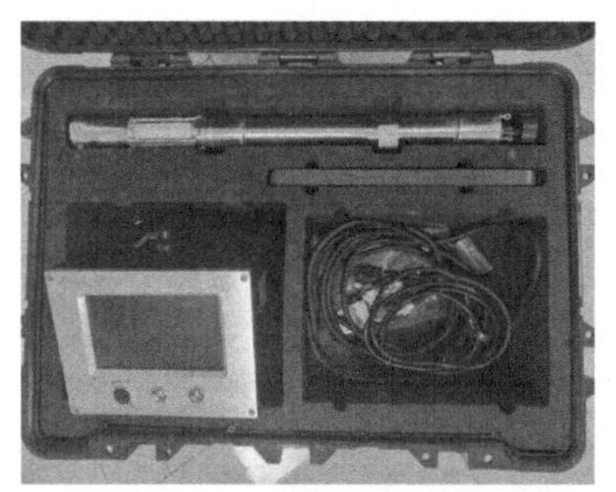

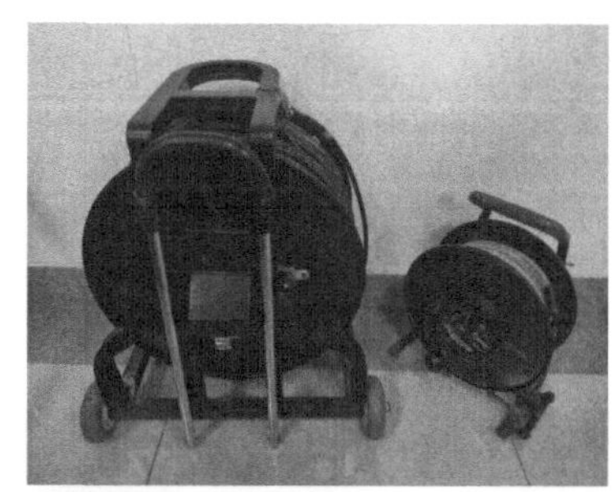

(a) 地下水流场监测设备

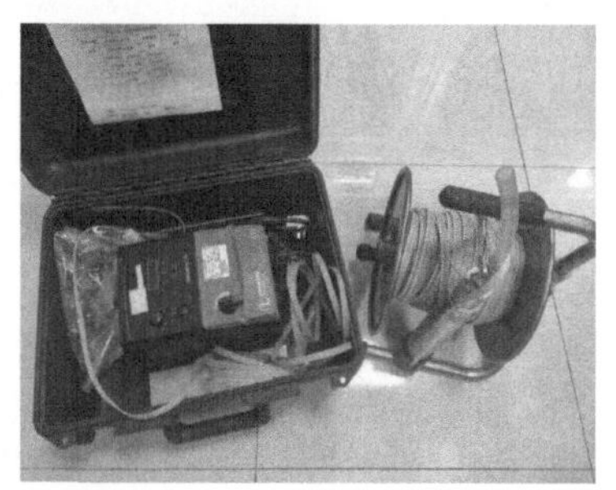

(b) 地下水水质监测设备

图5-29　地下水监测设备照片

5.4.2.2 地下水流场跟踪评估

根据地下水水位跟踪监测结果（表5-16），原位阻隔工程建成后，JC19监测井侧向径流补给量减少影响，地下水埋深呈增加趋势，水位变幅1.42m；JC24监测井受原位阻隔工程阻隔后地下水向下游径流量减少、水位涌高影响，地下水埋深基本稳定，水位变幅0.43m，明显小于JC19监测井［图5-30（a）］。可见，原位阻隔工程有效切断了地下水向下游的补给通道，导致上下游地下水位变化趋势、变幅明显改变。

表5-16 JC19、JC22地下水埋深和水质跟踪监测数据

监测内容	监测点位	第1月	第2月	第3月	第4月	第5月	第6月	第7月
地下水埋深/m	JC19	2.90	3.67	4.86	4.78	4.48	4.32	4.35
	JC24	9.80	10.30	10.56	10.55	10.44	10.23	9.92
氨氮浓度/（mg/L）	JC19	8.11	4.93	4.12	4.08	4.10	3.23	3.68
	JC24	10.30	14.80	9.46	9.49	9.50	10.00	9.75

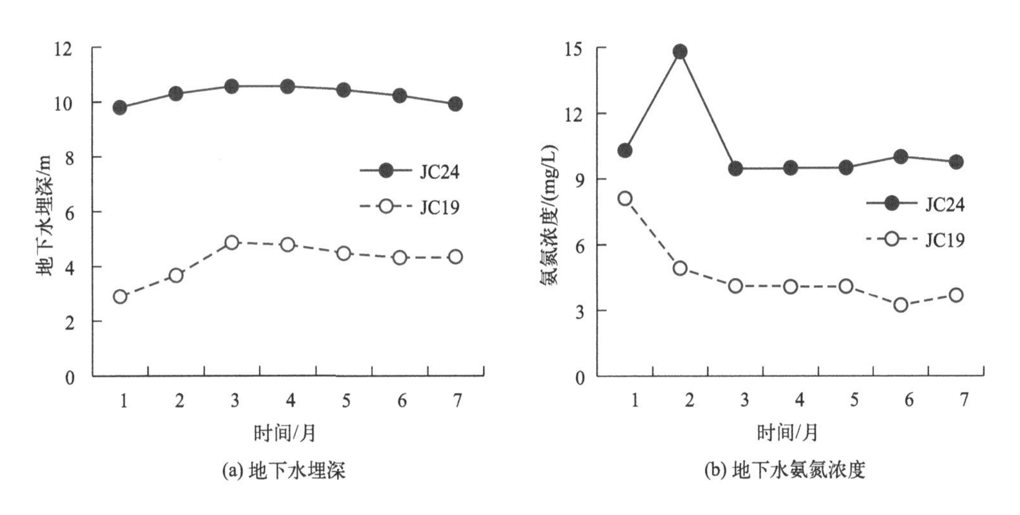

图5-30 JC19、JC24监测井地下水埋深和氨氮浓度变化趋势

5.4.2.3 地下水水质跟踪评估

根据地下水水质跟踪监测结果（表5-16），JC24监测点氨氮浓度稳定在约10mg/L；JC19监测点1月氨氮浓度为8.11mg/L，与JC24监测点氨氮浓度接近，此后受原位阻隔工程阻隔后上游污染物停止向矿区迁移影响，氨氮浓度持续下降，直至7月降至3.68mg/L，变幅4.43mg/L［图5-30（b）］。从水质变化角度，原位阻隔工程有效切断了上游污染物向下游的迁移途径，导致下游污染物浓度不断降低。

5.4.3 原位注射反应带工程跟踪评估

5.4.3.1 地下水流场跟踪评估

采用地下水流速流向仪、地下水水位计，开展矿区17口监测井地下水水位、流速和流向监测，水位监测频次为每月1期，共7期，流速流向监测覆盖丰、平、枯3个水期，共3期。根据监测结果，分析矿区地下水流场和注射井布设方案合理性，评估修复工程运维时间。

（1）地下水动态特征

根据地下水水位跟踪监测结果，矿区地下水水位变化与降雨量显著相关。试点工程运维过程中矿区降雨量逐渐增加（图5-31），1～3月平均降雨量97.9mm/月，为枯水期；4、5月平均降雨量173.8mm/月，为平水期；6月降雨量为282.8mm/月，为丰水期。地下水水位监测结果见图5-32，枯水期地下水水位逐渐下降，幅度为1.17～3.48m，平均降低2.6m；平水期地下水水位较枯水期有所上升，幅度为0.35～0.99m，平均上升0.66m；丰水期地下水水位较枯水期平均上升1.97m，其中JC10、JC14、JC15、JC16等点位地下水水位上升较高，普遍超过2.5m。枯、平、丰各水期地下水等水位线见图5-33。

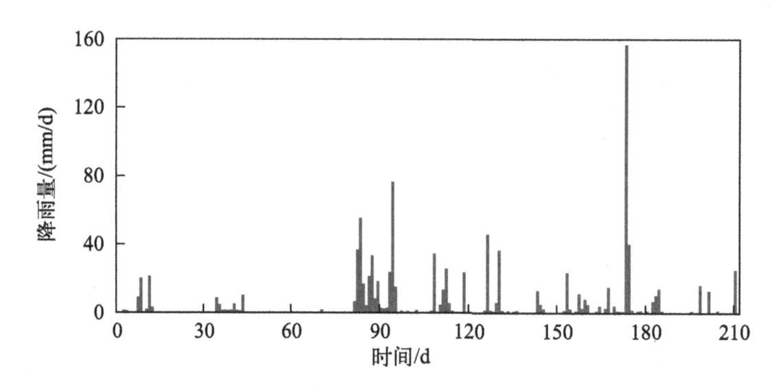

图5-31 矿区降雨量分布

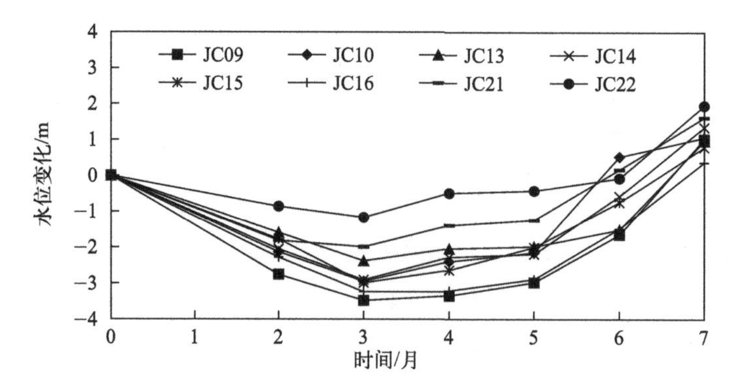

图5-32 矿区地下水埋深变化曲线

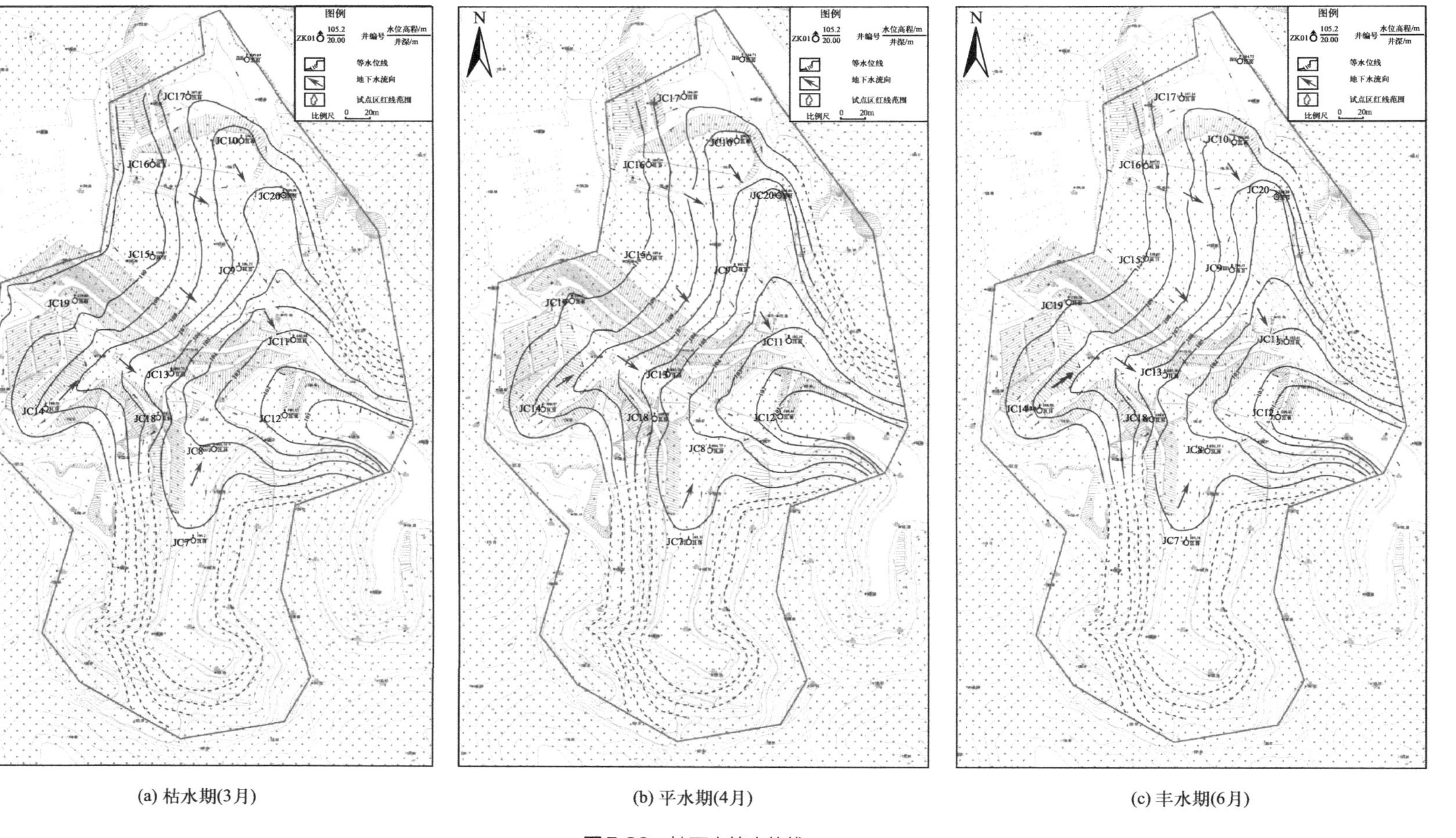

(a) 枯水期(3月)

(b) 平水期(4月)

(c) 丰水期(6月)

图5-33　地下水等水位线

（2）地下水流向

采用地下水流速流向仪测定地下水流向，监测结果见表5-17、图5-34（书后另见

表5-17　各监测井地下水总体流向监测结果

点位编号	JC07	JC08	JC09	JC10	JC11	JC12	JC13	JC14
地下水流向/(°)	341.1	266.1	142.1	141.1	126.1	242.6	155.6	67.3
点位编号	JC15	JC16	JC17	JC18	JC19	JC20	JC21	JC22
地下水流向/(°)	126.1	85.0	24.2	103.9	183.3	225.4	136.8	114.2

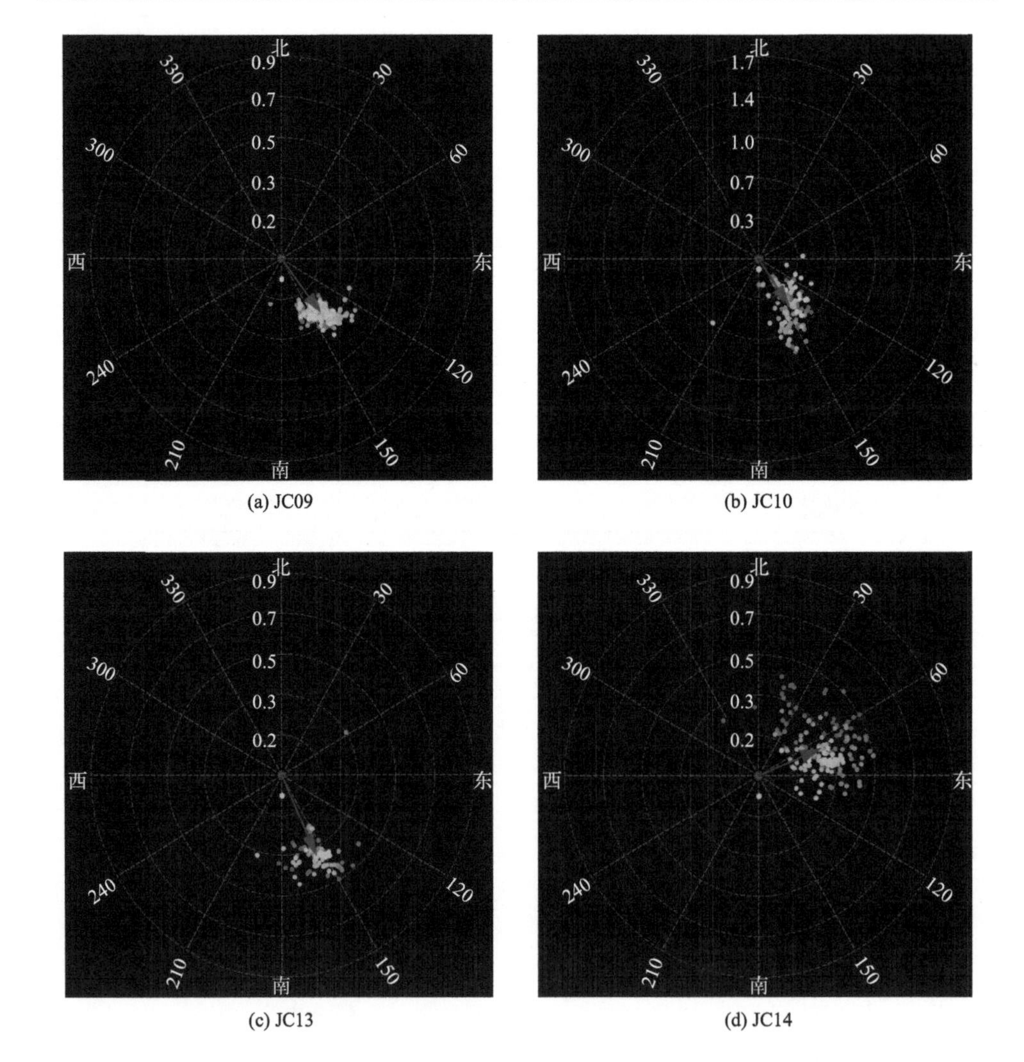

(a) JC09　　(b) JC10

(c) JC13　　(d) JC14

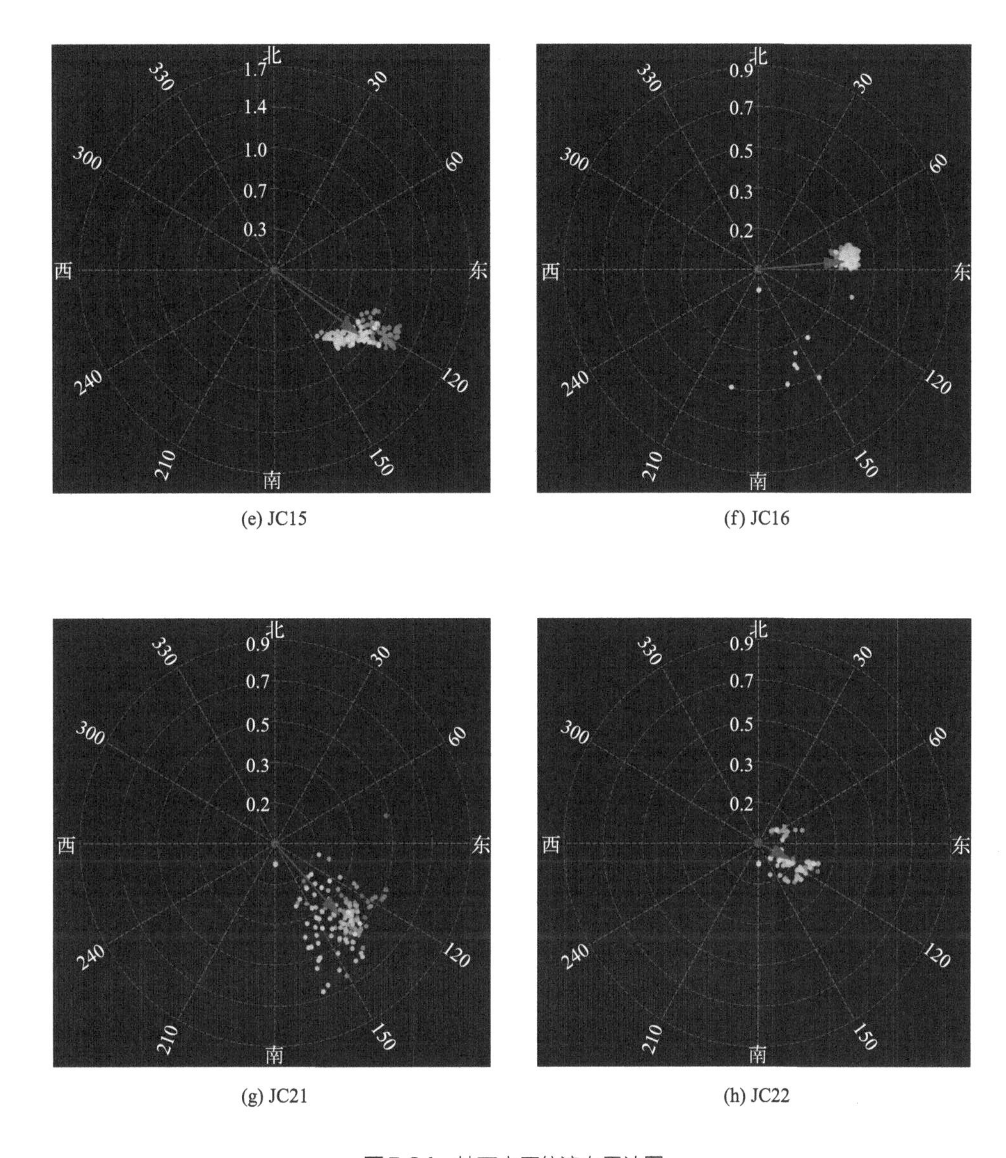

(e) JC15

(f) JC16

(g) JC21

(h) JC22

图5-34 地下水原位流向雷达图

彩图)，结合地下水水位数据，得到地下水流向见图5-35。结果表明，各监测井地下水总体流向与水文地质详查结果基本一致，注射排井基本垂直于地下水流向，注射井布设合理。

（3）地下水流速

采用地下水流速流向仪测定地下水流速，监测结果见图5-36。矿区地下水流速为0.2431～0.2853m/d。JC16、JC15、JC10、JC09等北部经流区地下水流速相对最快，平均为0.2853m/d；JC14、JC21、JC13等中部径流区地下水流速相对较快，平均为0.2824m/d；东部径流区JC22点位地下水流向相对较慢，平均为0.2431m/d。

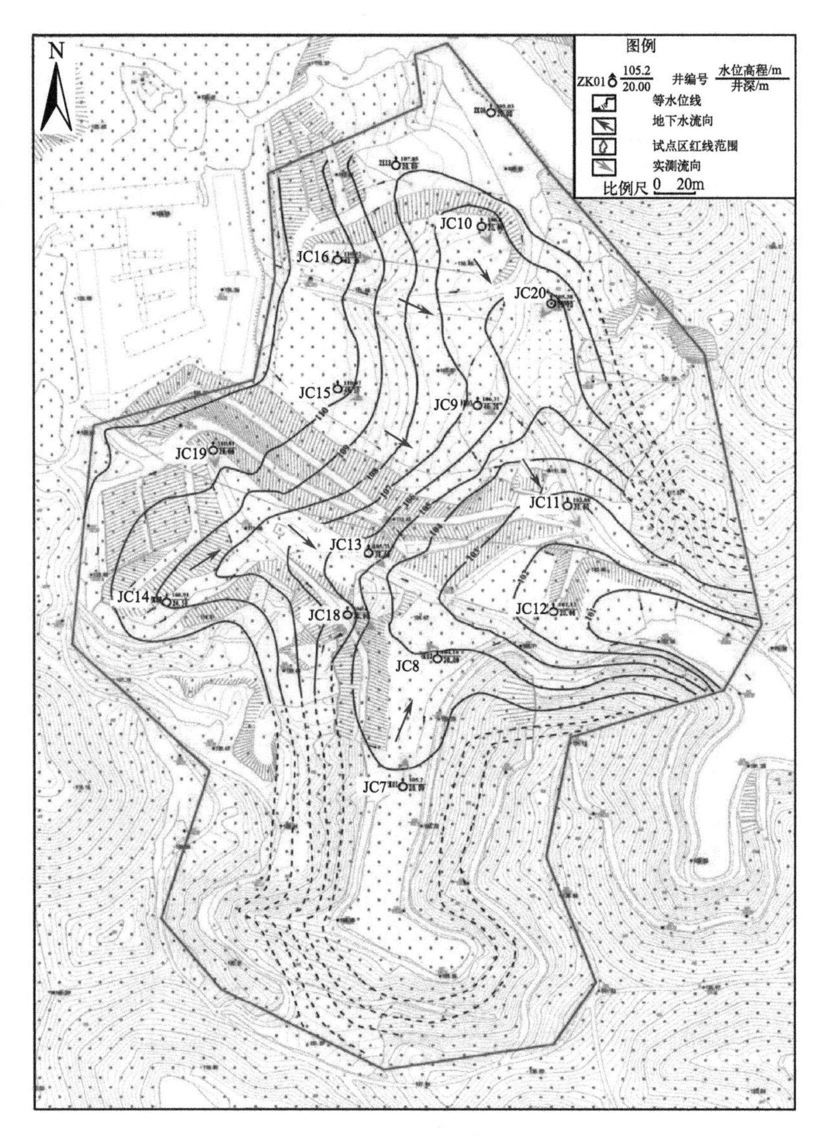

图5-35　矿区地下水流向

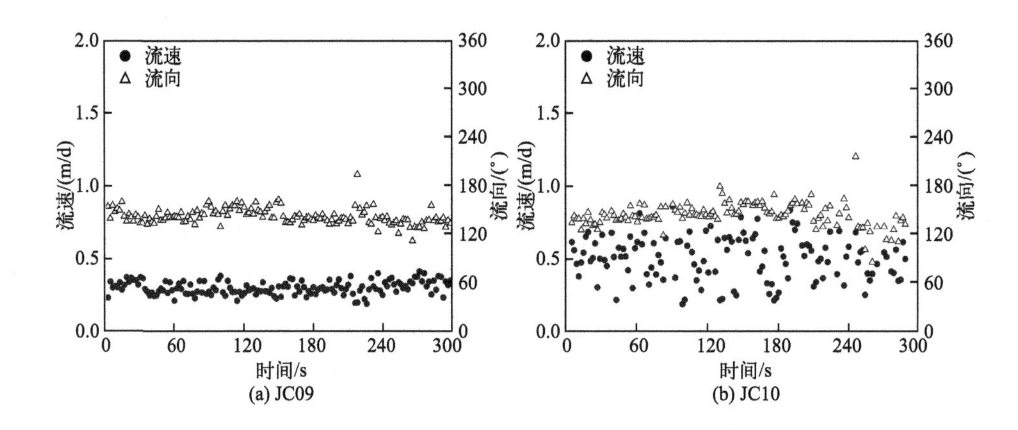

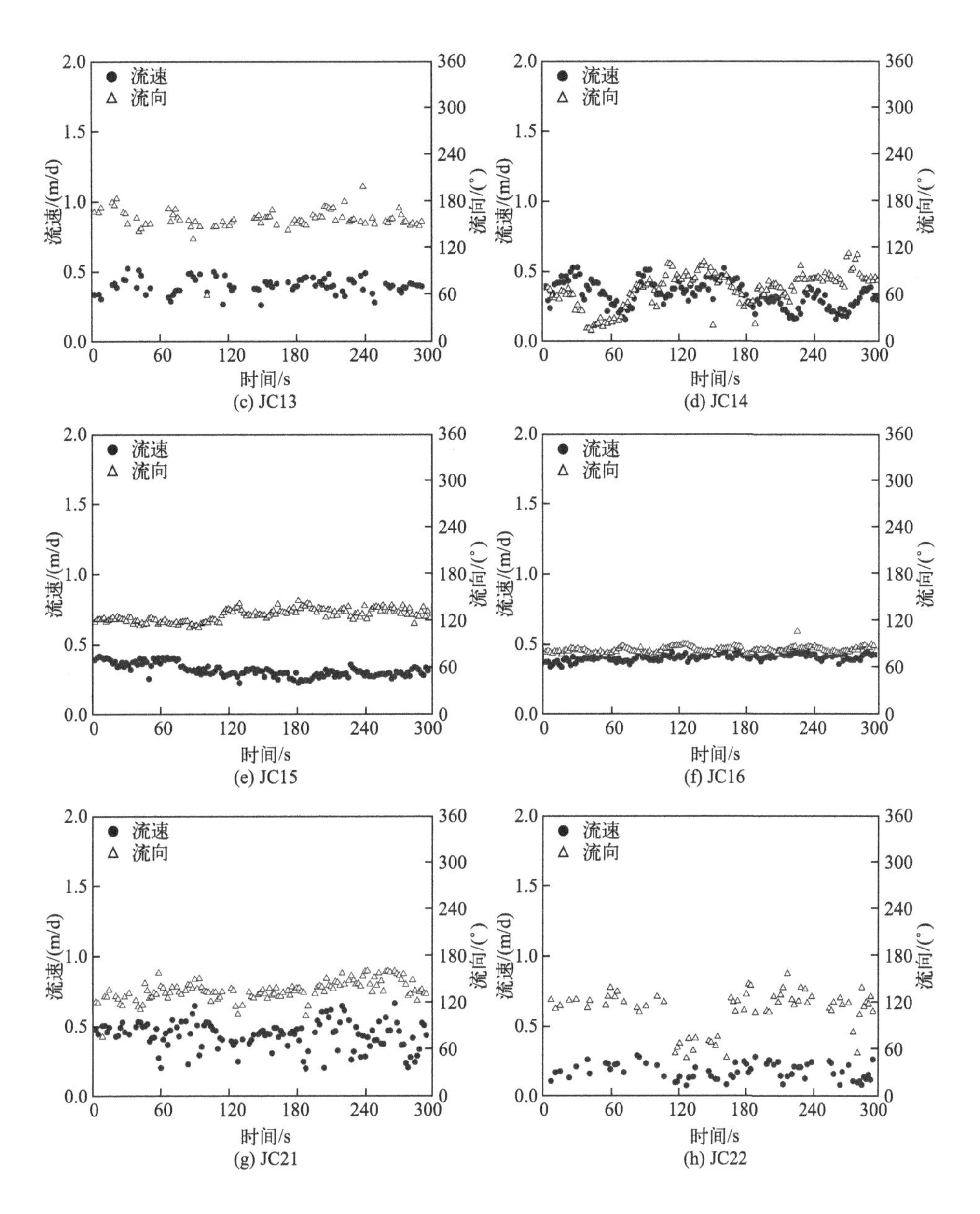

图5-36 各注射区监测井地下水原位流速流向散点图

为评估工程运维时间，根据原位注射井分布，将矿区划分为10个地下水运移区段，见图5-37。区段1～4为矿区边界经JC14、JC21流向JC13修复区的地下水运移区段，地下水流速均值0.2824m/d；区段6～9为矿区内水文地质单元边界经JC15、JC16、JC10流向JC09修复区的地下水运移区段，流速均值0.2431m/d；区段10为JC13；区段5、10分别为JC13、JC09至下游修复区JC22的地下水运移区段，流速均值分别取0.2776m/d、0.2431mg/d。结合矿区地下水运移区段距离，估算得到地下水运移时间见表5-18。

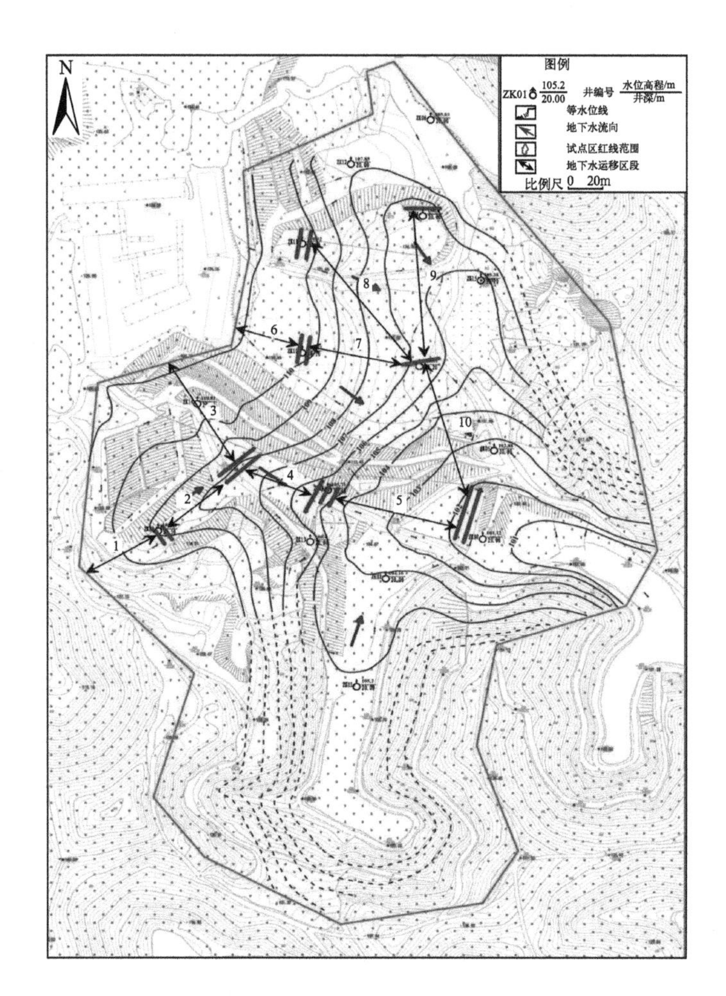

图5-37　矿区各反应段划分示意

表5-18　各反应段地下水流速及运移时间

编号	起点	终点	距离/m	流速/(m/d)	运移时间/d
1	边界	JC14	47	0.2824	67
2	JC14	JC21	60	0.2824	85
3	边界	JC21	75	0.2824	106
4	JC21	JC13	50	0.2824	71
5	JC13	JC22	77	0.2776	111
6	边界	JC15	40	0.2853	56
7	JC15	JC9	64	0.2853	90
8	JC16	JC9	100	0.2853	140
9	JC10	JC9	90	0.2853	126
10	JC9	JC22	88	0.2431	145

结果显示，各地下水流经1～10各区段的运移时间为1.9～4.8个月，平均3.3个月，即矿区地下水全部经过一次原位注液修复至少需要4.8个月。为确保修复效果，试点工程运维时间有必要从3个月延长为至少5个月。

5.4.3.2 注射井现状跟踪评估

围绕矿区8个修复区300口注射井，采用井下摄录系统对注射井结构进行观测，观测频次为2次，评估注射井设施使用状况，识别注射井存在的变形、错位、堵塞等问题。注射井结构观测过程中，同步抽检135口注射井底泥样品，现场观察底泥性状；实验分析其中48个底泥样品的菌落总数和降解活性，每个样品3组平行，共144个批次；对24个底泥样品委托开展16S微生物测序，分析底泥微生物丰度，综合评估注射井内微生物菌剂残留情况，为菌剂注射参数优化调整提供依据。

（1）注射井结构

注射井结构观测设备照片见图5-38。根据观测结果，8个修复区共300口注射井筛管长度、位置等结构参数均符合设计要求。但受工程运维过程中注液、曝气等影响，部分注射井出现了一定程度的损坏，主要表现为井管变形、错位、堵塞等问题（图5-39）。

图5-38 注射井观测设备照片

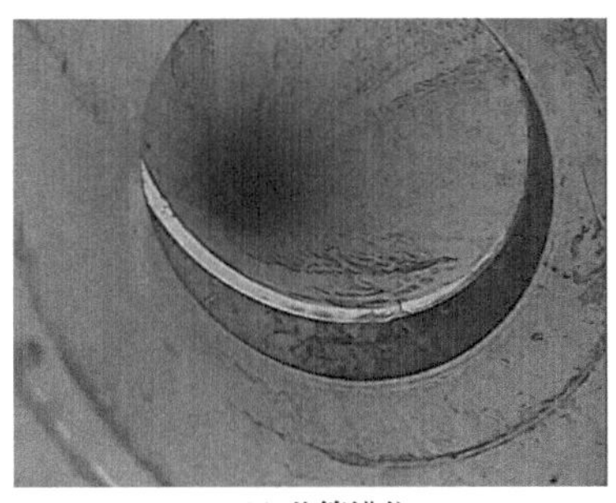

(a) 井管错位

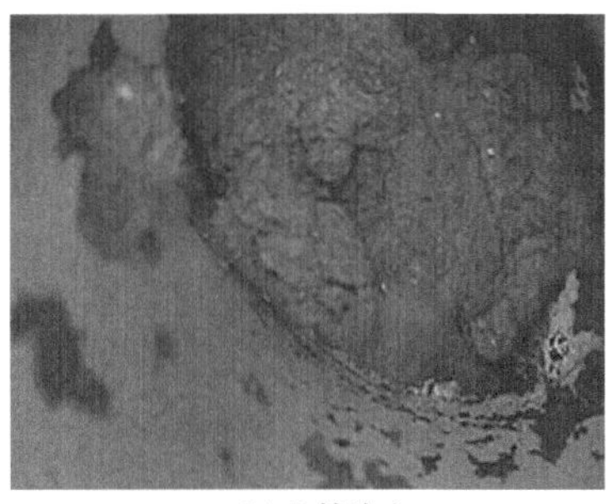

(b) 井管堵塞

图5-39 注射井问题照片

问题反馈后，运维单位对于存在的井管错位、堵塞等问题进行整改。针对错位井管，通过清挖将错位处上部井管取出，黏接新PVC管进行替换，修复注射井；针对堵塞井管，采用微曝气抽水的方式对注射井进行清淤，清除注射井内淤堵的菌泥或砂土。整改完成后，补充开展注射井问题核查，复测结果表明修复后注射井井管完好，筛孔结构清晰，筛管长度与设计长度基本一致，使用功能恢复。

注射井结构跟踪观测结果表明，注射井结构功能状态对于原位注射反应带工程修复效果十分重要，运维过程中需加强注射井保护，定期开展注射井结构观测、问题识别和整改工作，避免注射井出现破损和堵塞情况。运维过程应注意以下几方面：

① 一次注射作业不宜投加过量投入物，粉末品应水溶后投加水剂；

② 注射作业中曝气压力不宜过大，可适当降低曝气压力延长曝气时间，避免注射井井管错位等问题；

③ 注射井开孔管的通畅是修复剂进入含水层的关键，运维时应定期采用微曝气抽水方式排出井中过量菌泥，防止淤积堵塞。

（2）注射井底泥

1）室内实验

开展硝化反应柱实验和反硝化反应柱实验（图5-40），监测反应过程中土壤和地下水“三氮”污染浓度、菌落总数，建立土壤与地下水中菌落总数相关关系，明确污染浓度和去除率达到修复目标所对应的菌落总数，从而为矿区微生物菌剂技术参数调整提供依据。

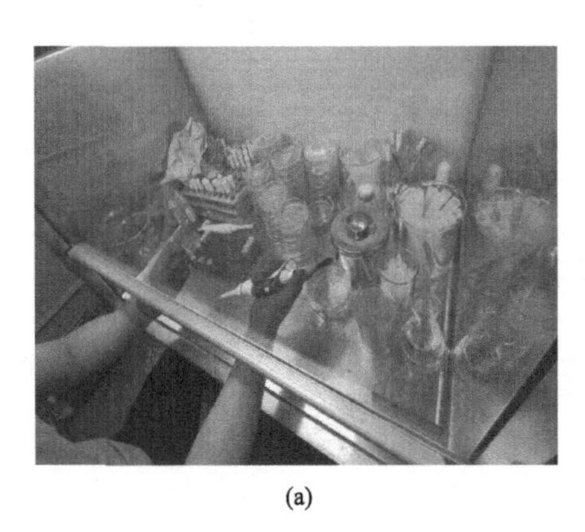

(a)

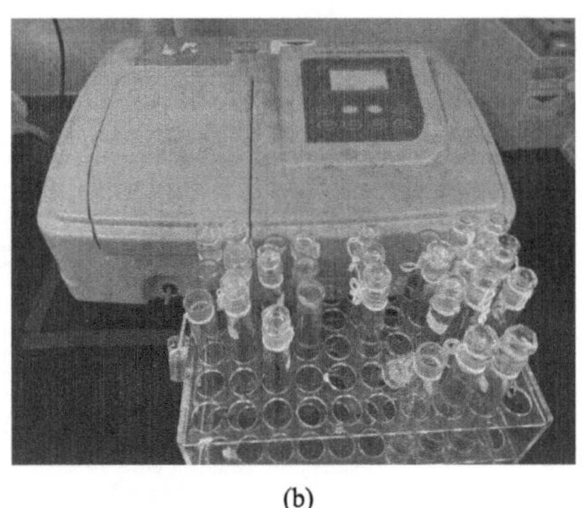

(b)

图5-40　注射井底泥测试室内实验照片

硝化与反硝化修复效果与菌落总数变化趋势见图5-41。硝化反应过程中，氨氮去除率始终高于98%，前期为土壤吸附阶段，后期为硝化反应阶段。土壤中菌落总数为（0.13～6.6）×10^6CFU/g，水中菌落总数为（1～1.6）×10^6CFU/mL，总体呈上升趋势。反硝化反应过程中，硝酸盐氮去除率从0%升高至89%，土壤中菌落总数为（0.15～3.1）×10^7CFU/g，水中菌落总数为（2～8.5）×10^4CFU/mL，总体呈上升趋势。土壤与水中菌落总数呈一定相关性，见图5-42。

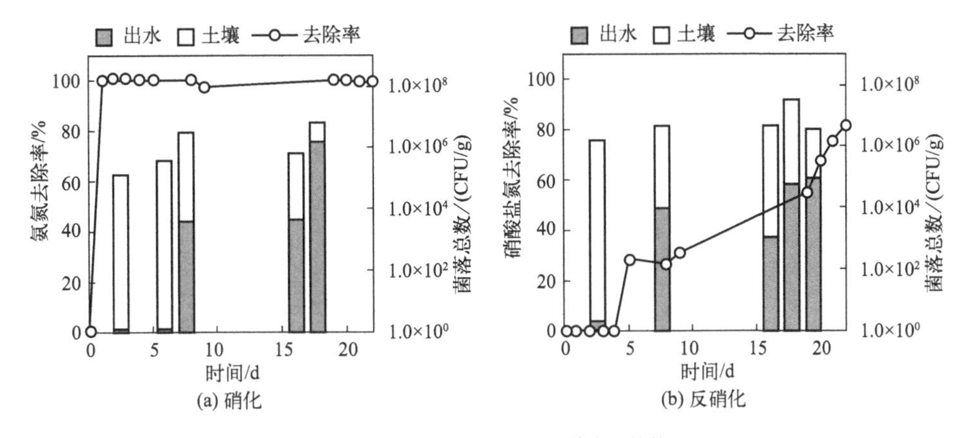

图5-41 修复效果与菌落总数变化趋势

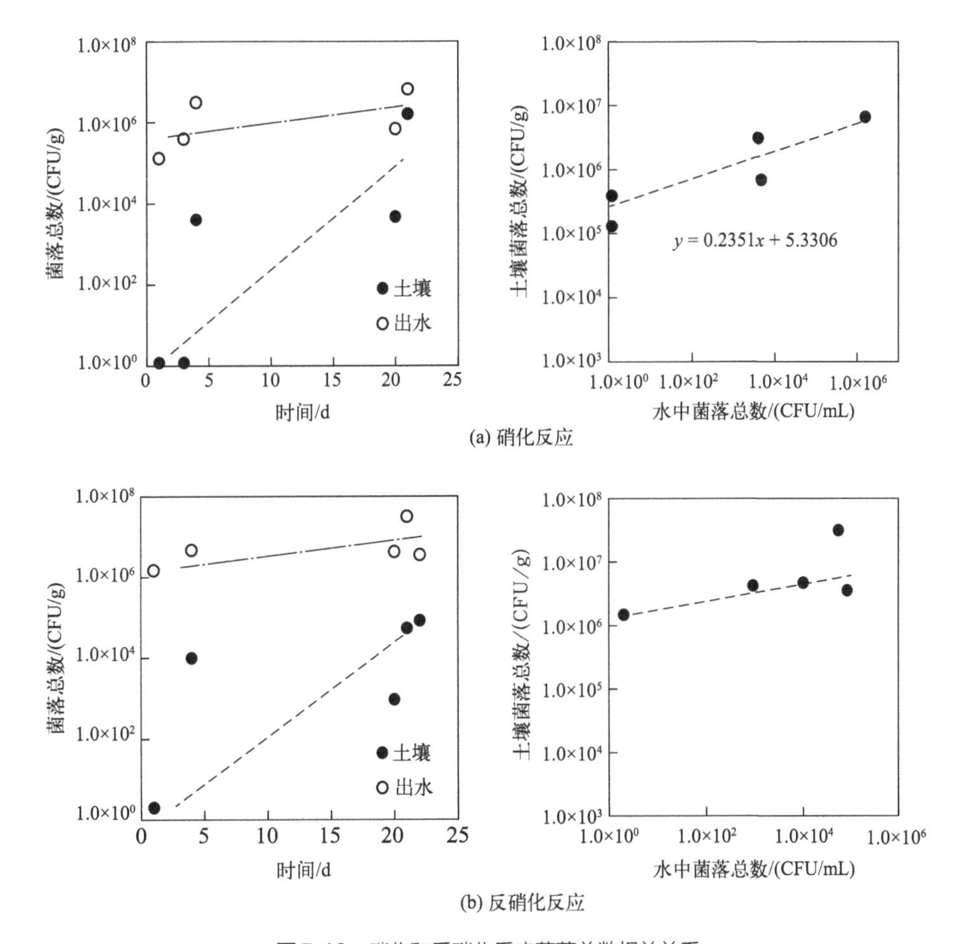

图5-42 硝化和反硝化反应菌落总数相关关系

2）现场观测

对各修复区注射井中底泥颜色进行抽样观察（图5-43），采用贝勒管共抽取135口，其中57口底泥呈灰黑色，JC10、JC13、JC14等4个修复区的注射井中灰黑色底泥数量占比较小，具体见表5-19。

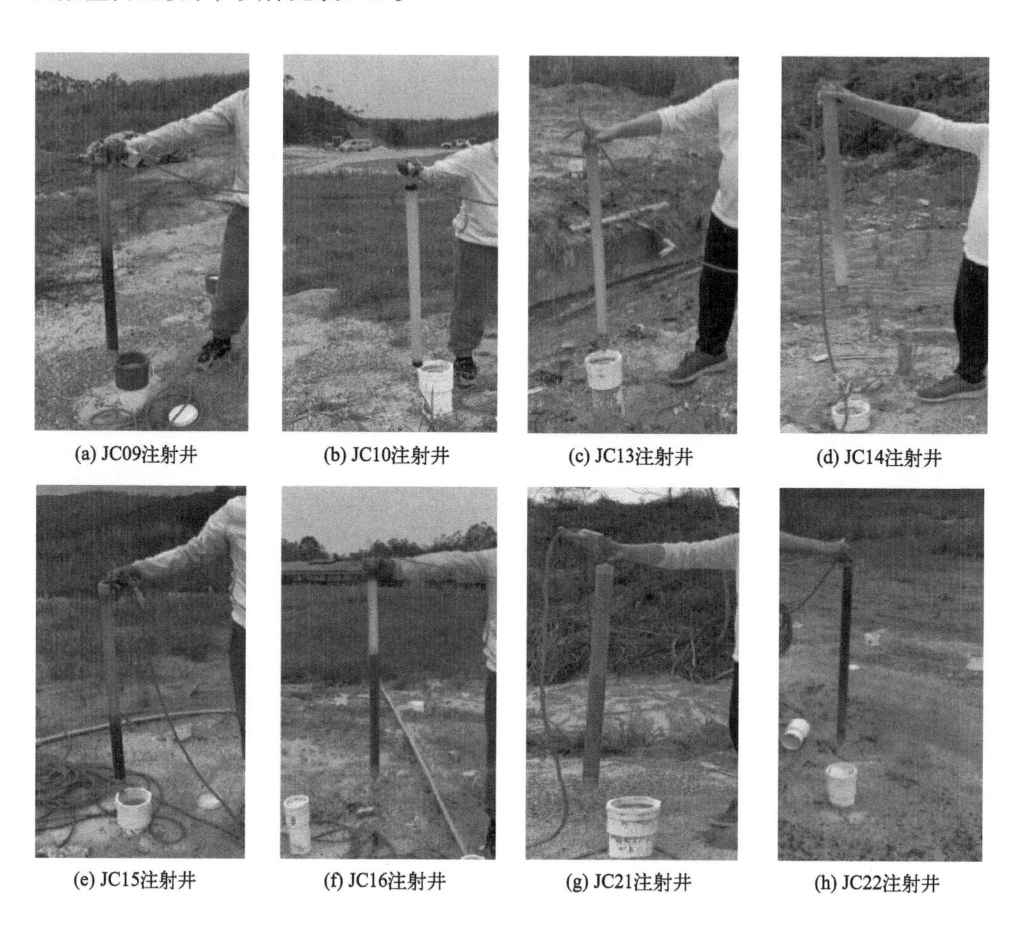

(a) JC09注射井　(b) JC10注射井　(c) JC13注射井　(d) JC14注射井

(e) JC15注射井　(f) JC16注射井　(g) JC21注射井　(h) JC22注射井

图5-43　注射井底泥观测及样品采集工作照片

表5-19　各修复区注射井底泥活性统计

修复工程	修复区	抽样注射井数量	注射前		注射后	
			含活性菌泥注射井数量	占比/%	含活性菌泥注射井数量	占比/%
原位注射反应带工程	JC09	14	9	64.3	14	100.0
	JC10	14	4	28.6	14	100.0
	JC13	18	2	11.1	18	100.0
	JC14	9	3	33.3	9	100.0

续表

修复工程	修复区	抽样注射井数量	注射前		注射后	
			含活性菌泥注射井数量	占比/%	含活性菌泥注射井数量	占比/%
原位注射反应带工程	JC15	20	7	35.0	20	100.0
	JC16	20	8	40.0	20	100.0
	JC21	20	10	50.0	20	100.0
	JC22	20	14	70.0	20	100.0
合计		135	57	42.2	135	100.0

底泥微生物菌落计数结果显示，黄色底泥菌落数远低于灰黑色底泥，表明注射井中活性微生物菌剂残留较少，其对氨氮去除效率均低于80%，平均为35%（图5-44）。

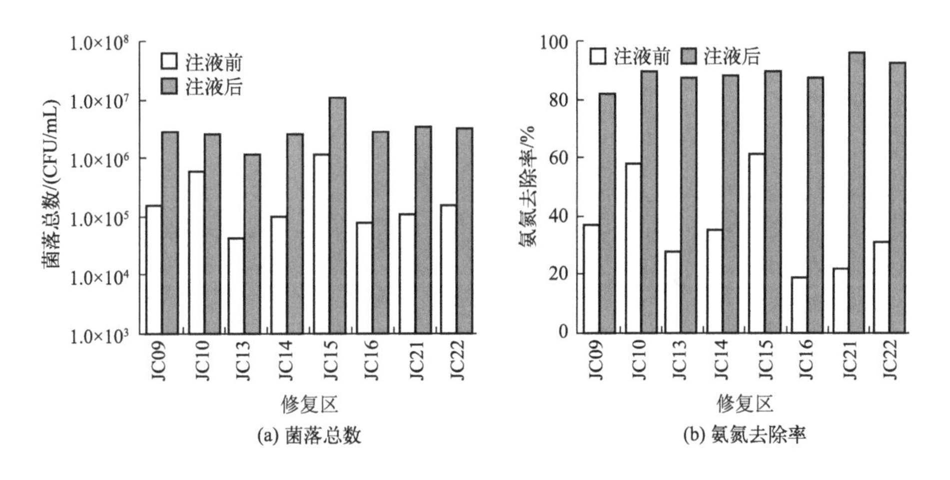

图5-44　各菌落总数修复区注射井底泥菌落总数与氨氮去除率

根据底泥颜色、菌落总数、氨氮去除率等实验结果，结合矿区地下水水质监测结果，对修复技术参数进行了优化调整，针对各区域氨氮去除效果进行了不同剂量的菌剂补充注射。经菌剂补充注射后，8个修复区底泥的氨氮去除率均达到80%以上，其中JC21、22等区域去除率超过90%。

3）委托测试

注射前后对注射井底泥进行了高通量测序，基于测序结果分析了微生物菌落结构与功能基因，结果见图5-45。注射前，试验区地下水中的微生物多属于厚壁菌门（Firmicutes）、变形菌门（Proteobacteria）、拟杆菌门（Bacteroidetes），丰度占比为74.9%～79.3%，在属水平上无明显优势菌种，*unclassified Arcobacteraceae*、

Proteiniclasticum、*uncultured_Clostridiales_bacterium*、*Thauera*等相对丰度略高，地下水氮转化功能菌相对丰度为15%～20%，表明修复前地下水中已存在具有脱氮作用的土著微生物。注射后，地下水微生物种群中变形菌门、厚壁菌门、拟杆菌门丰度达到93.6%～94.4%，另有少量绿弯菌门（Chloroflexi）、硝化螺旋菌门（Nitrospirota），与李丹（2019）从稀土矿区氨氮废水处理污泥中识别出的微生物群落特征相近。在属水平上，陶厄氏菌属（*Thauera*）较修复前丰度显著提高，为37.2%～42.5%，是具有反硝化能力且在好氧和厌氧条件下均能生长的菌种（Yang et al.，2019；赵静等，2023），亚硝化单胞菌属（*Nitrosomonas*）相对丰度为0.7%～3.8%，是主要的硝化菌（Hill et al.，2007），*unclassified_Comamonadaceae*（7.8%～9.1%）、*Pseudomonas*（1.6%～6.2%）、*Castellaniella*（0.4%～17.8%）、*Thiobacillus*（1.6%～6.1%）、*Arenimonas*（1.1%～3.8%）、*Simplicispira*（0.9%～1.1%）等大量菌种皆被证明具有反硝化性能（祝志超等，2018；易宏学等，2022；赵静等，2023），表明注射后地下水中硝化与反硝化功能菌显著富集。微生物群落结构与功能基因分析结果表明原位注射能够有效增加地下水中微生物的数量，提高与氮转化相关的功能菌相对丰度。

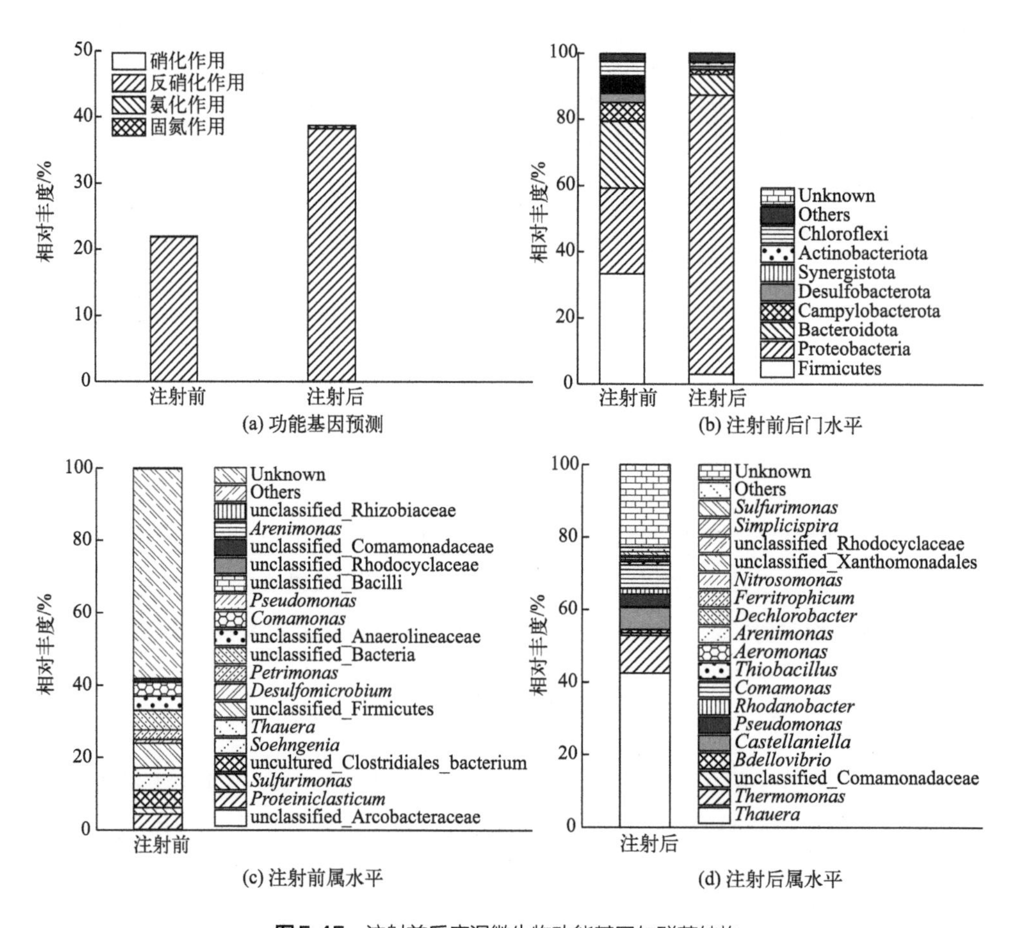

图5-45 注射前后底泥微生物功能基因与群落结构

注射井底泥活性不强时，高效降解活性菌种丰度较低，补充注射微生物菌剂或定期曝气运维到位时，注射井底泥微生物中高效降解活性菌种可演化为优势菌种，修复过程为注入菌剂和土著微生物的共同作用，但其中注入菌占据主导。根据注射井底泥的性状、菌落总数、降解活性和物种丰度跟踪监测结果，评估修复区含水层的优势菌种及其对氨氮的去除能力，对于微生物菌剂数量和活性不足的修复区，及时提出针对性补充注液建议，并反馈给工程运维单位，有助于提高修复效果。

5.4.3.3 地下水水质跟踪评估

围绕17个地下水环境监测点位，开展了地下水水质跟踪监测，自行监测采用电动潜水泵、多参数水质分析仪等便携设备，监测频次为每周1次，共28次；委托监测频次为每月1次，共7次。

跟踪监测现场照片见图5-46。

图5-46 现场水质跟踪监测照片

（1）总体水质

矿区内部共布设17个地下水环境监测点位，地下水污染特征分析结果表明，氨氮、硝酸盐氮、亚硝酸盐氮初始平均浓度分别为26.8mg/L、21.2mg/L、0.06mg/L，最高浓度为97.38mg/L、51.35mg/L、0.329mg/L。试点工程运维期间，矿区地下水污染浓度总体变化趋势和氨氮去除效果见图5-47。

1）硝化阶段

原位硝化修复阶段，1～6月氨氮逐月平均浓度为29.79mg/L、9.89mg/L、15.49mg/L、13.53mg/L、11.23mg/L、4.51mg/L，总体呈下降趋势，平均去除率为86.9%，最高为96.8%。硝酸盐氮1~6月逐月平均浓度为28.78mg/L、19.97mg/L、17.79mg/L、15.41mg/L、17.01mg/L、9.42mg/L，总体均呈下降趋势，且低于Ⅲ类标准（20mg/L）。亚硝酸盐氮除1、2月平均浓度升高为2.84mg/L、1.56mg/L外，修复期间平均浓度均保持在Ⅲ类标准（1mg/L）以下。

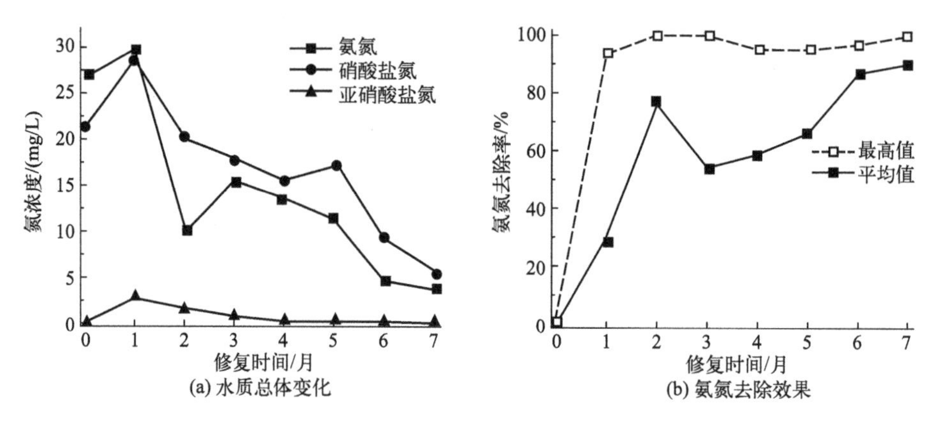

图5-47　矿区地下水污染浓度总体变化趋势和氨氮去除效果

2）反硝化阶段

原位硝化修复阶段地下水氨氮去除率已超过80%，矿区转为原位反硝化修复阶段，进一步去除地下水中的硝酸盐氮。反硝化修复后，硝酸盐氮平均浓度进一步降低，为5.40mg/L，低于Ⅲ类标准，氨氮、亚硝酸盐氮浓度基本保持稳定，平均为3.65mg/L、0.03mg/L，氨氮去除率平均为90.1%、最高去除率为99.6%。

结果表明，经过7个月的原位硝化和反硝化修复，矿区各点位氨氮平均去除率超过80%，最高可达99.6%，硝酸盐氮平均浓度低于Ⅲ类标准，地下水水质总体改善。

（2）修复区水质

为进一步识别原位注射反应带工程对地下水污染的修复效果，对JC09、JC10、JC13、JC14、JC15、JC16、JC21、JC22共8个修复区地下水水质趋势进行分析，其地下水水质变化见图5-48。修复区地下水污染程度较为严重，地下水氨氮、硝酸盐氮、亚硝酸盐氮初始平均浓度为49.6mg/L（Ⅴ类）、29.3mg/L（Ⅳ类）、0.08mg/L（Ⅱ类），污染物浓度高于矿区内其他区域。修复期间，8个点位地下水氨氮浓度和去除率见表5-20。

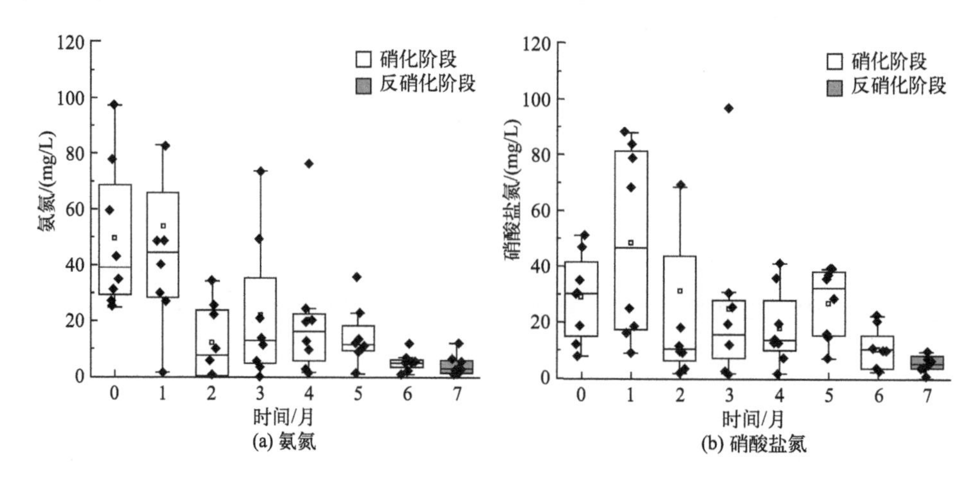

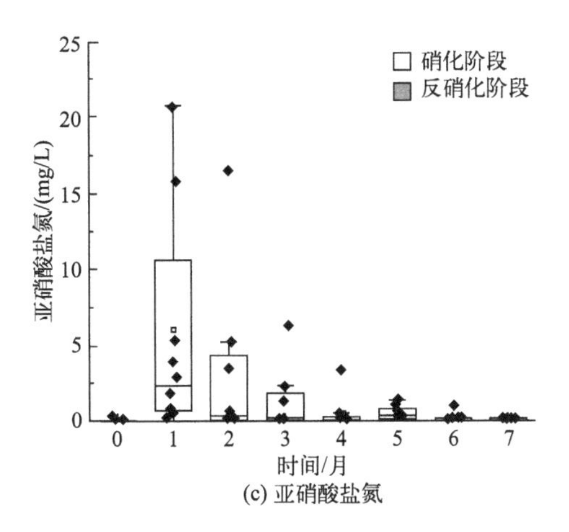

(c) 亚硝酸盐氮

图5-48 原位修复区地下水水质变化趋势

表5-20 原位注射反应带工程氨氮去除率统计

监测点	污染物	初始浓度/(mg/L)	指标	第1月	第2月	第3月	第4月	第5月	第6月	第7月
JC09	氨氮	25.3	去除率/%	0.00	96.70	99.70	19.40	87.90	79.8	87.2
	硝酸盐氮	12.5	水质类别	Ⅴ类	Ⅲ类	Ⅲ类	Ⅲ类	Ⅲ类	Ⅳ类	Ⅲ类
	亚硝酸盐氮	0.049	水质类别	Ⅴ类	Ⅳ类	Ⅲ类	Ⅰ类	Ⅱ类	Ⅱ类	Ⅲ类
JC10	氨氮	31.3	去除率/%	12.10	99.90	81.90	21.70	56.40	62.0	82.1
	硝酸盐氮	18.7	水质类别	Ⅲ类	Ⅰ类	Ⅱ类	Ⅲ类	Ⅲ类	Ⅲ类	Ⅰ类
	亚硝酸盐氮	0.105	水质类别	Ⅴ类	Ⅱ类	Ⅲ类	Ⅱ类	Ⅱ类	Ⅱ类	Ⅰ类
JC13	氨氮	77.7	去除率/%	61.30	71.00	7.50	87.80	86.10	94.0	84.7
	硝酸盐氮	30.7	水质类别	Ⅳ类	Ⅲ类	Ⅴ类	Ⅲ类	Ⅲ类	Ⅳ类	Ⅲ类
	亚硝酸盐氮	0	水质类别	Ⅲ类	Ⅲ类	Ⅱ类	Ⅱ类	Ⅱ类	Ⅲ类	Ⅲ类
JC14	氨氮	34.9	去除率/%	0.00	84.00	0.00	92.70	79.10	85.4	85.2
	硝酸盐氮	51.35	水质类别	Ⅴ类	Ⅳ类	Ⅴ类	Ⅴ类	Ⅲ类	Ⅲ类	Ⅲ类
	亚硝酸盐氮	0.045	水质类别	Ⅱ类	Ⅲ类	Ⅲ类	Ⅱ类	Ⅱ类	Ⅱ类	Ⅱ类
JC15	氨氮	59.7	去除率/%	0.00	99.60	99.20	66.80	76.50	88.7	87.3
	硝酸盐氮	30.3	水质类别	Ⅴ类	Ⅴ类	Ⅳ类	Ⅲ类	Ⅲ类	Ⅲ类	Ⅱ类
	亚硝酸盐氮	0.329	水质类别	Ⅳ类	Ⅴ类	Ⅴ类	Ⅲ类	Ⅱ类	Ⅲ类	Ⅲ类
JC16	氨氮	43	去除率/%	0.00	20.70	99.80	0.00	42.50	94.4	95.0
	硝酸盐氮	47.2	水质类别	Ⅴ类	Ⅴ类	Ⅰ类	Ⅰ类	Ⅴ类	Ⅳ类	Ⅱ类
	亚硝酸盐氮	0.045	水质类别	Ⅴ类	Ⅲ类	Ⅰ类	Ⅳ类	Ⅲ类	Ⅲ类	Ⅱ类

续表

监测点	污染物	初始浓度/(mg/L)	指标	第1月	第2月	第3月	第4月	第5月	第6月	第7月
JC21	氨氮	97.38	去除率/%	58.40	74.00	96.10	87.00	85.20	94.5	99.6
	硝酸盐氮	35.4	水质类别	Ⅳ类	Ⅲ类	Ⅴ类	Ⅴ类	Ⅲ类	Ⅲ类	Ⅲ类
	亚硝酸盐氮	0.032	水质类别	Ⅳ类	Ⅴ类	Ⅳ类	Ⅲ类	Ⅳ类	Ⅲ类	Ⅲ类
JC22	氨氮	27.36	去除率/%	93.70	64.00	77.60	94.40	94.90	96.8	98.0
	硝酸盐氮	8	水质类别	Ⅲ类	Ⅱ类	Ⅳ类	Ⅳ类	Ⅲ类	Ⅲ类	Ⅱ类
	亚硝酸盐氮	0.013	水质类别	Ⅲ类	Ⅲ类	Ⅳ类	Ⅲ类	Ⅲ类	Ⅱ类	Ⅰ类

1）硝化阶段

原位硝化修复阶段，修复区分批次注入了硝化菌剂、碳酸氢钠、零价铁等修复剂，并进行了曝气增氧，通过微生物硝化作用耦合零价铁化学作用，去除地下水中的氨氮。1～6月修复区地下水氨氮平均浓度依次为54.19mg/L、12.31mg/L、22.40mg/L、20.94mg/L、14.50mg/L、5.27mg/L，各点位地下水氨氮浓度相较于该点位初始浓度显著下降，各月去除率平均为28.2%、76.2%、53.6%、58.7%、65.9%、86.9%，最高去除率为93.7%、99.8%、99.8%、94.4%、94.9%、96.8%，表明硝化修复能够有效去除地下水中的氨氮。硝化反应会产生硝酸盐氮、亚硝酸盐氮副产物，因此修复前期二者浓度有所上升，1月份二者平均浓度分别为48.60mg/L、6.02mg/L；随后逐渐降低，6月底浓度变为10.66mg/L、0.20mg/L，平均浓度低于Ⅲ类标准，表明反应副产物并未大量积累。

2）反硝化阶段

原位反硝化阶段，各修复区分批次注入了反硝化菌剂、碳酸氢钠、零价铁、葡萄糖等修复剂，通过微生物反硝化作用耦合零价铁化学还原作用，去除地下水中的硝酸盐氮，使其浓度进一步降低为5.87mg/L，低于Ⅲ类标准，在此阶段氨氮、亚硝酸盐氮平均浓度基本稳定，分别为4.44mg/L、0.06mg/L，氨氮平均去除率90.1%，最高99.6%。

（3）单点位水质

硝化和反硝化阶段运维周期共7个月，是原位注射反应带工程的主要修复阶段。结合工程运维措施，分析单点位地下水水质变化趋势，识别水质变化趋势及原因，为各点位修复技术参数动态调整提供依据。

8个修复区具体情况分述如下：

1）JC09

①“三氮”。JC09点位所采取的工程运维措施和地下水“三氮”浓度变化趋势见

表5-21、图5-49。1月启动硝化修复，氨氮浓度从初始25.3mg/L逐渐下降，与此同时反应产生硝酸盐氮和亚硝酸盐氮，二者浓度上升超过20mg/L，超过氨氮浓度下降幅

表5-21 JC09运维参数变化趋势

时间	硝化菌/kg	零价铁/kg	碱剂/kg	曝气时间/min	反硝化菌剂/kg	葡萄糖/kg
第1月	824	40	272	344	0	0
第2月	0	0	0	0	0	0
第3月	0	0	30	0	0	0
第4月	0	0	140	120	0	0
第5月	0	0	107	360	0	0
第6月	480	0	156	288	0	0
第7月	0	80	208	0	700	290

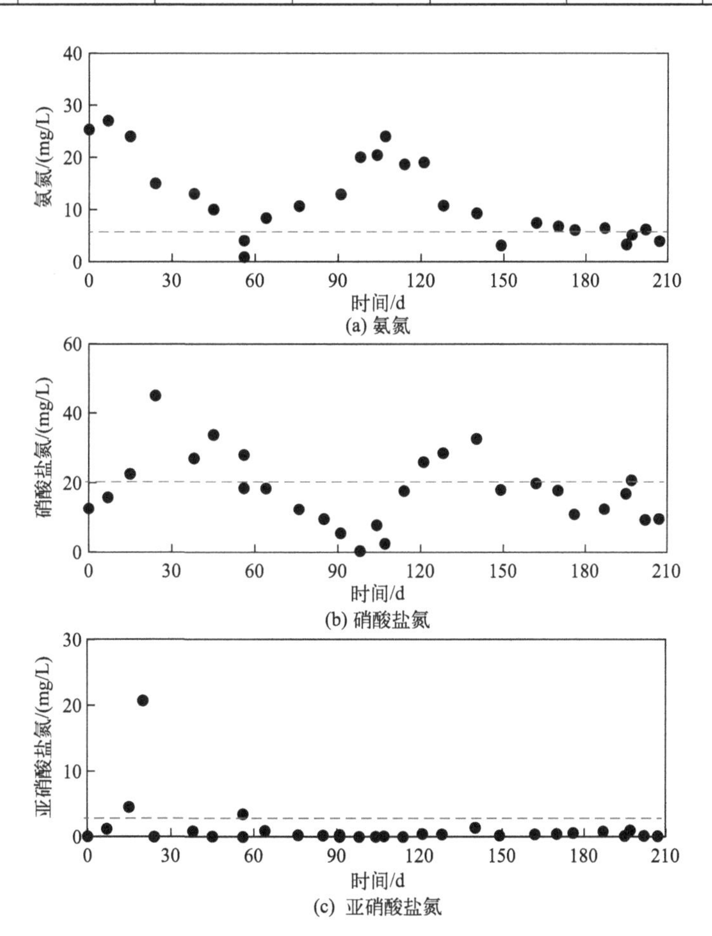

图5-49 JC09地下水“三氮”浓度变化

度，表明地下水中氨氮去除的同时，含水层土壤中存在铵态氮持续溶出释放进入地下水。2月氨氮浓度降为0.83mg/L，去除率为96.7%，暂停工程运维，进行空白对照研究。随后氨氮浓度出现反弹，3月回升至20.40mg/L，与初始浓度相当，氨氮主要是来源于上游污染地下水的迁移和含水层中土壤铵态氮的进一步溶出。硝酸盐氮则表现出了与氨氮相反的变化趋势，此时地下水溶解氧浓度低于2mg/L处于厌氧环境，硝化作用减弱，菌剂中具有反硝化功能的兼性厌氧菌发挥作用，将硝酸盐氮转化为氮气。4月，为提高硝化效果，补充碱剂注射和曝气增氧，激活含水层中的硝化菌，通过硝化作用对地下水氨氮进行修复，氨氮浓度进一步下降并稳定在约6mg/L。氨氮浓度下降幅度与硝酸盐氮上升幅度相当，表明土壤中铵态氮淋滤补给量相较于1月已有明显降低。6月氨氮浓度降至5.09mg/L，氨氮去除率为79.8%，硝酸盐氮和亚硝酸盐氮浓度分别为20.7mg/L、0.98mg/L。由于氨氮去除率已基本达到预期目标，7月初转为反硝化阶段，针对硝酸盐氮污染，通过注射反硝化菌剂、葡萄糖、碱剂强化了反硝化作用，随后停止运维注射。7月底硝酸盐氮、亚硝酸盐氮浓度降为9.50mg/L、0.10mg/L，达到Ⅲ类水质标准，氨氮浓度稳定在3.24mg/L，去除率为87.2%，超过80%。

② pH值。JC09点位碱剂投加量与地下水pH值参数变化见图5-50。pH值调节措施为1～7月每月投加碱剂（碳酸氢钠、氢氧化钠），平均3次/月，每口井3kg/次。运维期间，地下水pH值最小值6.3，最大值7.9，平均值7.0，高于初始pH6.58，在7.0上下波动，基本满足硝化菌和反硝化菌的生长和降解。

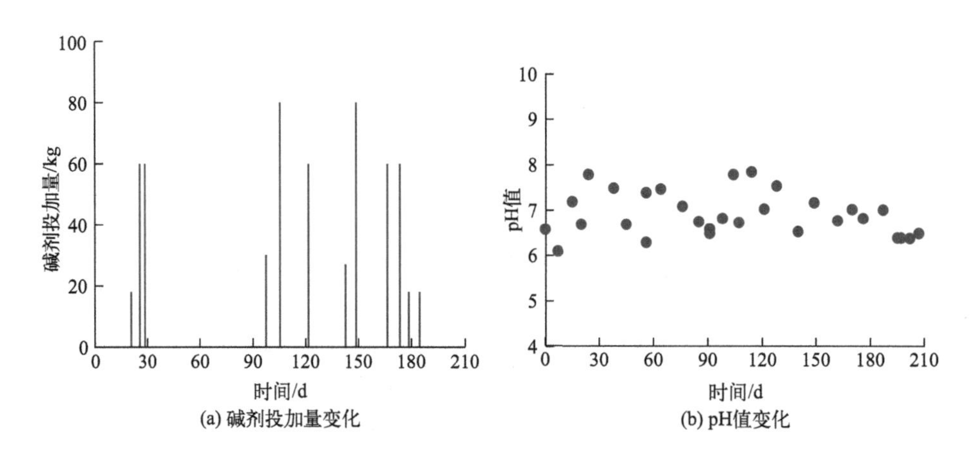

图5-50 JC09点位碱剂投加量与地下水pH值参数变化

③ 溶解氧。JC09点位曝气量与地下水DO浓度变化见图5-51。曝气增氧频次为每口井6min/次。运维期间，曝气情况下溶解氧浓度>2mg/L，氨氮浓度下降；停止曝气后，溶解氧逐渐下降至2mg/L以下，最低为0.8mg/L，同时氨氮浓度出现一定程度

反弹，硝酸盐氮浓度降低。结果表明间歇性曝气可调节地下水好氧/厌氧环节，动态调控硝化/反硝化作用，逐步去除氨氮和硝酸盐氮。反硝化阶段葡萄糖的注入则会显著降低DO浓度，强化反硝化作用。

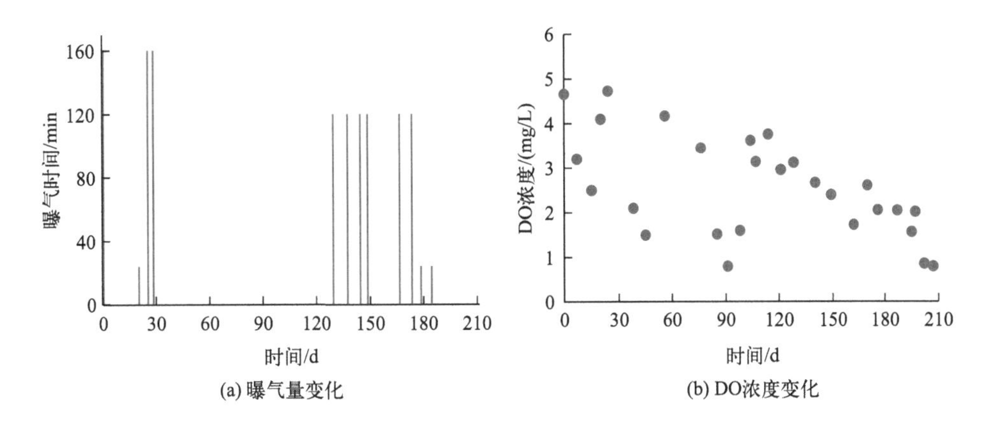

图5-51 JC09点位曝气量与地下水DO浓度变化

2）JC10

①“三氮”。JC10点位所采取的工程运维措施和地下水“三氮”浓度变化趋势见表5-22、图5-52。该点位氨氮初始浓度为31.3mg/L，与JC09点位污染程度相当，1月启动硝化修复。由于前2个月硝化菌注液量高于JC09点位，该点位反应快速进入修复期，氨氮浓度逐渐下降，2月浓度已降为0.03mg/L，去除率为99.9%。3月处于稳定期，工程运维频次较低，氨氮仍旧保持较好的去除效果，浓度为5.67mg/L，去除率为81.9%。4月初该点位氨氮浓度快速回升至约25mg/L，主要原因在于该点位枯水期地下水埋深较深，约为12m，位于土壤10.5～13.8m铵态氮层位，受降雨影响水位上升幅度较大，上部富含铵态氮的土壤浸入地下水中溶滤，增加了地下水氨氮浓度，因此，雨季有必要加强工程运维措施，提高硝化修复效果。

表5-22 JC10运维参数变化趋势

时间	硝化菌/kg	零价铁/kg	碱剂/kg	曝气时间/min	反硝化菌剂/kg	葡萄糖/kg
第1月	1200	120	402	380	0	0
第2月	200	0	80	280	0	0
第3月	0	0	110	0	0	0
第4月	0	0	200	120	0	0
第5月	0	0	140	360	0	0

续表

时间	硝化菌/kg	零价铁/kg	碱剂/kg	曝气时间/min	反硝化菌剂/kg	葡萄糖/kg
第6月	440	0	240	480	0	0
第7月	0	30	104	0	300	140

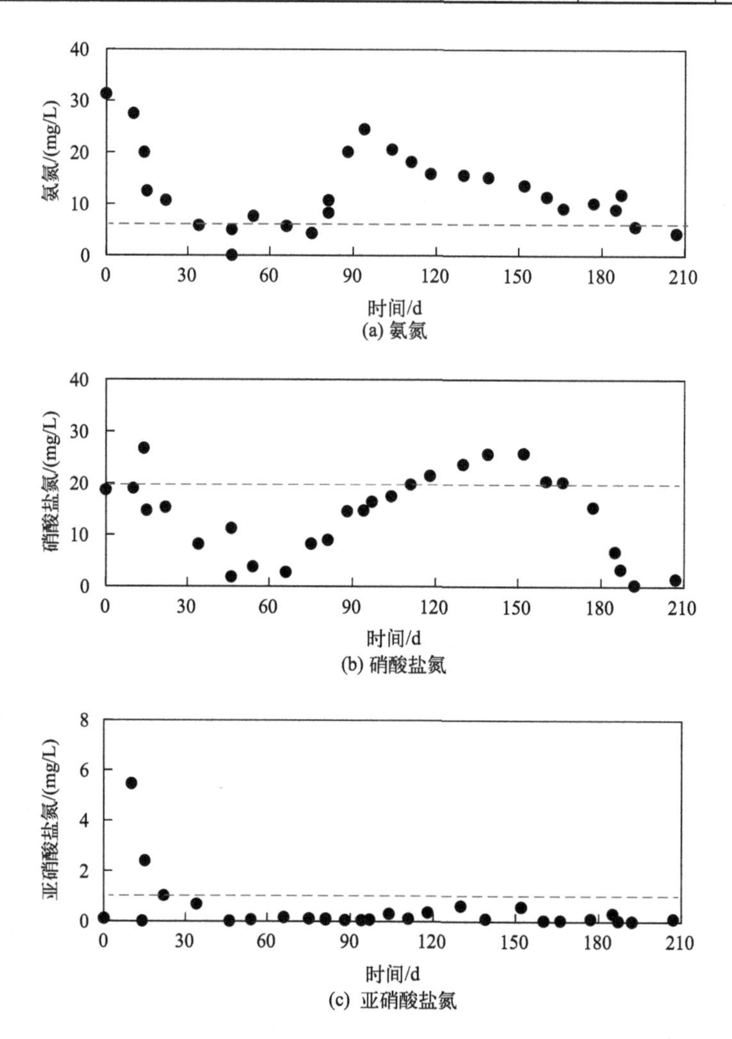

图5-52 JC10地下水“三氮”浓度变化

为去除由于地下水水位上升释放的氨氮，4、5月补充投加碱剂并曝气增氧，并在6月补充注射了硝化菌剂，有效控制了雨季地下水中的氨氮浓度在10mg/L左右。与此同时，硝化产物硝酸盐氮浓度逐渐上升，最高约为26mg/L。7月初转为反硝化阶段，针对硝酸盐氮污染，通过注射反硝化菌剂、葡萄糖、碱剂强化了反硝化作用，随后停止运维注射。7月底硝酸盐氮、亚硝酸盐氮浓度降为0.32mg/L、

0.00mg/L，优于Ⅲ类水质标准，氨氮浓度稳定在5.60mg/L，去除率为82.1%，超过80%。

② pH值。JC10点位碱剂投加量与地下水pH值参数变化见图5-53。pH值调节措施为1～7月每月投加碱（碳酸氢钠、氢氧化钠），平均4次/月，每口井3kg/次。运维期间，地下水pH值最小值5.3，最大值8，平均值6.9，高于初始pH5.14，在7.0上下波动，基本满足硝化与反硝化反应条件。

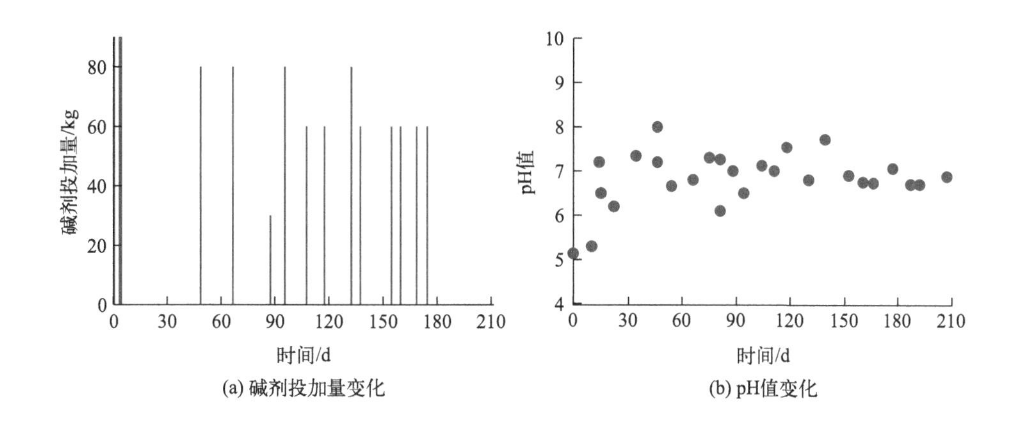

图5-53　JC10点位碱剂投加量与地下水pH值参数变化

③ 溶解氧。JC10点位曝气时间与地下水DO浓度变化见图5-54。曝气增氧频次为每口井6min/次。运维期间，曝气后溶解氧浓度总体在2～3mg/L之间，平均值2.67mg/L，基本满足硝化反应供氧需求；停止曝气后，溶解氧下降至2mg/L以下，最低为1.20mg/L。反硝化阶段葡萄糖的注入则会显著降低DO浓度至0.77mg/L，强化反硝化作用。

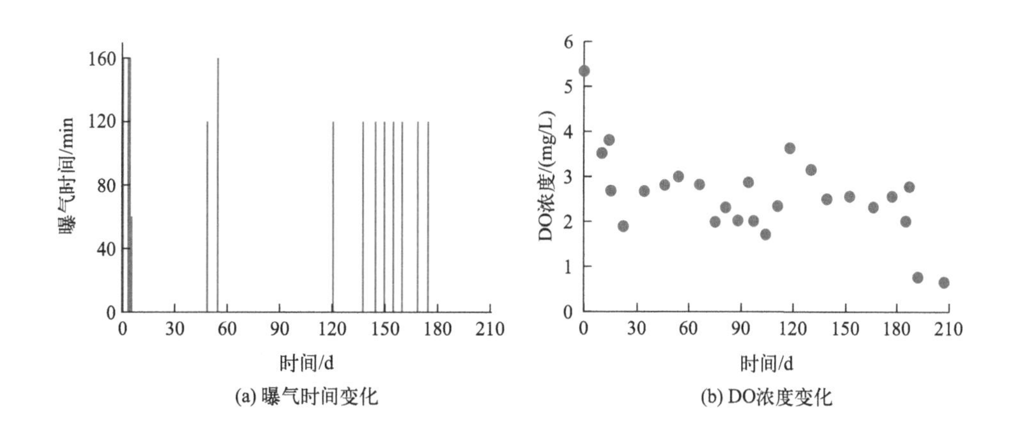

图5-54　JC10点位曝气时间与地下水DO浓度变化

3）JC13

①“三氮”。JC13点位所采取的工程运维措施和地下水“三氮”浓度变化趋势见表5-23、图5-55。该点位1月启动硝化修复，地下水氨氮初始浓度为77.7mg/L，污染程度相较于JC09、JC10点位更为严重，因此，经过修复技术参数优化调整，该点位硝化菌注液量高于JC09、JC10点位，快速进入修复期。注液后，氨氮浓度逐渐下降，2月浓度已降为22.5mg/L，去除率为71.0%。由于前期注液量较大，且注射井运维不到位，部分注射井出现了淤堵情况，修复剂难以有效扩散并发挥作用，菌种数量和活性不足，影响了后续的氨氮去除效果。3月氨氮浓度反弹至73.6mg/L，与修复前的初始浓度相当。经过注射井问题识别和整改，恢复了注射井功能，并补充投加了适量硝化菌剂，同步开展了碱剂注液和曝气增氧，氨氮浓度逐渐降低至10mg/L并保持稳定。6月氨氮浓度降至4.68mg/L，去除率为93.9%，达到修复目标，硝酸盐氮和亚硝酸盐氮浓度分别为22.5mg/L、0.218mg/L。7月初转为反硝化阶段，针对硝酸盐氮污染，通过注射反硝化菌剂、葡萄糖、碱剂强化了反硝化作用，随后停止运维注射。7月底硝酸盐氮、亚硝酸盐氮浓度降为9.88mg/L、0.01mg/L，达到Ⅲ类水质标准，氨氮浓度则稳定在11.92mg/L，去除率为84.7%，超过80%。

表5-23　JC13运维参数变化趋势

时间	硝化菌/kg	零价铁/kg	碱剂/kg	曝气时间/min	反硝化菌剂/kg	葡萄糖/kg
第1月	2832	144	817.2	1344	0	0
第2月	360	0	144	216	0	0
第3月	720	0	529.2	432	0	0
第4月	0	0	216	216	0	0
第5月	0	0	216	216	0	0
第6月	1080	0	612	96	0	0
第7月	0	144	374.4	0	1260	504

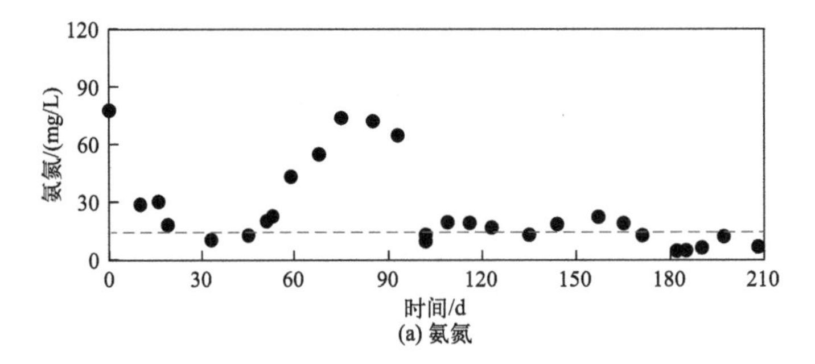

(a) 氨氮

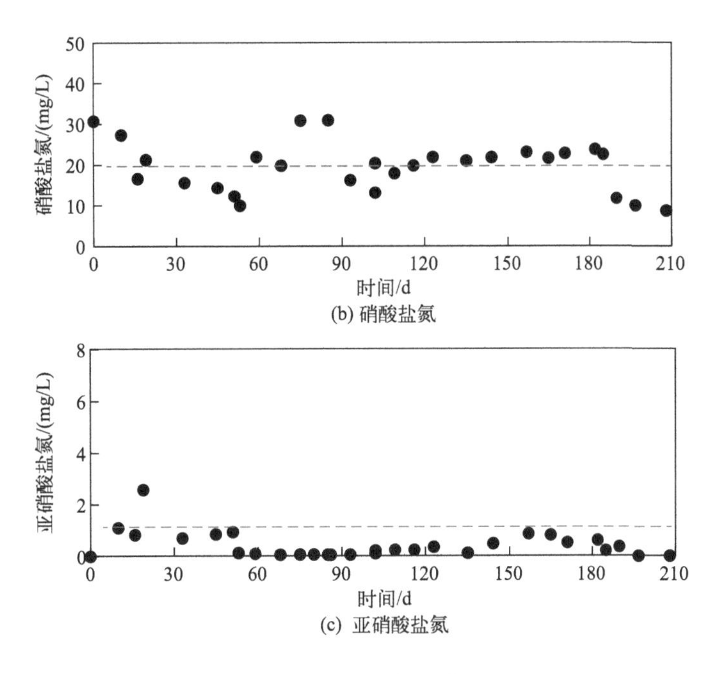

图5-55 JC13地下水“三氮”浓度变化

② pH值。JC13点位碱剂投加量与地下水pH值参数变化见图5-56。pH值调节措施为1～7月每月分别投加碱剂（碳酸氢钠、氢氧化钠），平均4次/月，每口井3kg/次。运维期间，地下水pH值由4.53逐渐升高，2月起稳定在6.5上下波动。pH值调控效果相对较弱，主要是由于初始污染程度较为严重，pH值较低，同时与修复过程中注射井淤堵影响了注液效果有关。

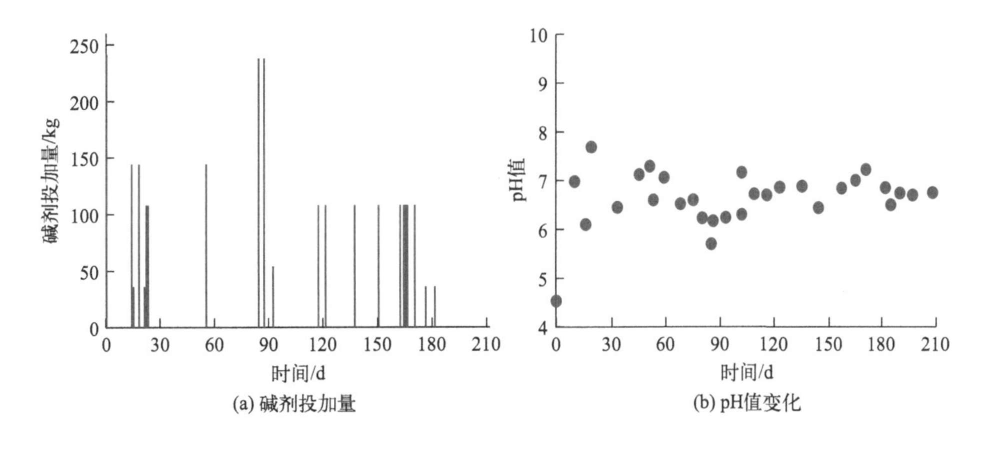

图5-56 JC13点位碱剂投加量与地下水pH值参数变化

③ 溶解氧。JC13点位曝气时间与地下水DO浓度变化见图5-57。曝气增氧频次为每口井6min/次。运维期间，曝气后DO浓度总体稳定在2mg/L以上，平均值

3.27mg/L，满足硝化反应供氧需求；停止曝气后，溶解氧下降至2mg/L以下，反应转为反硝化。反硝化阶段葡萄糖的注入则会显著降低DO浓度，最低为0.61mg/L，进一步强化反硝化作用。

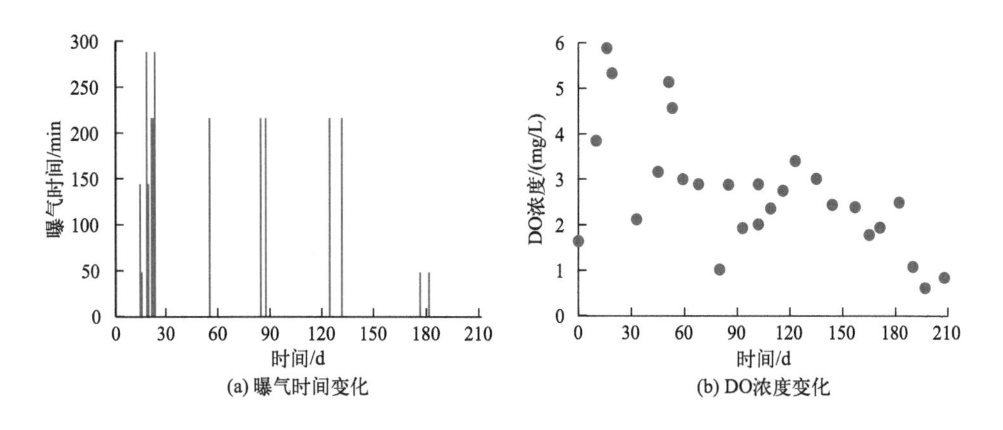

图5-57 JC13点位曝气时间与地下水DO浓度变化

4）JC14

①“三氮”。JC14点位所采取的工程运维措施和地下水“三氮”浓度变化趋势见表5-24、图5-58。该点位1月启动硝化修复，硝化菌注液主要集中在2月份，反应开始进入修复期，氨氮从初始浓度34.9mg/L逐渐下降，2月浓度已降为5.6mg/L，去除率为71.0%。3月氨氮浓度出现反弹，原因与JC13点位相似，同样由于注射井堵塞，以及菌种数量和活性不足，造成氨氮去除率下降。注射井问题整改并恢复使用功能后，补充投加了适量硝化菌剂、碱剂并曝气增氧，氨氮浓度逐渐降低至10mg/L以下。6月氨氮浓度降至5.11mg/L，去除率为85.4%，达到修复目标。7月初进一步强化了反硝化作用，由于硝酸盐氮浓度较低，因此注射量低于其他修复区。7月底硝酸盐氮、亚硝酸盐氮浓度降为6.28mg/L、0.10mg/L，达到Ⅲ类水质标准，氨氮浓度则稳定在5.16mg/L，去除率为85.2%。

表5-24 JC14运维参数变化趋势

时间	硝化菌/kg	零价铁/kg	碱剂/kg	曝气时间/min	反硝化菌剂/kg	葡萄糖/kg
第1月	280	28	156.8	112	0	0
第2月	1260	0	602	1442	0	0
第3月	280	0	331.8	588	0	0
第4月	0	0	84	0	0	0

续表

时间	硝化菌/kg	零价铁/kg	碱剂/kg	曝气时间/min	反硝化菌剂/kg	葡萄糖/kg
第5月	0	0	42	336	0	0
第6月	420	0	252	336	0	0
第7月	0	28	72.8	0	280	98

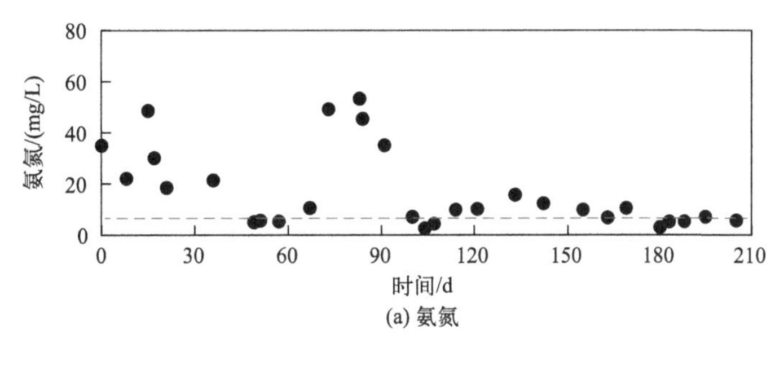

(a) 氨氮

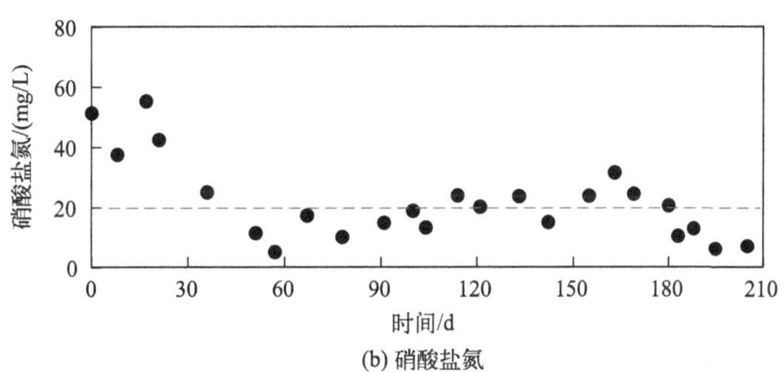

(b) 硝酸盐氮

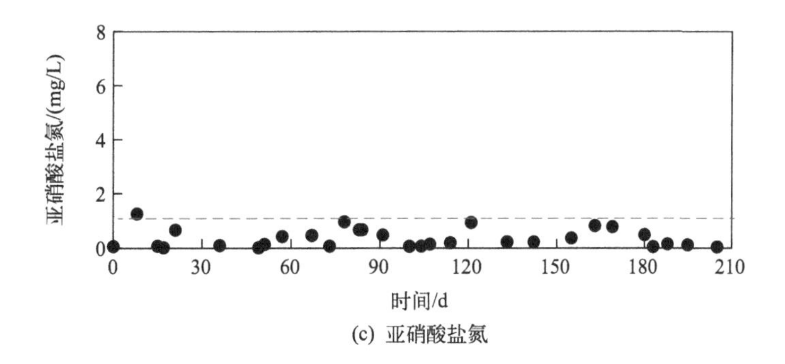

(c) 亚硝酸盐氮

图5-58　JC14地下水“三氮”浓度变化

② pH值。JC14点位碱剂投加量与地下水pH值参数变化见图5-59。pH值调节措施为1～7月每月投加碱剂（碳酸氢钠、氢氧化钠），平均5次/月，每口井3kg/次。运维期间，地下水pH值由初始值5.51逐渐升高，3月起稳定在6.5上下波动，最小值6.0，基本满足硝化菌生长和降解的条件。

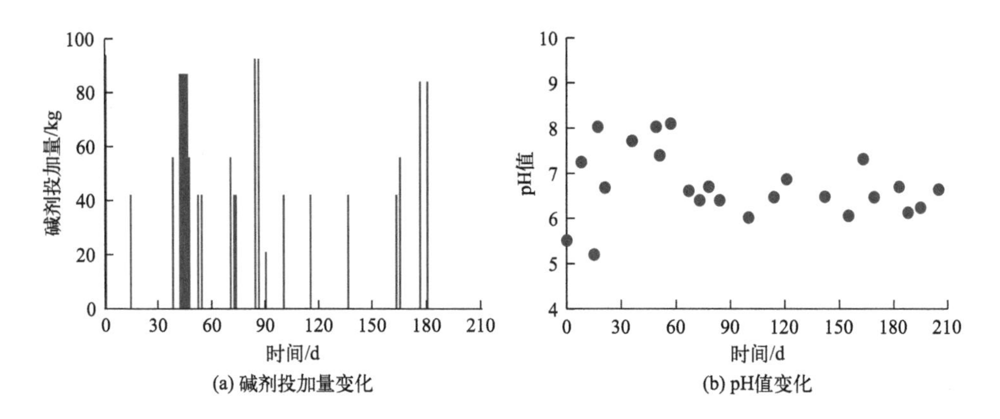

图5-59　JC14点位碱剂投加量与地下水pH值参数变化

③ 溶解氧。JC14点位曝气量与地下水DO浓度变化见图5-60。曝气频次为每口井6min/次。运维期间，曝气后溶解氧浓度平均为3.04mg/L，总体满足硝化反应供氧需求；停止曝气后，溶解氧下降至2mg/L以下，反应转为反硝化。反硝化阶段葡萄糖的注入则会显著降低DO浓度，最低为0.72mg/L，进一步强化反硝化作用。

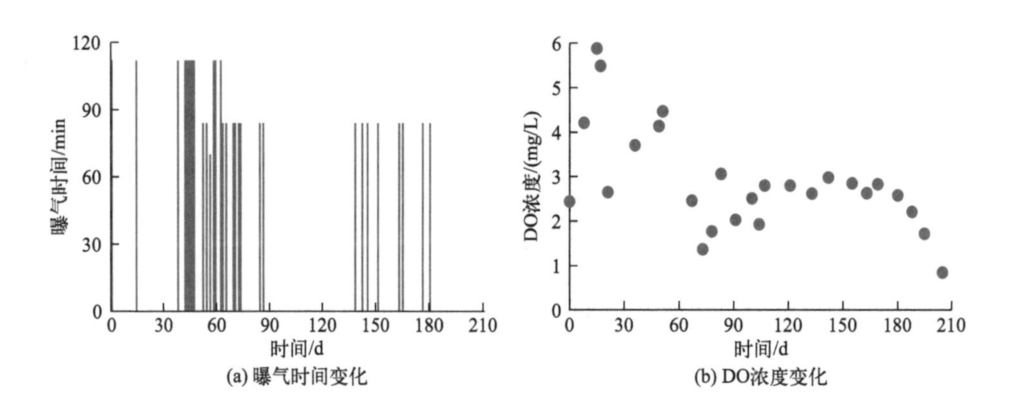

图5-60　JC14点位曝气时间与地下水DO浓度变化

5）JC15

①“三氮”。JC15点位所采取的工程运维措施和地下水“三氮”浓度变化趋势见表5-25、图5-61。该点位曾为原位浸矿开采区，1月启动硝化修复，由于氨氮初始浓度高，且地下水埋深较深，根据修复技术参数优化调整建议，增加了修复剂注液量和投加频次。修复后，该点位地下水中氨氮从初始浓度59.7mg/L逐渐下降，2月降为0.27mg/L，去除率99.6%，至3月底，去除率均超过80%。硝化反应过程中，产物硝酸盐氮浓度最高达到80mg/L以上，并在3月底逐渐下降。4月氨氮浓度出现了小幅度反弹，约为20mg/L。氨氮浓度回升原因与JC10点位相似，是受降雨影响地下水水位上升使得上部土壤淋滤造成的。但回升浓度低于初始浓度，这是由于该点位前期工程

运维到位，注液量和注液频次较多，保证了硝化反应的高效进行。4～6月氨氮浓度逐渐下降，硝酸盐氮浓度先上升后逐渐下降，表明了硝化与反硝化作用同时存在。6月氨氮浓度为6.74mg/L，去除率为88.7%，达到修复目标，硝酸盐氮和亚硝酸盐氮浓度为11.07mg/L、0.11mg/L。7月初进一步强化了反硝化作用，硝酸盐氮、亚硝酸盐氮浓度降为4.09mg/L、0.05mg/L，优于Ⅲ类水质标准，氨氮浓度则稳定在7.58mg/L，去除率为87.3%。

表5-25 JC15运维参数变化趋势

时间	硝化菌/kg	零价铁/kg	碱剂/kg	曝气时间/min	反硝化菌剂/kg	葡萄糖/kg
第1月	1200	80	388	360	0	0
第2月	6200	0	2344	3160	0	0
第3月	400	0	504	1920	0	0
第4月	0	0	680	440	0	0
第5月	0	0	280	720	0	0
第6月	1200	0	1208	1680	0	0
第7月	0	80	208	0	600	280

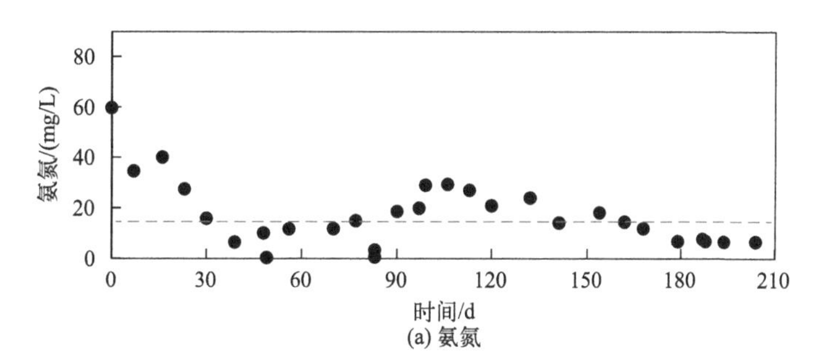

(a) 氨氮

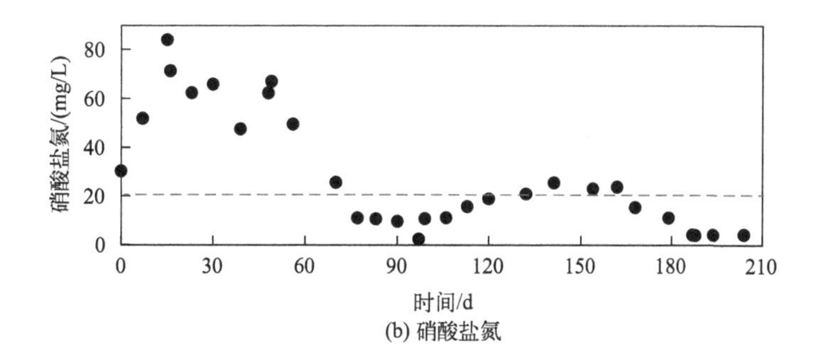

(b) 硝酸盐氮

图5-61

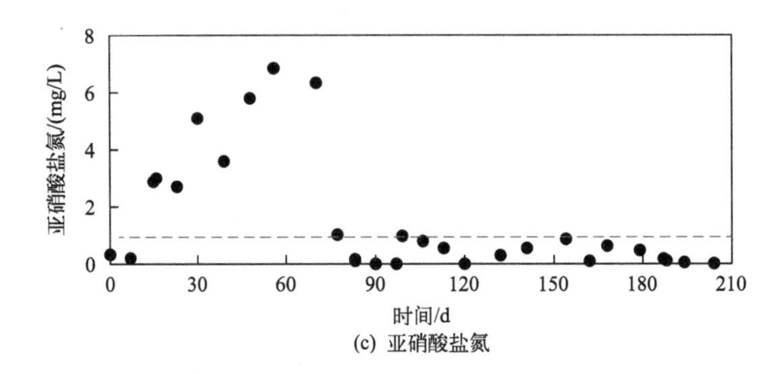

(c) 亚硝酸盐氮

图5-61　JC15地下水“三氮”浓度变化

② pH值。JC15点位碱剂投加量与地下水pH值参数变化见图5-62。pH值调节措施为1～7月每月投加碱剂（碳酸氢钠、氢氧化钠），平均5次/月，每口井投加量为3kg/次。运维期间，地下水pH值由初始值5.51逐渐升高，3月起稳定在7.0上下波动，最小值6.5，最大值8.0，平均值7.0，满足硝化和反硝化菌生长和降解的条件。

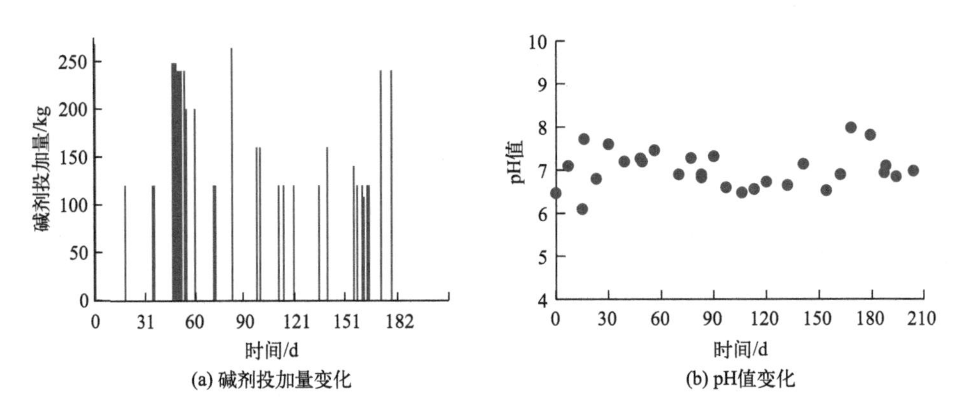

(a) 碱剂投加量变化　(b) pH值变化

图5-62　JC15点位碱剂投加量与地下水pH值参数变化

③ 溶解氧。JC15点位曝气时间与地下水DO浓度变化见图5-63。曝气增氧频次为

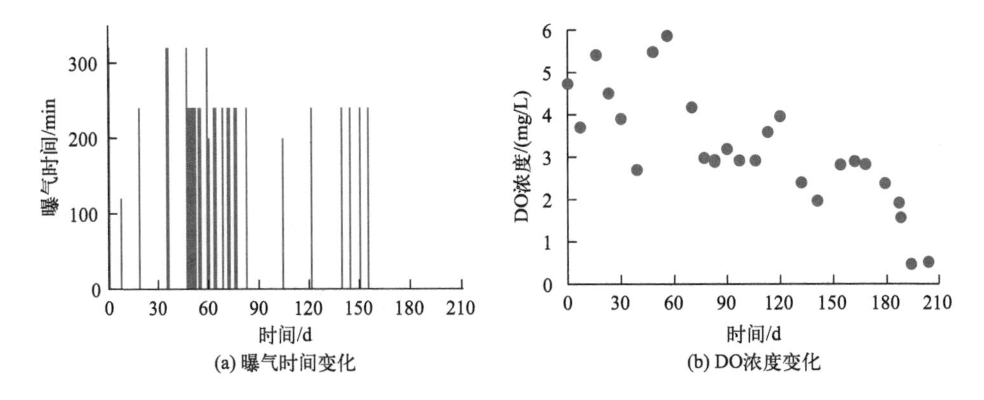

(a) 曝气时间变化　(b) DO浓度变化

图5-63　JC15点位曝气时间与地下水DO浓度变化

每口井6min/次。运维期间，在曝气情况下，溶解氧浓度在2.38~6.75mg/L之间波动，满足硝化反应供氧需求；停止曝气后，溶解氧下降至2mg/L以下，反应转为反硝化。反硝化阶段葡萄糖的注入显著降低了DO浓度，最低为0.36mg/L，进一步强化反硝化作用。

6）JC16

①“三氮”。JC16点位所采取的工程运维措施和地下水“三氮”浓度变化趋势见表5-26、图5-64。该点位氨氮初始浓度为43.0mg/L，与JC15点位污染程度相当，水文地质条件相近，地下水埋深为13~14m，均易受降雨影响发生波动。1月启动硝化修复，作为对照试验，该点位硝化菌剂等各修复剂注液频次和用量未进行优化调整，参数均远低于JC15点位。修复前期共注射硝化菌剂2936kg，为JC15点位注液量的37.6%，因此未达到理想修复效果，2月地下水氨氮浓度为34.1mg/L，去除率仅为20.7%。4月进入雨季以来，氨氮浓度反弹并保持在40mg/L，与初始浓度相当。这是由于受降雨影响地下水水位上升使得上部土壤淋滤增加，此外，注液频次、用量和曝气量不足，雨季未加强工程运维，是造成氨氮去除率不理想的主要原因。6月加强了运维措施，补充注射硝化菌剂，并辅助碱剂投加和曝气。6月底跟踪监测结果表明氨氮浓度为2.42mg/L，去除率为94.4%，达到修复目标，硝酸盐氮和亚硝酸盐氮浓度为22.05mg/L、0.013mg/L。7月初进一步强化了反硝化作用，硝酸盐氮、亚硝酸盐氮浓度降为5.36mg/L、0.05mg/L，优于Ⅲ类水质标准，氨氮浓度则稳定在2.17mg/L，去除率为95.0%。

表5-26 JC16运维参数变化趋势

时间	硝化菌/kg	零价铁/kg	碱剂/kg	曝气时间/min	反硝化菌剂/kg	葡萄糖/kg
第1月	1736	160	648	728	0	0
第2月	1200	0	80	1040	0	0
第3月	0	0	480	0	0	0
第4月	0	0	280	240	0	0
第5月	0	0	240	960	0	0
第6月	1200	0	72	816	0	0
第7月	0	80	208	0	600	280

② pH值。JC16位碱剂投加量与地下水pH值参数变化见图5-65。pH值调节措施为1~7月每月投加碱剂（碳酸氢钠、氢氧化钠），平均5次/月，每口井3kg/次。运维期间，pH值有所升高，最小值5.1，最大值7.8，平均值6.6，均高于初始pH4.58，低于7~8最适pH值条件，反应效果在一定程度上受到抑制。

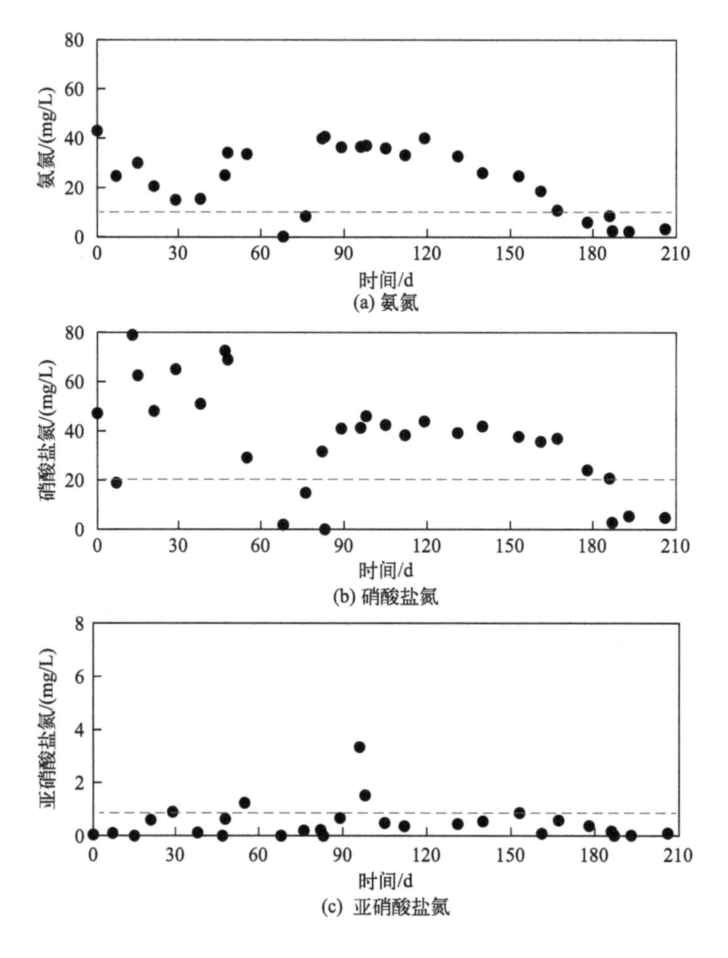

图5-64　JC16地下水“三氮”浓度变化

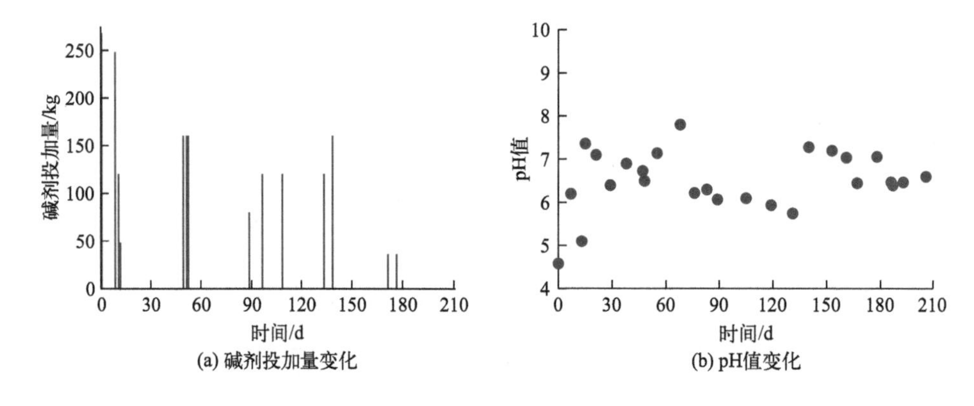

图5-65　JC16点位碱剂投加量与地下水pH值参数变化

③ 溶解氧。JC16点位曝气时间与地下水DO浓度变化见图5-66。曝气增氧频次为每口井6min/次。跟踪评估期间，溶解氧浓度1~2月基本稳定大于2mg/L，氨氮

在好氧硝化作用下浓度逐渐降低；3、4月曝气频次降低，地下水溶解氧浓度普遍低于2mg/L，反应转为以反硝化作用为主，5、6月补充曝气后平均值2.2mg/L，进一步硝化去除残留的氨氮。反硝化阶段葡萄糖的注入显著降低了DO浓度，最低为0.36mg/L，进一步强化反硝化作用。

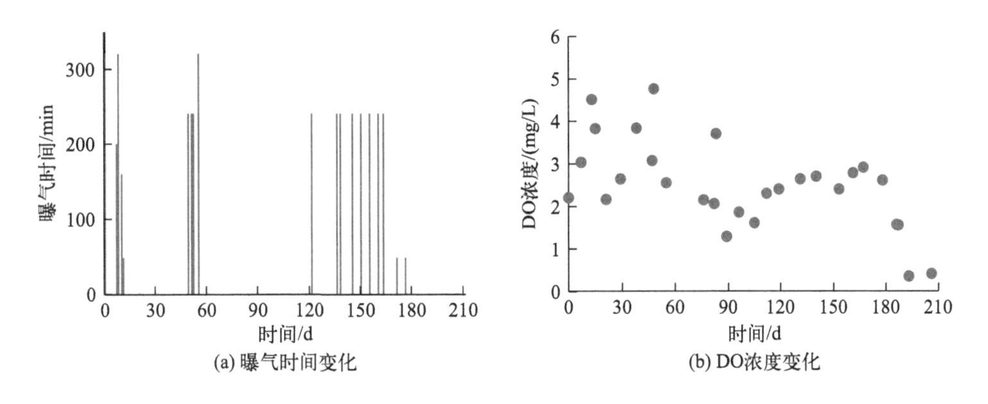

图5-66 JC16点位曝气时间与地下水DO浓度变化

7）JC21

①“三氮”。JC21点位所采取的工程运维措施和地下水“三氮”浓度变化趋势见表5-27、图5-67。该点位1月启动硝化修复，氨氮初始浓度97.38mg/L，为矿区污染程度最为严重的点位，为达到修复目标，前期注液频次和注液量优化调整后相应增加。2月氨氮浓度已降为25.3mg/L，去除率为74.0%。该点位地下水埋深较浅，低于2m，上部土壤中铵态氮含量较低，因此降雨淋滤对地下水氨氮污染补给影响较小，4月进入雨季后氨氮未见明显回升。在4、5月未注射硝化菌剂且降雨量增多的情况下，氨氮仍保持着70%以上的去除效率，修复效果较好。为进一步提高氨氮去除率，6月补充注射硝化菌剂，6月底跟踪监测结果表明氨氮浓度降至5.37mg/L，去除率为94.5%，达到修复目标。硝化反应过程中，硝酸盐氮浓度普遍高于30mg/L，同时有少量亚硝酸盐氮产生，浓度最高为5.27mg/L，并随着硝化反应进行逐渐降至1mg/L以下。7月初进一步强化了反硝化作用，硝酸盐氮、亚硝酸盐氮浓度降为7.57mg/L、0.17mg/L，优于Ⅲ类水质标准，氨氮浓度则稳定在0.43mg/L，去除率为99.6%。

表5-27 JC21运维参数变化趋势

时间	硝化菌/kg	零价铁/kg	碱剂/kg	曝气时间/min	反硝化菌剂/kg	葡萄糖/kg
第1月	1050	110	335	400	0	0
第2月	4500	0	2500	6350	0	0

续表

时间	硝化菌/kg	零价铁/kg	碱剂/kg	曝气时间/min	反硝化菌剂/kg	葡萄糖/kg
第3月	1000	0	1085	1800	0	0
第4月	0	0	150	0	0	0
第5月	0	0	200	1500	0	0
第6月	1200	0	325	1500	0	0
第7月	0	200	520	0	1750	700

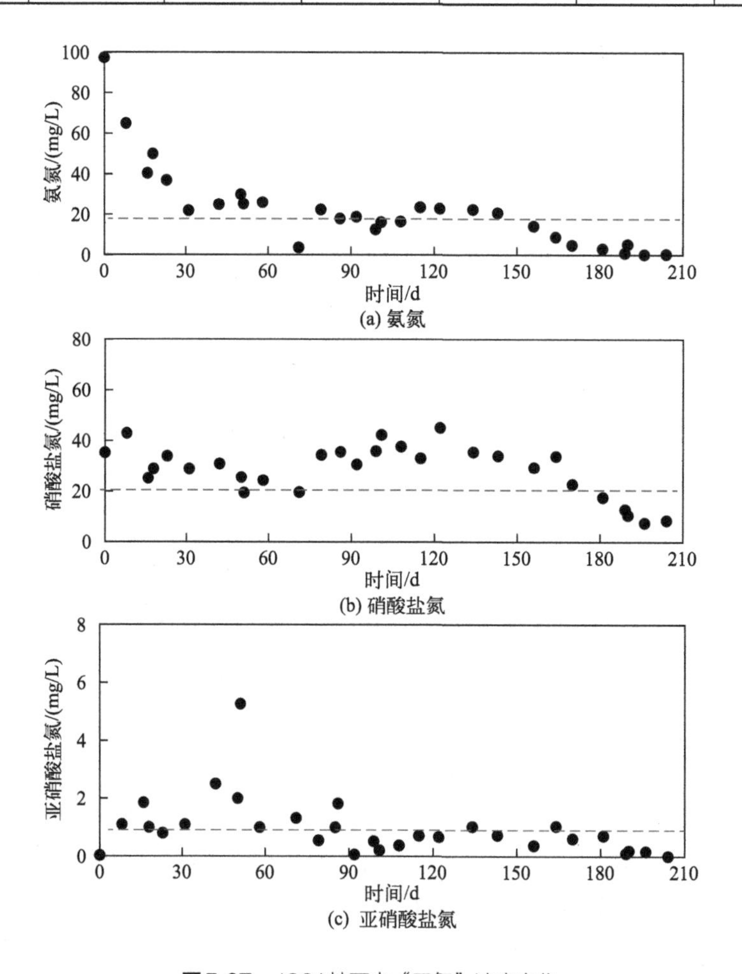

图5-67 JC21地下水"三氮"浓度变化

② pH值。JC21点位碱剂投加量与地下水pH值参数变化见图5-68。pH值调节措施为1~7月每月投加碱剂（碳酸氢钠、氢氧化钠），平均5次/月，每口井3kg/次。运维期间，地下水pH值先升高再降低，但均高于初始pH5.72，平均值6.9，基本满足硝化反应条件。

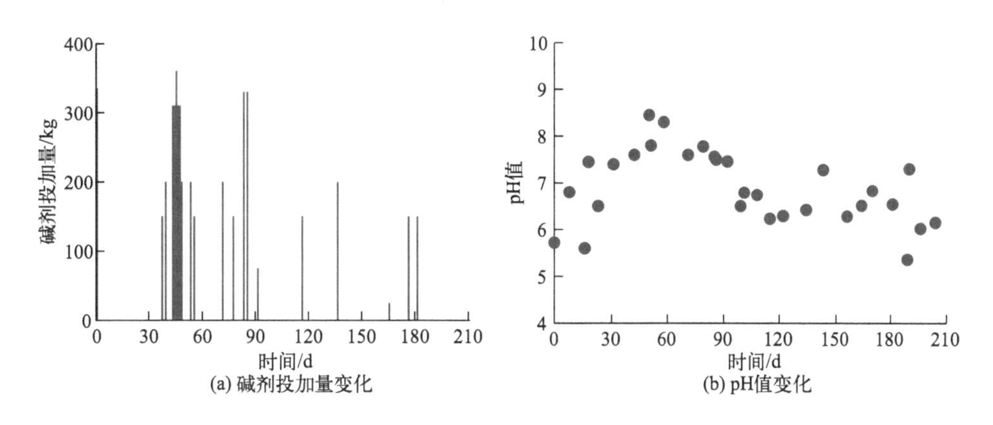

图5-68 JC21点位碱剂投加量与地下水pH值参数变化

③ 溶解氧。JC21点位曝气时间与地下水DO浓度变化见图5-69。考虑到该点位为矿区污染浓度最高的点位，每口井平均每次曝气时间为6min，修复区累计曝气时长为11550min，为所有修复区中曝气时长最长的区域。运维期间，溶解氧浓度在2.08～4.78mg/L之间波动，总体处于好氧环境，满足硝化反应供氧需求，厌氧反硝化作用较弱。反硝化阶段葡萄糖的注入使得DO浓度显著降低至0.42mg/L，强化了反硝化作用，从而实现了硝酸盐氮的有效去除。

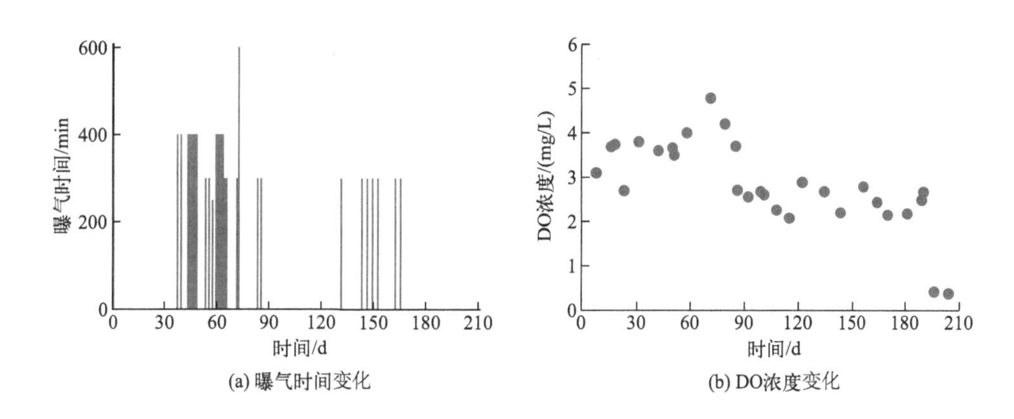

图5-69 JC21点位曝气时间与地下水DO浓度变化

8）JC22

①“三氮”。JC22点位所采取的工程运维措施和地下水“三氮”浓度变化趋势见表5-28、图5-70。该点位位于矿区下游，不属于堆浸或原位浸矿开采区，地下水污染主要来源于上游地下水污染羽迁移扩散，土壤中铵态氮含量较低，修复前氨氮初始浓度为27.36mg/L，污染程度相对较轻。该点位1月启动硝化修复，注液后，氨氮浓度显著下降，2月氨氮浓度降为9.84mg/L，去除率为64.0%。随后均未进行硝化菌剂补充注射，氨氮浓度未明显反弹，平均浓度低于3mg/L，氨氮逐月去除率均超过80%。

硝化反应过程中，硝酸盐氮从初始浓度8mg/L逐渐上升至约30mg/L，亚硝酸盐氮浓度最高上升至约2mg/L，硝化反应产物增量与氨氮浓度下降幅度基本一致。随着地下水中DO的消耗和氨氮底物浓度降低，硝化反应减弱，转为反硝化作用，硝酸盐氮和亚硝酸盐氮浓度逐渐下降。

表5-28　JC22运维参数变化趋势

时间	硝化菌/kg	零价铁/kg	碱剂/kg	曝气时间/min	反硝化菌剂/kg	葡萄糖/kg
第1月	3584	320	1070	128	0	0
第2月	0	0	0	0	0	0
第3月	0	0	120	0	0	0
第4月	0	0	240	0	0	0
第5月	0	0	560	0	0	0
第6月	0	0	240	0	0	0
第7月	0	360	1248	0	4400	1720

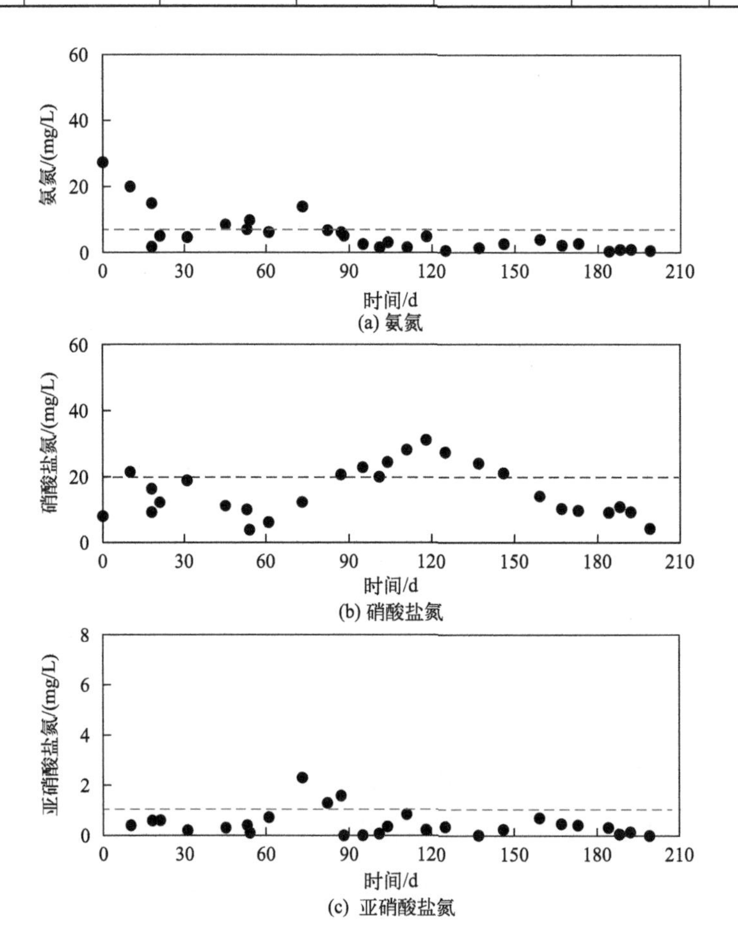

图5-70　JC22地下水“三氮”浓度变化

“三氮”浓度变化趋势表明，该点位含水层中几乎无氨氮污染存量，地下水污染已有效去除。6月底监测结果显示，硝化阶段氨氮浓度降至0.87mg/L，去除率为96.8%，硝酸盐氮和亚硝酸盐氮浓度分别为10.8mg/L和0.06mg/L。7月初进一步强化了反硝化作用，硝酸盐氮、亚硝酸盐氮浓度降为4.62mg/L、0.00mg/L，优于Ⅲ类水质标准，氨氮浓度则稳定在0.54mg/L，去除率为98.0%。

② pH值。JC22点位碱剂投加量与地下水pH值参数变化见图5-71。pH值调节措施为1～7月每月投加碱剂（碳酸氢钠、氢氧化钠），平均5次/月，每口井3kg/次。运维期间，地下水pH值有所升高，随后稳定在7～8，满足硝化和反硝化反应条件。

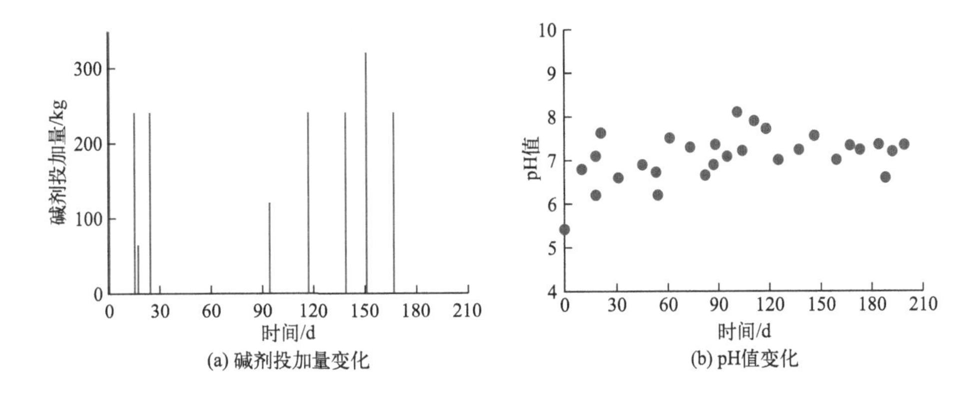

图5-71　JC22点位碱剂投加量与地下水pH值参数变化

③ 溶解氧。JC22点位曝气时间与地下水DO浓度变化见图5-72。硝化修复过程中，仅1月进行过曝气增氧，频次为6次，每口井6min/次。曝气阶段，地下水保持好氧环境，溶解氧浓度约为4mg/L；停止曝气后，溶解氧浓度仍然能维持在2～3mg/L，主要原因在于该点位地下水埋深较浅，易与包气带土壤孔隙中的空气接触，DO浓度通常高于地下水埋深较深的点位，同时由于氨氮浓度降低，硝化反应氧气需求量降低。

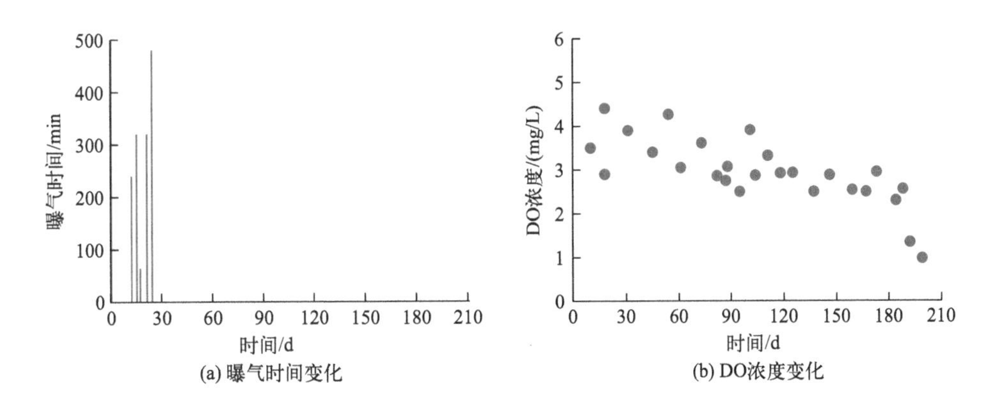

图5-72　JC22点位曝气时间与地下水DO浓度变化

综上，JC22点位污染程度较轻、地下水埋深较浅，易于修复，按照原有设计参数进行运维，即可有效去除地下水中的氨氮；其他位于稀土开采区、污染较为严重、地下水埋深较深的点位，需进行修复技术参数优化调整，增加注液曝气频次和用量，尤其是加强雨季的工程运维，才能有效去除地下水中的氨氮污染。同时工程运维结果表明，通过间歇性曝气能够改变地下水好氧/厌氧条件，动态调控硝化、反硝化反应，改变地下水氧化还原条件，逐步去除氨氮和硝酸盐氮，使氨氮去除率达到修复目标；反硝化菌剂和有机碳源的注射则能够进一步强化反硝化作用，使得硝酸盐氮浓度达到水质目标。

5.4.3.4 地下水水质影响因素

（1）降雨

矿区4月强降雨以来，JC10、JC14、JC15、JC16等部分点位水位上升较为明显，且氨氮浓度出现了反弹现象。为分析降雨对地下水水质和试点工程修复效果的影响，评估淋滤作用下土壤中的污染存量和污染释放强度，开展淋滤柱实验研究。

柱实验土壤样品采自矿区内，共5组，土壤铵态氮、硝态氮、亚硝态氮浓度见表5-29，含量分别为20.19～252.56mg/kg、7.4～13.53mg/kg、0.15～1.15mg/kg。对土壤样品开展淋滤实验，每日倒入定量纯水分别模拟丰水期、枯水期降雨，定期测定淋滤液中“三氮”浓度变化情况，实验周期为1个月。淋滤柱实验照片见图5-73。

表5-29 土壤样品无机氮含量

样品编号	铵态氮/(mg/kg)	硝态氮/(mg/kg)	亚硝态氮/(mg/kg)
S1	252.56	13.53	0.55
S2	83.6	8.05	1.15
S3	81.95	9.6	0.15
S4	61.13	8.95	0.7
S5	20.19	7.4	0.4

根据图5-74，铵态氮含量最高的土壤样品S1丰水期淋滤液中氨氮、硝酸盐氮、亚硝酸盐氮初始浓度为52.18mg/L、16.62mg/L、0.06mg/L，淋滤30d后氨氮浓度降为36.39mg/L，硝酸盐氮、亚硝酸盐氮浓度较为稳定。枯水期淋滤液中氨氮浓度略高于丰水期，但水量仅为丰水期的1/5，丰水期土壤氨氮释放量为枯水期的3～4倍，给原位修复带来了较大的污染负荷，因此应强化雨季的工程运维，并适当延长运维周期，尽可能去除土壤淋滤释放的氨氮，提高修复效果。

 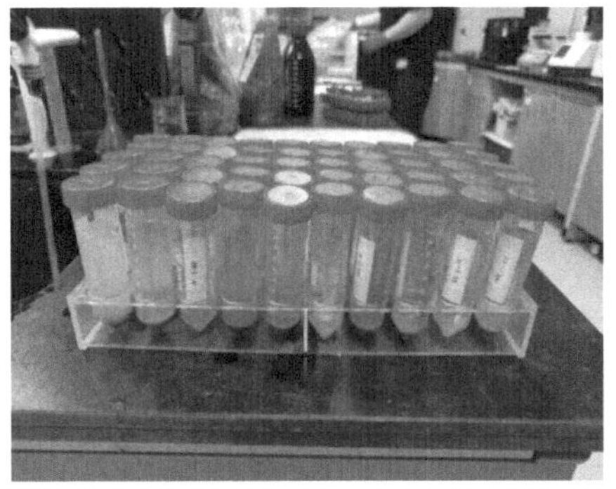

图5-73　淋滤柱实验照片

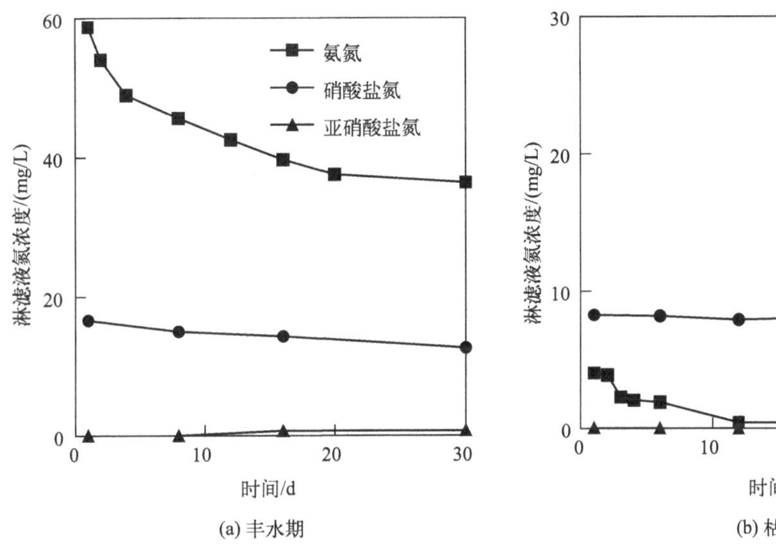

(a) 丰水期

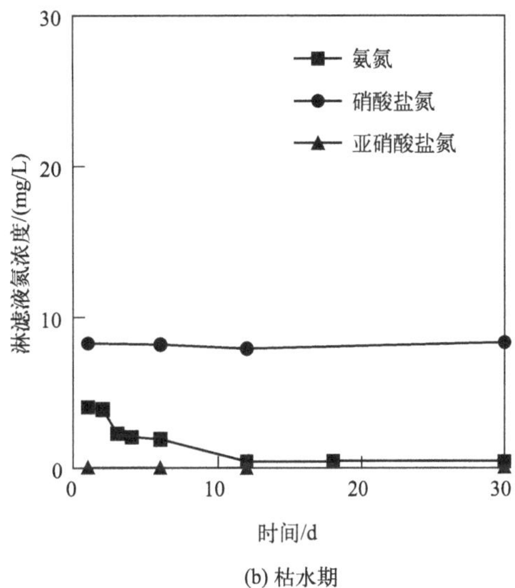

(b) 枯水期

图5-74　丰枯水期土壤淋滤液氮浓度变化

矿区中土壤样品铵态氮含量范围为1.8～516mg/kg，高浓度土壤主要富集在深度10.5～13.8m层位，通过建立淋滤液氨氮浓度与土壤铵态氮含量的关系（图5-75），评估土壤对各点位地下水氨氮的补给强度。其中，位于堆浸中心区污染较为严重的JC21点位含水层铵态氮平均含量约为430mg/kg，氨氮淋滤浓度约为90mg/L。JC13点位地下水污染特征与JC21点位相似，氨氮淋滤浓度约为70mg/L。JC15、JC16点位位于原位浸矿区，开采活动影响较大，氨氮淋滤浓度约40mg/L。JC09、JC10点位氨氮淋滤浓度约为20mg/L。矿区南部、东部和西部丘陵地区同样位于原位浸矿区，但开采程度较轻，氨氮淋滤浓度普遍低于10mg/L。综合地下水氨氮污染特征、土壤铵态氮含量和淋滤实验结果，推测矿区土壤淋滤补给浓度分布情况见图5-76（书后另见彩图）。

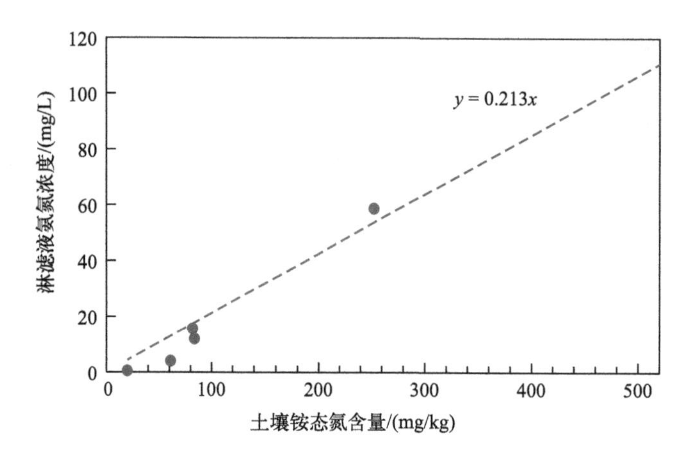

图5-75 土壤铵态氮与丰水期淋滤液铵态氮相关关系

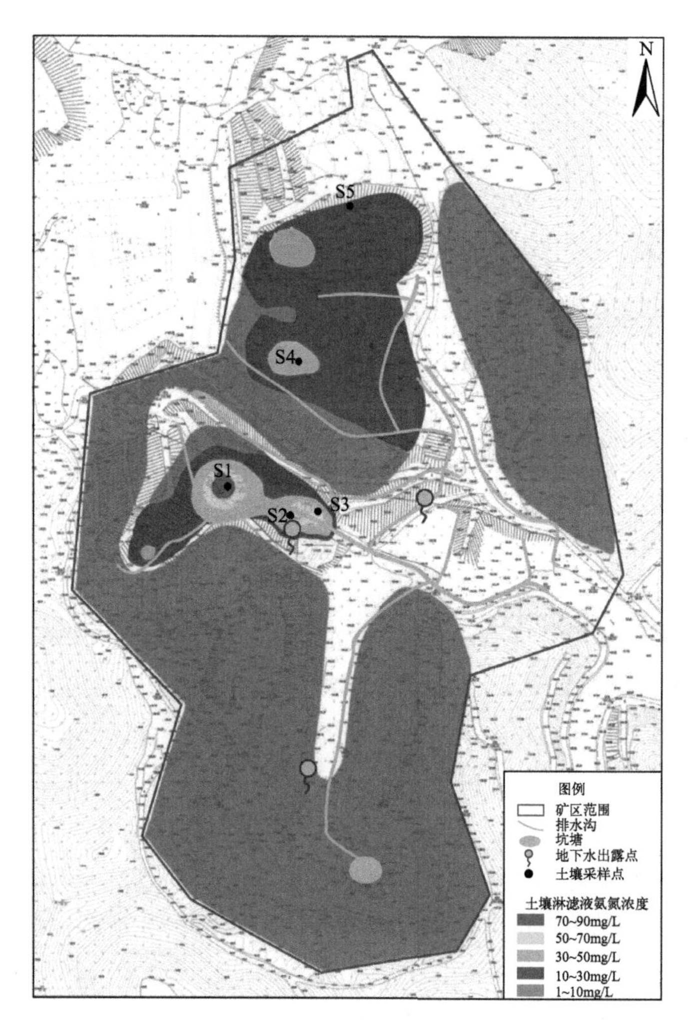

图5-76 矿区土壤淋滤液氨氮初始浓度分布

（2）温度

根据前期室内实验研究结果，温度对于微生物的生长速率和代谢活性都有较大影响，在5～25℃的情况下，温度越高，微生物反应活性越强。根据实际监测结果，1月、2月矿区地下水平均温度为18～19℃，随后水温逐渐升高，7月温度上升至26.1℃。受温度影响，冬季较夏季地下水原位修复效果可能下降约20%。修复初期，部分点位地下水氨氮浓度未发生明显下降，含水层微生物尚未成为优势菌种并发挥降解活性，温度是其中的一项重要影响因素。6月补充注液时，由于温度适宜，硝化和反硝化菌能够快速发挥降解作用。具体见图5-77。

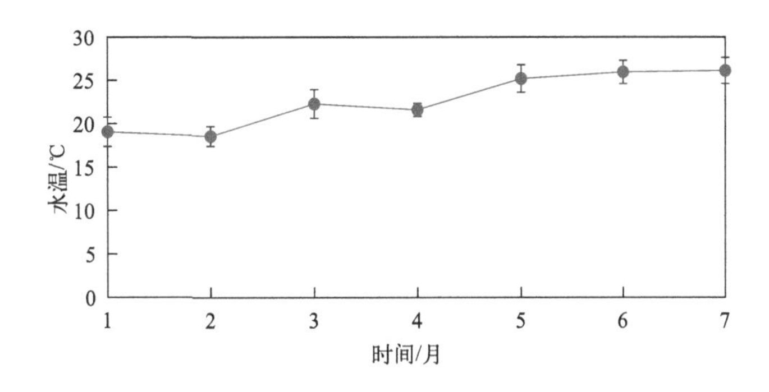

图5-77 矿区地下水水温变化

考虑到温度的影响，工程运维过程中应注意及时观测微生物菌剂活性，保持最佳的微生物菌剂培养温度以及菌剂保存和运输条件。除强降雨期之外，相同的运维频次和投加量，修复系统夏季较冬季修复效率更佳。

（3）微生物

为评估微生物对地下水水质的影响，工程运维结束后分别采集注射井底泥和含水层介质样品并对其性状及微生物群落结构进行分析。

注射井底泥采用贝勒管进行样品采集，采样区域覆盖8个修复区135口注射井，照片见图5-78（书后另见彩图）。底泥观测结果显示，80%的注射井底泥呈黑色，20%的注射井底泥呈深棕色，表明工程运维结束后，注射井底泥与注液菌剂颜色相近，依然保持较高的降解活性。黑色底泥主要分布于JC21、JC22等修复区，深棕色底泥则主要分布于JC09、JC16等地势较高的北部径流区以及前期运维频次较低的JC13修复区。

含水层介质样品通过XY-150型钻机钻进获取，钻孔位置与注射井间距分别为0.5m、1m，钻孔直径为Φ110mm，钻机深度与各修复区注射井深度相近，为10～20m，钻进施工与岩芯采样照片见图5-79（书后另见彩图）。岩芯照片显示，在中部径流区如JC21、JC22等修复区，距离注射井0.5m处，岩芯深度0～5m为土黄色，5～7m为深棕色，7～10m为黑色；随着与注射井距离的增加，含水层中活性菌泥的含量逐渐降低，距离注射井1m处，岩芯深度0～7.5m为土黄色，7.5～8.5m为黄黑色，8.5～10m为黑色。结果表明高压注射使得活性菌泥在含水层中有效扩散，影响半径可达1m，试点工程采用以1m为间距的注射排井布设方案，能够保证修复剂形成连续的化学耦合微生物反应带。

(a)

(b)

图5-78 注射井底泥观测照片

(a)

(b)

(c)

图5-79 钻进施工与岩芯采样照片

在北部径流区如JC09等修复区，距离注射井0.5m处，含水层中菌泥呈深棕色，深度为16～20m，其功能菌活性与覆盖层位厚度小于中部径流区的修复区，主要原因在于北部径流区地下水埋深较深，渗透系数较小，微生物菌剂扩散难度较大，同时

JC21、JC22修复区菌剂注射量及曝气量远大于JC09等修复区。菌剂的有效扩散和充分的运维注射是JC21、JC22修复区氨氮去除率高的重要原因。

各修复区底泥和含水层微生物物种鉴定结果见图5-80（书后另见彩图）。各修复区含水层中微生物均以变形菌门为主。JC09、JC10、JC14、JC15、JC16、JC21、JC22物种组成聚类分析结果相近，表明修复区含水层中微生物同源，均为注入的驯化培养后的修复菌剂。修复区中JC13点位聚类分析结果与其他修复区偏差较大，这是由于前期注液后注射井淤堵，影响了菌剂的扩散，同时无法开展有效的调碱曝气维持硝化菌的生长环境，导致硝化菌未形成优势菌种。RDA/CCA分析（冗余分析/典范对应分析）结果表明，修复区含水层微生物菌种丰度与溶解氧、氨氮和硝酸盐氮浓度呈显著相关关系，氮源丰富的好氧环境有利于硝化菌形成优势菌种，从而发挥降解活性。

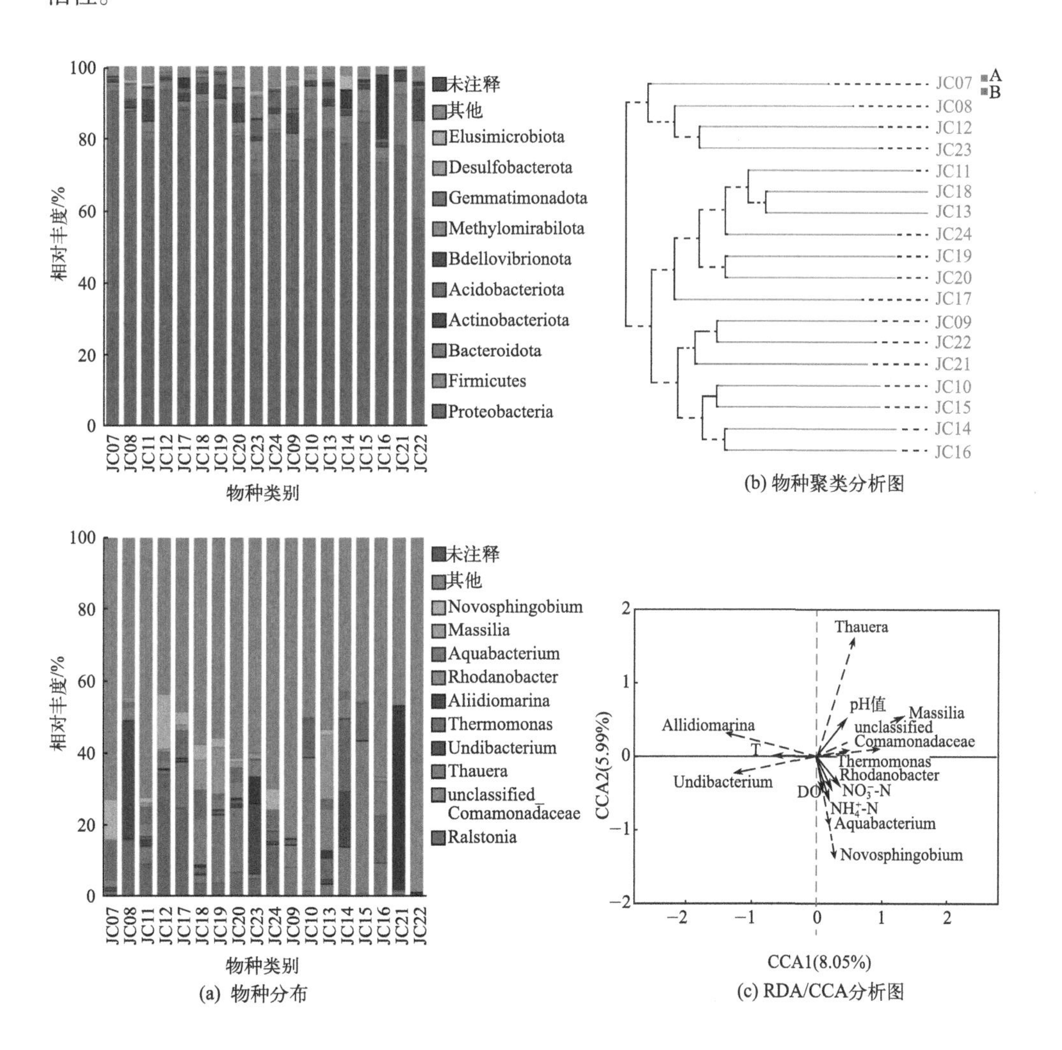

图5-80 微生物基因测序结果

（4）pH值

根据地下水污染特征分析结果，地下水pH值因受强酸弱碱盐硫酸铵污染影响而普遍呈酸性，8个修复区地下水初始pH值平均为5.5。结合修复技术方案优化研究的实验结果，地下水pH值最佳条件为7～8。投加氢氧化钠和碳酸氢钠，中和氢离子并构建弱碱性缓冲体系，提高地下水pH值。修复期间，8个修复区地下水pH值变化趋势见图5-81，pH值总体呈上升趋势。1～6月硝化阶段，地下水逐月平均pH值分别为5.54、6.50、6.50、6.40、6.38、6.71，7月反硝化阶段pH值较为稳定，保持在6.72。

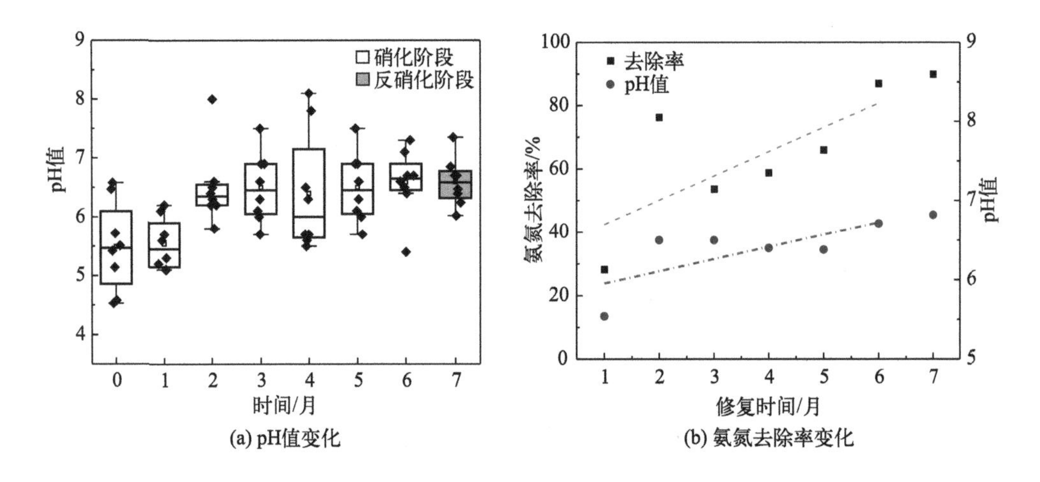

图5-81 修复区地下水pH值与氨氮去除率变化趋势

在pH值不超过最适pH值的情况下，氨氮去除率与地下水pH值总体呈正相关，pH值越高，氨氮去除率越高，结果表明适宜的pH值条件是微生物高效修复的关键。根据工程运维和跟踪评估经验，单井每次投碱量为3kg，pH值有效时间约为5d。因此，为保证地下水修复效果，原位注射反应带工程运维期间，需定期监测地下水pH值，适量补充碱剂调节pH值。

（5）溶解氧

参与硝化反应的微生物大多都属于自养菌，在硝化反应过程中利用氨氮的氧化来为自身提供生长代谢所必需的能量，并利用无机碳源构筑生命元件。硝化反应属于化能自养反应，需要在好氧条件下进行。结合修复技术方案优化研究的实验结果，硝化反应阶段地下水溶解氧浓度需保持在2mg/L以上。采用空压机在注射井中加压曝气，能够有效提高地下水中的溶解氧含量。反硝化反应则多为兼性异养反应，需要有机物作为电子供体，在缺氧或低氧条件下进行，通过注入有机碳源能够快速消耗地下水中的溶解氧，使其降至2mg/L以下，实现硝化与反硝化过程的条件转换。

修复期间，8个修复区地下水DO浓度变化趋势见图5-82，DO平均浓度总体保持在2mg/L以上，1、2月曝气频次较高，DO平均浓度为4.4mg/L，4、5月曝气频次较低，DO平均浓度降为2.4mg/L，6月丰水期强化了工程运维，DO平均浓度为4.0mg/L。7月转为反硝化阶段，葡萄糖的注入使得DO平均浓度快速降至0.84mg/L。

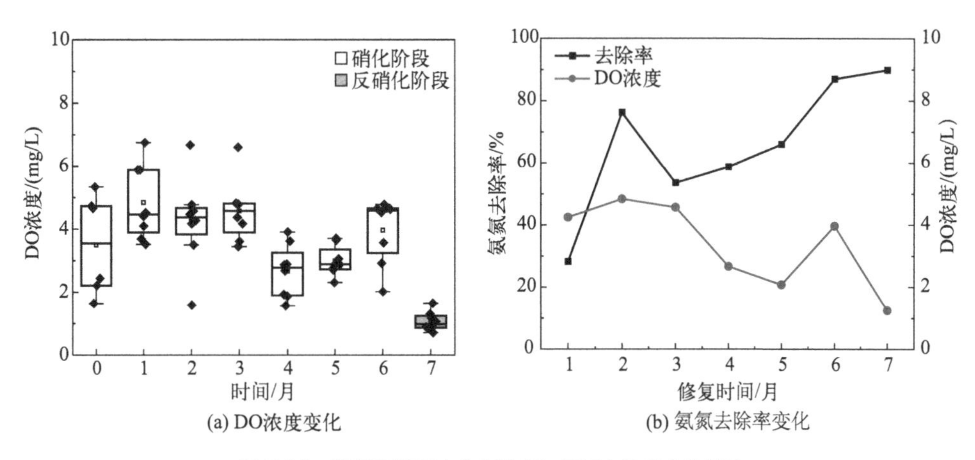

图5-82 修复区地下水DO浓度与氨氮去除率变化趋势

地下水DO浓度与氨氮去除率相关关系显示，硝化反应效率与溶解氧浓度变化趋势一致。2月、6月地下水DO浓度较高，氨氮平均去除效率分别为76.2%、86.9%；3～5月溶解氧浓度降低，氨氮平均去除率为53.6%～65.9%。7月溶解氧浓度低于2mg/L，氨氮去除率仍超过80%，浓度未反弹，表明经历6月丰水期工程运维，原位修复区地下水污染存量已有效降低。地下水原位硝化修复对于长期工程运维较为依赖，根据工程经验，一次曝气有效时间约为2d，定期曝气才能维持地下水的好氧环境，持续修复地下水中的氨氮。

（6）零价铁

零价铁在原位硝化和反硝化修复阶段均有应用。好氧条件下，零价铁在水中缓慢腐蚀，过程中释放出低浓度的铁离子，促进硝化细菌与亚硝化细菌的硝化作用，实现化学氧化耦合微生物硝化作用，实验研究表明零价铁的参与可使氨氮去除率提高10%～20%。在缺氧条件下，零价铁与水反应生成的阴极氢，作为电子受体参与微生物氢自养反硝化反应。微生物的氢自养反硝化的过程也会加速零价铁腐蚀，提高零价铁的活性和还原能力，增强零价铁对硝酸盐的去除，通过微生物与零价铁协同，实现化学还原耦合微生物反硝化作用，实验研究表明零价铁的参与可使氨氮去除率提高超过20%。此外，零价铁对于提高地下水pH值具有一定作用。

硝化阶段初期，微生物尚未适应场地地下水环境，形成优势菌种，零价铁的投加能够与微生物协同修复，提高硝化反应效率，使微生物快速发挥降解作用。原位修复区零价铁单井每次投加量均为2kg，投加频次及修复效果见表5-30。其中，JC09、

JC14、JC15修复区零价铁投加1次，1月上旬跟踪监测结果显示硝化菌剂尚未发挥降解作用，氨氮去除率为0%；JC13、JC16、JC21、JC22点位投加频次为2次，1月上旬跟踪监测结果显示氨氮浓度均有下降，去除率为30.2% ~93.7%，相较于上述3个点位，表明足量零价铁的投加促进了硝化反应；JC10点位投加频次为3次，氨氮去除率为12.1%，低于投加频次为2次的点位，可能由于过量零价铁与硝化菌竞争消耗溶解氧，抑制了氨氮的降解。

表5-30　修复区零价铁投加频次与修复效果

修复区	零价铁投加频次/次	氨氮初始浓度/（mg/L）	氨氮去除率/%
JC09	1	25.3	0.0
JC10	3	31.3	12.1
JC13	2	77.7	61.3
JC14	1	34.9	0.0
JC15	1	59.7	0.0
JC16	2	43	30.2
JC21	2	97.38	58.4
JC22	2	27.36	93.7

反硝化阶段，原位修复区零价铁单井每次投加量为1 ~ 2kg，投加频次为1 ~ 3次。其中，矿区内部上游JC10、JC14、JC15、JC16点位投加频次为1次，每次投加量为1.5 ~ 2kg，中游JC09、JC13、JC21点位投加频次为2次，每次投加量为4kg，下游JC22点位投加频次为3次，每次投加量为4.5kg。零价铁的投加量根据修复区在地下水流场中所处的位置，下游区域投加量多于上游是为了有效去除原位硝酸盐氮以及上游迁移而来的硝化反应产生的硝酸盐氮产物。反硝化注液后，硝酸盐氮均达到《地下水质量标准》（GB/T 14848—2017）Ⅲ类标准。

5.4.4　可渗透反应墙工程跟踪评估

5.4.4.1　注射井现状跟踪评估

针对反硝化反应单元的8口注射井，采用井下摄录系统对注射井结构进行观测，监测频次为2次，评估注射井设施使用状况，识别注射井是否存在变形、错位、堵塞等问题。注射井结构观测过程中，同步采集8口注射井底泥样品，现场观察底泥性状。实验抽检分析其中4个底泥样品的菌落总数和降解活性，每个样品3组平行，共24个批次。对4个底泥样品委托开展微生物高通量测序，分析底泥微生物丰度，综合评估注射井内微生物菌剂残留情况，为菌剂注射参数优化调整提供科学依据。

（1）注射井结构

注射井结构观测与原位注射反应带工程注射井观测过程相同。根据监测结果，8口注射井筛管长度、位置等结构参数均符合设计要求。但由于工程运维过程中反硝化菌剂注液等影响，部分注射井出现了堵塞问题，会抑制修复剂扩散，对地下水污染修复效果造成一定影响。3月第1轮次观测中，共有3口注射井识别出井管堵塞问题，占修复区注射井总数的37.5%。为使修复剂能够在反应墙中有效扩散，充分发挥降解作用，运维过程中应加强注射井清淤。

问题反馈后，运维单位对存在的井管堵塞问题进行了及时整改，采用微曝气抽水的方式对注射井进行清淤，清除注射井内淤堵的菌泥或砂土。整改完成后，补充开展注射井问题核查，复测结果表明修复后注射井井管完好，筛孔结构清晰，筛管长度与设计长度基本一致，使用功能得到恢复。清淤前后注射井现状照片见图5-83（书后另见彩图）。针对堵塞的注射井进行清淤后，在3、4、5月分别补充注射了1次反硝化菌剂，投加量为每次6.6kg/口，每月注射菌剂52.8kg。

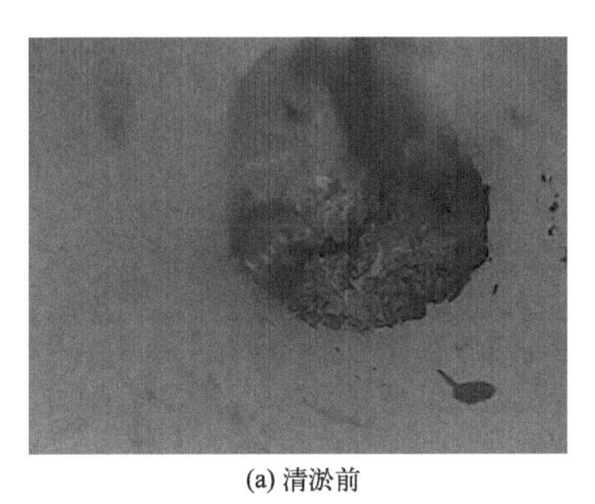
(a) 清淤前

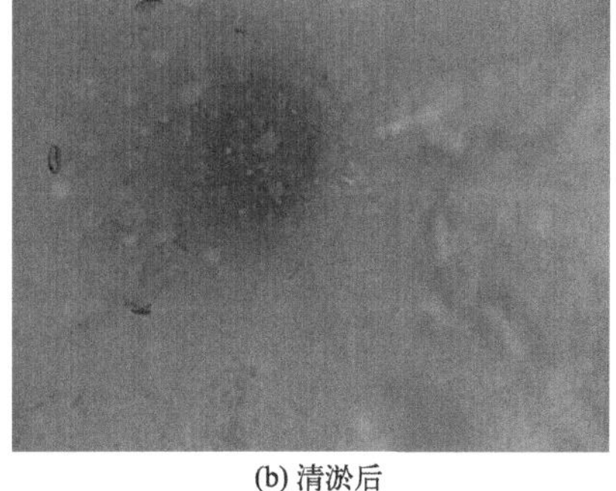
(b) 清淤后

图5-83 清淤前后注射井现状照片

（2）注射井底泥

采用贝勒管抽取8口注射井中的底泥，观察其颜色，底泥均呈灰黑色，占比为100%，表明活性微生物菌剂残留较多。底泥微生物菌落计数结果显示，注射井中反硝化菌剂菌落总数超过10^6CFU/mL，且对硝酸盐氮去除活性较高，100mg/L硝酸盐氮5d可降解至4.17mg/L，低于《地下水质量标准》（GB/T 14848—2017）Ⅲ类标准（20mg/L），硝酸盐氮去除率为95.8%。根据底泥颜色、菌落总数、硝酸盐氮去除率等实验结果，结合反应墙下游地下水水质监测结果，表明反应墙运行状态较为稳定，无需进行修复技术参数优化调整。

注射井底泥16S微生物测序结果见图5-84（书后另见彩图）。微生物物种分布显示，注射井底泥中主要含有假单胞菌属、红细菌、根瘤菌属和芽孢杆菌属等有机营养和氢自养型具有反硝化能力的菌种，进一步证实了注射井底泥微生物的主要功能为硝酸盐和亚硝酸盐的还原转化。微生物基因测序结果表明，反应墙运行状态稳定，反硝化菌已成为反硝化反应单元中的优势菌种。

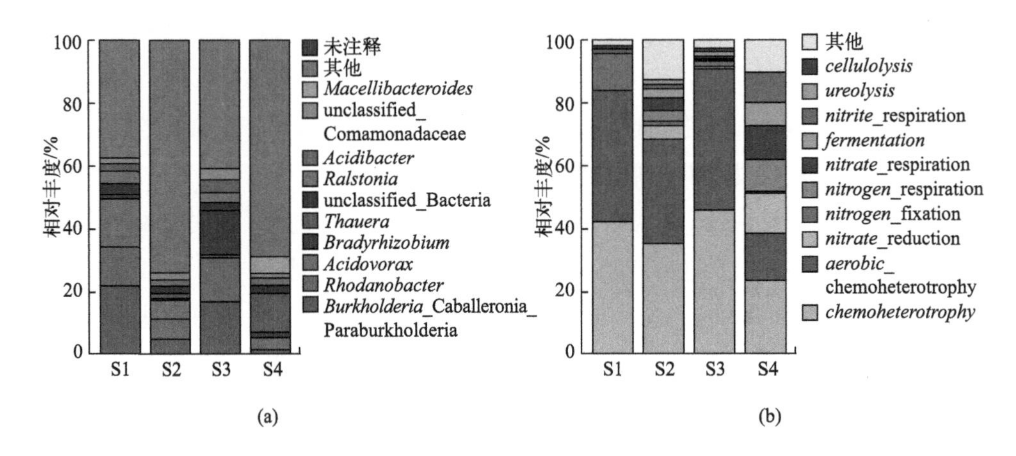

图5-84 注射井底泥微生物物种分布和基因功能

5.4.4.2 地下水水质跟踪评估

（1）反应单元水质

在可渗透反应墙中共布设6口监测井，分别为JC01～JC06，其中JC01、JC02点位位于反应墙过渡区Ⅰ中，反映了反应墙上游来水水质情况；JC03、JC04点位位于反应墙过渡区Ⅱ中，反映了反应墙反硝化反应单元出水水质情况；JC05、JC06点位位于反应墙过渡区Ⅲ中，反映了反应墙吸附反应单元出水水质情况。修复期间，反应墙中地下水“三氮”监测结果见表5-31、图5-85。

表5-31 可渗透反应墙中地下水“三氮”监测结果

监测指标	数据来源	监测位置	修复前	修复期间						
				1月	2月	3月	4月	5月	6月	7月
氨氮	委托监测	过渡区Ⅰ/(mg/L)	27.36	0.11	2.53	3.15	1.83	—	0.15	—
		过渡区Ⅱ/(mg/L)		3.41	6.08	2.41	1.63	—	0.30	—
		过渡区Ⅲ/(mg/L)		16.28	1.82	0.51	0.51	—	0.25	—
		去除率/%	—	40.5	93.4	98.1	98.2	—	99.1	—
	自行监测	过渡区Ⅰ/(mg/L)	27.36	2.30	2.31	4.22	1.05	1.25	1.43	0.85
		过渡区Ⅱ/(mg/L)		1.49	1.50	2.51	0.70	0.37	0.58	0.46
		过渡区Ⅲ/(mg/L)		12.00	2.00	0.57	0.62	0.75	0.59	0.34
		去除率/%	—	56.1	92.7	97.9	94.5	97.3	97.8	98.8

续表

监测指标	数据来源	监测位置	修复前	修复期间						
				1月	2月	3月	4月	5月	6月	7月
硝酸盐氮	委托监测	过渡区Ⅰ/(mg/L)	8	0.92	8.99	13.75	11.10	—	4.84	—
		过渡区Ⅱ/(mg/L)		11.06	0.94	3.20	7.21	—	11.14	—
		过渡区Ⅲ/(mg/L)		10.47	0.04	0.41	1.78	—	0.39	—
		水质类别	—	Ⅲ类	Ⅰ类	Ⅰ类	Ⅰ类	—	Ⅰ类	—
	自行监测	过渡区Ⅰ/(mg/L)	8	2.24	10.77	32.45	8.71	7.83	4.34	5.17
		过渡区Ⅱ/(mg/L)		3.08	2.24	2.88	4.52	4.01	3.05	1.08
		过渡区Ⅲ/(mg/L)		10.77	3.08	0.32	4.10	2.99	2.23	2.38
		水质类别	—	Ⅲ类	Ⅱ类	Ⅰ类	Ⅰ类	Ⅰ类	Ⅰ类	Ⅰ类
亚硝酸盐氮	委托监测	过渡区Ⅰ/(mg/L)	0.013	4.34	0.18	0.05	0.02	—	0.73	—
		过渡区Ⅱ/(mg/L)		2.07	1.59	0.09	0.33	—	0.19	—
		过渡区Ⅲ/(mg/L)		0.70	0.04	0.01	0.77	—	0.38	—
		水质类别	—	Ⅲ类	Ⅱ类	Ⅰ类	Ⅲ类	—	Ⅱ类	—
	自行监测	过渡区Ⅰ/(mg/L)	0.013	0.85	0.44	0.07	0.02	0.12	0.14	0.03
		过渡区Ⅱ/(mg/L)		0.56	0.17	0.07	0.20	0.13	0.07	0.07
		过渡区Ⅲ/(mg/L)		0.03	0.02	0.01	0.08	0.04	0.03	0.06
		水质类别	—	Ⅱ类	Ⅱ类	Ⅰ类	Ⅱ类	Ⅱ类	Ⅱ类	Ⅱ类

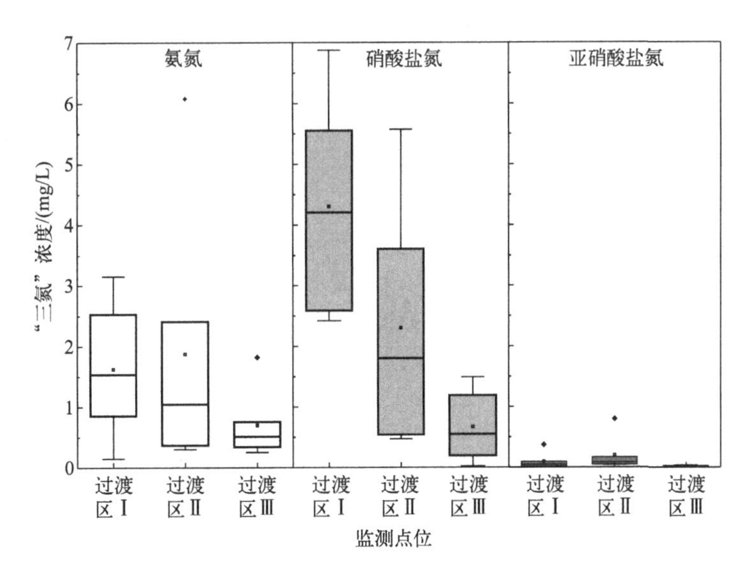

图5-85 三个过渡区地下水“三氮”浓度变化

1）反硝化反应单元

经过反硝化反应单元，硝酸盐氮浓度显著降低，平均浓度由8.61mg/L降至

4.59mg/L；有少量中间产物亚硝酸盐氮产生，平均浓度由0.19mg/L升至0.40mg/L；氨氮浓度则较为稳定，平均浓度为1.75mg/L。

2）吸附反应单元

经过吸附反应单元，氨氮、硝酸盐氮、亚硝酸盐氮浓度进一步降低，平均浓度分别降为0.70mg/L、1.33mg/L、0.03mg/L。

（2）反应墙下游水质

可渗透反应墙下游地下水污染物浓度变化趋势及去除效果见图5-86。运维2个月后，地下水氨氮、硝酸盐氮、亚硝酸盐氮浓度分别降为1.82mg/L、ND（未检出）、0.04mg/L，氨氮相较于反应墙初始浓度去除率为93.4%，相较于矿区最高浓度去除率为98.1%。2～7月，反应墙下游地下水水质保持稳定，氨氮浓度为0.25～0.75mg/L，运维结束后浓度为0.34mg/L，相较于反应墙初始浓度去除率为98.8%，相较于矿区最高浓度去除率为99.7%，超过80%，达到修复目标；硝酸盐氮浓度为0.32～4.10mg/L，运维结束后浓度为2.38mg/L，低于《地下水质量标准》（GB/T 14848—2017）Ⅲ类标准（20mg/L），达到修复目标；亚硝酸盐氮浓度为ND～0.04mg/L，运维结束后浓度为0.03mg/L，低于《地下水质量标准》（GB/T 14848—2017）Ⅲ类标准（1mg/L），无中间产物积累，修复过程未造成二次污染。

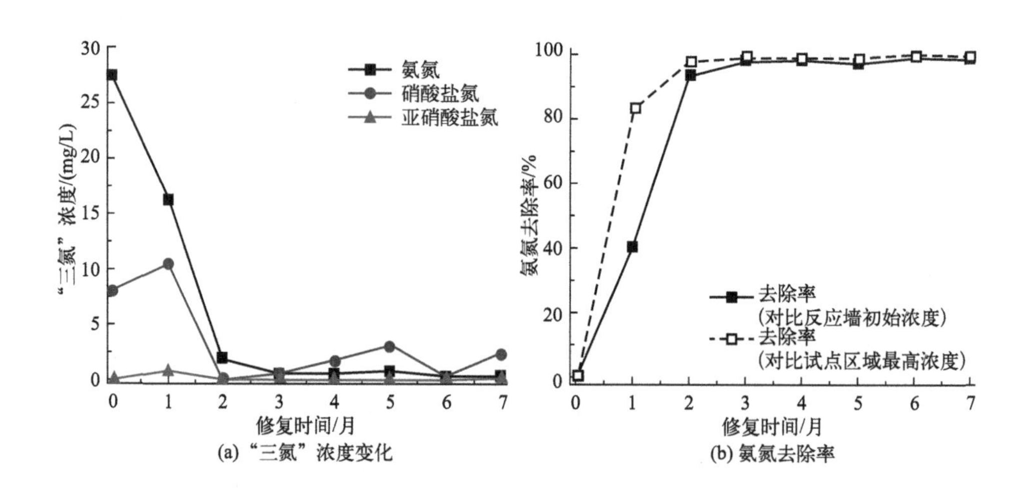

图5-86　反应墙下游地下水"三氮"浓度变化及氨氮去除率

5.4.5　植物修复工程跟踪评估

5.4.5.1　生态沟集水水质现状

生态沟用于收集并处理矿区内排水沟汇集的地表径流和出露地下水。非雨季，截排水沟中的水主要来源于地下水出露补给，其中出露点1、2、3地下水中氨氮平均浓度分别为3.58mg/L、7.40mg/L、34.93mg/L，下游主排水沟中氨氮平均浓度为23.65mg/L，出露地下水浓度与矿区土壤淋滤液氨氮初始浓度分布（图5-76）基本一致，表明矿区北部原位浸矿开采区污染较为严重，南部污染程度较轻。雨季，截排水沟主要收集地表径流以及出露地下水，其中出露点1、2、3地下水中氨氮平均浓度分别为2.98mg/L、7.61mg/L、15.92mg/L，下游主排水沟中氨氮平均浓度为12.71mg/L。出露点1、2地下水氨氮浓度较为稳定，而出露点3地下水氨氮浓度较非雨季有明显下降，表明矿区原位注射反应带工程的原位修复具有显著成效，地下水以及土壤淋滤液中的氨氮浓度降低。

5.4.5.2 生态沟进出水浓度

生态沟建成后植被生长状况良好，运行状态基本稳定，4～7月对矿区生态沟进出水水质进行了跟踪监测，采用多参数水质分析仪进行分析测试，监测频次为每月1次，共4次，跟踪监测数据见表5-32。生态沟进水氨氮浓度平均为12.22mg/L，与汇集的主排水沟地表径流中氨氮浓度相当。流经生态沟后，氨氮出水平均浓度为8.68mg/L，去除率为27.8%。表明生态沟对地表径流和出露地下水中的氨氮具有一定的去除效果。

表5-32 生态沟进出水水质监测结果

监测时间	进水氨氮浓度/（mg/L）	出水氨氮浓度/（mg/L）	去除率/%
4月	11.80	9.12	22.7
5月	10.48	8.43	19.5
6月	10.73	8.13	24.2
7月	12.32	8.46	31.3

5.4.6 修复技术参数优化调整

由于各点位水文地质条件、地下水污染特征差异，修复效果不尽相同。为保证矿区地下水污染如期达到修复目标，需要根据阶段性跟踪评估结果，识别影响修复效果的主要因素，按照分类型、分阶段的原则，及时对各点位修复技术参数进行优化，并动态反馈给工程运维单位，调整工程运维措施，提高污染修复效果。修复过程中优化调整的技术参数包括工程运维周期、微生物菌剂投加量和频次、碱剂投加量和频次、曝气量和频次。

各参数优化调整情况分述如下。

5.4.6.1 工程运维周期

工程运维周期共优化调整2次，第1次主要依据地下水流场跟踪监测结果，矿区内地下水全部经过一次原位注液修复至少需要4.8个月，为确保修复效果，试点工程应至少运维5个月；第2次主要依据地下水水质、地下水流场跟踪监测结果和室内淋滤实验研究结果，为尽可能去除氨氮污染存量，工程运维周期应涵盖丰水期，去除降雨淋滤下渗过程的地下水残留氨氮，提高修复效果，工程运维周期有必要延长至7个月。具体见表5-33。

表5-33 工程运维周期优化调整信息

时间	运维周期	调整依据	调整效果
优化前	3个月	—	氨氮去除率53.6%
第1次优化后	5个月	地下水流场跟踪监测结果表明，矿区内地下水全部经过一次原位注液修复至少需要4.8个月	氨氮去除率65.9%
第2次优化后	7个月	降雨的淋滤下渗会释放土壤中的铵态氮进入地下水，为尽可能去除氨氮污染存量，矿区经历丰水期降雨对土壤的淋洗，通过工程运维，去除淋滤释放出的氨氮	氨氮去除率86.9%

工程运维周期优化调整后，运维单位开展了微生物菌剂的补充培养，强化了注液曝气等运维措施，原位修复区地下水氨氮平均去除率从53.6%提高至86.9%。

5.4.6.2 微生物菌剂投加量和频次

微生物菌剂注液参数优化调整基于现场跟踪监测结果，采用“每周分析、及时调整”的工作方式，主要对原位修复区硝化修复阶段工程运维参数进行动态优化调整。调整依据注射井现状跟踪评估中的注射井底泥菌落数和反应活性，结合地下水水质跟踪监测结果，对于微生物菌剂数量和活性不足的修复区，提出针对性补充注液建议，并反馈给工程运维单位，提高修复效果。

优化调整前后，各点位微生物菌剂注液参数优化对比见图5-87（书后另见彩图）。针对硝化菌剂，设计注液频次为4次，用量为12t，优化后注液频次为5～15次，用量为34.85t。针对反硝化菌剂，设计注液频次为2次，用量为4t，优化后注液频次为1～3次，用量为9.89t。优化后注射井底泥中微生物菌落地下水氨氮去除效果提升，菌剂活性和数量满足要求。以JC13点位为例，前期由于注射井功能性较差，底泥活性低，菌落总数不足10^5CFU/mL，经过注射井清淤和运维参数调整后，补充注射硝化菌剂，地下水氨氮去除率从3月的7.5%提高到4月的87.8%。

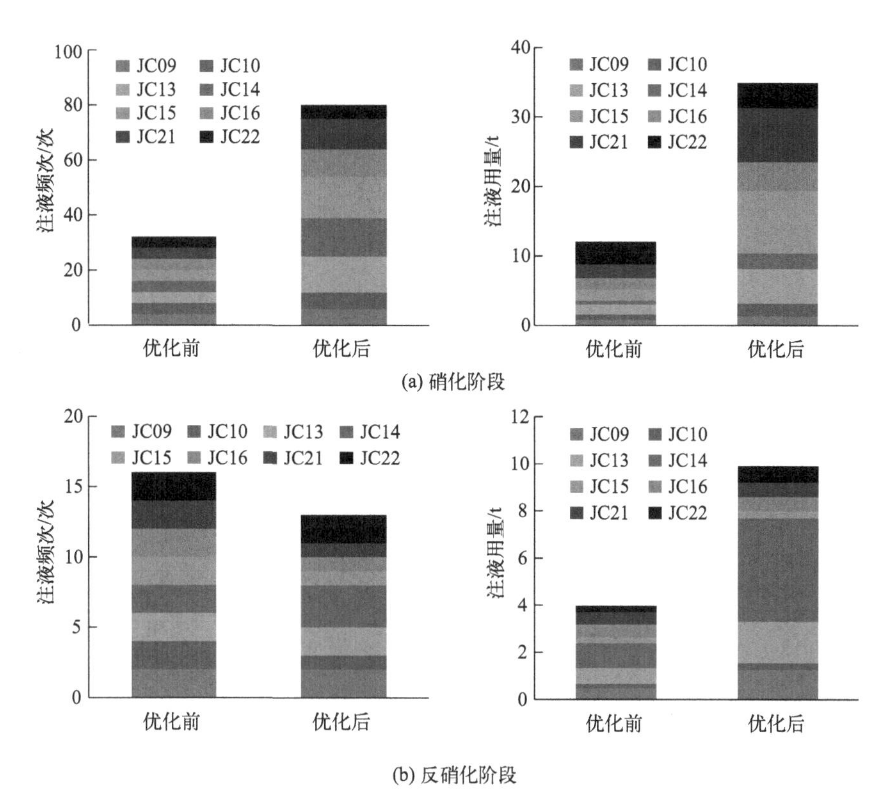

图5-87 微生物菌剂注液参数优化对比

5.4.6.3 碱剂投加量和频次

碱剂注液参数优化调整依据地下水pH值跟踪监测结果，对于pH<7的修复区提出碱剂补充注射建议，并反馈给工程运维单位，保证适宜的反应条件。

优化调整前后，各点位碱剂注液参数优化对比见图5-88（书后另见彩图）。优化前，碳酸氢钠设计注液频次为6次，单次注液4～6.2kg/口，用量为10t；氢氧化钠设计注液频次为6次，单次注液0.8～1.2kg/口，用量为2t。优化后，碳酸氢钠注液频次为12～32次，单次注液3～6.6kg/口且以3kg/口为主，用量为20.93t；氢氧化钠注液频次为5～9次，单次注液0.5～1.2kg/口，用量为2t；修复区地下水平均pH值从5.5提高到6.7。以JC21点位为例，该点位污染最为严重，氨氮为97.38mg/L，因此相较于其他点位需注射更多碱剂；优化后，共注射碱剂20次，用量4.57t，pH值从5.7提高至7.8，氨氮去除率超过80%。

5.4.6.4 曝气量和频次

曝气参数优化调整依据地下水溶解氧跟踪监测结果，对于硝化阶段DO浓度低于2mg/L的修复区，提出针对性补充曝气增氧建议，并反馈给工程运维单位，保证地下水在硝化阶段处于好氧环境。

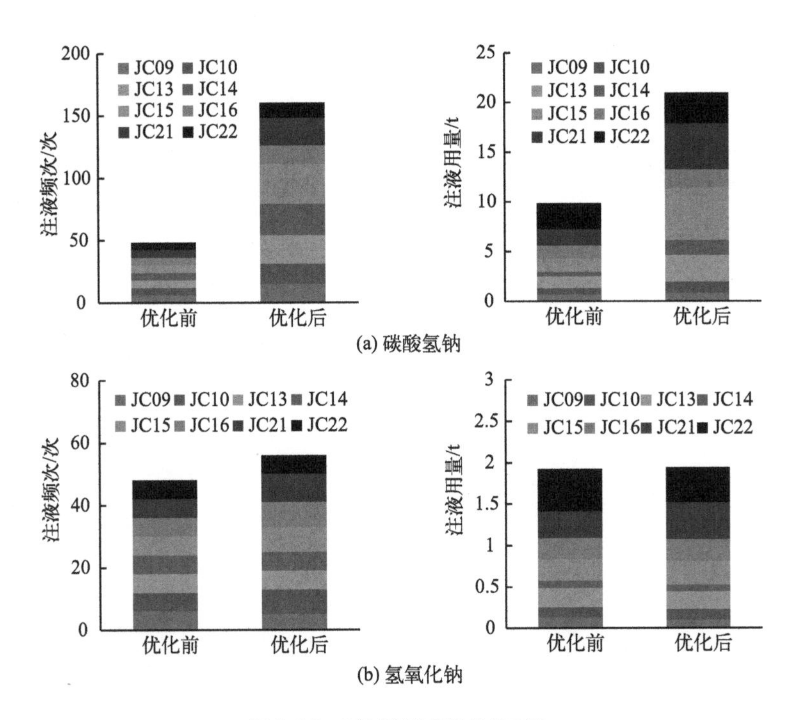

(a) 碳酸氢钠

(b) 氢氧化钠

图5-88 碱剂注液参数优化对比

优化后各点位曝气频次共165次，累计曝气时间35104min，地下水溶解氧平均浓度始终≥2mg/L。以JC15点位为例，该点位地下水污染初始浓度高，地下水埋深较深，地下水中溶解氧浓度普遍低于地下水埋深浅的点位，需消耗更多溶解氧，因此对该点位曝气频次进行优化调整，共曝气35次，累计曝气时间8600min。优化后，地下水溶解氧浓度最高达到6.7mg/L，氨氮去除率为87.3%。

5.4.7 修复效果评估与模拟预测

根据地下水水质跟踪监测结果，对比修复目标，重点评估原位注射反应带工程和可渗透反应墙工程的修复效果。

5.4.7.1 地下水污染修复效果评估

（1）原位注射反应带工程

1）硝化阶段

经过6个月硝化阶段工程运维，原位注射反应带工程8个修复区地下水氨氮平均浓度从初始49.6mg/L逐渐降低至5.27mg/L，氨氮平均去除率为86.9%，最高去除率为96.8%。

2）反硝化阶段

经过第7个月反硝化阶段工程运维，原位注射反应带工程8个修复区地下水硝酸盐氮平均浓度进一步降低为5.87mg/L，低于《地下水质量标准》（GB/T 14848—2017）Ⅲ类标准，在此阶段氨氮、亚硝酸盐氮平均浓度保持稳定，分别为4.44mg/L、0.06mg/L；氨氮平均去除率90.1%，最高99.6%。

（2）可渗透反应墙工程

经过修复，反应墙下游地下水水质状况始终保持稳定，运维5个月，氨氮浓度为0.25～0.75mg/L，7个月后浓度为0.34mg/L，相较于反应墙初始浓度27.36mg/L，去除率为98.8%；硝酸盐氮浓度为0.32～4.10mg/L，7个月后浓度为2.38mg/L，始终低于《地下水质量标准》（GB/T 14848—2017）Ⅲ类标准（20mg/L）；有毒副产物亚硝酸盐氮浓度为ND～0.04mg/L，7个月后浓度为0.03mg/L，始终低于《地下水质量标准》（GB/T 14848—2017）Ⅲ类标准（1mg/L）。

综上所述，对比修复目标，修复后反应墙下游地下水氨氮浓度为0.34mg/L，相较于矿区最高浓度97.28mg/L去除率为99.7%，超过80%，氨氮指标达到修复目标；硝酸盐氮浓度为2.38mg/L，低于《地下水质量标准》（GB/T 14848—2017）Ⅲ类标准（20mg/L），硝酸盐氮指标达到修复目标；矿区地下水污染修复试点工程达到修复目标。

5.4.7.2 地下水水质模拟预测

试点工程原位修复周期为7个月，包括6个月的硝化阶段和1个月的反硝化阶段，其中注液曝气主要集中在前6个月，7月初反硝化注液后修复区进入被动修复状态，未实施运维措施。根据修复效果跟踪评估结果，修复后，原位注射反应带工程8个原位修复区地下水氨氮浓度已降至约10mg/L，但未布设注射井的区域地下水污染分布情况尚不明晰，后续是否需要持续开展工程运维还有待进一步评估。为此，在地下水流数值模型基础上，以8个原位修复区各点位氨氮去除率为参数，构建地下水水质预测模型并验证模型合理性，模拟试点工程运维期间矿区地下水污染分布特征，识别地下水污染高浓度区，预测消除高浓度区所需的工程运维时间，研判工程运维结束后地下水污染变化趋势，为试点工程后续工作提供科学依据。

（1）水质概念模型

根据地下水污染特征分析，在识别矿区可能存在的地下水污染源基础上，为进一步分析污染物在天然条件、修复条件下对地下水的污染程度和影响范围，需要建立矿区地下水污染物的迁移转化规律模型，通过模型预测和评价地下水中污染物的变化趋势及可能造成的影响。以地下水流模型为基础，模拟区四周均为第二类零流量边界，故设定为零通量边界；考虑到原位浸矿区和堆浸区土壤中残留有大量氨氮，在降雨淋滤作用下会进入地下水中，将上部定为面状补给边界；将修复工程8个原位修复区以生物化学修复模块加入，化学反应率以反应区每月地下水水质跟踪监测的去除效果为依据；底部含水层为隔水边界，故定为零通量边界。在地下水流模型基础上，建立矿区地下水水质预测模型。

（2）水质数学模型

根据上述建立的地下水水质数学概念模型，模拟地下水的水质运移问题可用下述的数学模型［式（5-1）］来描述：

$$
\begin{cases}
\dfrac{\partial}{\partial x_i}\left(D_{ij}\dfrac{\partial c}{\partial x_j}\right)-V_i\dfrac{\partial c}{\partial x_i}+I=\dfrac{\partial c}{\partial t} & (x,y)\in D,t>0 \\
c(x,y,0)=c_0(x,y) & (x,y)\in D \\
c(x,y,t)|_{\Gamma_1}=c_1(x,y) & t>0,(x,y)\in \Gamma_1 \\
c(x,y,t)|_{D_1}=c_2(x,y) & t>0,(x,y)\in D_1 \\
c(x,y,t)|_{(x^2+y^2)\to\infty}=c_2(x,y) & t>0,(x,y)\in D_1
\end{cases}
\tag{5-1}
$$

式中 c——溶质浓度，mg/L；

c_0——初始浓度，mg/L；

D_{ij}——水力弥散系数，m^2/d；

V_i——空隙流速，m/d；

D——整个研究区范围；

D_1——连续面状注入范围；

Γ_1——一类边界；

I——水质源汇项。

（3）弥散参数选取

溶质在地下水中一方面可以随着地下水的运动而运移，同时它们也在自身浓度梯度的作用下进行迁移，这就是地下水中溶质的弥散现象。衡量地下水中溶质弥散作用能力的指标是弥散度。

鉴于弥散参数具有较大的尺度效应，场地或周边的弥散试验很难反应整个区域的弥散水平，故本次未开展弥散试验求取参数，依据前人经验值，选取纵向弥散度为10m。

（4）模型求解

模型求解采用MT3DMS软件中加速格式的广义共轭梯度（GCG）法。

（5）初始浓度

工程运维期间，大部分时段进行的是硝化段反应，故本次模拟工作主要针对氨氮浓度变化情况。通过对模拟区多年稳定条件下淋滤补给试算，并与各监测点实测数据进行校准，得到多年稳定条件下氨氮浓度分布，见图5-89（a）（书后另见彩图），由图可以看出，计算氨氮浓度平面分布与污染特征分析中的浓度分布基本一致。

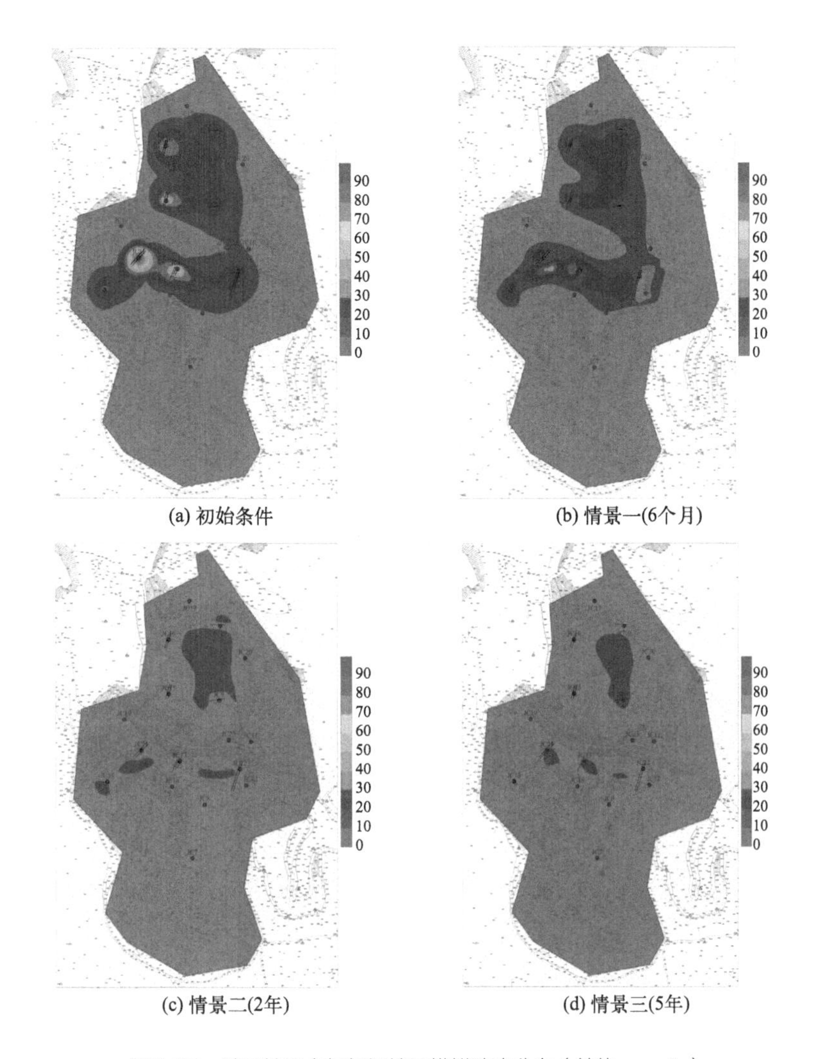

图5-89　矿区地下水氨氮初始及模拟浓度分布（单位：mg/L）

（6）模拟情景

结合矿区水文地质条件、污染特征分析与工程运维安排，设置3个预测情景。

1）情景一

① 情景确定。根据工程运维期间逐月氨氮浓度监测情况，并考虑降雨淋滤等影响因素，模拟分析工程运维期间氨氮浓度平面分布特征。

② 模拟期。模拟期为工程运维时间6个月，即开展原位曝气注液的运维时间。

③ 边界条件。运维期间主要针对原位注射反应带工程和可渗透反应墙工程开展运维。其中，原位注射反应带工程的注射井采用单排布点和双排布点的方式沿垂直

于地下水流场的方向布设，运维过程采用高压注入方式，因此，注入修复菌剂后排井所在断面可概化为垂直于地下水流方向的反应墙形式。在JC9、JC13、JC14、JC15、JC16、JC21、JC22原位注射井布设区域，将注射井所在断面采用化学反应模块加入模型中，反应去除率以运维期间逐月去除率为依据。可渗透反应墙工程区域为模拟区地下水径流出口，地下水中氨氮被可渗透反应墙中吸附材料吸附后，浓度得以降低，根据运维期间监测数据，可渗透反应墙下游地下水监测井中氨氮浓度较低且相对稳定，说明吸附材料对氨氮有较好的去除作用，故将模拟区出水口沿可渗透反应墙概化为定浓度边界，浓度值为运维期间下游监测井监测结果平均值。

根据污染特征分析，矿区大范围分布着堆浸区（JC13、JC14、JC21等地下水监测井所在区域）和原地浸矿区（JC7、JC8、JC15、JC16、JC20等地下水监测井所在区域）。其中堆浸区土壤中氨氮残留量大、污染物浓度高，根据淋滤试验结果，该区域淋滤液浓度可达30～90mg/L。原位浸出区受水文地质条件控制作用明显，在包气带厚度大、地形切割不强烈的区域，氨氮在土壤中累积，淋滤液中氨氮浓度相对较高，JC15、JC16等监测井所在区域可达到10～50mg/L，在JC9、JC10等监测井所在区域可达到10～30mg/L；JC7、JC8等监测井所在区域包气带厚度小且地形切割强烈的区域，降雨补给进入地下后很快从沟谷处以地表水形式排泄，对周边地下水氨氮浓度影响相对较小，淋滤液浓度一般低于10mg/L，结合该类区域地下水监测结果，地下水中氨氮浓度在1.1～8.57mg/L之间，地下水与土壤中氨氮基本达到解析与吸附平衡，氨氮浓度随时间变化不大。根据降雨资料，工程运维期间降雨主要集中于3～6月，考虑到矿区土壤中残存的氨氮在降雨淋滤条件下随降雨补给渗入地下水中，以上部补给浓度边界加入模型，补给区域及浓度结合上述污染源分布、水文地质条件及淋滤试验结果确定。

2）情景二

① 情景确定。根据工程运维结果，下游可渗透反应墙可较好地吸附地下水中氨氮。反应墙有效运行时间与进水氨氮浓度息息相关，结合吸附试验研究结果，反应墙中吸附材料改性沸石和生物炭氨氮饱和吸附量7mg/g，反应墙中改性沸石和生物炭实际回填量约500t，如进水口氨氮浓度为10mg/L，出水浓度稳定在1mg/L以下时可有效运行约10年，进水浓度为30mg/L时有效运行时间约3年，因此需要尽量削减矿区高浓度范围，以增加反应墙有效运行年限。

虽然在工程运维基础上，矿区氨氮浓度有了大幅度削减，但由于矿区土壤中氨氮存量大、分布范围广且含水层渗透性较差，矿区还存在一定范围的高浓度区。基于矿区初始浓度分布，在JC22浓度约30mg/L时，反应墙上游监测井（JC12）约10mg/L，说明在上游无超出30mg/L高浓度氨氮时，可使得反应墙进水口氨氮浓度基本维持在10mg/L以下，可大大增加反应墙有效运行年限和运行效果。

故本情景为下游进入反应墙氨氮浓度低于10mg/L，保障反应墙有效运行年限，以JC22和JC12初始浓度为基准，继续运维上游原位注射反应带工程，直至矿区内无超出30mg/L的氨氮高浓度分布区，预测达到该目标的运行年限及运行期末氨氮浓度分布。

② 模拟期。持续开展工程运维至矿区不存在氨氮浓度超出30mg/L的区域。

③ 边界条件。原位注射反应带工程正常运维，注射井所在断面采用化学反应模块加入模型，反应去除率为工程运维期间去除率平均值。可渗透反应墙工程可持续吸附地下水中氨氮，模拟期间以定浓度边界加入模型中。

根据矿区内土壤淋滤试验结果，随着氨氮不断去除，在降雨与修复后的低浓度地下水共同作用下，不断淋洗土壤中氨氮并稀释地下水中氨氮浓度，污染物浓度逐步降低。矿区JC13、JC21等区域土壤中氨氮年减少约30%，JC15、JC16等区域土壤中氨氮年减少约10%，其他区域污染物浓度基本稳定在10mg/L以下。预测期间以多年平均降雨量条件下氨氮补给浓度代入模型，补给分布区与情景一基本一致。

3）情景三

① 情景确定。矿区在情景二试点工程持续运维下已无氨氮浓度超出30mg/L的区域，继续开展运维虽然能够继续降低氨氮浓度，但也造成了经济成本持续增加。根据初始浓度，当区域内无超出30mg/L的氨氮分布区时可渗透反应墙氨氮进水浓度一般<10mg/L，反应墙可维持较久的有效运行时间。因此，本情景在情景二预测期末停止原位注射反应带工程运维，仅在反应墙仍有效运行条件下，预测矿区内氨氮达到解析与吸附平衡稳定时间，即矿区内无氨氮浓度超出10mg/L的区域。

② 模拟期。模拟期为情景二预测末期至矿区不存在氨氮浓度超出10mg/L的区域。

③ 边界条件。可渗透反应墙持续吸附地下水中氨氮，以定浓度边界加入模型中。预测期间以多年平均降雨量条件下氨氮补给浓度代入模型，分布区与情景二基本一致。

（7）预测结果

1）情景一

根据预测结果，工程运维6个月后，超出30mg/L的范围主要位于JC13与JC21之间区域，面积约610m^2，氨氮浓度10～30mg/L面积约25802m^2，低于10mg/L面积约81412m^2。氨氮浓度平面分布见图5-89（b）（书后另见彩图）。

2）情景二

根据预测结果，距试点工程运维2年后，矿区高浓度区域得到进一步修复，无氨氮浓度超出30mg/L的区域，浓度10～30mg/L的范围主要位于JC13、JC21以及JC9、JC10、JC15与JC16之间区域，面积约6302m^2，低于10mg/L面积约101522m^2。氨氮浓度平面分布见图5-89（c）（书后另见彩图）。

3）情景三

根据预测结果，由于降雨淋滤量持续减少，降雨及低浓度水的持续稀释作用，矿区氨氮浓度持续削减，距试点工程运维5年后，矿区内氨氮浓度10～30mg/L的范围约5367m²，低于10mg/L的范围约102457m²；8年后，不存在氨氮浓度超出10mg/L的区域，可渗透反应墙仍可有效运行。氨氮浓度平面分布见图5-89（d）（书后另见彩图）。

（8）结果验证

根据工程运维期间监测结果与预测结果对比分析（图5-90），两者趋势、浓度匹配性较好，说明水质模型建立合理，预测分析结果可信。

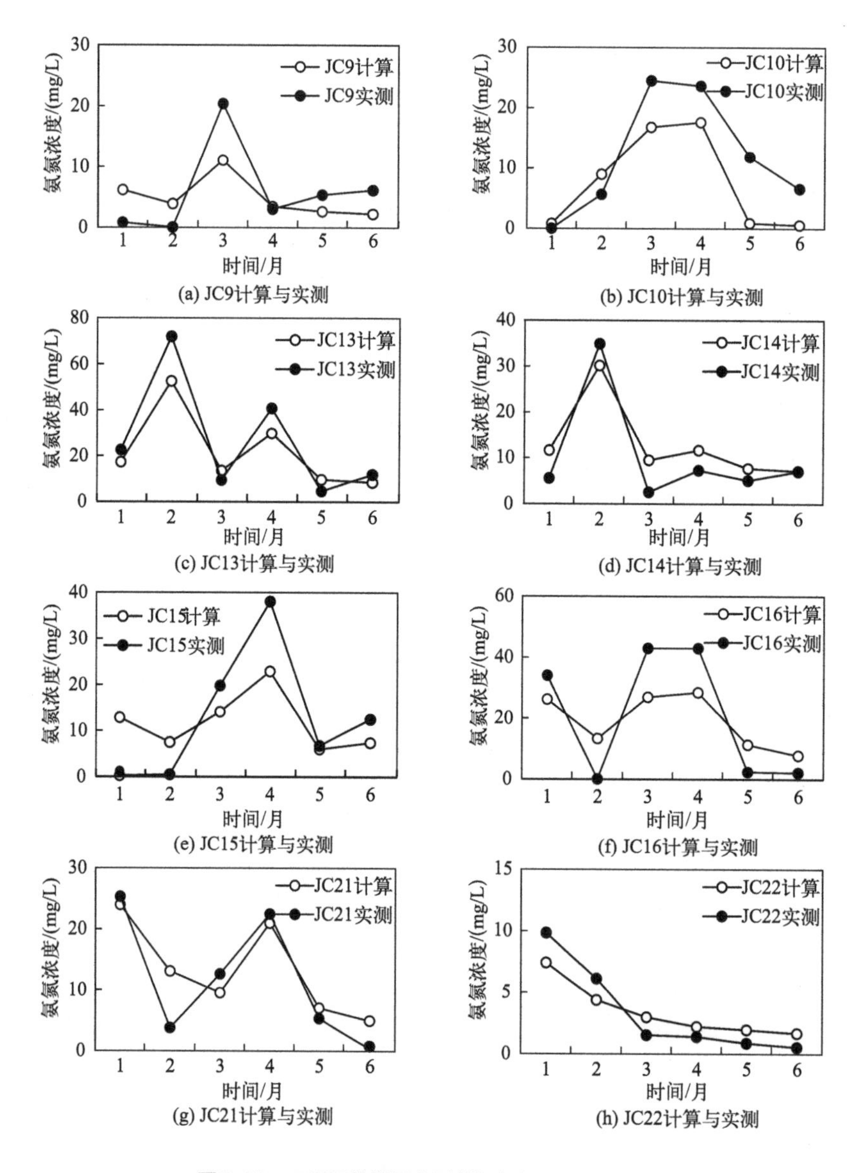

图5-90 工程运维期间监测数据与模拟计算值对比

第6章 总结与展望

6.1 模式总结

6.1.1 管理模式

通过总结矿区现状调查、技术研究、工程实施和成果集成情况，形成了一套可复制、可推广的“加强前期谋划+聚焦问题识别+深化跟踪评估+注重成果集成”地下水污染防治管理模式。

该模式具有以下特点：

① 针对离子型稀土矿区地下水污染突出问题，为保障区域生态环境安全，当地政府和生态环境主管部门高度重视，精心组织，科学谋划，多渠道筹集资金，积极申报中央生态环境专项资金并获支持，体现了“以问题为导向、以示范为牵引”的项目谋划思路。

② 针对矿区历史开采过程、污染源分布、水文地质条件和地下水污染特征尚不明晰等问题，强化了前期调查研究，针对性地开展了矿区水文地质详查和地下水污染特征分析，进一步摸清了地下水中污染物类型、浓度分布特征、迁移转化规律，为修复技术研究和试点工程实施提供了基础保障。

③ 针对矿区水文地质条件复杂、污染物分布差异性大、技术可借鉴案例少等特点，通过开展室内小试、现场中试、工程应用、效果评估等方式，加强试矿区工程实施过程的技术指导和运维过程的跟踪评估，有效支撑了试点工程的科学、高效实施。

④ 针对离子型稀土矿区地下水污染原位修复缺乏现行技术规范和成熟工程案例的现实情况，在梳理试点工程实施效果的基础上，充分总结工程管理与运行经验，集成了适用于离子型稀土矿区的地下水污染修复技术体系和经验模式。

6.1.2 技术模式

通过开展矿区地下水污染特征分析、修复技术比选和工艺参数研究，集成“原位阻隔+原位注射反应带+可渗透反应墙+植物修复”的修复技术体系，并开展修复技术应用，形成了一套经济合理的“外源阻隔与存量削减并重+靶向修复与长效修复衔接+地表修复与地下修复协同+生态修复与污染修复结合”技术模式。

该模式具有以下特点：

① 针对矿区上游污染物输入和迁移扩散问题，采用地下水污染原位阻隔技术，拦截养鸡场方向地下水径流补给，减少外源污染输入。阻隔墙施工采用单排水泥旋喷桩工艺，垂直帷幕深入中风化层，避免地下水从阻隔墙底部绕流。该技术具有施工设备成熟度高、施工材料易得、阻隔效果好的优点。

② 针对矿区地下水重污染区域，采用原位注射反应带技术进行修复，将常用的高压旋喷工艺替代为一次成井、多次注液的注射井加压注液工艺，围绕矿区地下水氨氮、硝酸盐氮污染较为严重的位置布设注射井进行原位硝化和反硝化两阶段修复，通过注入微生物菌剂、碱性试剂、零价铁等复配而成的微生物微纳米铁基复合材料，结合空压机曝气增氧，将污染地下水中的氨氮转化为硝酸盐氮，硝酸盐氮进一步转化为氮气。该技术具有靶向高效修复、反应阶段灵活转化、技术参数适时调整的优点。

③ 针对矿区地下水流速缓慢、富水性贫乏的特点，采用可渗透反应墙技术替代常用的地下水抽出-处理技术，进行地下水污染的末端深度治理。可渗透反应墙工程包括隔水墙和修复反应单元。反应单元设置过渡区、反硝化区、吸附区：a.过渡区用于防止反应介质孔隙堵塞，可延长反应墙使用寿命；b.反硝化区利用微生物的持续降解能力和固体碳源的缓释效果，可将氨氮有效转化为硝酸盐氮；c.吸附区通过填充绿色环保的活性复合材料，进一步去除地下水中残留的氨氮和硝酸盐氮。隔水墙采用垂直帷幕阻隔，用于导流地下水至反应墙内的反应单元进行修复。该技术能够实现无动力稳定运行、无地表处理设施、长时间持续运行，具有很好的实用性和经济性。

④ 针对矿区地表径流淋洗表层土壤中的氨氮造成地下水氨氮输入和地下出露水中的氨氮污染问题，采用植物修复技术进行地表与地下污染协同治理，实现污染修复与生态修复相结合。通过土壤重构和改良、播撒草籽和种根相结合的方式，播撒草籽为狗牙根、高羊茅、宽叶雀碑、猪屎豆、紫穗槐等，栽种香根草，减少地下水径流污染量，同时提升区域生态多样性。通过设置生态沟，收集经截、排水沟汇集的地表径流和地下出露水，生态沟内选种对氨氮具有较强去除能力且适应南方地区生长的芦苇、黄菖蒲、风车草等，实现水污染物的削减。该技术具有易养护、低成本、作用时间长、生态效应好的优点。

6.1.3 工程模式

通过开展矿区地下水污染修复技术研究和试点工程实施，形成了一套高效运行的“注重技术方案研究+严格施工组织管理+强化过程技术指导+实施全程质量监理”工程模式。

该模式具有以下特点：

① 针对离子型稀土矿区地下水污染原位修复缺乏现行技术规范和成熟工程案例，技术单位注重技术方案的科学论证以及工艺参数的优化研究，同时加强与设计单位的充分衔接、交流，确保设计成果的科学性、合理性和针对性。

② 针对试点工程实施时间短、施工难度大，施工单位按照工程类项目的施工

规范和管理流程，严格落实技术交底、设备材料检验、工序检验、过程管理等质量控制措施，加强施工组织和安全管理，确保工程施工进度和质量，实现既定的修复目标。

③ 针对修复技术方案和工艺参数需要得到现场验证，试点工程实施过程中，技术单位注重与施工单位的交流与反馈，通过施工过程的技术指导和运维过程的跟踪评估，动态调整技术参数，确保技术研究与工程应用的有效衔接和及时反馈。

④ 针对试点工程参与单位多、实施过程复杂等特点，监理单位在常规工程监理的基础上，采取全过程监理方式，将水文地质详查、污染特征分析、技术方案制定、试点工程实施、修复效果评估及试点工程验收等工作纳入监理范围，确保技术研究与工程实施过程的科学、规范、高效。

6.2　研究展望

6.2.1　污染管控技术研究

稀土矿的大面积开采与落后的开采技术，已造成生态环境的破坏，同时矿区居民的健康也日益受到威胁。除关注地下水氮污染修复外，未来应注重重金属、稀土元素、放射性元素污染以及生态环境风险管控技术的研究。

（1）矿区氮-重金属协同治理技术研究

稀土开采过程中，除了氨氮、硝酸盐氮对地下水环境的污染以外，还有大量与矿物伴生的重金属污染问题的产生。早期采用的池浸、堆浸技术，由于工艺落后、管理不善、环保意识淡薄等导致土壤和地下水重金属污染；近年来普及应用的原地浸矿工艺，虽然能够很大程度上减少资源损失与环境破坏，但污染问题仍未缓解。因此，离子型稀土矿区土壤和地下水环境面临氨氮-重金属耦合作用产生综合污染的风险。未来应加强基于氮-重金属协同治理的地下水污染管控技术研究。

（2）矿区生态风险评估与管控技术研究

稀土开采过程中大量使用的硫酸铵、草酸等酸性物质会长期残留在土壤中。稀土元素和放射性元素也将发生迁移、浓集、扩散和重新分布。这些残留物质和元素是否会对植物生长和土壤功能产生决定性影响，进而通过食物链对家畜和人群健康产生危害，其迁移、转化和归趋的规律尚不明确。未来应加强对离子型稀土矿区有害物质的生态效应、环境风险评估及管控技术研究。

6.2.2 绿色开采技术研究

实现离子型稀土矿的绿色开采是减少土壤和地下水污染最有效的方法，主要包括绿色浸矿技术和提取技术，是当前和未来技术研发的方向。

（1）离子型稀土绿色浸矿技术研究

基于原地浸矿工艺，研发精准化、智能化的稀土开采仿真技术，采用数字矿山技术，通过建立矿区地质数据库和开采模型，科学指导原地浸矿；通过优化注（收）液等工程和管理措施，完善稀土原地浸矿技术工艺，提高稀土资源的浸取效率，降低浸矿剂用量，减少水土流失和环境污染。

（2）离子型稀土绿色提取技术研究

基于原地浸矿工艺，研发绿色、高效的稀土提取技术，开发新的浸矿剂或复配浸出剂，如无铵短流程提取技术、生物浸矿提取技术、矿电驱开采技术等，以生态环境友好型的绿色浸矿剂替代传统硫酸铵浸取离子型稀土矿，从源头上减少对土壤和地下水等生态环境的影响。

参考文献

[1] 国家质量监督检验检疫总局，中国国家标准化管理委员会.稀土术语：GB/T 15676—2015[S].北京：中国标准出版社，2015.

[2] Huang J，Tan W，Liang XL，et al. REE fractionation controlled by REE speciation during formation of the Renju regolith-hosted REE deposits in Guangdong Province，South China[J].Ore Geology Reviews，2021，134（1）：104172.

[3] 洪广言.稀土发光材料的研究进展[J].人工晶体学报，2015，44（10）：2641-2651.

[4] 何佳昊，高鹏，陈宏超，等.白云鄂博稀土混合精矿工艺矿物学特性研究及分离方法论证[J].金属矿山，2023（10）：140-145.

[5] 姚姿淇.美国钼公司芒廷帕斯矿的稀土储量增长36%[J].稀土信息，2012（05）：26.

[6] 张臻悦，何正艳，徐志高，等.中国稀土矿稀土配分特征[J].稀土，2016，37（01）：121-127.

[7] 赵龙胜，黄小卫，冯宗玉，等.风化壳淋积型稀土矿开采过程污染防控技术现状及趋势[J].中国稀土学报，2022，40（06）：988-997.

[8] 李建武，侯甦予.全球稀土资源分布及开发概况[J].中国国土资源经济，2012，25（05）：25-27.

[9] 周美夫，李欣禧，王振朝，等.风化壳型稀土和钪矿床成矿过程的研究进展和展望[J].科学通报，2020，65（33）：3809-3824.

[10] 王运，赵碧波，杨兰，等.赣南足洞特大离子吸附型重稀土矿床地球化学特征及成矿意义[J].稀土，2023，44（06）：51-63.

[11] Shi CH，Hu RZ. REE geochemistry ofearly cambrian phosphorites firom gezhongwuformation at Zhijin，Guizhou Province，China[J].Chinese Joumal of Geochemistry，2005，24（02）：166-172.

[12] 霍明远.中国南岭风化壳型稀土资源分布特征[J].自然资源学报，1992，7（01）：64-70.

[13] Xie Y L，Hou Z Q，Goldfarb R J，et al.Rare earth element deposits in China[J].Reviews in Economic Geology. Society of Economic Geologists，2016.

[14] 覃丰，谭杰，周业泉，等.广西崇左地区火山岩风化壳离子吸附型稀土矿床地质特征及成因[J].矿产与地质，2019，33（02）：234-241.

[15] 刘海波，陈斌锋，彭琳琳，等.赣南江贝变质岩风化壳离子吸附型稀土矿床特征及成因[J].华东地质，2020，41（04）：315-324.

[16] 丘文.龙岩市万安稀土矿区变质岩风化壳离子吸附型稀土矿的发现及其找矿意义[J].世界有色金属，2017（04）：242-244.

[17] 赵芝，王登红，王成辉，等.离子吸附型稀土找矿及研究新进展[J].地质学报，2019，93（06）：1454-1465.

[18] 黄华谷，胡启锋，程亮开，等.广东禾尚田矿区新类型风化壳离子吸附型稀土矿的发现及意义[J].地质与勘探，2014，50（05）：893-901.

[19] Banfield J F.The mineralogy and chemistry of granite weathering[D].The Australian National University，1985.

[20] 胡淙声.赣南离子吸附型稀土矿成矿规律研究[R].江西：江西省地矿局赣南地调大队，1986.

[21] 黄镇国.中国南方红色风化壳[M].北京：海洋出版社，1996.

[22] 池汝安，田君.风化壳淋积型稀土矿评述[J].中国稀土学报，2007，25（06）：641-650.

[23] 池汝安，朱永（贝睿），何培炯，等.稀土在混合粘土矿中的迁移和富集[J].稀土，1992，13（05）：67-71.

[24] 池汝安，田君.风化壳淋积型稀土矿化工冶金[M].北京：科学出版社，2006.

[25] 马英军.化学风化作用中的微量元素和锶同位素地球化学[D].贵阳：中国科学院地球化学研究所，1999.

[26] 包志伟.华南花岗岩风化壳稀土元素地球化学研究[J].地球化学，1992（02）：166-174.

[27] 何耀，程柳，李毅，等.离子吸附型稀土矿的成矿机理及找矿标志[J].稀土，2015，36（04）：98-103.

[28] 张恋，吴开兴，陈陵康，等.赣南离子吸附型稀土矿床成矿特征概述[J].中国稀土学报，2015，33（01）：10-17.

[29] 张祖海.华南风化壳离子吸附型稀土矿床[J].地质找矿论丛，1990（01）：57-71.

[30] 邱森.轻重稀土在粘土矿物表面的吸附/解吸差异性机制研究[D].赣州：江西理工大学，2023.

[31] 季根源，张洪平，李秋玲，等.中国稀土矿产资源现状及其可持续发展对策[J].中国矿业，2018，27

(08): 9-16.
[32] 何宏平，杨武斌.我国稀土资源现状和评价[J].大地构造与成矿学，2022，46 (05): 829-841.
[33] 罗翔.中国稀土产业链延伸的影响因素及实现路径研究[D].赣州：江西理工大学，2023.
[34] 丁嘉榆.离子吸附型稀土研究、勘查、开发利用史上一些重大事项的回顾（二）[J].稀土信息，2017 (04): 25-29.
[35] 丁嘉榆.离子吸附型稀土研究、勘查、开发利用史上一些重大事项的回顾（三）[J].稀土信息，2017 (05): 24-29.
[36] 丁嘉榆.对离子型稀土矿"原地浸出"与"堆浸"工艺优劣的探讨[J].稀土信息，2017 (12): 26-31.
[37] 曹飞，杨大兵，李乾坤，等.风化壳淋积型稀土矿浸取技术发展现状[J].稀土，2016，37 (02): 129-136.
[38] 郭钟群，赵奎，金解放，等.离子吸附型稀土原地浸矿溶质运移基础研究[J].有色金属工程，2019，9 (02): 76-83.
[39] 李晓波，梁焘茂，杨庆阳，等.离子型稀土矿山原地浸矿注液系统的优化及应用[J].现代矿业，2019，35 (07): 176-178，190.
[40] 张贤平，杨斌清，向燕.基于未确知测度模型的稀土原地浸矿地下水污染风险评价[J].有色金属科学与工程，2018，9 (06): 81-88.
[41] 陈陵康，陈海霞，金雄伟，等.离子型稀土矿粒度、粘土矿物、盐基离子迁移及重金属释放研究及展望[J].中国稀土学报，2022，40 (02): 194-215.
[42] 廖声银.浸矿液浸注过程离子型稀土矿体强度变化机理研究[D].赣州：江西理工大学，2016.
[43] 粟闯，贺文根，杜年春.原地浸矿滑坡在线监测系统应用分析[J].采矿技术，2019，19 (01): 112-113.
[44] 李晓波，邝泽良，邱廷省.离子型稀土矿山母液回收渠体的优化及应用[J].有色金属工程，2017，7 (04): 75-78.
[45] 郭咏梅，孟庆江，杨丽，等.呼吁：我国稀土总量控制指标区分轻重稀土资源进行管控——放开或逐步放开我国轻稀土资源管控对保护性离子型稀土矿种继续实行总量控制指标管理[J].稀土信息，2021 (03): 22-25.
[46] 工业和信息化部.工业和信息化部　自然资源部关于下达2021年度稀土开采、冶炼分离总量控制指标的通知[EB/OL].2023-09-30：https：//www.miit.gov.cn/jgsj/ycls/wjfb/art/2021/art_4df211c3f5a547848d7f48ac406bce8f.html.
[47] 工业和信息化部.工业和信息化部　自然资源部关于下达2022年第一批稀土开采、冶炼分离总量控制指标的通知[EB/OL].2023-01-28：https：//www.miit.gov.cn/jgsj/ycls/wjfb/art/2022/art_c1324eb4a00e4867a65e98544b666901.html.
[48] 工业和信息化部.工业和信息化部　自然资源部关于下达2022年第二批稀土开采、冶炼分离总量控制指标的通知[EB/OL].2023-08-17：https：//www.miit.gov.cn/jgsj/ycls/xt/art/2022/art_c663540f8ae24fb28fa88fab41cb1386.html.
[49] 工业和信息化部.工业和信息化部　自然资源部关于下达2023年第一批稀土开采、冶炼分离总量控制指标的通知[EB/OL].2023-03-24：https：//www.miit.gov.cn/jgsj/ycls/wjfb/art/2023/art_cfcef0279a2a4fe0938691a3ac1b1e3e.html.
[50] 工业和信息化部.工业和信息化部　自然资源部关于下达2023年第二批稀土开采、冶炼分离总量控制指标的通知[EB/OL].2023-09-25：https：//www.miit.gov.cn/jgsj/ycls/wjfb/art/2023/art_08506605091748a4aeee60c1748f337f.html.
[51] 工业和信息化部.工业和信息化部　自然资源部关于下达2023年第三批稀土开采、冶炼分离总量控制指标的通知[EB/OL].2023-12-15：https：//www.miit.gov.cn/jgsj/ycls/wjfb/art/2023/art_5f2971532a5d4372b655d43c7de95864.html.
[52] 朱明刚，孙旭，刘荣辉，等.稀土功能材料2035发展战略研究[J].中国工程科学，2020，22 (05): 37-43.
[53] 李天煜，熊治廷.南方离子型稀土矿开发中的资源环境问题与对策[J].国土与自然资源研究，2003 (03): 42-44.
[54] 程胜，林龙勇，李俊春，等.离子吸附型稀土矿区生态环境问题与土壤修复技术研究进展[J].地球化学，2024，53 (01): 17-29.
[55] 王秀丽，张哲源，李恒凯.离子型稀土矿开采的环境影响及治理措施[J].国土与自然资源研究，2020 (02): 20-22.

[56] Liang L，Li W，Qiaochu L.Effects of salinity and pH on clay colloid aggregation in ion-adsorption-type rare earth ore suspensions by light scattering analysis[J].Minerals，2022，13（1）：38-38.
[57] Fang Z，YiXin Z，Qi L，et al.Modified tailings of weathered crust elution-deposited rare earth ores as adsorbents for recovery of rare earth ions from solutions：Kinetics and thermodynamics studies[J]. Minerals Engineering，2023，191：107937.
[58] 李春生.离子型稀土尾矿堆降雨入渗模拟试验及时空破坏规律研究[D].赣州：江西理工大学，2020.
[59] 刘斯文，黄园英，朱晓华，等.离子型稀土采矿对矿山及周边水土环境的影响[J].环境科学与技术，2015，38（06）：25-32.
[60] 任富天.离子型稀土矿区残留浸矿剂在土壤中的迁移规律及对地下水的影响研究[D].石河子：石河子大学，2021.
[61] 陈仁祥，高杨，宋勇，等.龙南足洞稀土矿区地下水水质特征及健康风险评价[J].有色金属（矿山部分），2021，73（03）：111-118.
[62] 张世葵，王太伟.某离子吸附型稀土矿地下水环境质量现状分析与评价[J].城市建设理论研究，2012（14）：1-11.
[63] 伏慧平，陈仁祥，宋勇，等.稀土矿区地下水“三氮”分布特征及迁移转化规律[J].有色金属（冶炼部分），2021（03）：180-186.
[64] 沈照理，朱宛华，钟佐燊.水文地球化学基础[M].北京：地质出版社，1999.
[65] 袁平旺，王议，王黎栋，等.粤北某离子吸附型稀土矿地下水丰枯水期变化及污染评价[J].水土保持通报，2022，42（02）：291-299.
[66] 李宇，梁音，曹龙熹，等.离子型稀土矿区小流域氨氮污染物地表迁移特征[J].土壤，2021，53（06）：1271-1280.
[67] 师艳丽，张萌，陈明，等.赣南离子型稀土矿区周边河流氨氮浓度时空分布特征[J].环境污染与防治，2020，42（12）：1496-1501.
[68] 王夏童，房平，赵学敏，等.水体中氮素污染危害及其治理的研究综述[J].广东化工，2021，439（48）：92-93.
[69] 杨贤房，郑林，万智巍，等.酸性矿山5种植被恢复措施下土壤碱性磷酸酶基因细菌群落特征及其与重金属关系[J].环境科学学报，2022，42（12）：251-261.
[70] 李小飞，陈志彪，陈志强，等.南方稀土采矿地土壤和蔬菜重金属含量及其健康风险评价[J].水土保持学报，2013，27（01）：146-151.
[71] 卢陈彬.赣南某离子型稀土矿区土壤中锰的赋存形态与释放特性研究[D].赣州：江西理工大学，2020.
[72] 陈志澄，赵淑媛，黄丽彬，等.稀土矿山水系中Pb、Cd、Cu、Zn的化学形态及其迁移转化研究[J].中国环境科学，1994，14（03）：220-225.
[73] 刘静，李树先，朱江，等.浅谈几种重金属元素对人体的危害及其预防措施[J].中国资源综合利用，2018，36（03）：182-184.
[74] Tyler G .Rare earth elements in soil and plant systems-A review[J].Plant and Soil，2004，267（1-2）：191-206.
[75] Laveuf C，Cornu S .A review on the potentiality of Rare Earth Elements to trace pedogenetic processes[J].Geoderma，2009，154（1）：1-12.
[76] Liu W，Guo M，Liu C，et al.Water，sediment and agricultural soil contamination from an ion-adsorption rare earth mining area[J].Chemosphere，2018，216：75-83.
[77] 孟晓红，贾瑛，付超然.重金属稀土元素污染在水生物体内的生物富集[J].农业环境保护，2000，19（01）：50-52.
[78] Ma Y，Kuang L，He X，et al.Effects of rare earth oxide nanoparticles on root elongation of plants[J]. Chemosphere，2009，78（03）：273-279.
[79] 王帅，丁冶春，张致千，等.稀土暴露对儿童健康影响的研究进展[J].中国儿童保健杂志，2021，29（07）：751-754.
[80] 王玉洁，刘蓓蓓，万全，等.稀土元素在土壤中的释放与迁移研究进展[J].生态环境学报，2021，30（03）：644-654.
[81] 郑先坤.离子型稀土原地浸矿废弃地中残存浸取剂与稀土的垂直分布规律研究[D].赣州：江西理工大学，2019.
[82] 吴丁雨.南方离子型稀土矿山残余物质稳定性研究[D].北京：中国地质大学（北京），2018.
[83] 张成明，董保成，张建华，等.直接空气吹脱法去除废水中的氨氮[J].食品与发酵工业，2021，47

(19): 155-160.
[84] 邓杨，朱磊，李响，等.空气吹脱法去除焦化废水中的氨氮[J].水处理技术，2023，49(05): 106-109.
[85] 陈伯志，马悦，李璐，等.面向垃圾渗滤液深度处理的抗污染纳滤膜应用研究[J].膜科学与技术，2024，44(02): 134-139.
[86] 蔡孝楠，刘宏远，朱海涛，等.纳滤膜处理微污染河网水中试研究[J].中国给水排水，2021，37(09): 27-32.
[87] 桂双林，麦兆环，付嘉琦，等.超滤-反渗透组合工艺处理稀土冶炼废水[J].水处理技术，2020，46(09): 108-112.
[88] 任世刚.改性蛭石的制备及其对稀土废水中氨氮的吸附行为研究[D].赣州：江西理工大学，2024.
[89] 许醒，高悦，高宝玉，等.麦草制吸附剂对水体中不同阴离子的吸附性能[J].中国科学：化学，2010，40(10): 1558-1563.
[90] 陈燕.蛭石基吸附材料对溶液中La(Ⅲ)和Y(Ⅲ)的吸附性能研究[D].赣州：江西理工大学，2024.
[91] 朱健玲，赵学付，施展华，等.地下水抽出处理技术在离子型稀土矿山的工程应用[J].有色金属(冶炼部分)，2022(02): 60-68，82.
[92] 何彩庆，陈云嫩，殷若愚，等.MAP-树脂联用工艺对稀土高浓度氨氮废水的处理研究[J].应用化工，2021，50(03): 598-604.
[93] 蔚龙凤，王海珍.螯合沉淀法去除稀土冶炼废水中的重金属试验研究[J].湿法冶金，2023，42(06): 644-649.
[94] 杨子依.改性粉煤灰-絮凝沉淀法联用处理稀土萃取沉淀废水[D].南昌：南昌大学，2023.
[95] 罗宇智，沈明伟，李博.化学沉淀-折点氯化法处理稀土氨氮废水[J].有色金属：冶炼部分，2015(07): 63-65.
[96] Yoshinaga Y，Akita T，Mikami I，et al. Hydrogenation of nitrate in water to nitrogen over Pd-Cusupported on active carbon[J]. Journal of Catalysis，2002，2(7): 37-45.
[97] 刘雪妮，吴宏海，张苑芳，等.生物质炭负载纳米零价铁对水中硝态氮的还原去除机理研究[J].岩石矿物学杂志，2017(06): 80-88.
[98] 盛晓琳，崔灿灿，王家德，等.硝化污泥富集及其强化高氨氮冲击的中试研究[J].环境科学，2018，39(04): 1697-1703.
[99] 杜丛，崔崇威，邓凤霞，等.基于响应面法对一株好氧反硝化菌脱氮效能优化[J].微生物学通报，2015，42(05): 874-882.
[100]常根旺.短程反硝化—厌氧氨氧化工艺菌群构建及高效脱氮效能研究[D].北京：中国环境科学研究院，2023.
[101]裴宇，杨昱，马志飞，等.多级强化地下水修复技术对NH_4^+-N的去除机制[J].环境科学研究，2015，28(10): 1624-1630.
[102]曾婧滢，秦迪岚，毕军平，等.天然矿物组合材料渗透反应墙修复地下水镉污染[J].环境工程学报，2014，8(06): 2435-2442.
[103]Scherer M M，Richter S，Valentine R L，et al. Chemistry and microbiology of permeable reactive barriers for in situ groundwater clean up[J]. Crit Rev Microbiol，2000，26(4): 221-264.
[104]蒋建国，陈嫣，邓舟，等.沸石吸附法去除垃圾渗滤液中氨氮的研究[J].给水排水，2003(03): 6-9，1.
[105]董军，赵勇胜，赵晓波，等.垃圾渗滤液对地下水污染的PRB原位处理技术[J].环境科学，2003(05): 151-156.
[106]张满成，吕宗祥，付益伟，等.基于离子交换树脂的可渗透反应墙去除地下水硝酸盐污染研究[J].环境科技，2022，35(01): 7-11，17.
[107]李子邦，张亮，刘豪，等.竹炭-沸石混合料可渗透反应墙修复镉污染地下水的试验研究[J].中国环境科学，2024.
[108]赵倩倩，李铁龙，金朝晖，等.纳米铁-微生物体系去除水中硝酸盐的柱实验研究[J].中国科技论文在线，2010(05): 350-354.
[109]钟鑫莲，王梦璐，季宏兵.铁基生物炭复合材料修复重金属污染的研究进展[J].化工新型材料，2024.
[110]Robertson W，Blowes D，Ptacek J，et al. Long-term performance of in situ reactive barriers for nitrate remediation[J]. Ground Water，2000，38(5): 689-695.
[111]Huang G，Liu F，Yang Y，et al. Removal of ammonium-nitrogen from groundwater using a fully passive permeable reactive barrier with oxygen-releasing compound and clinoptilolite [J]. Journal of

Environmental Management，2015，154：1-7.
[112]Chen L，Wang C，Zhang C，et al. Eight-year performance evaluation of a field-scale zeolite permeable reactive barrier for the remediation of ammonium-contaminated groundwater[J]. Applied Geochemistry，2022，143：105372.
[113]李烨，李建民，潘涛.地下水氨氮污染及处理技术综述[J].环境工程，2011（29）：100-102，92.
[114]刘海兵，吴叶，邹小洪，等.金属氧化物催化剂催化臭氧氧化氨氮性能研究[J].江西理工大学学报，2017，38（05）：57.
[115]Deng Y，Ezyske C M. Sulfate radical- advanced oxidation process（SR-AOP）for simultaneous removal of refractory organic contaminants and ammonia in landill leachate [J]. Water Research，2011，45（18）：6189.
[116]Zhang J，Hao Z，Zhang Z，et al. Kinetics of nitrate reductive denitrification by nanoscale zero-valent iron[J]. Process Saf. Environ，2010，88：439-445.
[117]姚建刚.红层区垃圾渗滤液污染地下水环境修复研究[D].成都：西南交通大学，2018.
[118]Nishida M，Matsuo S，Yamanari K，et al. Removal of nitrate nitrogen by Rhodotorula graminis immobilized in alginate gel for groundwater treatment[J]. Processes，2021，9（9）：1657.
[119]Ravikumar K，Kumar D，Kumar G，et al. Enhanced Cr（VI）removal by nanozerovalent iron-immobilized alginate beads in the presence of a biofilm in a continuous-flow reactor[J]. Industrial & Engineering Chemistry Research，2016，55（20）：5973-5982.
[120]Cheng R，Chen Y，Jiang P，et al. Deeply removal of trace Cd^{2+} from water by bacterial celulose membrane loaded with nanoscalezerovalent iron：Practical application and mechanism[J]. Chemical Engineering Journal，2023，468：143668.
[121]李朝明，崔楠，郑伟楠，等.部分亚硝化/厌氧氨氧化耦合系统处理稀土氨氮废水脱氮性能[J].有色金属（冶炼部分），2023（12）：87-95.
[122]袁浩.稀土矿区土壤细菌的群落结构及菌株B6-7对稀土-重金属吸附特性[J].呼和浩特：内蒙古大学，2019.
[123]李春，刘晶静，张迎宾.稀土矿区植物修复研究进展[J].生态科学，2022，41（03）：264－272.
[124]李甜田，康禄华，李平，等.香根草在离子型稀土堆浸矿场的修复应用研究[J].中国稀土学报，2022，40（01）：153-160.
[125]Zhao X，Huang J，Lu J，et al. Study on the influence of soil microbial community on the long-term heavy metal pollution of different land use types and depth layers in mine[J]. Ecotoxicology and Environmental Safety，2019，170：218-226.
[126]巫方才.水生生物对养猪废水降解效果对比研究[J].环境科学与管理，2023，48（01）：140-143.
[127]朱士江，李凯凯，徐文，等.人工湿地中几种常见水生植物氨氮耐受性试验研究[J].人民长江，2022，53（05）：94-100.
[128]王健男.某非正规垃圾填埋场环境调查评估及复合改性膨润土阻隔特性研究[D].天津：天津大学，2022.
[129]李琴，唐红梅，黎建刚，等.地下水污染黏土基原位阻隔材料兼容性能研究[J].环境污染与防治，2022，44（09）：1127-1132，1137.
[130]刘安富，张修磊，乔雄彪，等.原位阻隔技术在遗留污染场地治理中的应用[J].有色冶金节能，2021，37（03）：51-55.
[131]许增光.原位阻隔技术在遗留污染场地地下水治理中的应用[J].化学工程与装备，2022（02）：233-235.
[132]U.S. EPA. Superfund remedy report，15th edition [R]. U.S. EPA，Office of Solid Waste and Emergency Response，EPA-542-R-17-001，Washington DC：2017.
[133]Declercq I，Cappuyns V，Duclos Y. Monitored natural attenuation（MNA）of contaminated soils：State of the art in Europe- A critical evaluation [J]. Science of the Total Environment，2012，426（2）：393-405.
[134]李元杰，王森杰，张敏，等.土壤和地下水污染的监控自然衰减修复技术研究进展[J].中国环境科学，2018，38（03）：1185-1193.
[135]Neslihan，Tas，Bernd. Subsurface landfill leachate contamination affects microbial metabolic potential andtheir expression in the Banisveld aquifer[J]. Fems Microbiology Ecology，2018，22：62-77.
[136]Lv H，Lin G Y，Su X S，et al. Assessment monitored natural attenuation rate in a petroleum

contaminated shallow aquifer[J]. Advanced Materials Research，2013，753-755：2223-2226.
[137]蒋绪洋.人工促进自然衰减技术降解土壤中的多环芳烃[D].北京：中国矿业大学，2022.
[138]住房和城乡建设部，国家市场监督管理总局.工程测量标准：GB 50026—2020[S].北京：中国计划出版社，2020.
[139]国家质量监督检验检疫总局，中国国家标准化管理委员会.全球定位系统（GPS）测量规范：GB/T 18314—2009[S].北京：中国标准出版社，2009.
[140]国土资源部.地下水监测井建设规范：DZ/T 0270—2014[S].北京：中国标准出版社，2015.
[141]生态环境部.地下水环境监测技术规范：HJ/T 164—2020[S].北京：中国环境出版集团，2021.
[142]国土资源部.水文地质调查规范（1：50000）：DZ/T 0282—2015[S].北京：地质出版社，2015.
[143]国家质量监督检验检疫总局，建设部.供水水文地质勘察规范：GB 50027—2001[S].北京：中国计划出版社，2001.
[144]中国地质调查局.水文地质手册（第二版）[M].北京：地质出版社，2012.
[145]建设部，国家质量监督检验检疫总局.岩土工程勘察规范：GB 50021—2001[S].北京：中国建筑工业出版社，2009.
[146]住房和城乡建设部，国家质量监督检验检疫总局.建筑抗震设计规范：GB 50011—2010[S].北京：中国建筑工业出版社，2016.
[147]国家质量监督检验检疫总局，中国国家标准化管理委员会.中国地震动参数区划图：GB 18306—2015[S].北京：中国标准出版社，2015.
[148]住房和城乡建设部，国家质量监督检验检疫总局.建筑工程抗震设防分类标准：GB 50223—2008[S].北京：中国建筑工业出版社，2008.
[149]马宇琪，徐世光.基于GMS的某矿区地下水污染的数值模拟研究[J].地质灾害与环境保护，2024，35（01）：123-128.
[150]肖再亮，王飞，洒永芳，等.基于数值模拟的某临河工业固体废物渣场地下水污染控制研究[J].水资源与水工程学报，2019，30（02）：95-99.
[151]张帅，王向华，李冰.某化工园区地下水污染迁移及控制数值模拟研究[J].环境监测管理与技术，2024，36（01）：70-73.
[152]国家环境保护总局，国家质量监督检验检疫总局.地表水环境质量标准：GB 3838—2002[S].北京：中国环境科学出版社，2002.
[153]国家质量监督检验检疫总局，中国国家标准化管理委员会.地下水质量标准：GB/T 14848—2017[S].北京：中国标准出版社，2018.
[154]生态环境部，国家市场监督管理总局.土壤环境质量　农用地土壤污染风险管控标准（试行）：GB 15618—2018[S].北京：中国环境出版集团，2018.
[155]杨帅.离子型稀土矿开采过程中氨氮吸附解吸行为研究[D].北京：中国地质大学（北京），2015.
[156]谭启海，赵永红，黄璐，等.硫酸铵对离子型稀土矿区土壤重金属的释放和形态转化影响[J].有色金属科学与工程，2022，13（06）：134-144.
[157]张培，谢海云，曹广祝，等.硫酸铵浸出离子型稀土矿对土壤和地下水污染的研究现状[J].矿冶，2021，4（30）：95-101，110.
[158]Gibbs R J.Mechanisms controlling world water chemistry[J].Science，1970，170（3962）：1088-1090.
[159]杨幼明，王莉，肖敏，等.离子型稀土矿浸出过程主要物质浸出规律研究[J].有色金属科学与工程，2016，7（03）：125-130.
[160]任仲宇，于原晨，闫振丽，等.稀土矿开采过程中重金属铅活化过程分析[J].中国稀土学报，2016，34（02）：252-256.
[161]水利部.水利水电工程钻孔压水试验规程：SL 31—2003[S].北京：中国水利水电出版社，2003.
[162]水利部.水利水电工程钻孔注水试验规程：SL 345—20073[S].北京：中国水利水电出版社，2008.
[163]赵勇胜.地下水污染场地风险管理与修复技术筛选[J].吉林大学学报（地球科学版），2012，42（05）：1426-1433.
[164]刘云帆.零价铁快速启动好氧反硝化实现强化脱氮及应用研究[D].上海：东华大学，2019.
[165]元妙新，占升，张欣，等.氧气微纳米气泡在地下水原位修复中的应用研究[J].环境工程技术学报，2022，12（04）：1342-1349.
[166]李翔，杨天学，白顺果，等.地下水位波动对包气带中氮素运移影响规律的研究[J].农业环境科学学报，2013，32（12）：2443-2450.
[167]王荣昌.氮污染环境治理技术原理与工程[M].北京：中国建筑工业出版社，2013.

[168]朱士江，李凯凯，徐文，等.人工湿地中几种常见水生植物氨氮耐受性试验研究[J].人民长江，2022，53（05）：94-100.
[169]生态环境部.地表水环境质量监测技术规范：HJ 91.2—2022[S].北京：中国环境出版集团，2022.
[170]生态环境部.污染地块地下水修复和风险管控技术导则：HJ 25.6—2019[S].北京：中国环境出版集团，2019.
[171]环境保护部.矿山生态环境保护与恢复治理技术规范（试行）：HJ 651—2013[S].北京：中国环境科学出版社，2013.
[172]环境保护部.矿山生态环境保护与恢复治理方案（规划）编制规范（试行）：HJ 652—2013[S].北京：中国环境科学出版社，2013.
[173]国土资源部.矿山地质环境保护与治理恢复方案编制规范：DZ/T 223—2011[S].北京：中国标准出版社，2011.
[174]国家林业局.矿山废弃地植被恢复技术规程：LY/T 2356—2014[S].北京：中国标准出版社，2015.
[175]国家能源局.水电水利工程高压喷射灌浆技术规范：DL/T 5200—2019[S].北京：中国电力出版社，2020.
[176]水利部.水工建筑物水泥灌浆施工技术规范：SL 62—2020[S].北京：中国水利水电出版社，2021.
[177]住房和城乡建设部.建筑基坑支护技术规程：JGJ 120—2012[S].北京：中国建筑工业出版社，2012.
[178]住房和城乡建设部，国家市场监督管理总局.工程结构通用规范：GB 55001—2021[S].北京：中国建筑工业出版社，2021.
[179]住房和城乡建设部，国家市场监督管理总局.建筑与市政地基基础通用规范：GB 55003—2021[S].北京：中国建筑工业出版社，2021.
[180]住房和城乡建设部，国家市场监督管理总局.室外排水设计标准：GB 50014—2021[S].北京：中国计划出版社，2021.
[181]环境保护部.人工湿地污水处理工程技术规范：HJ 2005—2010[S].北京：中国环境科学出版社，2011.
[182]李丹.稀土矿区低碳氨氮废水SBR短程硝化的应用研究[D].赣州：江西理工大学，2019.
[183]Yang N，Zhan G Q，Li D P，et al. Complete nitrogen removal and electricity production in Thauera-dominated air-cathode single chambered microbial fuel cell[J]. Chemical Engineering Journal，2019，356：506-515.
[184]赵静，付昆明，黄少伟，等.不同电子供体的部分自养反硝化研究进展[J].中国给水排水，2023，39（14）：19-26.
[185]Hill V R，Kahler A M，Jothikumar N，et al.Multistate evaluation of an ultrafiltration-based procedure for simultaneous recovery of enteric microbes in 100-liter tap water samples[J]. Applied and Environmental Microbiology，2007，73（13）：4218-4225.
[186]易宏学，李杰，王亚娥，等.具有铁氧化和好氧反硝化功能的Achromobacter denitrificans strain 2-5对序批式反应器生物脱氮性能及群落结构的影响[J].环境工程，2022，40（12）：211-216.
[187]祝志超，缪恒锋，崔健，等.组合人工湿地系统对污水处理厂二级出水的深度处理效果[J].环境科学研究，2018，31（12）：2028-2036.
[188]罗才贵，罗仙平，苏佳，等.离子型稀土矿山环境问题及其治理方法[J].金属矿山，2014，6（456）：91-96.
[189]杨秀英，刘祖文，胡方洁，等.土壤稀土元素和氮化物污染对植物生长及生理的影响[J].中国稀土学报，2019，1（37）：1-11.
[190]许明发，赖晓洁，廖燕庆，等.南方离子型稀土开发利用中各固体物料放射性的研究[J].中国辐射卫生，2019，3（28）：299-302.
[191]郭钟群，赵奎，金解放，等.离子型稀土矿环境风险评估及污染治理研究进展[J].稀土，2019，3（40）：115-126.
[192]郭钟群，金解放，赵奎，等.离子吸附型稀土开采工艺与理论研究现状[J].稀土，2018，39（01）：132-141.
[193]施展华，朱健玲，程哲，等.离子型稀土开采提取技术的现状与发展[J].世界有色金属，2018（17）：48-50.
[194]李永绣.离子型吸附型稀土资源与绿色提取[M].北京：化学工业出版社，2014.
[195]王高锋，徐洁，冉凌瑜，等.离子吸附型稀土矿电动开采技术初探[J].地球化学，2024，1（53）：30-41.

(a) 白云鄂博含稀土矿石

(b) 微山矿区含稀土矿石

(c) 足洞矿区花岗岩风化层

图1-2 典型矿物型稀土和离子型稀土矿中稀土元素载体

(a) 足洞地区花岗岩

(b) 崇左地区火山岩

(c) 宁都地区变质岩

图1-4 部分成矿母岩照片

图1-10 稀土开采造成的植被破坏

(a) 山体滑坡

(b) 水土流失

图1-11 稀土开采引发的地质灾害

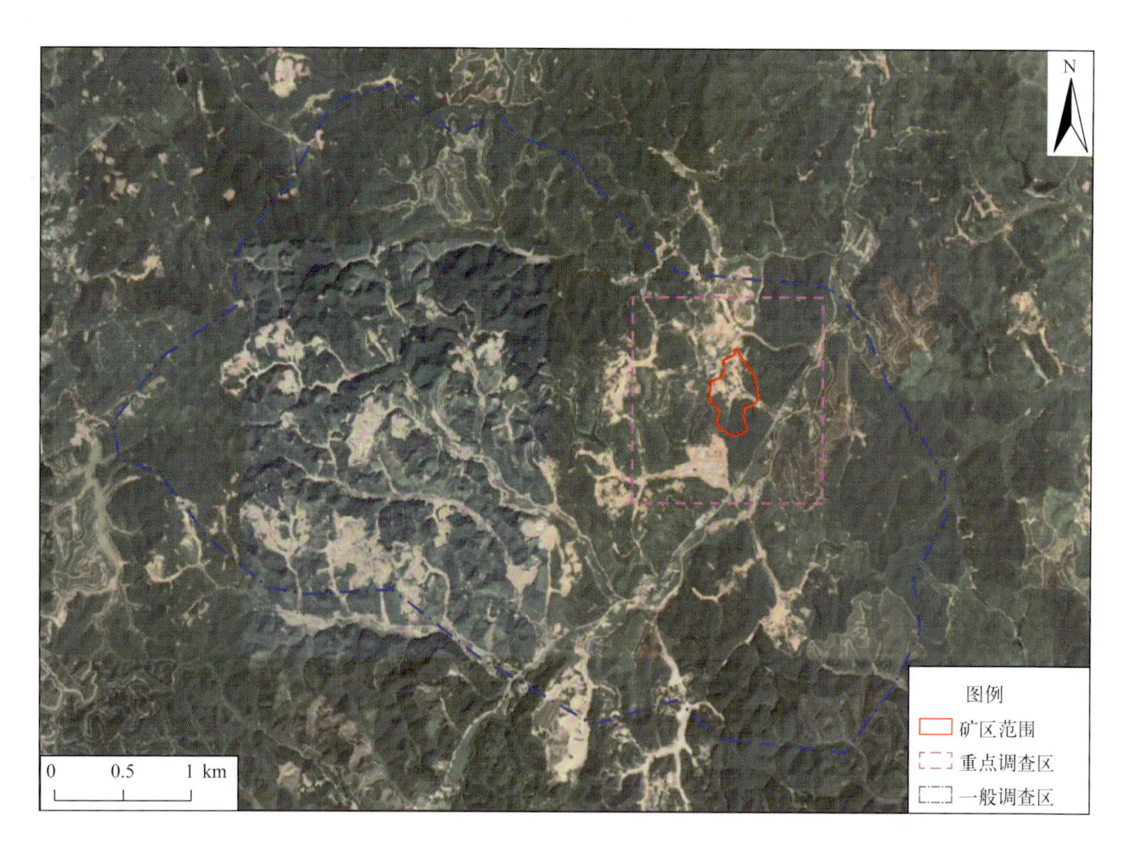

图2-2 矿区地质条件调查范围

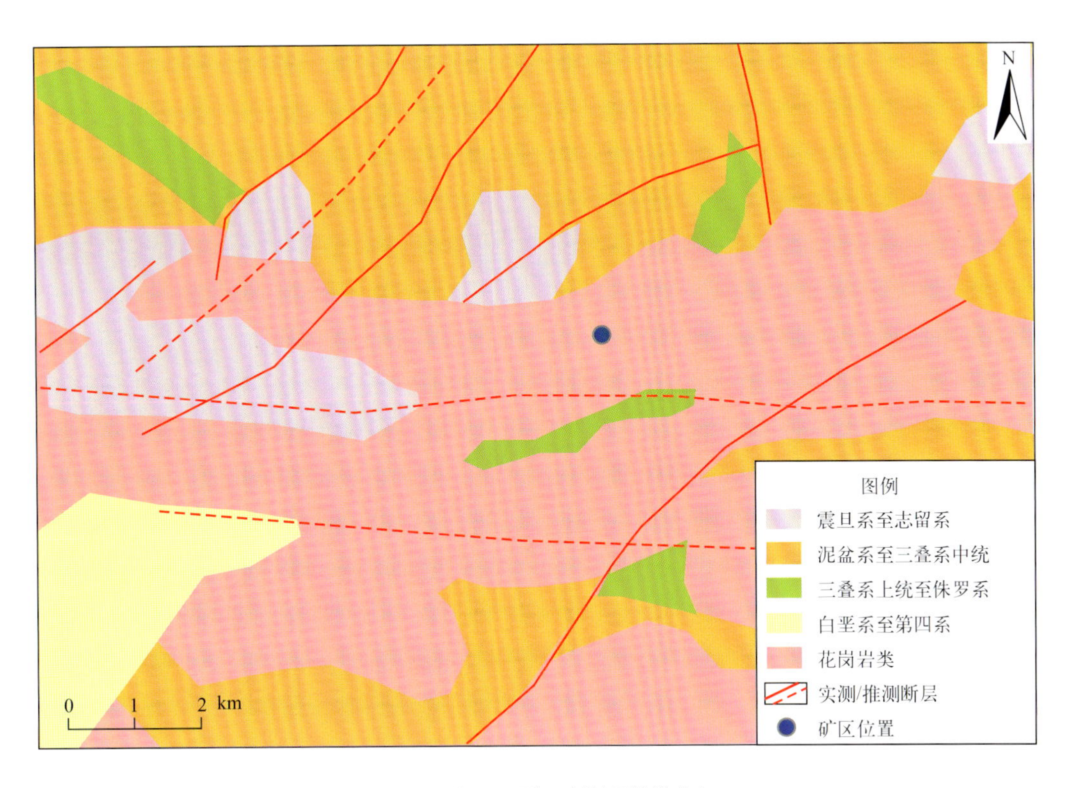

图2-5 矿区及周边区域地质构造分布

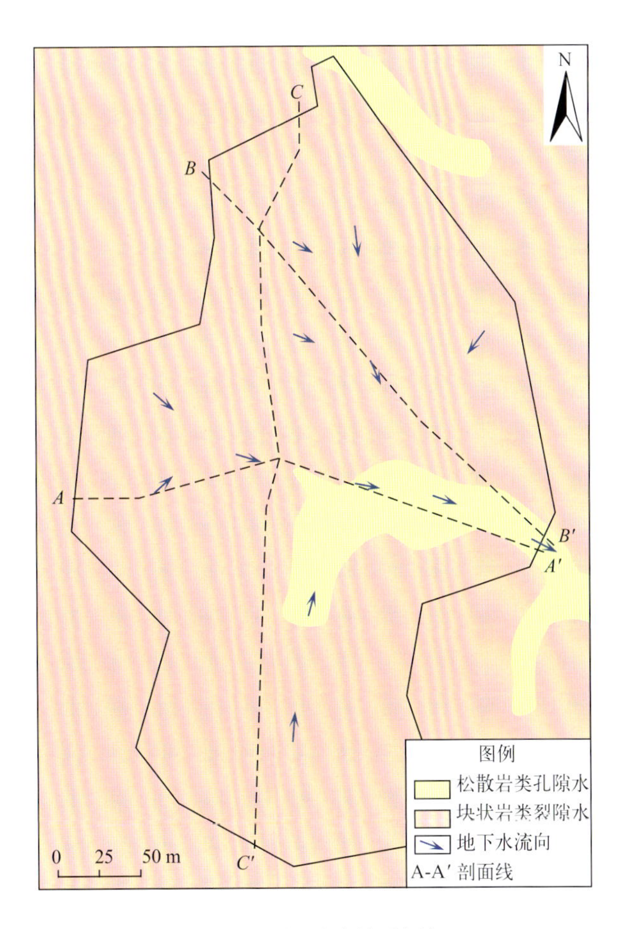

图2-6 矿区水文地质条件

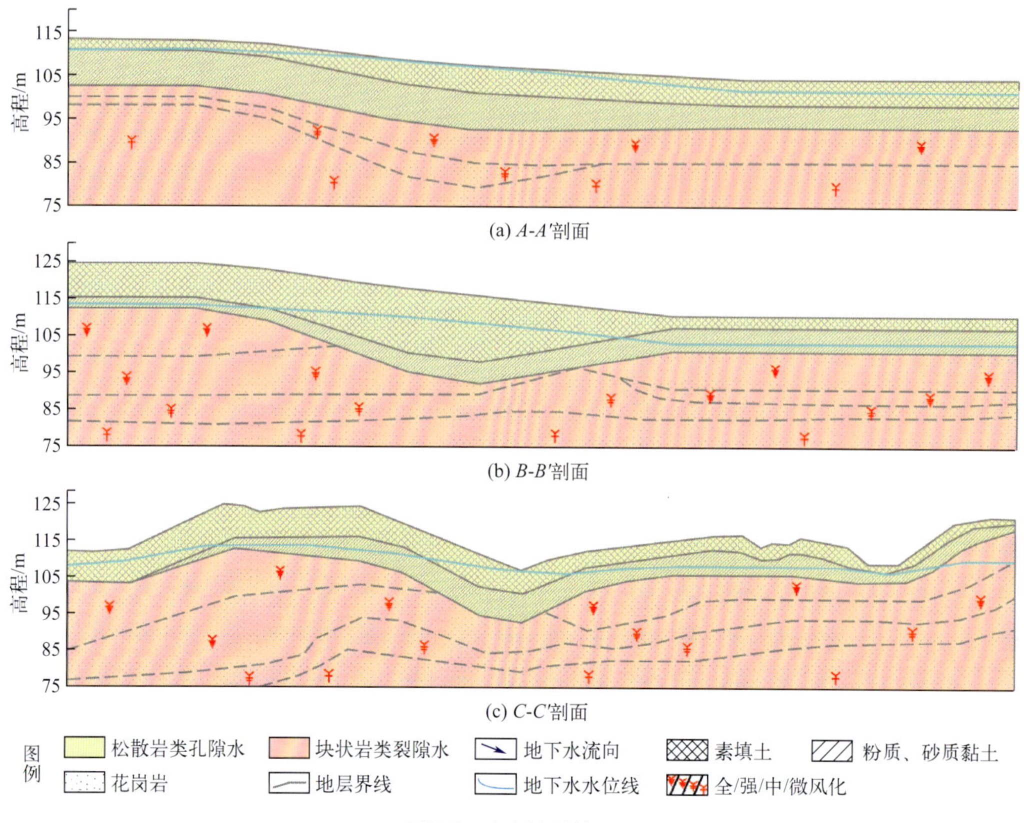

图2-8 水文地质剖面

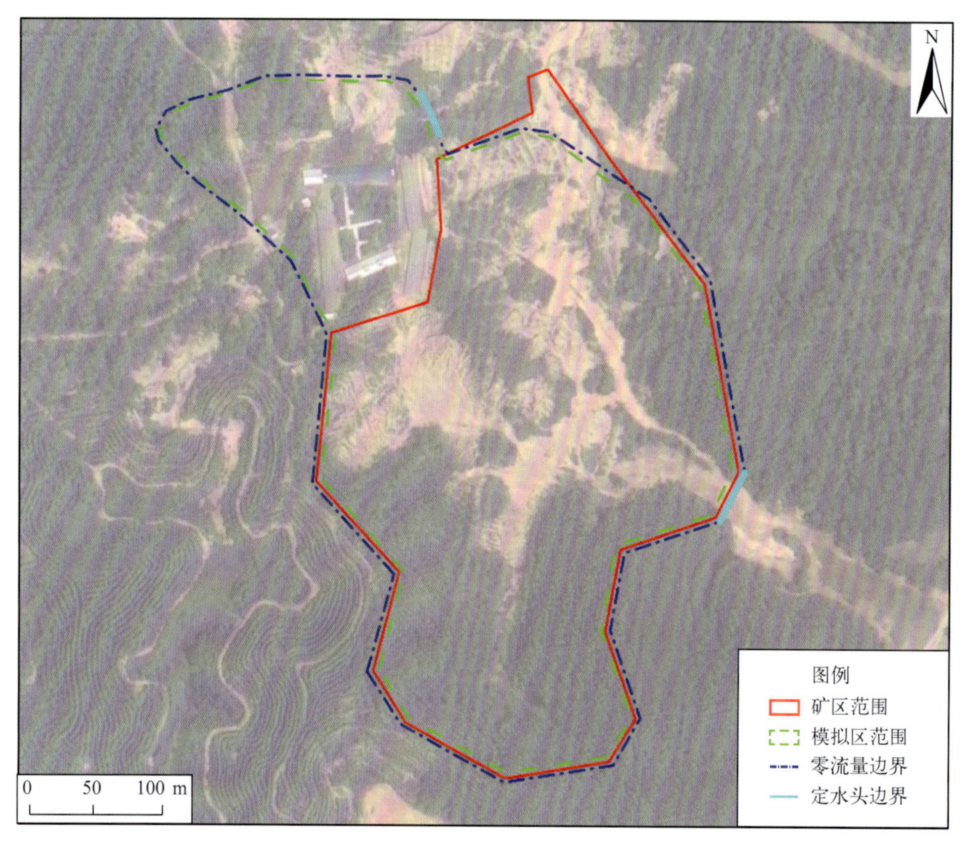

图2-10 模拟区四周边界条件概化

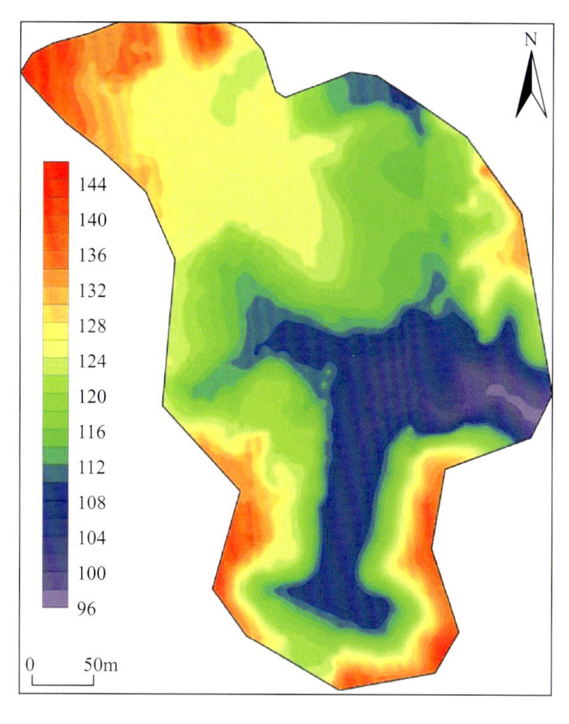

图2-12 模拟区地表高程影像（单位：m）

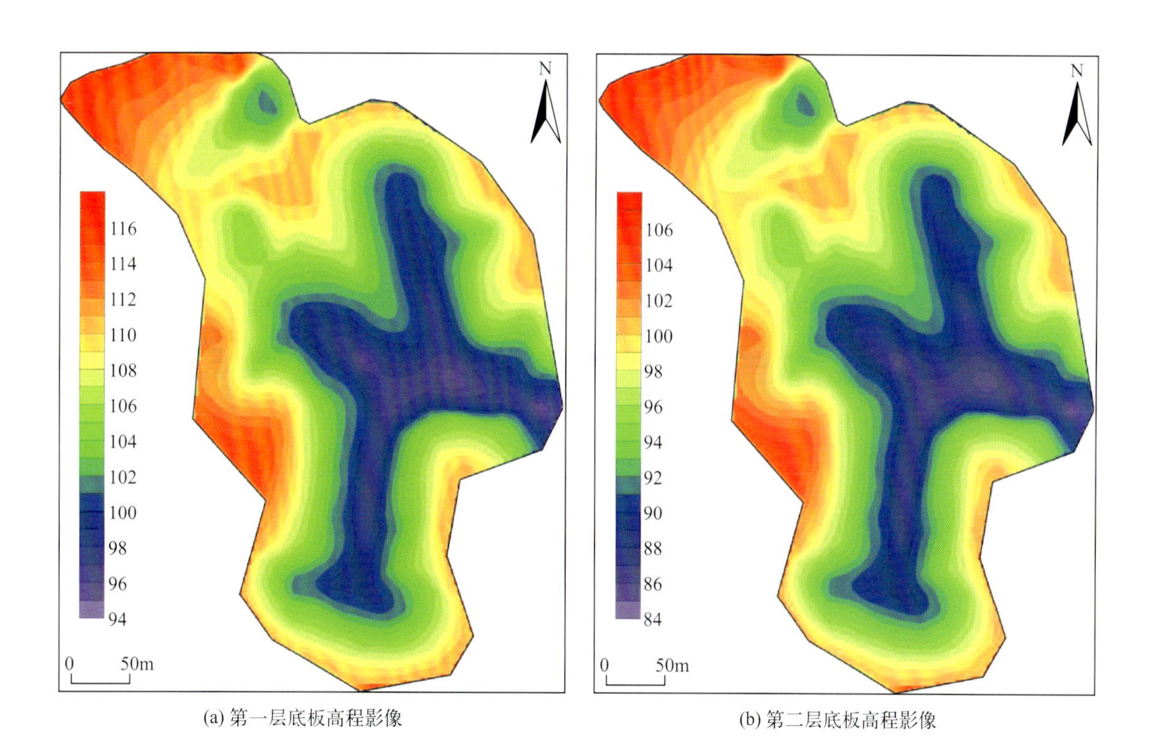

(a) 第一层底板高程影像　　(b) 第二层底板高程影像

图2-13 模拟区底板高程影像（单位：m）

图2-14　模拟区地层结构

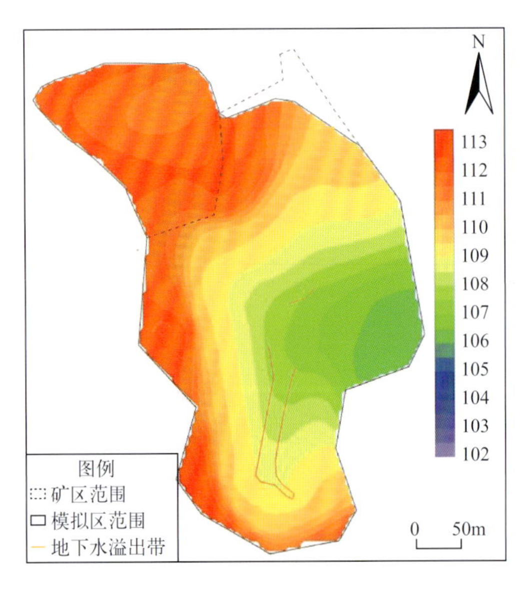

图2-17　丰水期流场影像

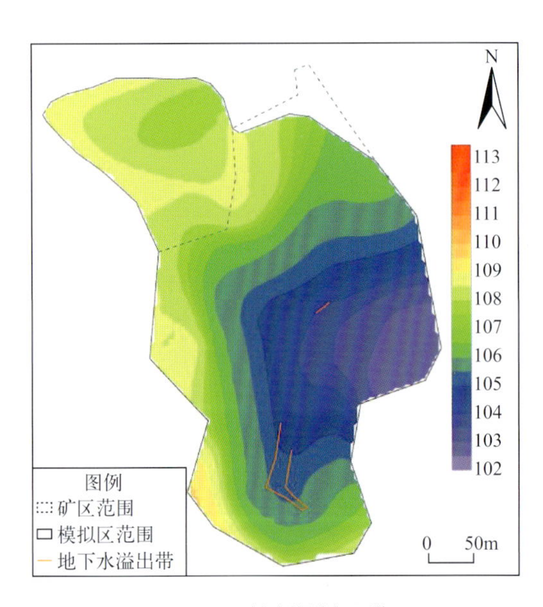

图2-18　枯水期流场影像

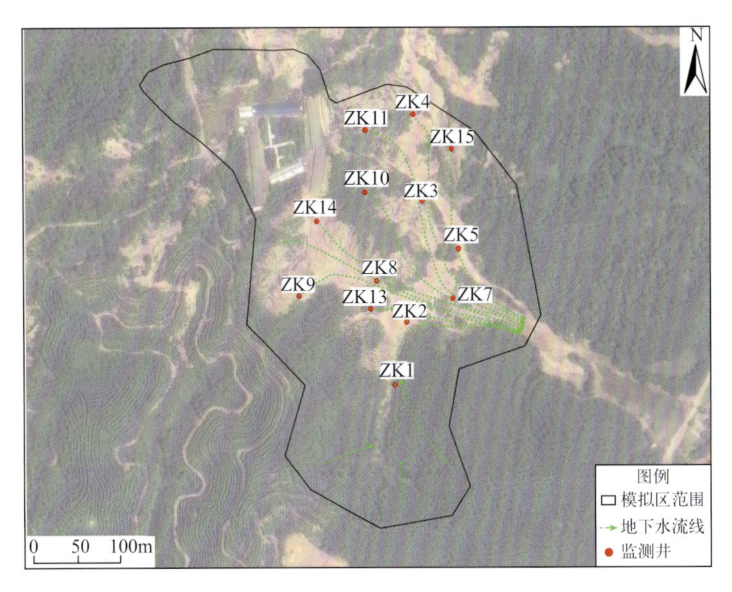

图2-19　粒子迁移轨迹

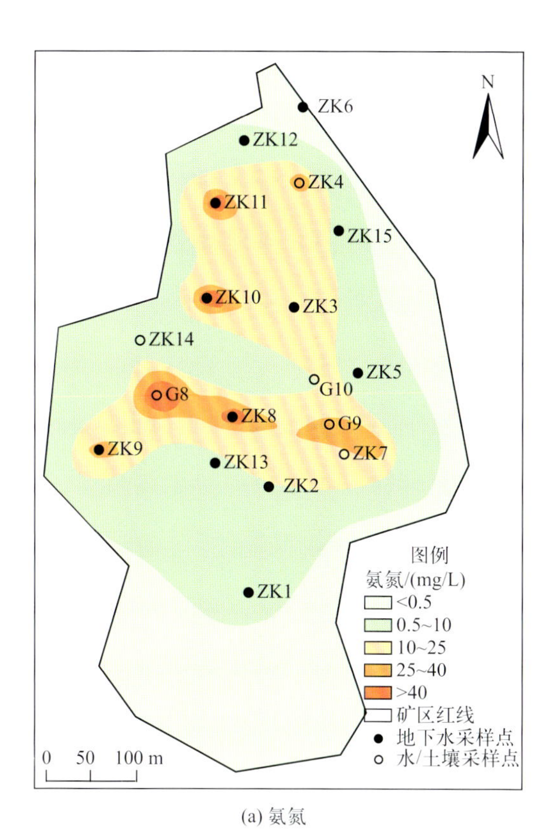

(a) 氨氮

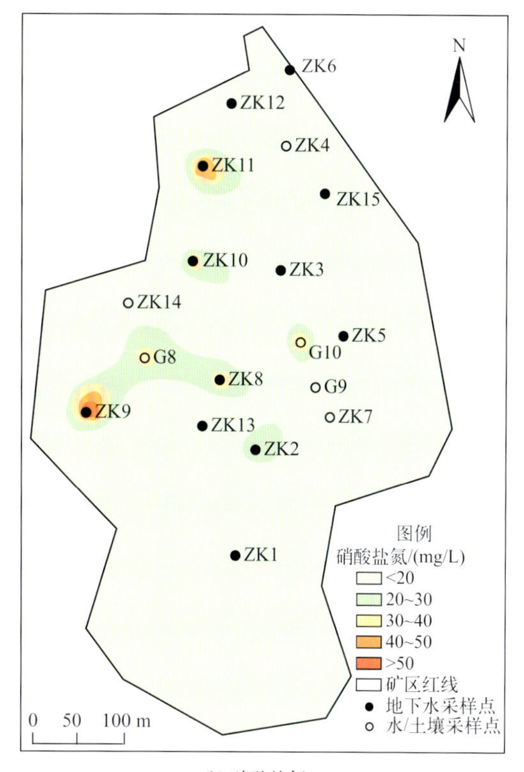

(b) 硝酸盐氮

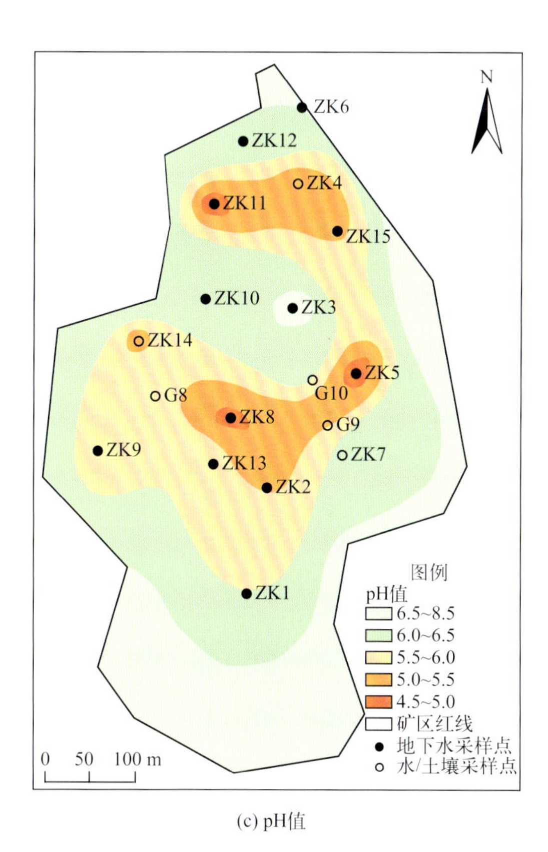

(c) pH值

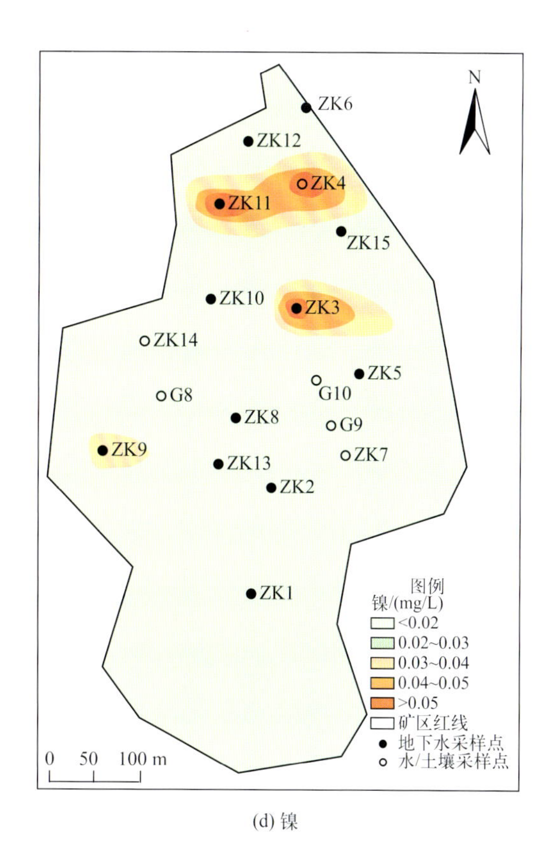

(d) 镍

图3-11

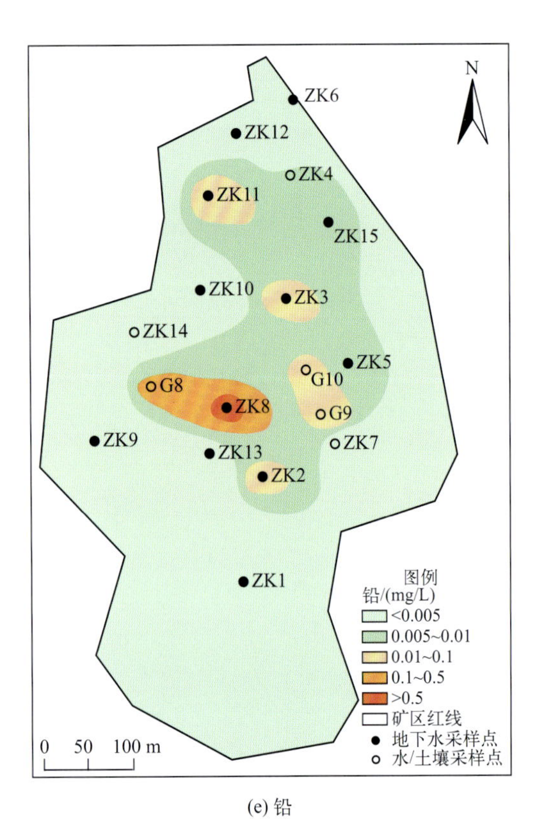

(e) 铅

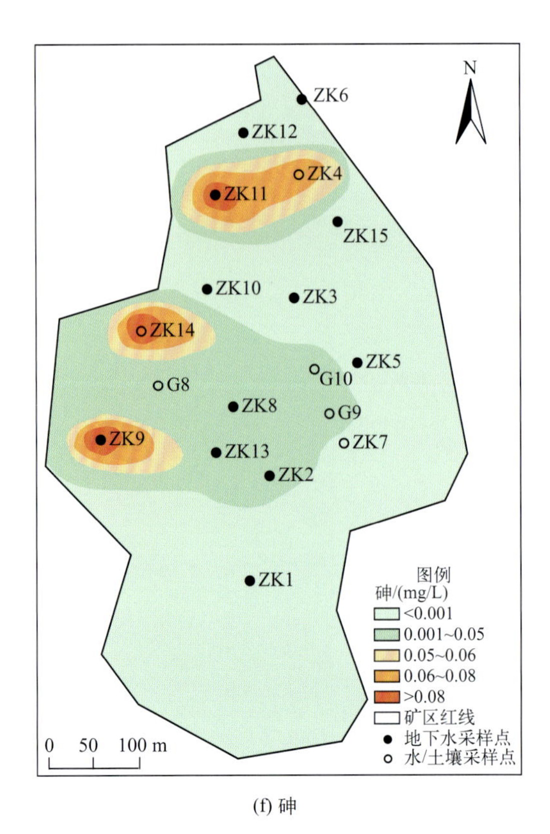

(f) 砷

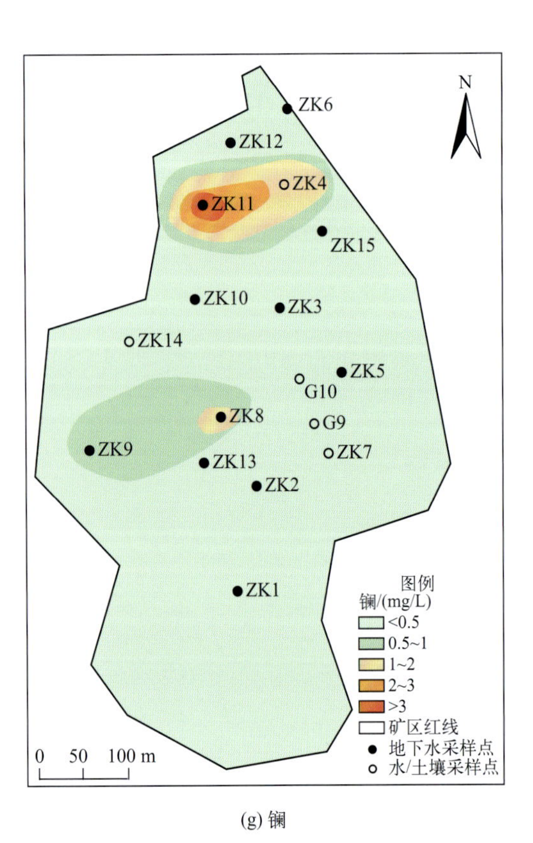

(g) 镧

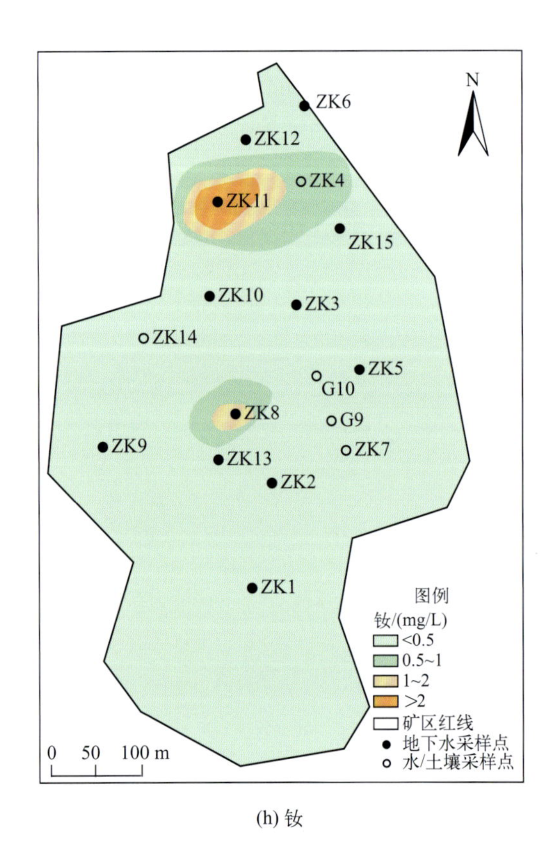

(h) 钕

图3-11 矿区地下水污染物浓度区域分布（单位：mg/L，pH值无量纲）

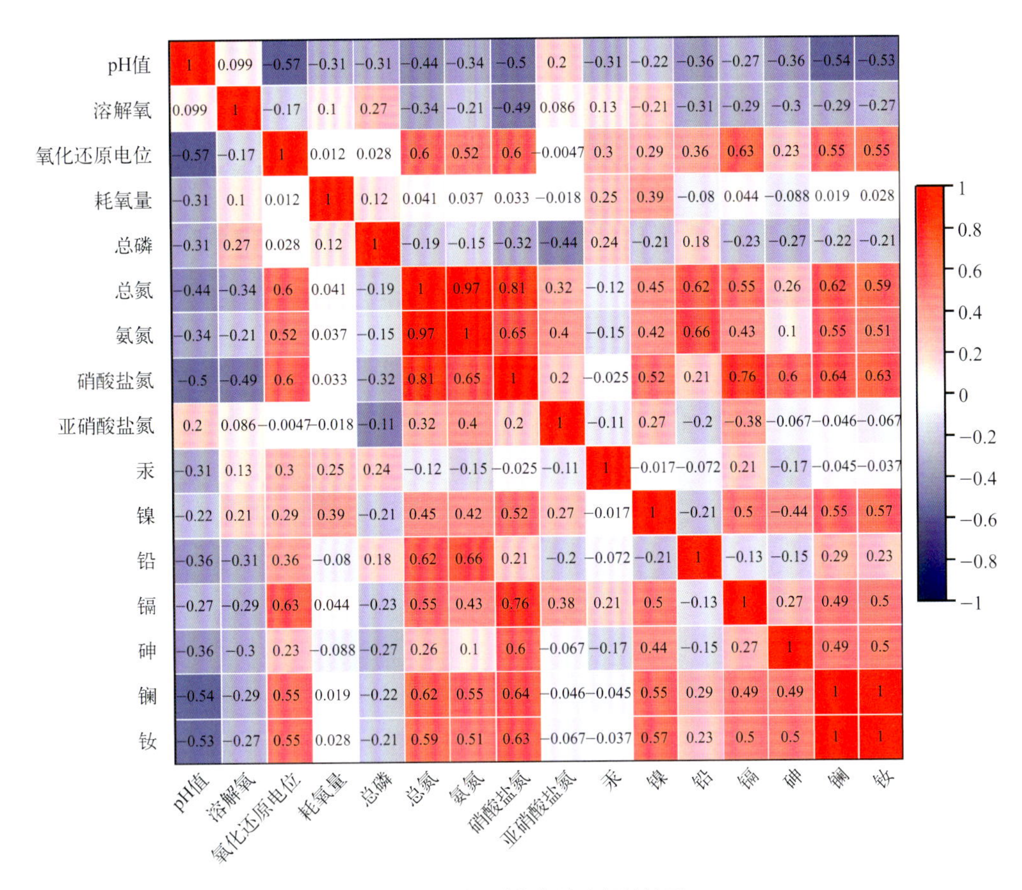

图3-27 地下水指标浓度相关关系

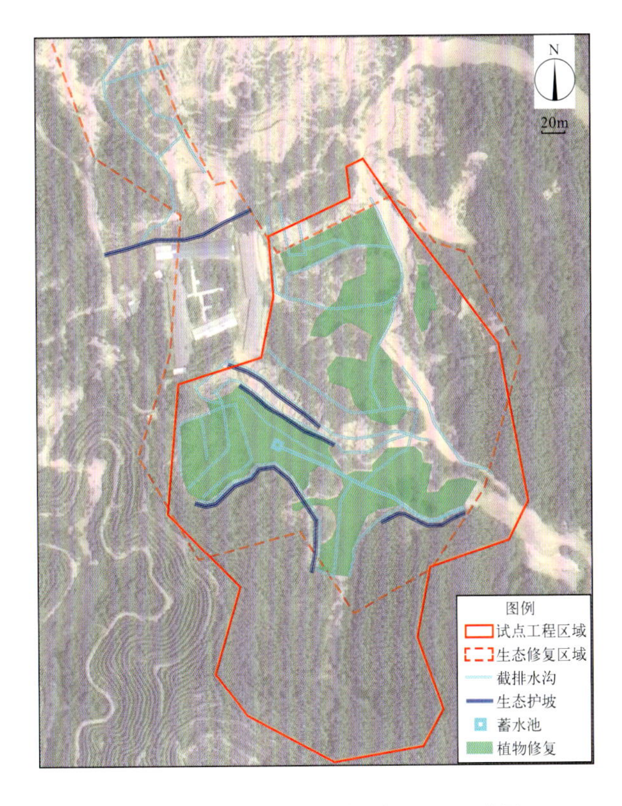

图5-8 矿区现有地表生态修复工程平面布置

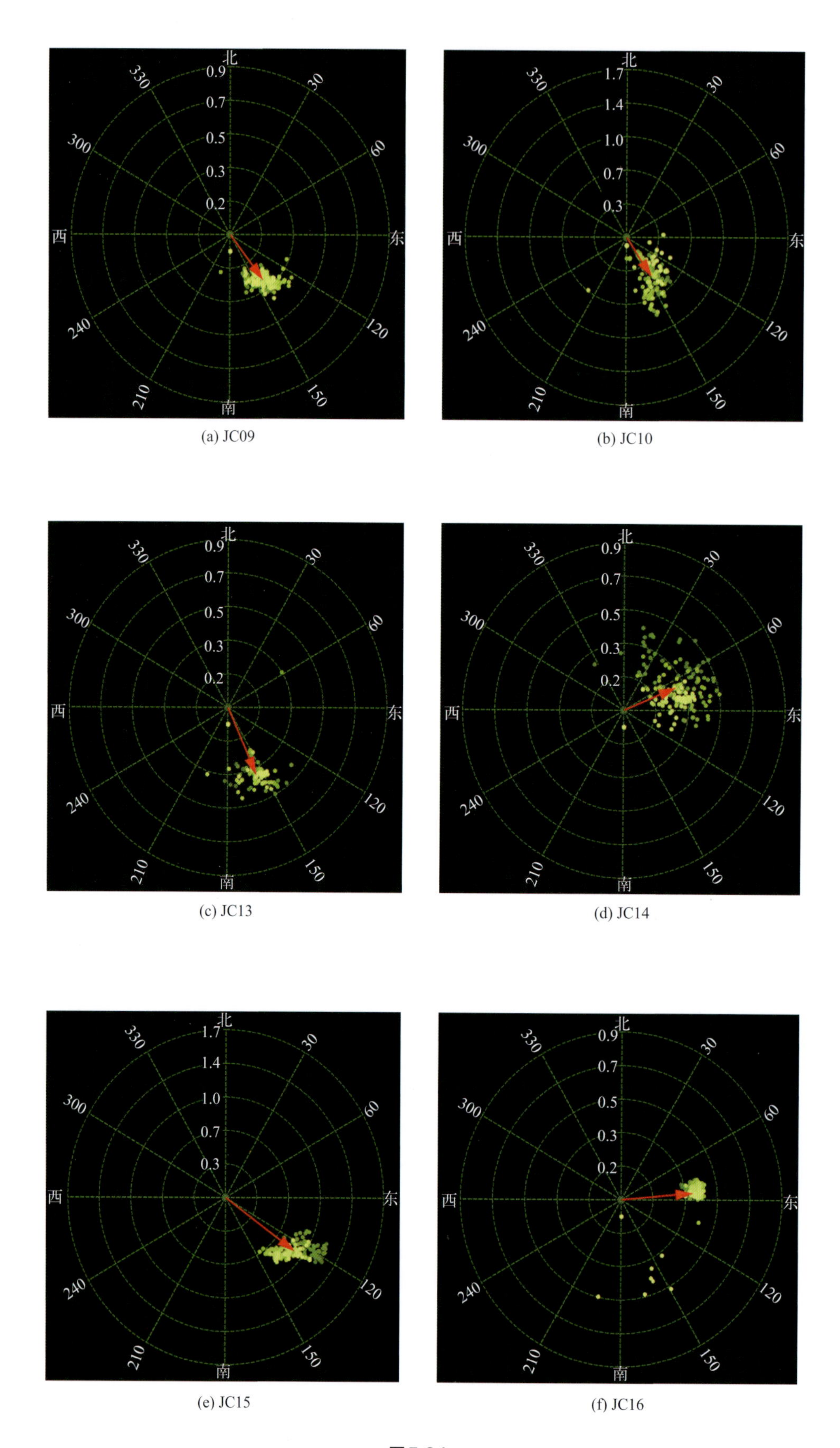
北
南
东
西
0.9
0.7
0.5
0.3
0.2
1.7
1.4
1.0
0.7
0.3
30
60
120
150
210
240
300
330
(a) JC09
(b) JC10
(c) JC13
(d) JC14
(e) JC15
(f) JC16

图5-34

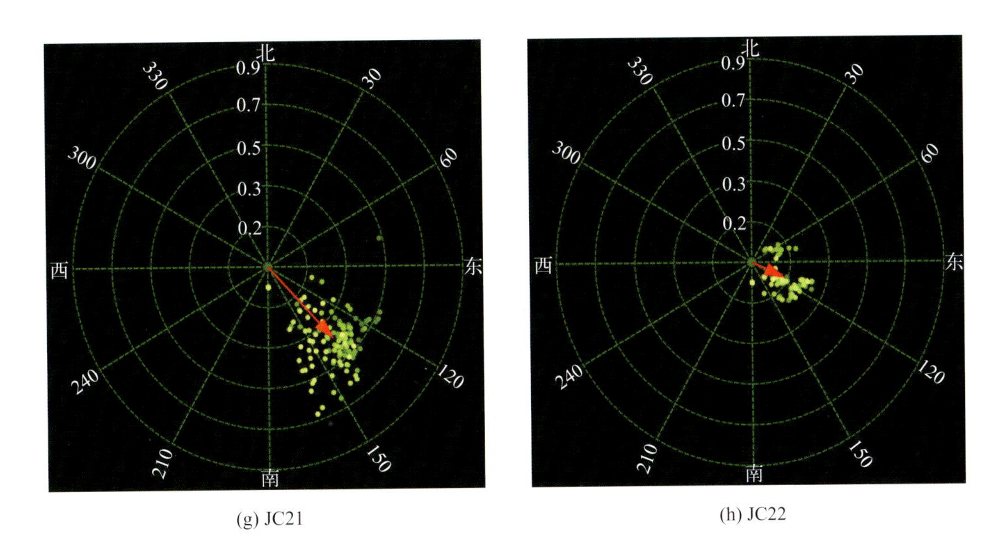

(g) JC21　　(h) JC22

图5-34　地下水原位流向雷达图

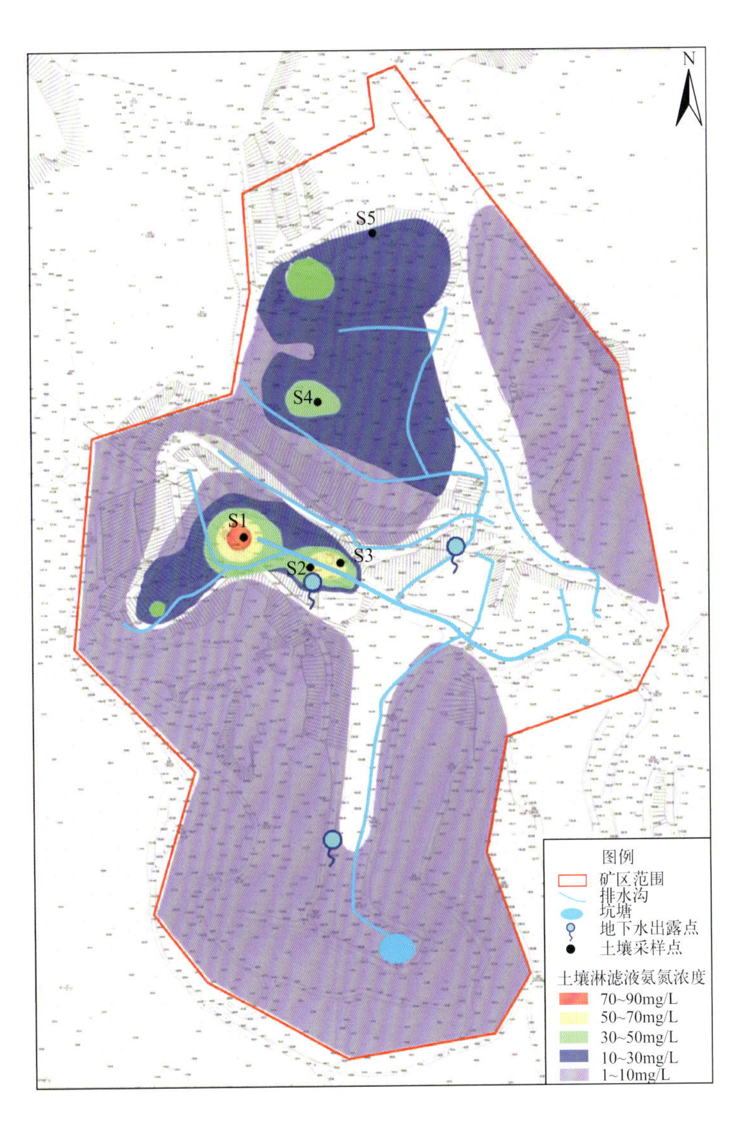

图5-76　矿区土壤淋滤液氨氮初始浓度分布

(a)

(b)

图5-78　注射井底泥观测照片

(a)

(b)

(c)

图5-79　钻进施工与岩芯采样照片

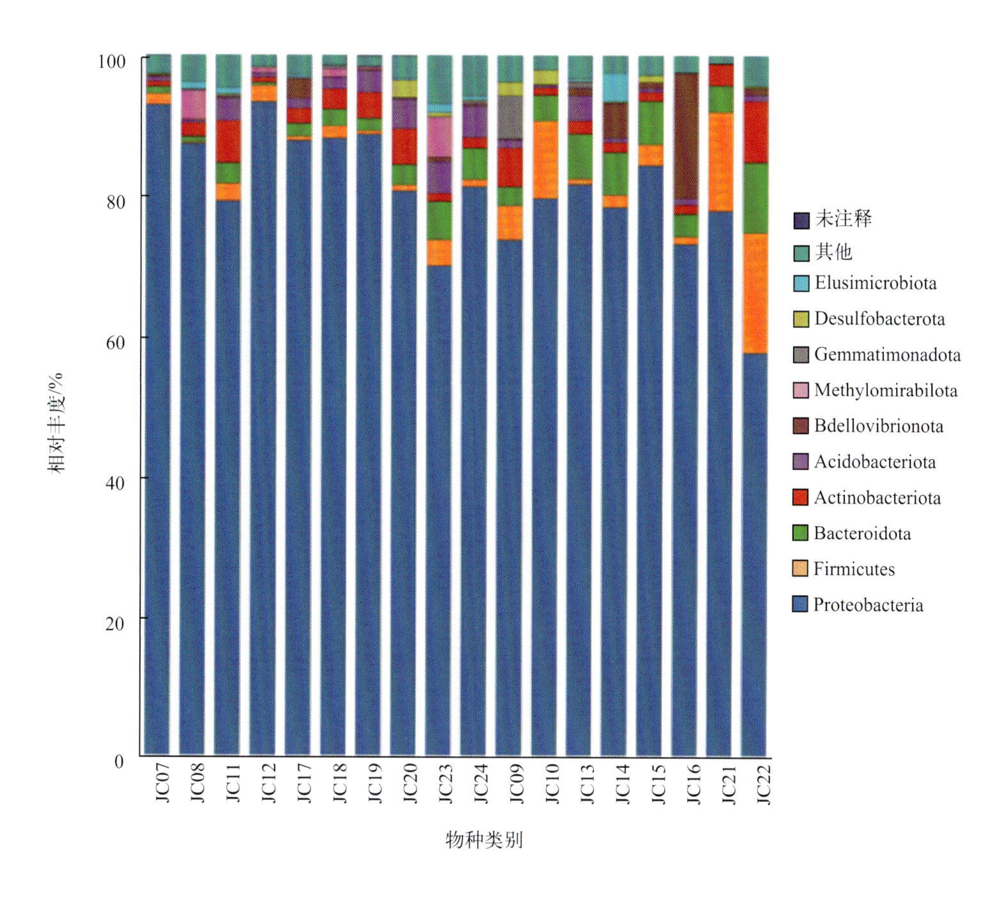

相对丰度/%
0
20
40
60
80
100
JC07
JC08
JC11
JC12
JC17
JC18
JC19
JC20
JC23
JC24
JC09
JC10
JC13
JC14
JC15
JC16
JC21
JC22
物种类别
未注释
其他
Elusimicrobiota
Desulfobacterota
Gemmatimonadota
Methylomirabilota
Bdellovibrionota
Acidobacteriota
Actinobacteriota
Bacteroidota
Firmicutes
Proteobacteria

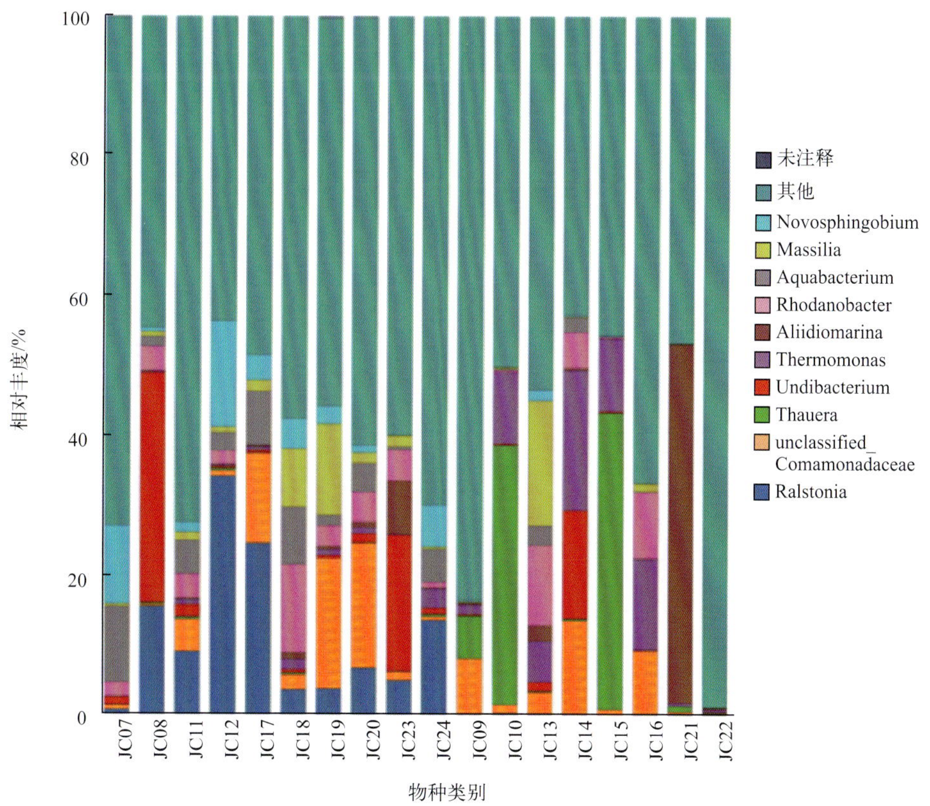

相对丰度/%
0
20
40
60
80
100
JC07
JC08
JC11
JC12
JC17
JC18
JC19
JC20
JC23
JC24
JC09
JC10
JC13
JC14
JC15
JC16
JC21
JC22
物种类别
未注释
其他
Novosphingobium
Massilia
Aquabacterium
Rhodanobacter
Aliidiomarina
Thermomonas
Undibacterium
Thauera
unclassified_
Comamonadaceae
Ralstonia

(a) 物种分布

图5-80

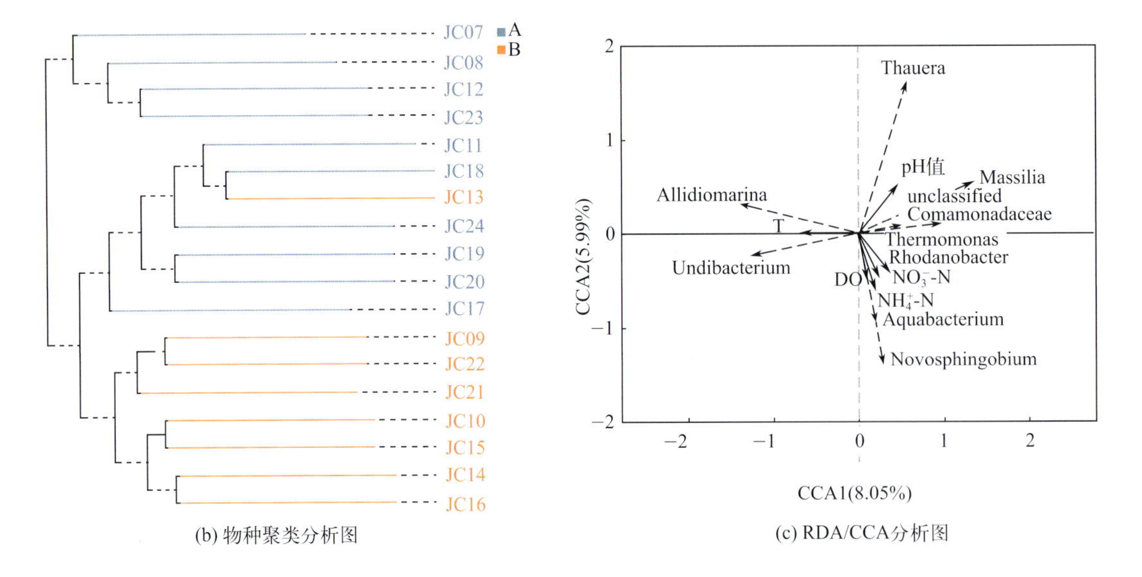

(b) 物种聚类分析图

(c) RDA/CCA分析图

图5-80 微生物基因测序结果

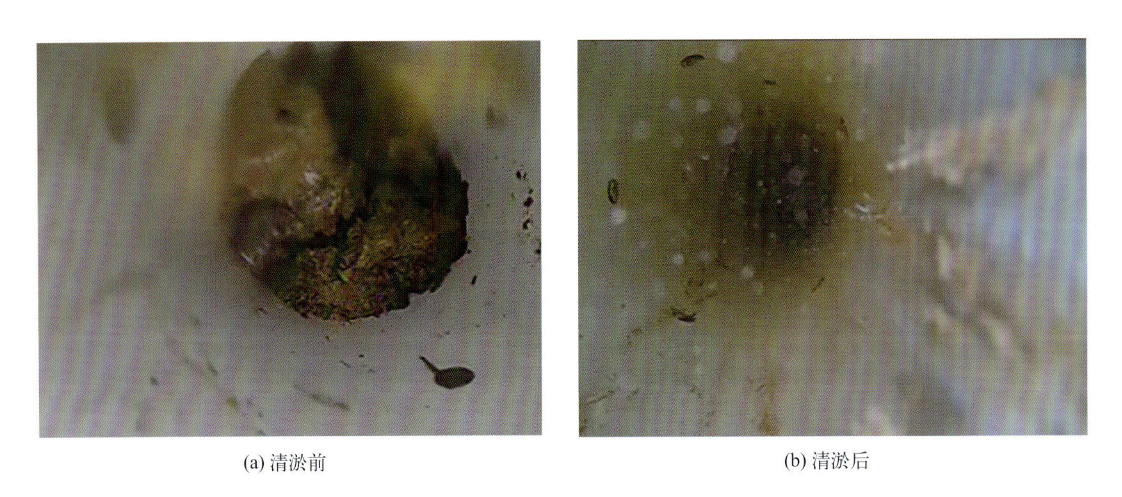
(a) 清淤前

(b) 清淤后

图5-83 清淤前后注射井现状照片

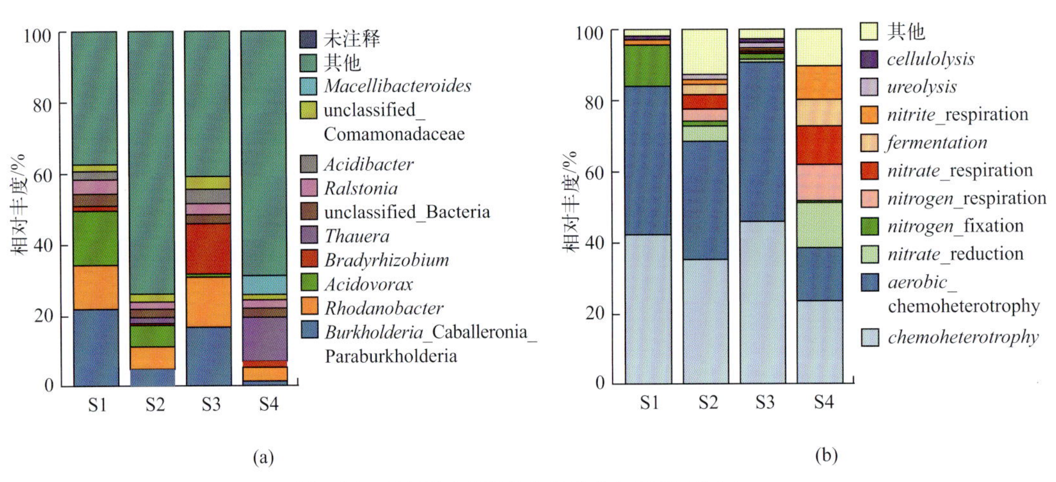

(a)

(b)

图5-84 注射井底泥微生物物种分布和基因功能

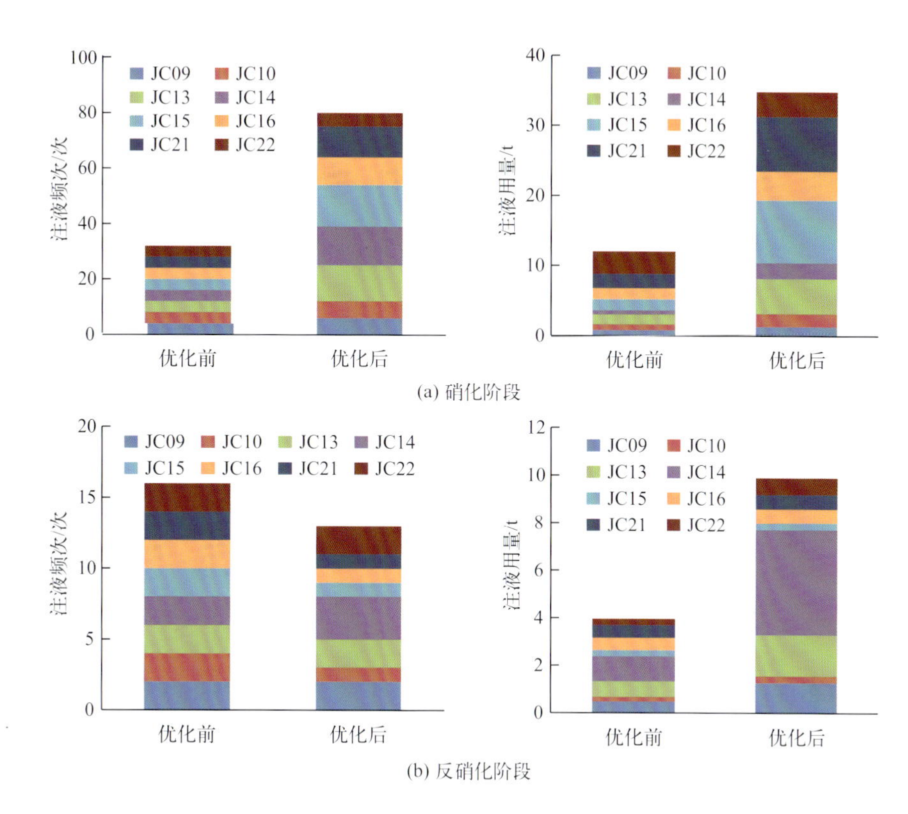

图5-87 微生物菌剂注液参数优化对比

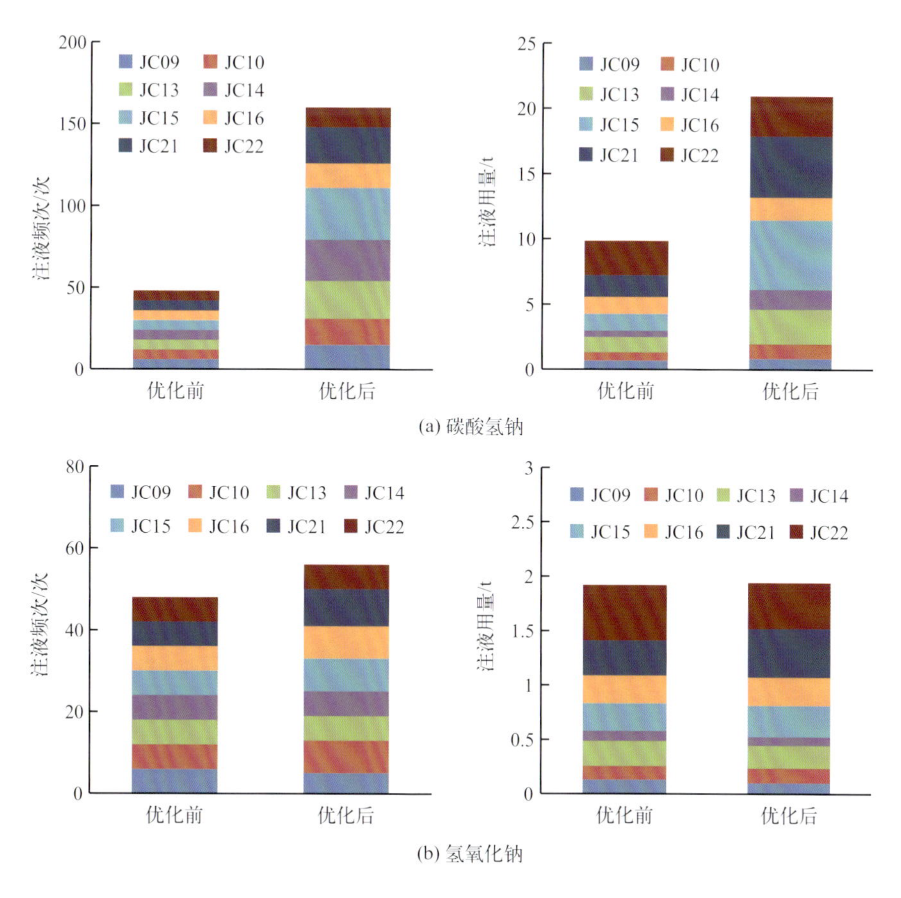

图5-88 碱剂注液参数优化对比

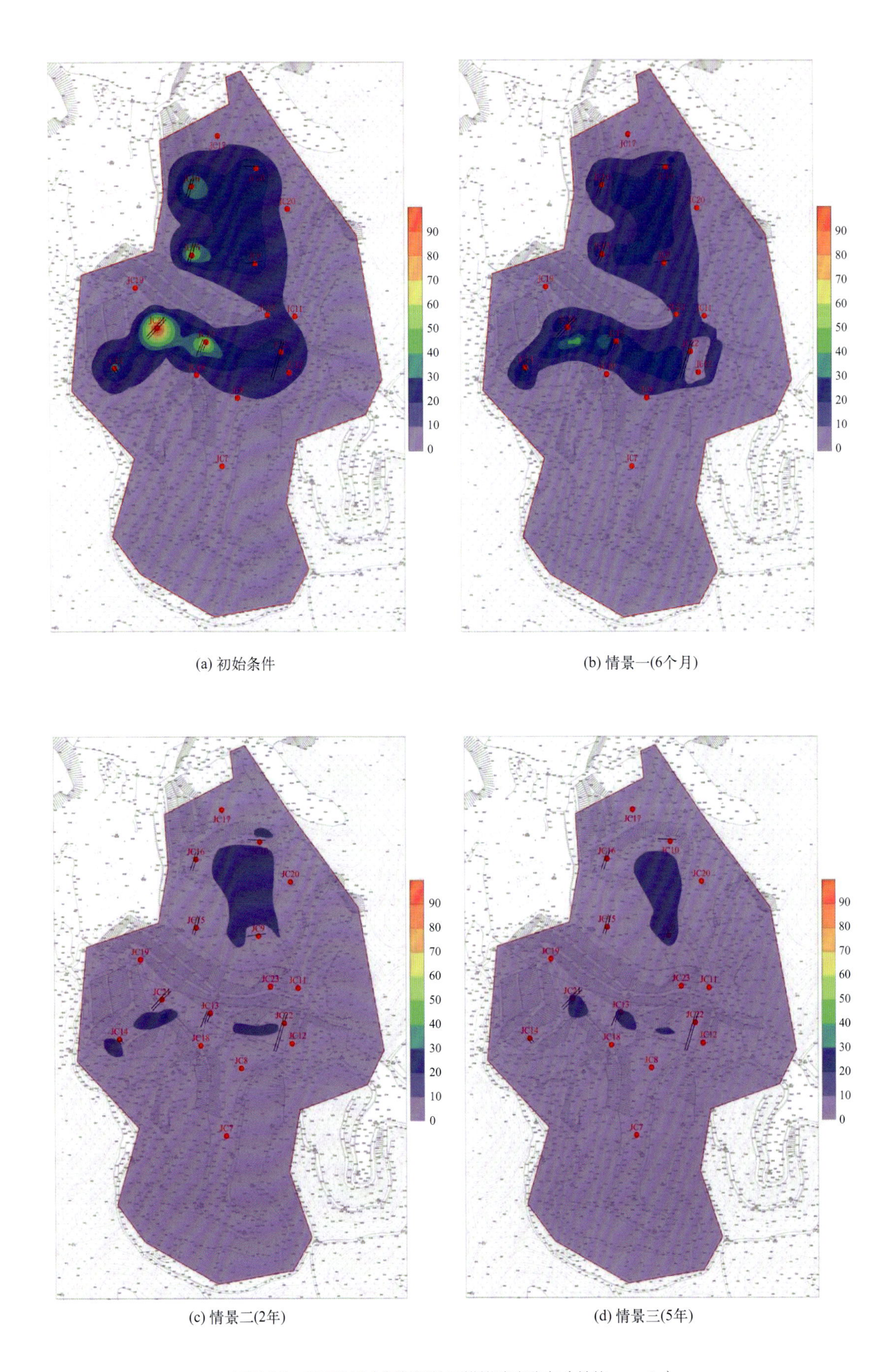

(a) 初始条件

(b) 情景一(6个月)

(c) 情景二(2年)

(d) 情景三(5年)

图5-89 矿区地下水氨氮初始及模拟浓度分布（单位：mg/L）